建设工程图识读一本通系列

土木工程图识读

第2版

周爱军　编

机 械 工 业 出 版 社

本书是依据最新国家标准和规范编写的，全书共分为两篇12章，就识图的基本知识和土木工程图的识读两部分进行了讲解，具体内容包括：投影法的基本知识、基本形体的投影、组合体的投影、立体的表面展开、标高投影、制图标准与图样画法、钢筋混凝土结构图识读、房屋施工图识读、钢结构图识读、室内给水排水施工图识读、桥涵及隧道工程图识读和水利工程图识读。

本书通过列举大量的工程实例图并辅以简洁明晰的解读，以使读者能在较短的时间内掌握识图的基本知识并学会如何快速读懂图中所传递的信息。在编写中贯彻了以图为主，以文为辅，用语简洁精练、通俗易懂的编写思路。

本书适合于广大从事土建行业的工程人员，同时亦可作为土建专业高职高专的教材及参考书之用。

图书在版编目（CIP）数据

土木工程图识读/周爱军编．—2版．—北京：机械工业出版社，2010.5（2012.7重印）

（建设工程图识读一本通系列）

ISBN 978-7-111-30469-2

Ⅰ.①土…　Ⅱ.①周…　Ⅲ.①土木工程-建筑制图-识图法　Ⅳ.①TU204

中国版本图书馆CIP数据核字（2010）第071888号

机械工业出版社（北京市百万庄大街22号　邮政编码100037）

策划编辑：薛俊高　责任编辑：肖耀祖

版式设计：霍永明　责任校对：张莉娟

封面设计：陈　沛　责任印制：乔　宇

三河市国英印务有限公司印刷

2012年7月第2版·第4次印刷

184mm×260mm·19.25印张·3插页·490千字

标准书号：ISBN 978-7-111-30469-2

定价：35.00元

凡购本书，如有缺页、倒页、脱页，由本社发行部调换

电话服务

社服务中心：（010）88361066

销售一部：（010）68326294

销售二部：（010）88379649

读者购书热线：（010）88379203

网络服务

门户网：http://www.cmpbook.com

教材网：http://www.cmpedu.com

前　　言

图样是工程技术人员的共同语言。作为参加土木工程施工的技术人员，应当具备一些土木工程施工图的基本知识，并能够看懂施工图样。随着我国经济建设的快速发展，土木工程建设的规模仍将继续扩大，土木工程从业人员也将日益增加，对于新的从业人员，迫切希望了解有关土木工程图识读方面的基础知识，掌握图样识读这项基本技能，为进行工程施工打下良好基础。本书的编写正是出于这一目的，为土木工程技术人员、监理人员、管理人员和工人系统了解和掌握识图方法提供帮助。

本书侧重于土木工程图的识读，内容分为上下两篇，第一篇介绍了识图的基础知识，包括基本的投影知识和制图标准，对于没有识图基础的读者，可以由浅入深地掌握识读土木工程图的基本知识；第二篇为土木工程图识读，分别介绍了钢筋混凝土结构图、房屋施工图、钢结构图、室内给水排水图、桥涵及隧道工程图、水利工程图的图示特点和识读方法，可以满足土木工程各类从业人员识读专业图样的需要。

本书的特点是参考最新国家制图标准，内容叙述简明扼要，图文结合，通俗易懂，涵盖的专业较为全面，重点突出，与实际工程结合紧密，实用性强。另外详细介绍了最新的钢筋混凝土结构平面布置图的整体表示方法——“平法”制图方法。

本书适合于土木工程技术人员、技术工人阅读，也可作为土木工程专业学生的参考用书。

由于编者水平有限，书中难免存在缺点和错误，恳请读者给予批评和指正。

编　者

目　录

第二篇 土木工程图识读

第一篇　识图的基础知识

第1章　投影法的基本知识

1.1　投影的概念

1.1.1　投影的形成

日常生活中，当物体受到光线照射时，会在地面或墙面上产生影子，这就是投影现象。人们将这一自然现象加以科学抽象，得出了投影法。如图 1-1 所示，将光源抽象为一点 *S*，称为投影中心（或投射中心），将物体抽象为形体，投影中心与形体上各点（如图中的 *A*、*B*、*C*）的连线称为投影线（或投射线），接受投影的平面 *H*，称为投影面。通过形体上各点的投射线与投影面的交点称为这些点的投影，这样在投影面上得到的形体图形称为该形体的投影。投射线通过形体向选定的面投射，并在该面上得到图形的方法，称为投影法。

1.1.2　投影的分类

根据投射线是交于一点还是相互平行，投影法分为两类：中心投影法和平行投影法。

1. 中心投影法

如图 1-1 所示，所有的投射线都从投影中心发出，在有限远处产生投影，也就是说投射线都交于投影中心，这种投影法称为中心投影法。用中心投影法画出的投影称为中心投影。工程上常用中心投影法画建筑透视图，如室内设计、家具设计等，它用于反映物体的立体形状，不注重表达物体的尺寸大小。

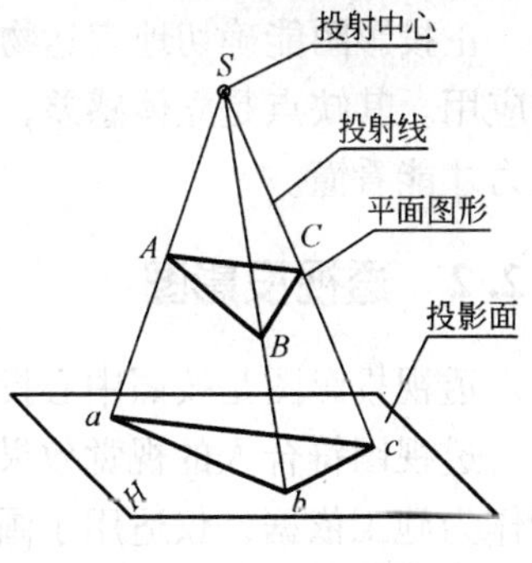

图 1-1　投影的形成

2. 平行投影法

投射中心 *S* 移至无穷远处，则所有投射线可视为互相平行。用这些互相平行的投射线做出的物体的投影，称为平行投影。这种投影法称为平行投影法。根据投射线与投影面的倾角不同，平行投影又分为斜投影和正投影。

（1）正投影　当投射线与投影面垂直时，称为正投影，如图 1-2a 所示。

（2）斜投影　当投射线与投影面倾斜时，称为斜投影，如图 1-2b 所示。

由于正投影法度量性好，作图方便，能正确地反映物体的形状和大小，因此被广泛地用来绘制工程图样。

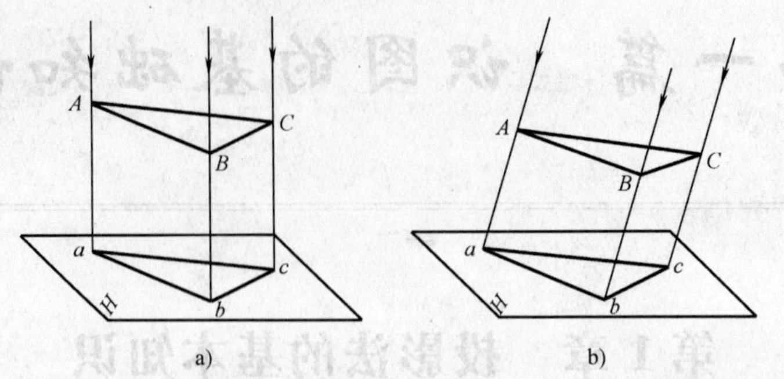

图 1-2　平行投影

a）正投影　b）斜投影

1.2　土木工程中的常用投影

在土木工程图样中，由于所表达的对象不同、目的不同，对图样的要求及所采用的图示方法也随着不同。在土木工程中常用的投影图有四种：正投影图、透视投影图、轴测投影图和标高投影图。

1.2.1　正投影图

利用正投影的方法，把物体向两个或两个以上互相垂直的投影面进行投影，再将投影面按一定的规则展开成一个平面，所得到的投影图即为正投影图，如图 1-3 所示。

正投影图能确切地表达物体的形状、大小，作图简单，便于度量，所以在工程中得到广泛应用。其缺点是立体感差，不易想象物体的形状，需具备一定的工程制图知识和空间想象能力才能看懂。

1.2.2　透视投影图

透视投影图是按照中心投影法绘制的单面投影图，简称透视图，如图 1-4 所示。

透视图符合人的视觉效果，投影逼真，直观性强，其缺点是作图复杂，度量性差，故不能作为施工依据，仅适用于画大型工程建筑物的辅助图样，用作建筑设计方案比较、工艺美术和宣传广告画等。

图 1-3　正投影图　　　图 1-4　透视投影图

1.2.3 轴测投影图

轴测投影图是按平行投影法绘制的物体在一个投影面上的投影，简称轴测图，如图 1-5 所示。

轴测图是一种立体感较强的图样，非常直观，因而容易看懂，其缺点是度量性差，作图较复杂，一般不反映表面实形。轴测图在工程上常用作辅助图样，比如帮助设计构思、帮助读图、外观设计等。

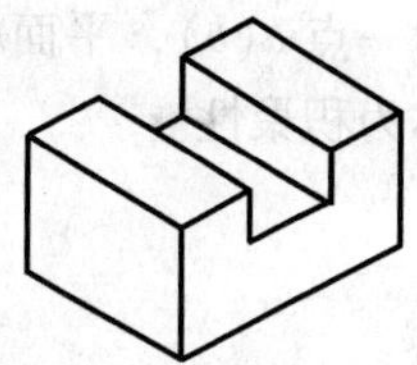

图 1-5 轴测投影图

1.2.4 标高投影图

用正投影法将局部地面的等高线（地形表面与水平面的交线）投射在水平的投影面上，并标注出各等高线的高程，从而表达该局部的地形，这种用标高来表示地面形状的正投影图，称为标高投影图，这是一种带有数字标记的单面正投影图，如图 1-6b 所示。图 1-6a 是表示用间隔相等的水平面截割地形面的立体图，图 1-6b 是得到的标高投影图。标高投影图常用来绘制地形图和道路、水利工程等方面的平面布置图样，以表示地面的起伏情况。

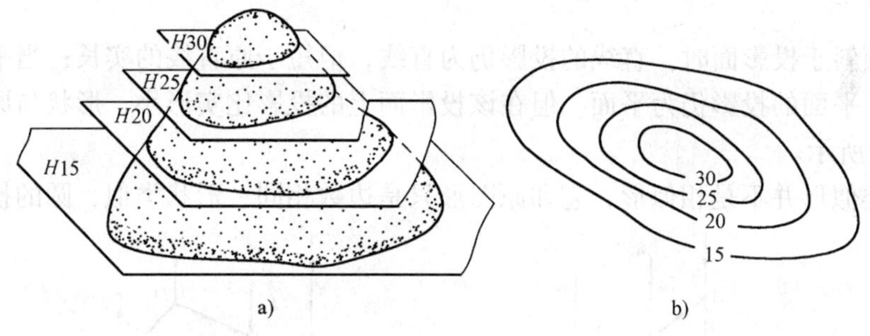

图 1-6 标高投影图

1.3 正投影的主要特性

工程图样中最常用的是正投影，正投影具有以下特性：

1.3.1 实形性

当空间直线或平面与投影面平行时，则直线的投影反映直线的实长，平面的投影反映平面图形的实形，即投影与原平面图形全等。如图 1-7 所示，空间直线 AB 和平面 $ABCD$ 均平行于投影面 H，则它们在 H 面上的正投影 $ab=AB$，$\square abcd \cong \square ABCD$。正投影的这种性质称为实形性（或显实性）。

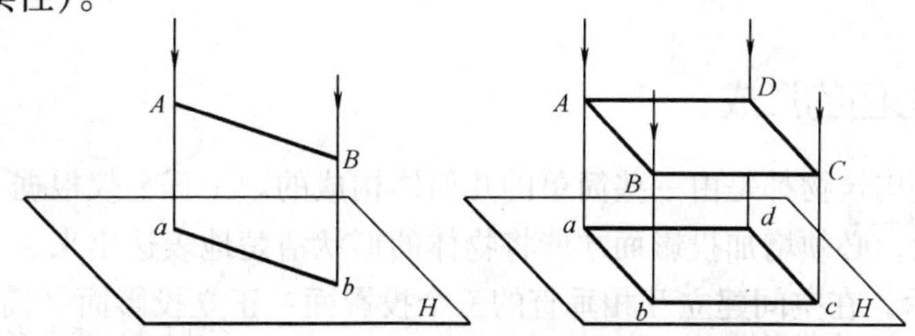

图 1-7 投影的实形性

1.3.2 积聚性

当直线或平面垂直于投影面时，则直线的投影积聚成一点，平面的投影积聚成一直线。如图 1-8 所示，空间直线 *AB* 和平面▱*ABCD* 均垂直于投影面 *H*，则 *AB* 在 *H* 面上的投影积聚为一点 $a(b)$，平面▱*ABCD* 在 *H* 面上的投影积聚为一条直线 $a(b)d(c)$。正投影的这种性质称为积聚性。

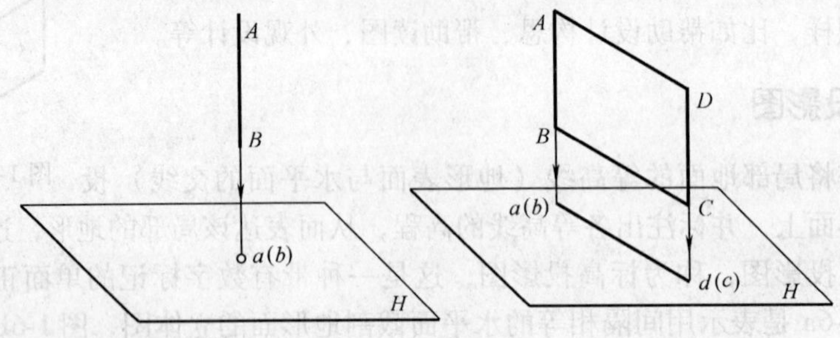

图 1-8　投影的积聚性

1.3.3 类似性

当直线倾斜于投影面时，直线的投影仍为直线，但短于原直线的实长；当平面图形倾斜于投影面时，平面的投影仍为平面，但在该投影面上的投影比实形小，形状与原来形状相类似，如图 1-9 所示。

注意：类似形并不是相似形，它和原图形只是边数相同、形状类似，圆的投影为椭圆。

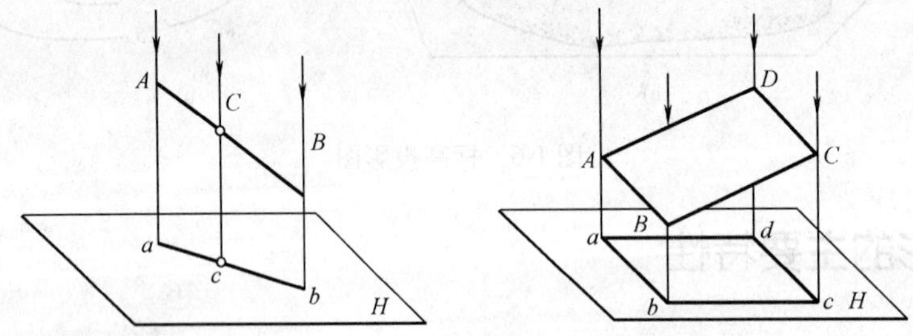

图 1-9　投影的类似性

由于正投影具有以上特性，且投影方向垂直于投影面，便于作图，因此大多数工程图样均采用正投影绘制。以后本书中提及的投影，均指正投影。

1.4 三面投影图

1.4.1 三面投影图的形成

任何建筑物或构筑物都是由一些简单的几何体构成的。工程上仅根据一个投影无法完整地表达物体的形状，必须增加投影面才能将物体的形状清楚地表达出来。

如图 1-10 所示，在空间建立互相垂直的三个投影面：正立投影面（简称正面）*V*、水平投影面（简称水平面）*H*、侧立投影面（简称侧面）*W*。由这三个互相垂直的投影面构成的体系称为三投影面体系，工程上常采用三面投影体系来表达物体的形状。

三个投影面中，把互相垂直的两投影面的交线称为投影轴，并把 *V* 面和 *H* 面，*H* 面与 *W* 面，*V* 面与 *W* 面的交线分别叫做 *OX*、*OY*、*OZ* 轴，它们的交点 *O* 称为原点。

把物体正放在三面投影体系中，分别向三个投影面做正投影，就得到了物体在三个投影面上的三个投影，如图 1-11 所示。

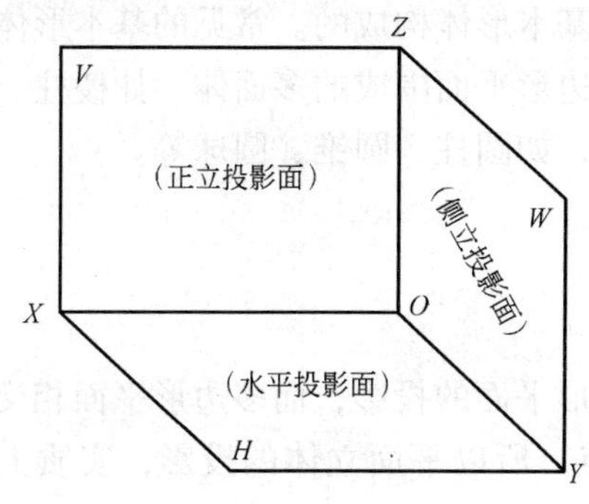

图 1-10　三面投影体系的建立

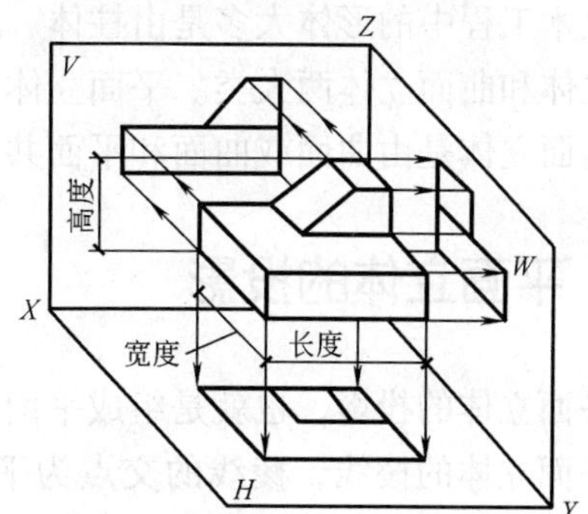

图 1-11　三面投影图的形成

1.4.2　三面投影图的展开

由于三个投影面分别位于三个互相垂直的平面上，为了作图方便，需要把三个投影面展开。如图 1-12 所示，将水平投影面绕 *OX* 轴向下旋转 90°，将侧立投影面绕 *OZ* 轴向后旋转 90°，从而都与正立投影面处在一个平面内。

1.4.3　三面投影图中的投影关系

由于作三面投影图时物体的安放位置不变，展开后，同时反映物体长度的水平投影和正面投影左右对齐，称为“长对正”；同时反映物体高度的正面投影和侧面投影上下对齐称为“高平齐”；同时反映物体宽度的水平投影和侧面投影前后对齐称为“宽相等”，如图 1-13 所示。

这就是物体三面投影图的投影关系，即“长对正，高平齐，宽相等”。这一投影关系适用于物体的整体和任一局部，是画图和读图的基本规律。

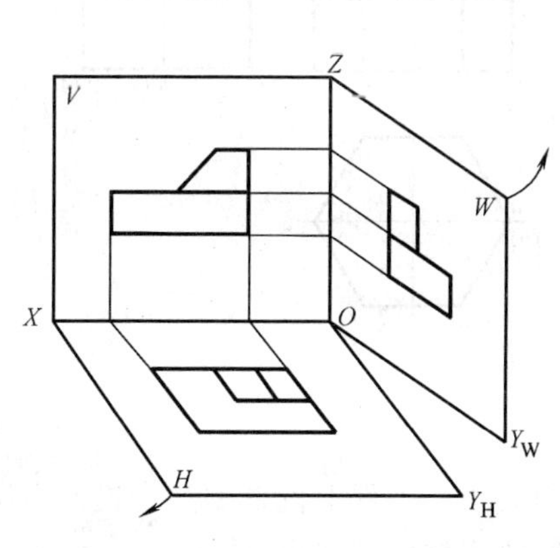

图 1-12　三面投影图的展开

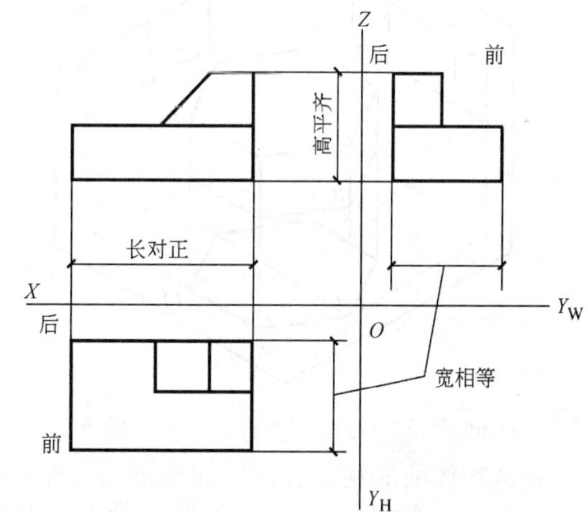

图 1-13　三面投影图的投影关系

第2章　基本形体的投影

土木工程中的形体大多是由柱体、锥体、球体等基本形体构成的。常见的基本形体分为平面立体和曲面立体两大类。平面立体是由若干个多边形平面围成的多面体，如棱柱、棱锥等；曲面立体是由曲面或曲面和平面共同围成的立体，如圆柱、圆锥、圆球等。

2.1　平面立体的投影

平面立体的投影，也就是组成平面立体所有多边形平面的投影，而多边形平面相交的交线为平面立体的棱线，棱线的交点为平面立体的顶点。所以平面立体的投影，实质上就是点、直线和平面的投影。

2.1.1　棱柱

1. 形体特征

棱柱的各棱线相互平行且相等，底面、顶面为相等多边形。常见的棱柱有三棱柱、四棱柱、五棱柱、六棱柱等，现以正六棱柱为例说明棱柱的特点。

图2-1a所示为正六棱柱的立体图，正六棱柱由六个侧面和上下两个底面组成。上下两底面为相互平行的正六边形，棱面均为矩形并同时垂直于两底面，其六条侧棱为互相平行的铅垂线。

2. 投影分析

根据平面的投影特性，不难得出正六棱柱的三面投影图，如图2-1b所示。

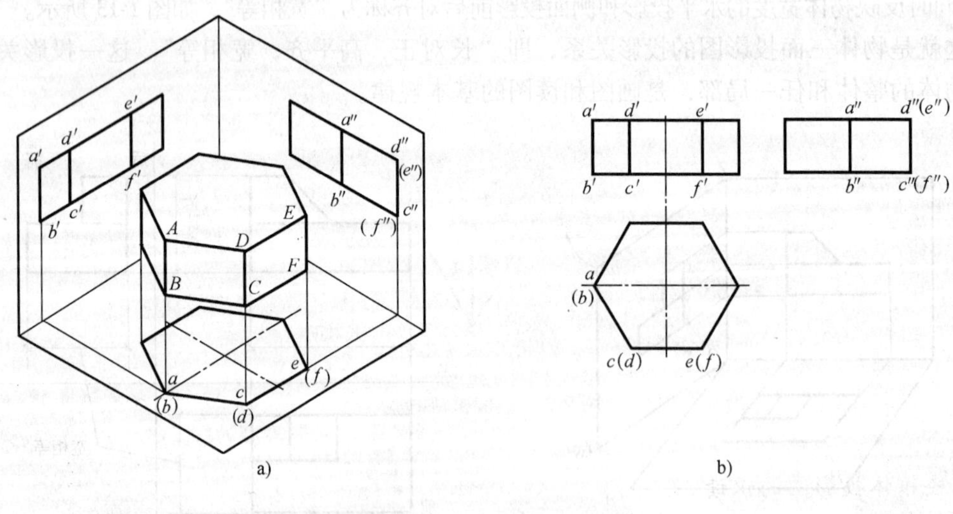

图2-1　正六棱柱的投影

由于上下底面是水平面，所以它们的水平投影反映实形，为一正六边形，其正面投影和侧面投影分别积聚为一直线；前后两个侧面（如 *CDEF* 面）平行于 *V* 面，所以它们的正面投影反映实形，仍为矩形，它们的水平投影和侧面投影分别积聚为直线；其他四个侧面（如 *ABCD* 面）都是铅垂面，所以它们的水平投影积聚为一直线，正面投影和侧面投影均为类似形。

3. 棱柱体投影图的识读

从正六棱柱的投影图可归纳出棱柱体投影图的特点：棱柱体的三个投影，其中一个投影为多边形，另两个投影分别为一个或若干个矩形，满足这样条件的投影图为棱柱体的投影图。

2.1.2 棱锥

1. 形体特征

棱锥的底面为多边形，棱线交于一点，侧棱面均为三角形。

图 2-2a 为正三棱锥的立体图，此三棱锥是以 *S* 为顶点，以正三角形 *ABC* 为底的正三棱锥，由一个底面和三个棱面组成。其底面为水平面，侧面 *SAC* 为侧垂面，另两侧面 *SAB* 和 *SBC* 均为一般位置平面。

2. 投影分析

图 2-2b 为正三棱锥的三面投影图。由于三棱锥的底面为水平面，所以其水平投影反映实形，为一正三角形，其正面投影和侧面投影分别积聚为一直线；后棱面△*SAC* 为侧垂面，所以其侧面投影 $s''a''c''$ 积聚成一直线，其正面投影和水平投影都是三角形；其余两个棱面△*SAB*、△*SBC* 为一般位置平面，所以它们的三个投影都是三角形，其侧面投影 $s''a''b''$ 和 $s''b''c''$ 彼此重合。

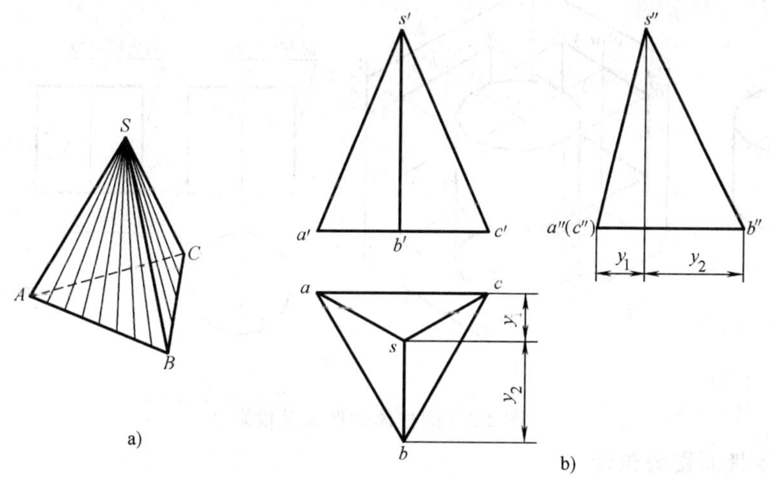

图 2-2　三棱锥的投影

3. 棱锥体投影图的识读

从正三棱锥的投影图可归纳出棱锥体投影图的特点：棱锥体的三个投影，一个投影外轮廓线为多边形，另两个投影为一个或若干个有公共顶点的三角形，满足这样条件的投影为棱锥体的投影。

2.2 曲面立体的形成及投影

常见的曲面立体有圆柱、圆锥、圆台和球体等。作曲面立体的投影图时，应先用点画线画出它们的中心线和轴线，再作其投影。

2.2.1 圆柱

1. 形成

圆柱体由圆柱面和上下两个圆形底面围成。圆柱面是由一条直母线绕与其平行的轴线回转而形成的曲面，如图 2-3a 所示，在圆柱面上任一位置的母线称为素线。

2. 投影分析

图 2-3b、c 所示为一轴线垂直于 H 面的圆柱体及其三面投影图。由于圆柱体的轴线和所有素线都垂直于 H 面，其底面为水平面，所以圆柱体的水平投影为一个圆，此圆既是圆柱上下底面的重合投影，又是圆柱面的积聚投影。

圆柱体的 V 面投影为一矩形，矩形的上下两条边是圆柱体上下底面的积聚投影，左右两条边线为圆柱体的最左和最右两条轮廓素线的投影，也是前、后两半圆柱面分界的转向线的投影。在 V 面投影中，前、后两半圆柱面的投影重合为一矩形。

圆柱体的 W 面投影也为矩形。矩形的上下两条边是圆柱体上下底面的积聚投影，两条竖线分别是圆柱的最前和最后轮廓素线的投影，也是左、右两半圆柱面分界的转向线的投影。在 W 面投影中，左、右两半圆柱面的投影重合为一矩形。

在各面投影中，除轮廓线外，其余素线均不必画出。

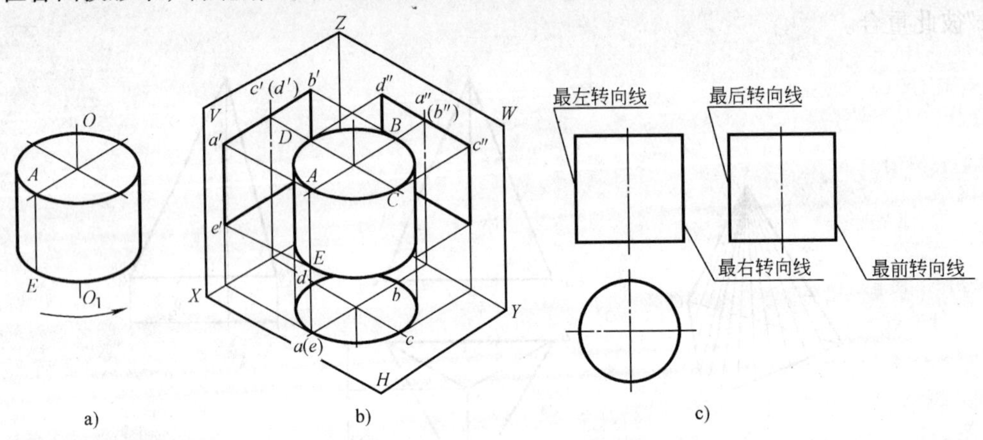

图 2-3 圆柱体的形成及投影

3. 圆柱体投影图的识读

综上所述，圆柱体的三个投影图分别是一个圆和两个全等的矩形，且矩形的长度等于圆的直径。满足这样条件的投影图是圆柱体的投影图。

2.2.2 圆锥

1. 形成

圆锥体的表面由圆锥面和底面围成。圆锥面是由一条直母线绕与它相交的轴线回转而形成的，如图2-4a所示。圆锥面上通过顶点的任一位置的母线称为圆锥面的素线。

2. 投影分析

图2-4b、c所示为一轴线垂直于H面的圆锥体及其三面投影图。由于圆锥体的轴线垂直于H面，其底面是水平面，所以圆锥体的水平投影为一个圆，它是圆锥面及圆锥底面的重合投影。

圆锥体的V和W面投影为同样大小的等腰三角形，三角形的底边为圆锥底面的积聚投影。在V面投影中，等腰三角形的两腰$s'a'$和$s'b'$是圆锥面的最左和最右转向线（即由前向后看时，圆锥体上的可见与不可见部分的分界线）的投影，其W面投影与轴线重合不应画出，它们把圆锥面分为前、后两半圆锥面，前、后两半圆锥面的投影重合为一三角形。在W面投影中，两腰$s''c''$和$s''d''$是圆锥面最前和最后转向线（即由左向右看时，圆锥体上可见与不可见部分的分界线）的投影，其V面投影与轴线重合，它们把圆锥面分为左、右两半圆锥面，左、右两半圆锥面的投影重合为一三角形。

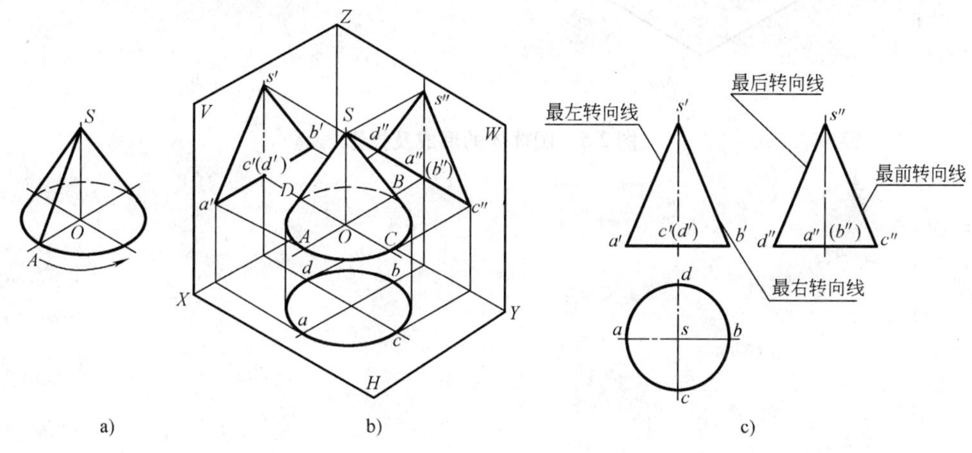

图2-4　圆锥体的形成及投影

3. 圆锥体投影图的识读

综上所述，圆锥体的三个投影图分别是一个圆和两个全等的等腰三角形，且三角形的底边长等于圆的直径，满足这样要求的投影图是圆锥体的投影图。

2.2.3　圆球

1. 形成

圆球体是由圆球面围成的。圆球面是以半圆弧为母线绕该圆内任一直径回转而形成的，如图2-5a所示。

2. 投影分析

圆球的三面投影均为与圆球直径大小相等的圆，分别是球体在三个不同方向的轮廓线的投影，如图2-5b所示。

H面投影是球面上平行于水平面的最大圆的投影，是上、下两半球面的可见与不可见的分界线。V面投影是球面上平行于V面的最大轮廓圆的投影，是前、后两半球面的可见与不可见的分界线。W面投影是球面上平行于W面的最大圆的投影，是左、右两半球面的可见与不可见的分界线。

3. 圆球体投影图的识读

球体的三个投影都是圆，如果满足这样的要求则为球体的投影。

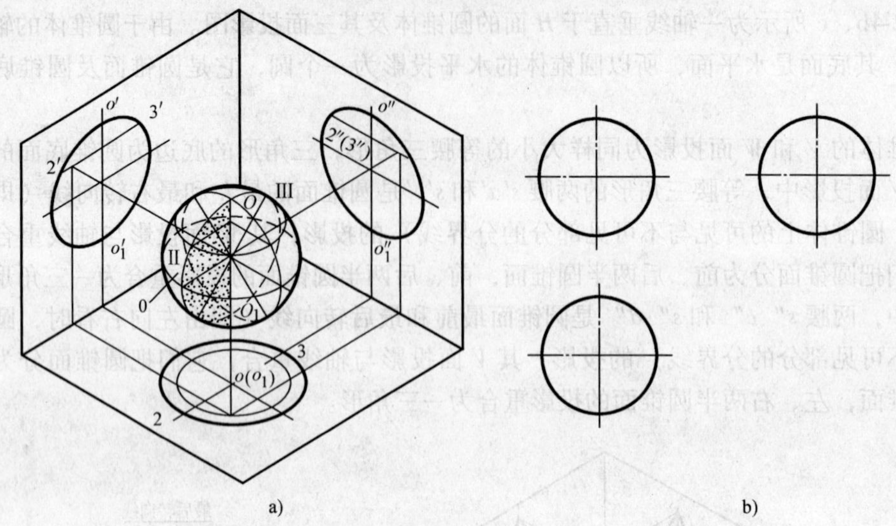

图 2-5　圆球体的形成及投影

第3章　组合体的投影

3.1　组合体的组合方式和形体分析

3.1.1　组合体的组合方式

土木工程中的形体一般都可以看作是由棱柱、棱锥、圆柱、圆锥、球等基本几何体组合而成的。由若干个基本体按照一定方式所组成的形体，称为组合体。工程形体的形状虽然很复杂，但若加分析，都可以看成是基本体的组合。

为了便于分析，根据形体的组合特点，可将组合体的组合方式分为叠加和切割两种基本方式，也可以是既有叠加又有切割的综合形式。叠加是指由若干个基本体叠合而成；切割是指基本体被平面或曲面截切，切割后表面会产生不同形状的截交线或相贯线。最常见的组合体是既有叠加又有切割的综合型组合体，简称综合体。

如图3-1a所示的组合体，可看作是由水平放置的长方体Ⅰ、竖直放置的长方体Ⅱ和三棱柱Ⅲ叠加而成的；如图3-1b所示的组合体，可看作是由长方体切去三棱柱Ⅰ、再切去三棱柱Ⅱ而形成的；又如图3-1c所示的组合体，为一肋式杯形基础，可视为由四棱柱底板、中间挖去楔形块的四棱柱和六个梯形块组成，是既有叠加，又有切割的综合方式。

在许多情况下，同一组合体既可分析为叠加方式，也可按切割方式去理解，如图3-1a所示的组合体，也可看作是由长方体切割而成。因此分析组合体的组合方式时，应根据具体情况从便于作图和易于理解的角度来进行分析。

3.1.2　组合体的表面连接关系

组合体各部分之间的连接关系可分为平齐、不平齐、相切和相交四种情况，如图3-2所示。因为对组合体进行分解的分析方法是假想的，而组合体实际上是一个整体，所以在读组合体的视图时，必须注意其组合方式和各基本体之间表面的连接关系，才能正确理解形体的形状。

1. 平齐

当组合体上两基本形体的某两个表面平齐时，即构成一个完整的平面，在投影图中平齐处不应该有线隔开。如图3-2a所示，两叠加形体的前后表面分别平齐，中间不应该有分界线。

2. 不平齐

当组合体上两个基本形体的表面不平齐时，在视图中两表面投影的分界处应该用线隔开。如图3-2b所示的正面投影图，两个基本体之间应画出分界线。

3. 相切

相切是指两个基本体表面（平面与曲面或曲面与曲面）光滑连接。平面与曲面、曲面与曲面相切时，在相切处不存在分界线。如图3-2c所示的正面投影图，相切处不画交线。

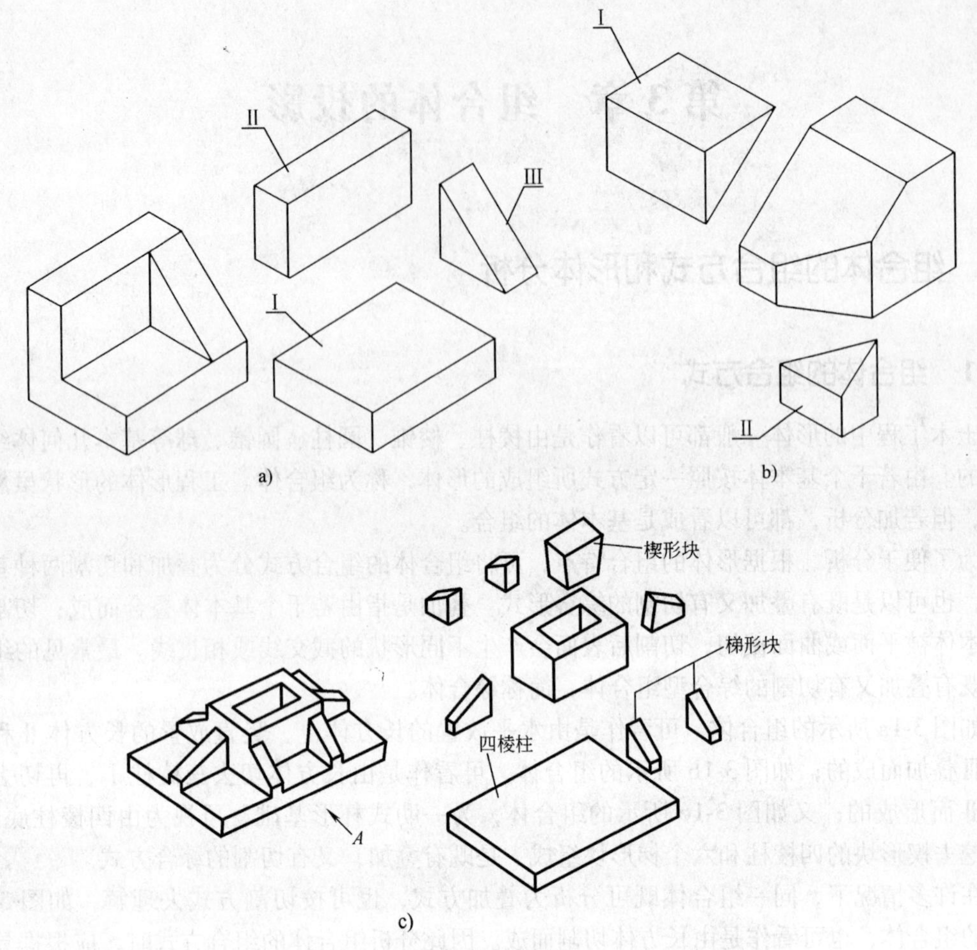

图 3-1　组合体的组合方式

a）叠加式　b）切割式　c）综合式

4. 相交

相交是指两基本体表面彼此相交。两形体表面相交时，相交处有分界线，投影图上应画出表面交线的投影。如图 3-2d 所示，支板与圆柱叠加，邻接表面相交处有交线。

3.1.3　组合体的形体分析

形体分析就是假想把复杂的组合体分解成若干简单的基本形体，然后再分析各基本形体的形状、它们之间的相对位置、组合方式及表面连接关系，从而解决组合体的画图、读图和尺寸标注问题。这是一种化繁为简、化难为易的方法。这里所说的基本体，也可以是一个经过一定切割的基本体，或者基本体的简单组合，分解以后的各部分必须简单明了。

图 3-3a 左图所示组合体，为一室外台阶，可以把它看成由左边墙、台阶、右边墙三部分组成。其中位于两边的边墙是两个棱线水平的六棱柱，中间的三级台阶可看成是一个棱线水平的八棱柱，图 3-3a 右图为分解后的各基本形体。

图 3-3b 左图所示组合体，为一个扶壁式挡土墙，运用形体分析法可假想将其分解成如右图所示的底板、直墙、扶壁、贴角四部分。底板是长方体，位于形体的底部；直墙也是长方体，位于底板的右上部；扶壁为五棱柱，位于底板的上部，直墙的左部；贴角为三棱柱，位于直墙的右下角。

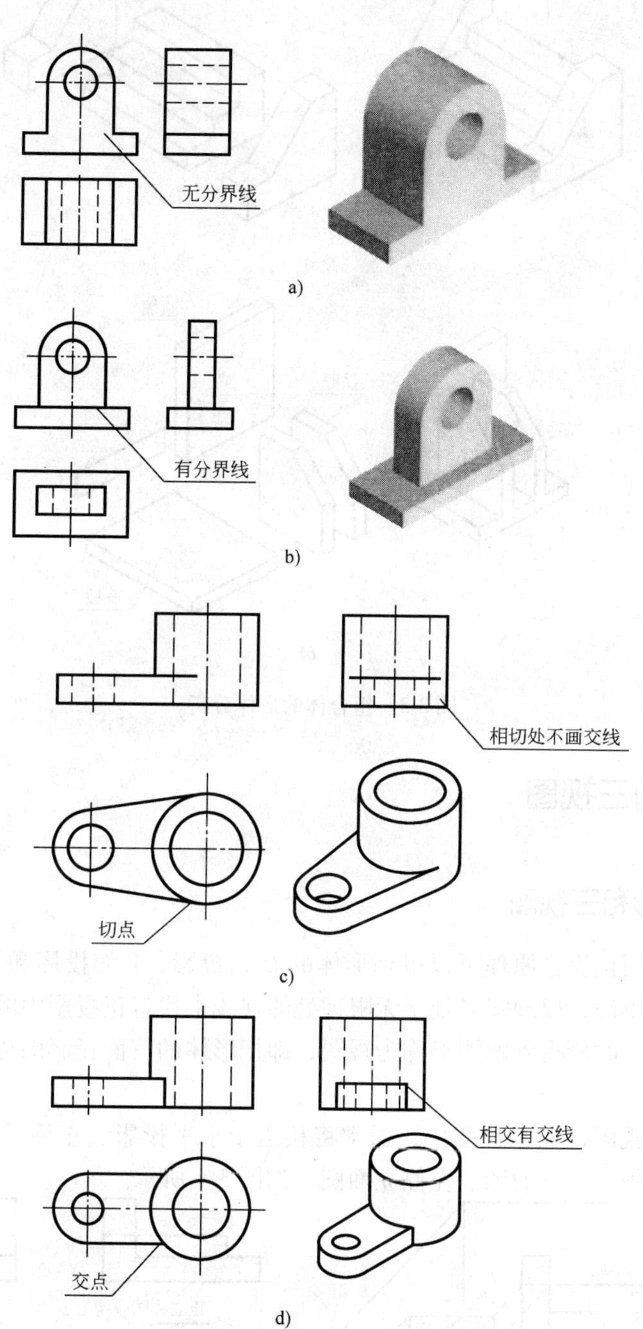

图 3-2 组合体的表面连接关系

a）平齐 b）不平齐 c）相切 d）相交

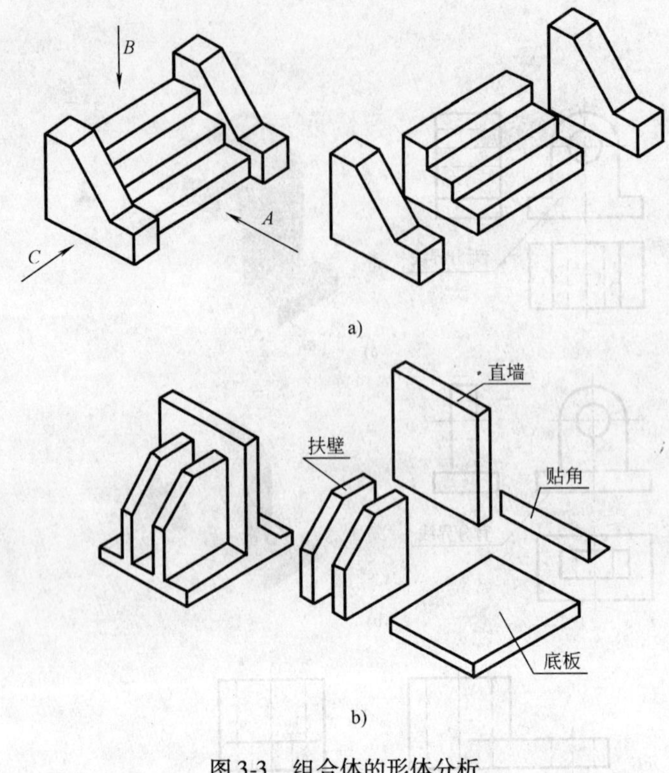

图 3-3　组合体的形体分析

3.2　组合体的三视图

3.2.1　三面投影和三视图

前面介绍了利用正投影原理可以得到形体的 H 面投影、V 面投影和 W 面投影。在工程制图中，运用正投影法，以观察者处于无限远处的视线来代替正投影中的投射线，将工程形体向投影面作正投影时所得到的图形称为视图，即把形体的三面投影图称作三面视图，简称三视图。

为了区分三个视图，在工程图中，通常将相当于水平投影、正面投影、侧面投影的视图，分别称为平面图、正立面图、左侧立面图，如图 3-4 所示。

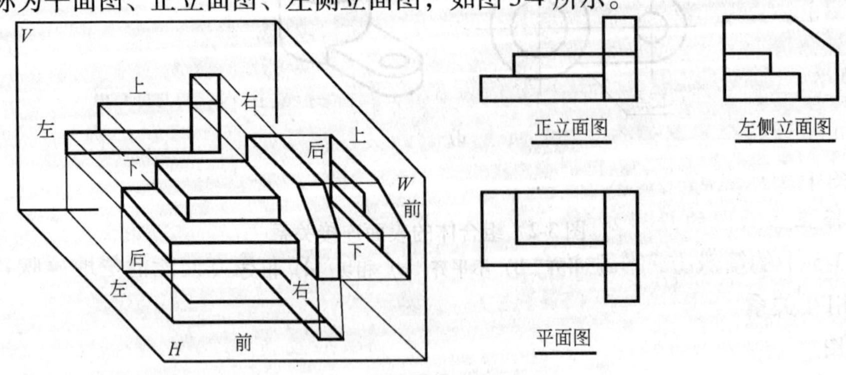

图 3-4　三视图

三视图的排列位置如下：平面图位于正立面图的下方，左侧立面图位于正立面图的右方。从图 3-4 中可以看出，正立面图反映了形体的上下、左右方位关系，即高度和长度；平面图反映了形体的左右、前后方位关系，即长度和宽度；左侧立面图反映了形体的上下、前后方位关系，即高度和宽度。

用正投影法绘制的组合体三视图仍然符合投影图中的“三等关系”，正立面图与平面图“长对正”，正立面图与左侧立面图“高平齐”，平面图与左侧立面图“宽相等”。

3.2.2 组合体三视图的画法

画组合体的三视图时，一般是按照形体分析、视图选择、作图三个步骤完成的。

1. 形体分析

确定组合体的组成部分，是属于叠加式还是切割式组合体，并分析各部分的形状、相对位置及表面连接关系。

2. 视图选择

视图选择要考虑组合体的安放位置、选择正立面图的投影方向和确定视图数量三个问题。

选择组合体的安放位置以自然平稳为原则，按正常工作位置或将组合体上较大底板水平放置，并使组合体上尽量多的平面平行于投影面，这样可使视图反映表面实形，且使视图简单易读。不能平行于投影面的平面应尽量垂直于投影面。总之使围成组合体的各表面尽量处于特殊位置。

正立面图是表达形体的一组视图中最主要的视图，在选择正立面图的投影方向时，应使正面投影能较好地反映组合体的形状特征及其相对位置，同时尽量使其他视图减少虚线，还要考虑合理利用图纸等。如图 3-3a 中的台阶，如果选 *C* 向投影为正视图，能够较清楚地反映台阶踏步与边墙的形状特征；若从 *A* 向进行投影，则能很清楚地反映台阶踏步与两边墙的位置关系，即结构特征。考虑到需使视图减少虚线，故选 *A* 向投影更为合理。

最后确定视图数量。为便于看图、节省画图工作量和节约图纸，应在保证完整清晰地表达形体形状、结构的前提下，尽量减少视图数量。可按照形体分析的结果，逐个确定各部分所需的视图数量，然后得出表达整个形体所需的视图数量。

3. 作图

包括确定比例、选定图幅、布置视图位置、画投影图底稿、加深图线、标注尺寸等。

【例 3-1】 绘制图 3-5 所示桥台的三视图。

1. 形体分析

可把桥台分解为如图 3-5 所示的基础（Ⅰ）、台身（Ⅱ）、前墙（Ⅲ）三部分。基础、前墙都是四棱柱，台身可看作是由一个横放的四棱柱再切割去一个四棱柱而成，被切割去的四棱柱在图中用双点画线表示。

2. 选择正立面图的投影方向

选图 3-5 中的箭头方向作为桥台正立面图的投影方向，该方向能清楚地反映各部分的形状特征和相互关系。

3. 作图

1）合理布置视图位置，画出下部基础Ⅰ的三视图，如图 3-6a 所示。

2）作基本形体台身Ⅱ的三视图。先画没有切割时的三视图，如图 3-6b 所示，再画台身经过切割以后产生的缺口和虚线，如图 3-6c 所示，正立面图和侧面图中被切割部分为不可见的轮廓线，画成虚线，平面图中棱线 *AB* 上的多余线段 *mn* 要擦去。

3）作前墙Ⅲ的三视图，如图 3-6d 所示。

4）底稿画完后，经检查纠错，再按标准线型描深，完成桥台的三视图，如图 3-6e 所示。形体分析法只是假想把组合体分解为若干基本形体，以方便画图，实际上组合体是一个完整的形体。因此，检查时要特别注意各基本形体表面结合处的投影。

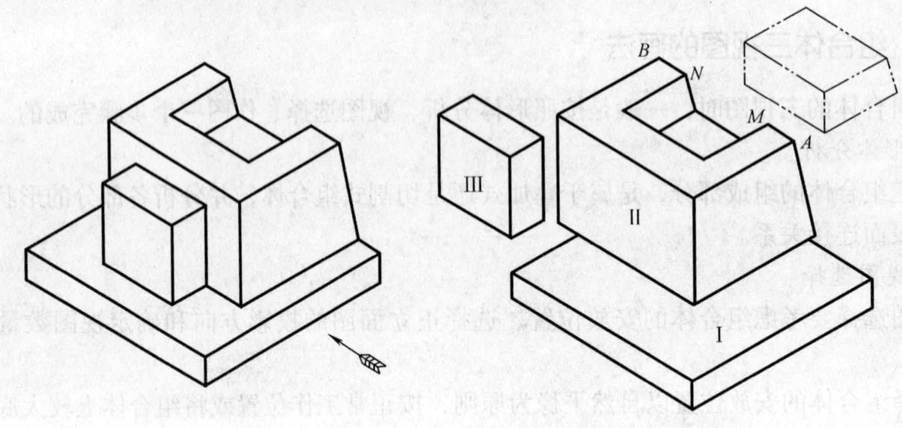

图 3-5　桥台及其形体分析

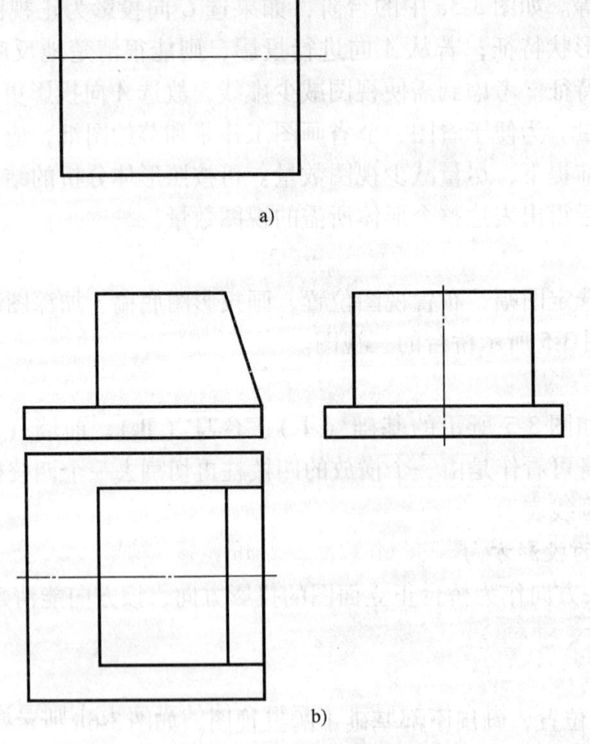

图 3-6　作桥台三视图的步骤

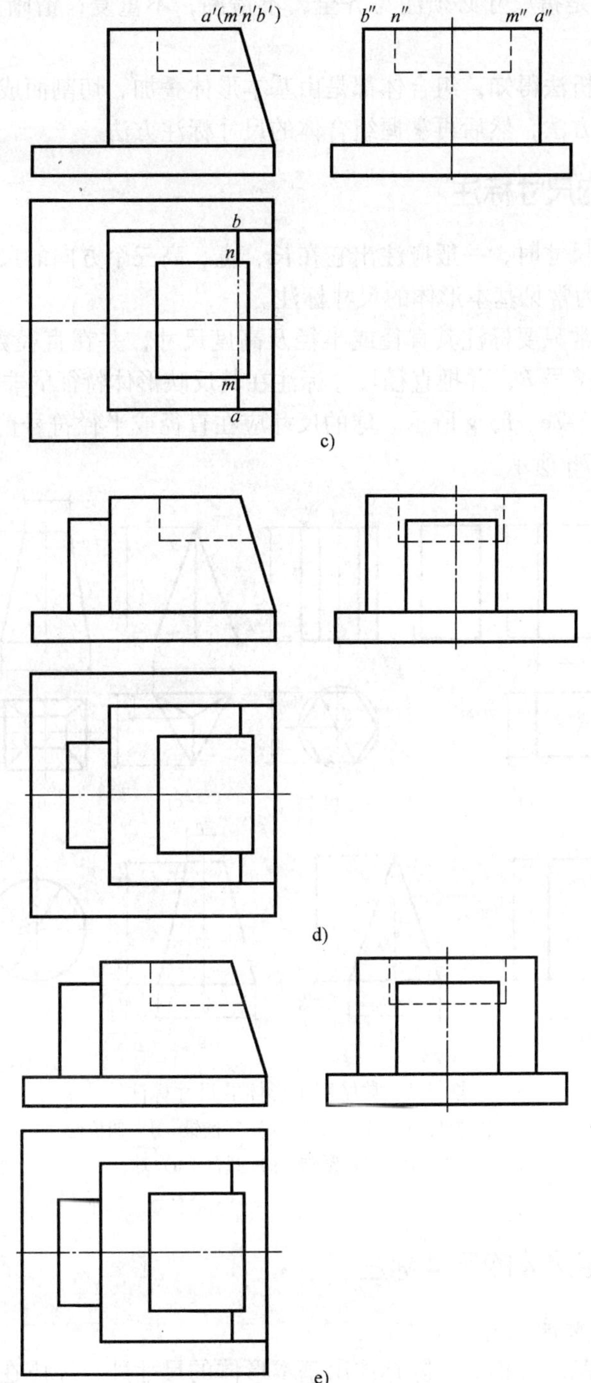

图 3-6　作桥台三视图的步骤（续）

3.3　组合体的尺寸标注

组合体的视图只能表达组合体的形状，而组合体的真实大小则要通过标注尺寸来确定。组合体尺寸标注的基本要求是正确、完整、清晰。正确是指尺寸注法要符合国家标准的规定

（参见第6章）；完整是指尺寸必须注写齐全，不遗漏，不重复；清晰是指尺寸的布局要整齐清晰，便于读图。

从前面的形体分析法得知，组合体都是由基本形体叠加、切割而成的。因此，应先熟悉基本形体的尺寸标注方法，然后再掌握组合体的尺寸标注方法。

3.3.1 基本形体的尺寸标注

在标注基本体的尺寸时，一般应注出它在长、宽、高三个方向的尺寸，但要注意不要重复标注。图3-7所示为常见基本形体的尺寸标注。

对于回转体，通常只要标注其直径或半径及高度尺寸，并在直径数字前加直径符号 ϕ，半径数字前加注半径符号 R，并把直径尺寸标注在其反映形体特征的非圆视图上，这样可以省略一个视图，如图3-7e、f、g所示。球的尺寸应在直径或半径符号前加注球的符号“S”，即 $S\phi$ 或 SR，如图3-7h所示。

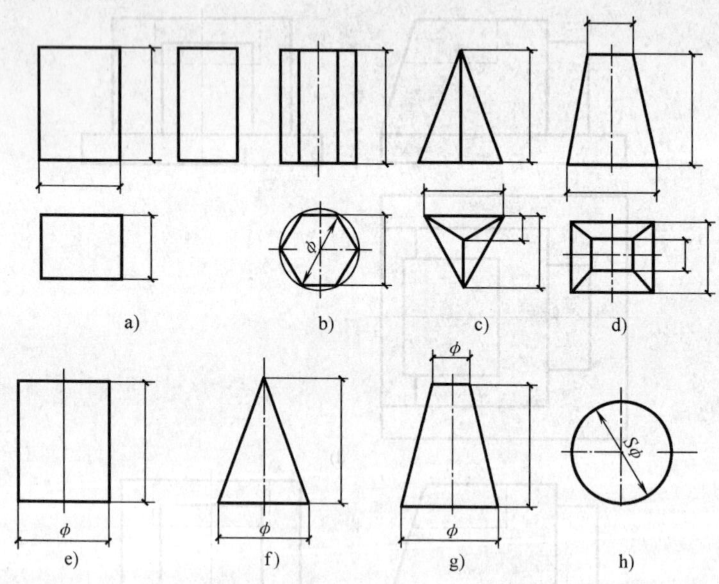

图3-7 常见基本形体的尺寸标注

a）长方体 b）正六棱柱 c）三棱锥 d）四棱台

e）圆柱 f）圆锥 g）圆台 h）球

3.3.2 切割体和相贯体的尺寸标注

1. 切割体的尺寸标注

当基本形体被切割、开槽后，除标注出基本形体的尺寸外，还应在反映切割最明显的视图上标注截切平面的位置尺寸，如图3-8a所示。

注意不要在截交线上标注尺寸，因为截交线为截平面截断立体后自然形成的交线，因此不能标注尺寸。

2. 相贯体的尺寸标注

除标注两相交基本体的定形尺寸外，还要注出确定两相交基本体相对位置的定位尺寸。注意：由于相贯线为自然形成的交线，因此不需标注相贯线的尺寸，如图3-8b所示。

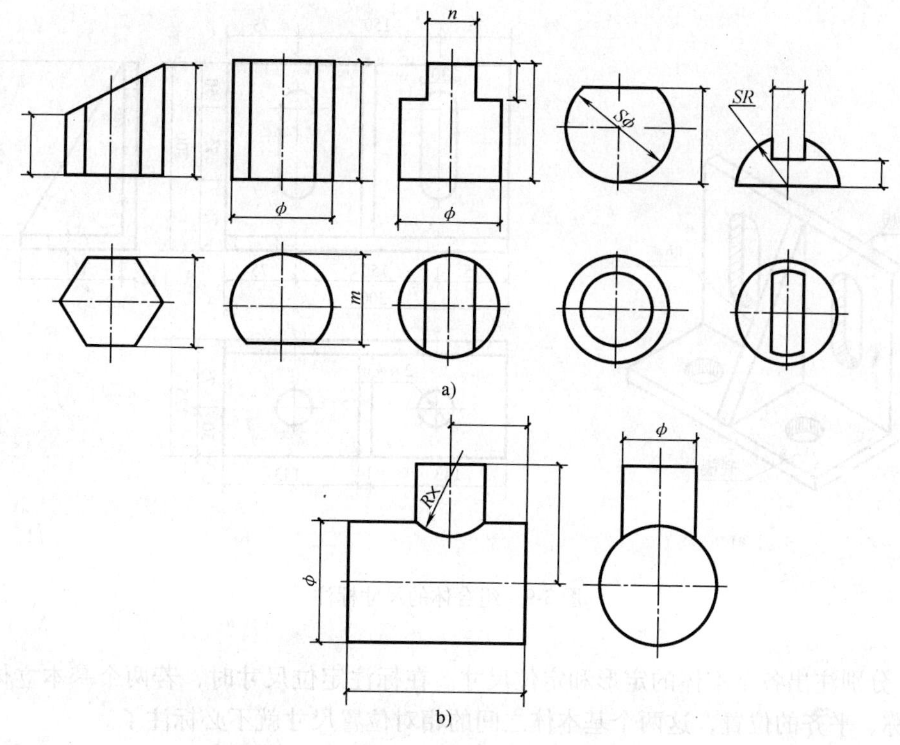

图 3-8 切割体和相贯体的尺寸标注

3.3.3 组合体的尺寸标注

1. 标注尺寸的类型

从形体分析的角度看，组合体的尺寸可分为定形尺寸、定位尺寸和总体尺寸三种类型。标注组合体尺寸时，应首先按形体分析法将组合体分解为若干基本体，再注出各个基本体的定形尺寸以及定位尺寸，最后注出组合体的总尺寸。

（1）定形尺寸　定形尺寸是确定组合体中各基本体的形状和大小的尺寸。如图 3-9 所示的组合体，底板的尺寸为长 300、宽 125、高 14，竖板的尺寸为长 300、宽 14、高 186，肋板的尺寸为高 186、宽 111、厚 14，圆孔的直径为 30，孔深 14，这些尺寸均属于定形尺寸。

（2）定位尺寸　定位尺寸是确定各基本体之间的相对位置的尺寸。标注定位尺寸时，首先要确定标注尺寸的起点——尺寸基准，以便确定各基本体在各方向的相对位置。组合体在长、宽、高三个方向都要分别有一个主要的尺寸基准。一般选用组合体的对称面、底面、重要端面和轴线等作为尺寸基准。如图 3-9 中竖板上的两个长圆孔，其定位尺寸为高度方向：75、75、50，长度方向：75、150、75；底板两圆孔的定位尺寸是：长度方向 75、150、75，宽度方向 75、50。

（3）总体尺寸　总体尺寸是确定组合体总长、总宽、总高的尺寸。如图 3-9 中 300 是总长尺寸、125 是总宽尺寸、200 是总高尺寸。

2. 尺寸标注的步骤与示例

（1）步骤

1）形体分析和初步考虑各基本体的定形尺寸。

2）选定尺寸基准。

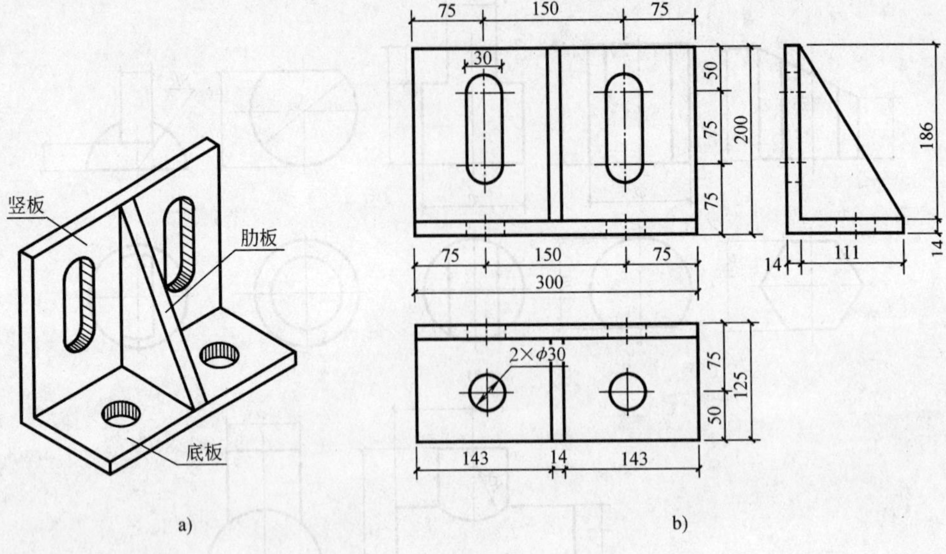

图 3-9　组合体的尺寸标注

3）分别注出各基本体的定形和定位尺寸。在标注定位尺寸时，若两个基本立体处于叠加、对称、平齐的位置，这两个基本体之间的相对位置尺寸就不必标注了。

4）标注总体尺寸。

（2）示例

【例 3-2】 分析图 3-10 所示肋式杯形基础的尺寸标注。

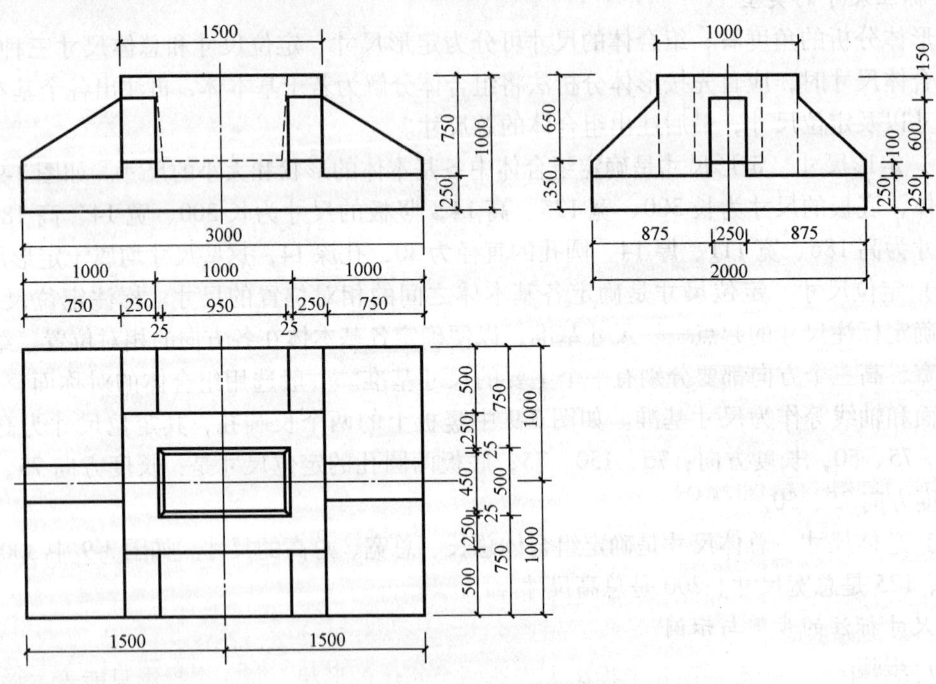

图 3-10　肋式杯形基础的尺寸标注

1）形体分析：详见图3-1c。

2）选定尺寸基准。该肋式杯形基础长度方向的尺寸基准一般选择左侧面或右侧面，宽度方向的尺寸基准可选择前侧面或后侧面，高度方向的尺寸基准一般是底面。

3）标注定形尺寸。底板长3000、宽2000、高250；中间四棱柱长1500、宽1000、高750；前后肋板长250、宽500、高600和100；左右肋板长750、宽250、高600和100；楔形块（即楔形杯口）上底1000×500、下底950×450、高650和杯口厚度250等，如图3-10b所示。

4）标注定位尺寸。中间四棱柱在底板四棱柱上，沿底板四棱柱的长、宽、高的定位尺寸是750、500、250；楔形杯口距离中间四棱柱的左右侧面250，距离四棱柱的前后侧面250；楔形杯口底面距离四棱柱的顶面650；左右肋板的定位尺寸是沿底板四棱柱宽度方向为875、高度方向为250，长度方向因肋板的左右端面与底板的左右端面对齐，不用标注。同理，前后肋板的定位尺寸是750、250。为便于施工，还要标注楔形杯口中线的定位尺寸，如图3-10b中的1500和1000。

5）标注总尺寸。肋式杯形基础的总长和总宽即底板的长3000与宽2000，不用另外标注，总高尺寸为1000。

3. 尺寸标注的注意事项

为了便于读图，应从以下几个方面使尺寸的布置整齐清晰，使读图者一目了然。

1）尺寸标注要严格遵守国家标准中有关规定。

2）尺寸标注要齐全，不得遗漏，不要到施工时再进行计算和度量。

3）尺寸标注要明显，应尽量标注在视图外面，并位于两视图之间，且靠近被标注的轮廓线。在不影响图形清晰的前提下，对有些细部尺寸允许注在图形内。

4）同一形体的定形、定位尺寸应尽可能标注在反映该形体特征的视图上，并把长、宽、高三个方向的定形、定位尺寸组合起来排成几行，按小尺寸在内、大尺寸在外排列。

5）标注尺寸要排列整齐，避免尺寸线与尺寸线或尺寸界线相交。

6）标注定位尺寸时，对圆形要定出圆心的位置，对多边形要定边的位置。

7）每一方向的细部尺寸之和要等于总尺寸。

3.4 组合体视图的识读

运用正投影原理，根据组合体已知的视图想象出它的空间形状，这一过程称为读图。要能正确迅速地读懂组合体视图，必须有扎实的读图基础知识，掌握读图的基本方法，通过不断地读图实践，培养空间想象能力。

3.4.1 读图的基础知识

读图前，首先要能熟练掌握基本形体的投影特点，熟练运用基本形体的三面投影规律，并熟知尺寸标注方法，除此以外，还要做到以下几点：

1. 掌握读图的准则

在图样中，一般都是用几个投影来表达一个物体的形状。每一个投影只能表示形体一个方向的形状，不能概括该形体的全貌，因此读图时应按照视图间对应的投影关系，将多个视图联系起来识读，不能孤立起来想，这样才能想象出它们的形状，这是读图的准则。

往往几个形体虽有一个视图相同，但它们的形状却完全不同。如图 3-11 所示，三个形体的正立面图都是相同的，但尚须联系它们各自的平面图，才能想象出它们的形状。

图 3-11　一个投影相同的形体

有时，凭两个视图也不能确定形体的形状。如图 3-12 所示的三个形体，它们具有相同的正立面图、平面图，但仍无法唯一确定形体的形状，须联系它们各自的左侧立面图才能想象出它们的形状。

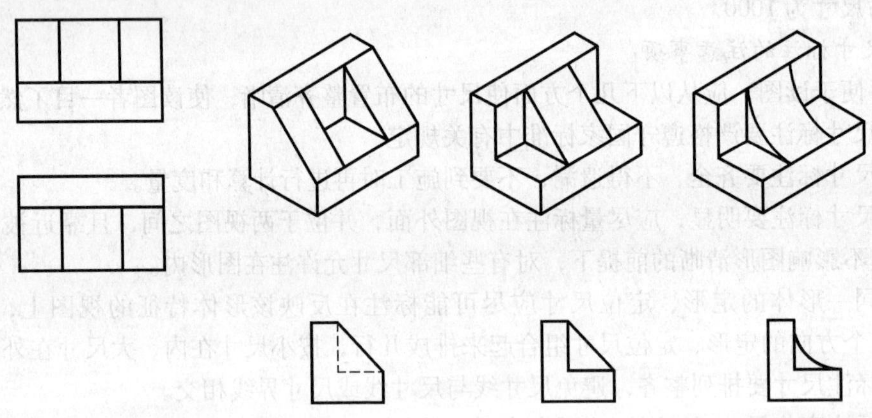

图 3-12　两个投影相同的形体

2. 读图时应从特征视图入手

特征视图就是反映形体的形状特征和位置特征最多的视图。读图时，首先要找出最能反映组合体形状特征的那个视图，同时配合其他视图进行形体分析。

3. 明确图中线和线框所代表的含义

（1）视图中的图线可表示以下三种情况，如图 3-13a 所示：

1）面与面交线的投影。

2）垂直面有积聚性的投影。

3）曲面轮廓素线的投影。

（2）视图中封闭的线框可表示以下情况，如图 3-13b 所示：

1）形体上一个基本几何体或一个孔的投影。

2）形体上一个表面的投影，这个面可能是平面、曲面，也可能是平曲组合体。

两线框如有公共线，则两个面一定是相交或错开，如图 3-13b 所示。

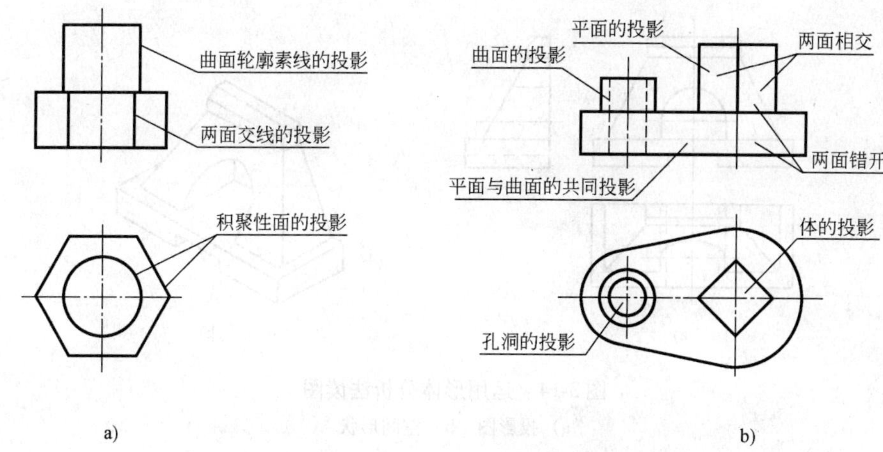

图 3-13　图中线和线框的含义

因此，投影图上的一点，可能是空间一点的投影，也可能是形体上一条线有积聚性的投影；投影图上的一条直线，可能是空间一条直线的投影，也可能是一个平面有积聚性的投影；投影图上一个线框，可能是空间一个面的投影，也可能是空间一个基本形体的投影。读图时需要几个视图互相配合，才能正确识别。

3.4.2　读图的基本方法

形体分析法是读图的最基本方法，遇难点部分辅以线面分析法。

1. 形体分析法

如前所述，任何工程结构物都可拆分为若干基本形体，这种方法也可用于读图。形体分析法读图是以基本形体为读图单元，从反映组合体形状特征的视图着手，联系其他视图，把组合体分解为若干基本形体，先想象出各基本形体的形状，再确定它们的组合形式及相邻表面间的关系，最后综合想象出整体形状。

【例 3-3】　根据图 3-14a 所示涵洞面墙的三视图，想象其空间形状。

读图步骤如下：

1）识视图、分部分。首先弄清各视图名称、观看方向，建立起物图关系。然后分部分，由 3-14a 所示的正立面图和左侧立面图可以看出，该涵洞面墙是叠加体，从左侧立面图入手，结合其他视图，可将其分为上、中、下三个部分。

2）逐部分对投影、想形状。由左侧立面图按投影规律找出各部分在正立面图和平面图上的对应线框。下部线框为两矩形线框对应一倒写的“凹”字多边形，空间形状为倒放的凹形柱；中部梯形线框在正立面图中对应也为梯形线框，对应平面图可看出是半四棱台，其内虚线对应三投影可知是在半四棱台中间挖穿一个倒 U 形孔；上部对应另外两个视图都是矩形线框，故是直五棱柱。

3）综合起来想整体。由正立面图可看出，半四棱台，直五棱柱依次在凹形柱之上，且左右位置对称，看平面图（或左侧立面图）三部分后边平齐。据此，综合想象出涵洞面墙的整体形状，如图 3-14b 所示。

图 3-14　运用形体分析法读图
a）投影图　b）空间形状

2. 线面分析法

在一般情况下，对形体清晰的组合体，用上述形体分析法就可以识读完整。对有些局部较为复杂的组合体，其形状与基本体相差较大，用形体分析法难以判断其形状时，这部分视图可以采用线面分析法读图。

线面分析法读图是以线面为读图单元，一般不独立应用。读图时，根据视图上的图线及线框，找出它们的对应投影，从而分析出形体上相应线面的形状和位置，综合得出该部分的空间形状。

【例 3-4】　根据图 3-15a 所示的三视图，想象出挡土墙的形状。

1）初步分析。根据三个视图可以看出，挡土墙大致形状是由梯形块组成的。因为斜面较多，可用线面分析法进行分析。

2）逐个线框进行分析。如图 3-15b 所示，正立面图上有 1、2 两个梯形线框，先找出线框 1 的另外两个投影，这里线框代表的是平面，它的另外两投影要么是直线，要么是类似形，因为在平面图中不存在满足投影规律的类似形，所以线框 1 的水平投影应是水平直线。由此可判定 1 面是正平面，其侧面投影是竖直线。

再看线框 2。先找出 2 面的水平投影，按照“长对正”可以找出满足投影规律的类似形，说明这是 2 的水平投影。再找 2 的侧面投影，按照“宽相等”可找出 2 的侧面投影，是一条直线，因此，说明 2 是侧垂面。

如图 3-15b 所示，平面图中有 3、4 两个线框。先看线框 3，找出 3 的正面投影，按照“长对正”可知 3 的正面投影是一条倾斜直线，由此可断定 3 是正垂面，侧面投影应是类似形，按照“宽相等”可找出 3 的侧面投影。

再看平面图中的线框 4，由于正立面图中没有类似形，所以它的正面投影应是直线，由于水平投影可见，所以一定对应上面的水平直线，因此可以断定 4 是水平面，侧面投影也是水平直线。

如图 3-15b 所示，左侧立面图中有线框 5。首先按照“宽相等”找出 5 的水平投影，由于没有类似形，所以它的水平投影只能是竖直直线，这说明 5 是侧平面。

3）综合想象出整体形状。由以上分析可知，挡土墙的形状是一长方体被一个正垂面和侧垂面切去左前角而成的，其空间形状如图 3-15c 所示。

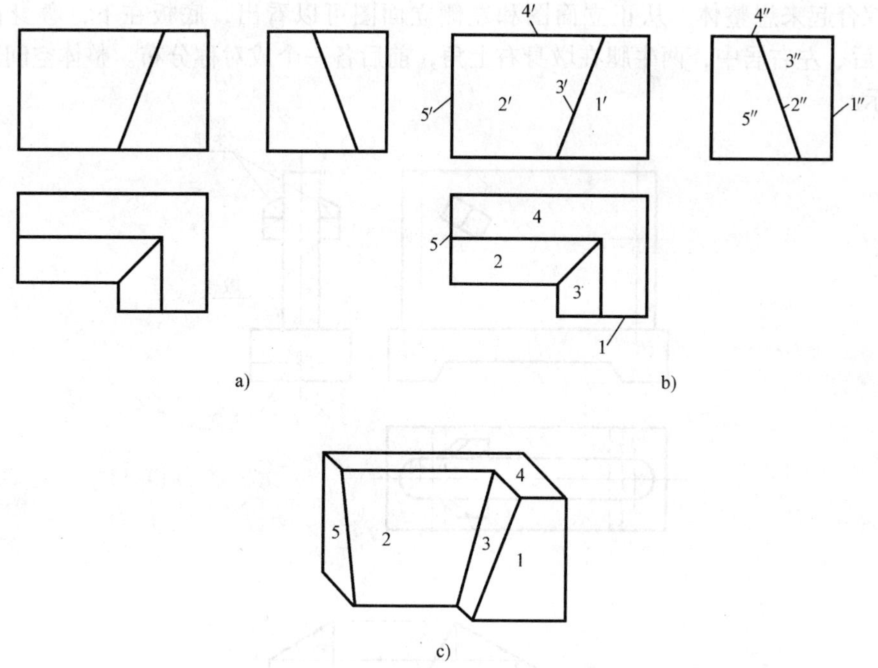

图 3-15　运用线面分析法读图

a）投影图　b）分线框、对投影　c）空间形状

通过以上的线面分析法例子，可以看到熟悉各种位置平面的投影特征是很重要的。尤其关于类似形的问题，如取线框找投影时，首先要找符合投影规律的类似形，如果没有类似形，就可以肯定其对应的投影是直线。通过线面分析就是要弄懂形体表面的每一个面是什么形状，对投影面是什么位置，最后组合成整体形状。

有时在读图时，需要同时运用形体分析法和线面分析法。先用形体分析法，读懂形体特征比较明显的部分，对于形体特征不明显的部分再进一步用线面分析法进行分析。

【例 3-5】　根据图 3-16a 所示组合体的三视图，想象其空间形状。

1）分析投影图抓住特征。如图 3-16a 所示，从左侧立面图入手结合其他视图可以看出，该形体是叠加体，可将其分为 3 部分：下部是底板、上部是墩身，墩身两侧各突出一个形体，工程上称为“牛腿”。

2）对投影想形状。利用形体分析法，由基本体视图图形特征，分别对照它们的三面投影，可看出底板为一倒凹形直棱柱，墩身为组合柱体。对牛腿的形状仍然用形体分析法不易看懂，因此需单独作线面分析。

3）对牛腿作线面分析。将牛腿的投影放大画出，如图 3-16b 所示。正立面图上平行四边形线框 1′在平面图及左侧立面图上找不到对应的类似线框，它对应着平面图上一条横平线，对应左侧立面图上一条竖直线，由此可知Ⅰ面为正平面；线框 2′也为平行四边形，在平面图和左侧立面图上都对应有类似线框 2 及 2″，可以肯定Ⅱ面是一般位置面。Ⅰ、Ⅱ面在正立面图中可见，因此是形体前面的两个面。形体左侧面在正立面图上为一斜线 3′，对应左侧立面图和平面图为两矩形线框 3″及 3，可以判断Ⅲ面为一正垂面。用同样的方法可以分析出牛腿的上下两面都是正垂面，形状是直角梯形。综合以上分析，可知牛腿是一斜放的截头四棱柱，如图 3-16b 所示。

4）综合起来想整体。从正立面图和左侧立面图可以看出，底板在下，墩身在底板之上，且前后、左右居中，两牛腿在墩身右上角，前后各一个成对称分布。整体空间形状如图 3-16c 所示。

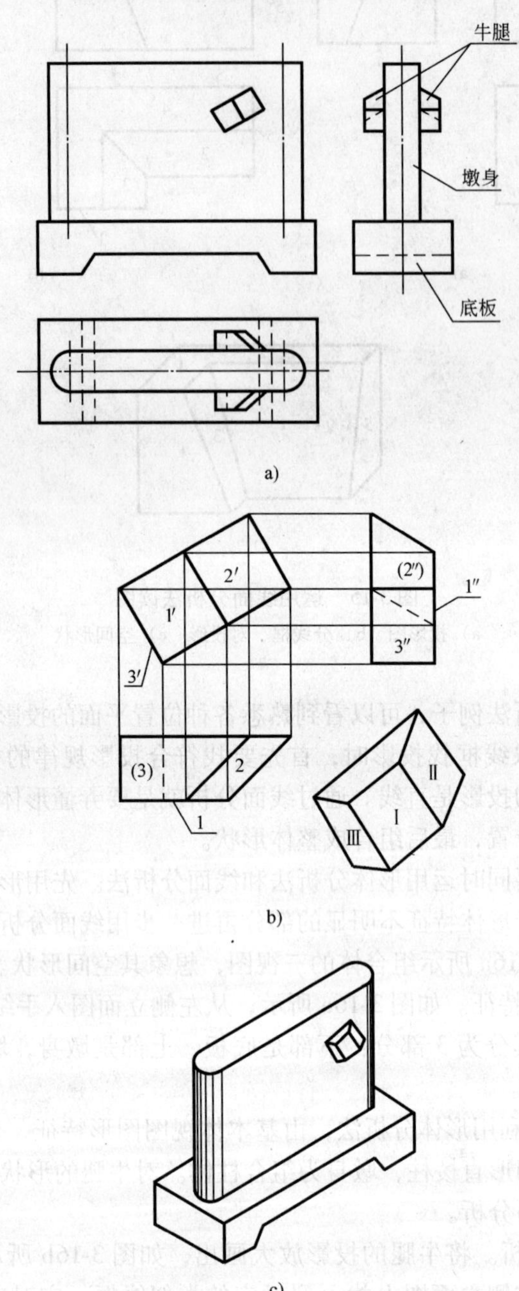

图 3-16　形体分析法和线面分析法结合读图

a）投影图　b）对牛腿作线面分析　c）空间形状

第4章 立体的表面展开

将立体表面按其实际大小和形状，依次连续地展平在一个平面上，称为立体表面的展开。展开后所得到的平面图形，称为展开图。

在土木工程中，展开图应用范围较广，如一些特殊形状混凝土构件所用的模板，在制作时，先要画出其相应的展开图（放样），然后才能根据图样经过下料加工而成。

画展开图的实质就是根据立体的投影图，求出立体表面展开后的实形。

4.1 平面立体的表面展开

平面立体的各个表面都是平面多边形，因此，平面立体的展开图，实际上就是将各多边形的实形顺次展平后绘制在一个平面上。展开平面立体时，应根据平面立体的视图所表达的投影关系，求出平面立体各表面的真实形状和大小。

4.1.1 棱锥体的表面展开

棱锥体的底面为一个多边形，侧面均为三角形，且棱锥的所有棱线汇交于锥顶，因此，只要求出各条棱线及其相互之间的夹角，或者求出底面多边形每边的实长，把各个棱面三角形和底面的实形依次展开在一个平面内，就可以得到棱锥体的表面展开图。

【例4-1】 已知一三棱锥的 V、H 面投影，如图4-1a所示，绘制其表面展开图。

（1）分析 从图4-1a中可以看出，棱锥底面为水平面，其水平投影 ab、bc、ca 反映了各底边的实长，$\triangle abc$ 反映了底面的实形。棱线 SA 为正平线，其正面投影 $s'a'$ 反映 SA 的实长。其他两条棱线 SB、SC 均为一般位置直线，可用直角三角形法求出其实长。

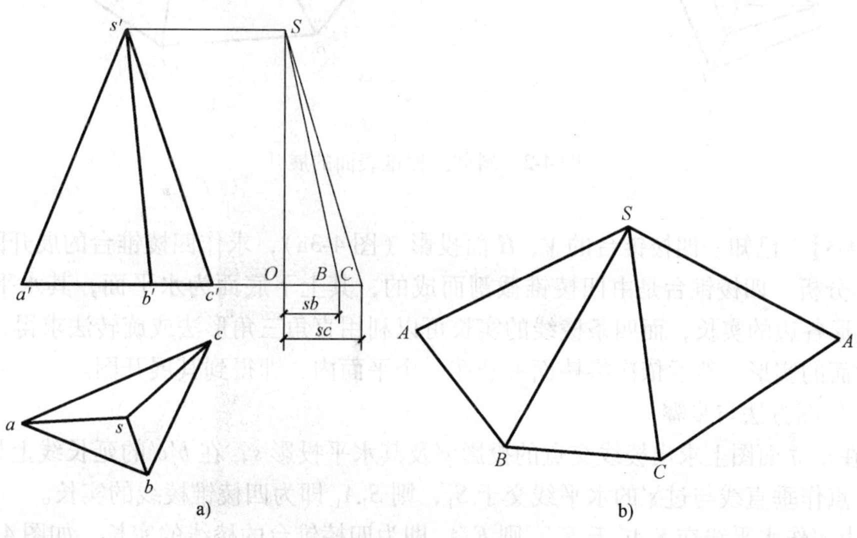

图4-1 三棱锥表面的展开

（2）作展开图

1）作一个直角边 SO 等于各棱线两端点的 Z 轴坐标差 ΔZ，在另一直角边上分别量取 $OB=sb$、$OC=sc$，则斜边 SB 与 SC 即为所求两棱线的实长，如图 4-1a 所示。

2）从任一根棱线（如 SA）开始，用已经求出的三边实长画出 $\triangle SAB$，即得到一个棱面实形，然后依次相邻地画出其余棱面的实形 $\triangle SBC$、$\triangle SCA$，即为三棱锥 S-ABC 的表面展开图（未画出底面），如图 4-1b 所示。

【例 4-2】 已知一斜截三棱锥的 V、H 面投影，如图 4-2a 所示，绘制其表面展开图。

（1）分析　图 4-2a 中用平面 P 斜截三棱锥，该平面 P 与三条棱线分别交于 D、E、F 三点，去掉锥顶部分，即成为斜截三棱锥，其棱面是四边形。作展开图时，可先按完整的三棱锥展开，再截去锥顶部分即可。

（2）作展开图

1）在投影图上定出 D、E、F 三点的位置，求出 SD、SE、SF 的实长，如图 4-2a 所示。

2）画出完整的三棱锥展开图，依次在对应的棱线 SA、SB、SC 与 SA 上量得点 D、E、F 和 D，并把各点用直线相连，即得斜截三棱锥的表面展开图，如图 4-2b 所示。

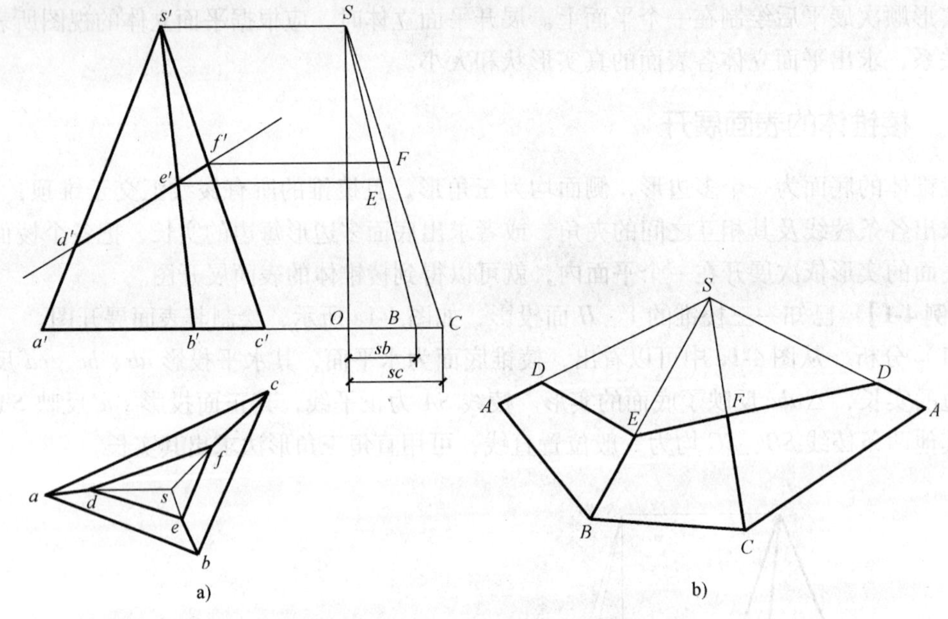

图 4-2　斜截三棱锥表面的展开

【例 4-3】 已知一四棱锥台的 V、H 面投影（图 4-3a），求作四棱锥台的展开图。

（1）分析　四棱锥台是由四棱锥截割而成的，其上下底面为水平面，其水平投影反映底面多边形各边的实长，而四条棱线的实长可以利用直角三角形法或旋转法求得，因而可以求出各棱面的实形，然后依次将棱面展开在一个平面内，即得到其展开图。

（2）作图方法与步骤

1）在正立面图上求出棱线交点的投影 s' 及其水平投影 s，在 $b'c'$ 的延长线上量取 $OA_1=sa$，由 O 点作垂直线与过 s' 的水平线交于 S_1，则 S_1A_1 即为四棱锥棱线的实长。

2）由 e' 作水平线交 S_1A_1 于 E_1，则 E_1A_1 即为四棱锥台的棱线的实长，如图 4-3a 所示。

3）以 S 点为圆心，以 S_1A_1 为半径作圆弧，在该圆弧上截取弦长 $AB=ab$、$BC=bc$、CD

$=cd$、$DA=da$，并将 A、B、C、D、A 各点与 S 点连线，得到四棱锥的展开图。

4）以 S 为圆心，S_1E_1 为半径作圆弧交棱锥各棱线于 E、F、G、H、E 各点，依次连各点，即得四棱锥台的展开图，如图 4-3b 所示。

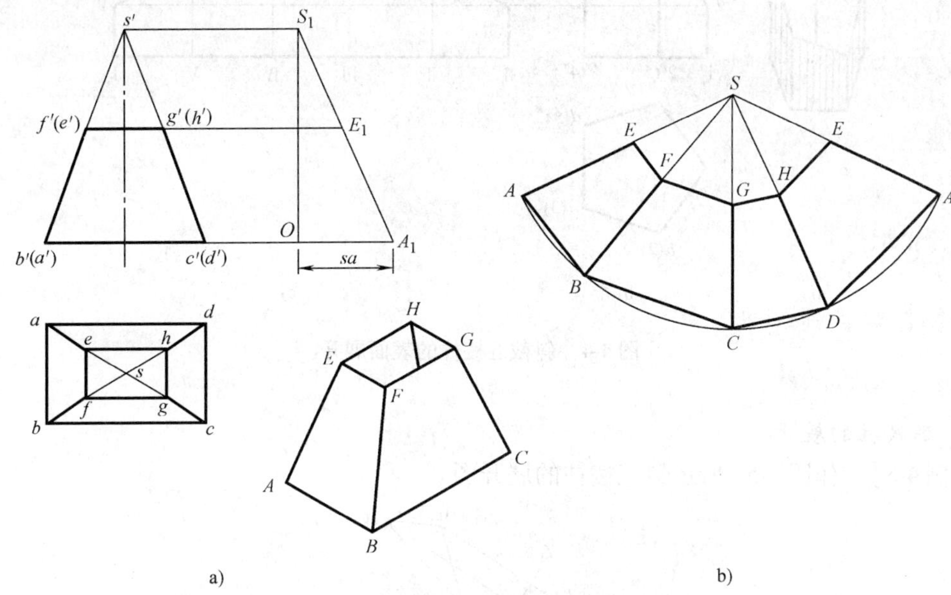

图 4-3　四棱锥台的展开图

4.1.2　棱柱体的表面展开

棱柱具有两个平行且全等的底面，各条棱线相互平行，侧面均为平行四边形（直棱柱侧面为矩形）。如果从某棱线处断开，然后将棱面沿着与棱线垂直的方向打开并依次摊平在一个平面内，就得到了棱柱的展开图。作图时应当求出各条棱线之间的距离和棱线的各自实长，并且展开后各棱线仍然保持互相平行的关系。

1. 直棱柱的展开

【例 4-4】　图 4-4a 为斜截五棱柱的立体图，绘制斜截五棱柱的展开图。

（1）分析　从图 4-4a 可以看出，棱柱底面为水平面，水平投影反映了底面各边实长；各棱线均为铅垂线，其正面投影反映了棱线的实长。因为棱线垂直于下底面，所以棱线必然垂直于下底面各条边，则棱线之间的距离就是下底面五边形的边长，并且展开后下底面的五条边成一直线。由于从两面投影图（图 4-4b）中可直接量得各表面实形的边长，因此作图较简单。

（2）作图方法与步骤

1）选棱线 AⅠ为基准棱线，从该棱线处断开作图。沿柱底画一水平线，由 H 投影量取各底边的真实长度，标出Ⅰ、Ⅱ、Ⅲ、Ⅳ、Ⅴ、Ⅰ各点。

2）过这些点作铅垂线，在其上分别量取各棱线的真实长度，AⅠ$=a'1'$、BⅡ$=b'2'$、CⅢ$=c'3'$、DⅣ$=d'4'$、EⅤ$=e'5'$，得 A、B、C、D、E、A 点。

3）用直线依次连接 A、B、C、D、E、A 各端点，即可得斜截五棱柱的表面展开图，如图 4-4c 所示。

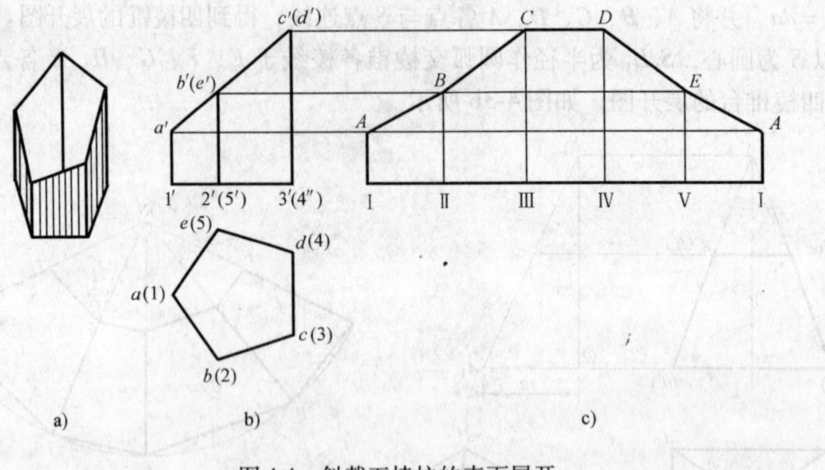

图 4-4 斜截五棱柱的表面展开

2. 斜棱柱的展开

【例 4-5】 作图 4-5a 所示斜三棱柱的展开图。

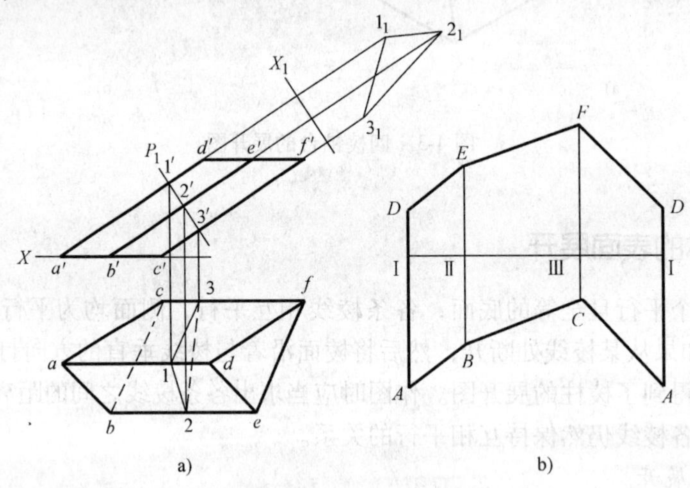

图 4-5 斜三棱柱表面的展开

（1）分析 由于各侧面棱线是正平线，其正面投影 $a'd'$、$b'e'$、$c'f'$ 反映相应棱线的实长。上下底面棱线为水平线，水平投影反映实长。但因为它的各棱面均为平行四边形，所以仅求出四个边的实长还不能确定它的实形。作展开图时可首先用一垂直于棱线的截面（斜三棱柱的正截面）截切棱柱，将斜棱柱分割成上、下两个直棱柱，也即以正截面为底面的两段直棱柱；然后用换面法画出截断面的投影，以反映该正截面的实形，然后按展开正棱柱的方法进行展开，画出其展开图。

（2）作图步骤

1）用垂直于棱线的平面 P 截切斜三棱柱，得截断面△123（图 4-5a）。

2）用换面法求出截断面△123 的实形△$1_1 2_1 3_1$。

3）将△$1_1 2_1 3_1$ 的各边顺序展开成直线（图 4-5b），即在直线上量取 Ⅰ Ⅱ $=1_1 2_1$，Ⅱ Ⅲ $=2_1 3_1$，Ⅲ Ⅰ $=3_1 1_1$。

4）过Ⅰ、Ⅱ、Ⅲ、Ⅰ各点分别作垂直线，并在各垂线的上方和下方分别量取各棱线实长，Ⅰ$A=1'a'$，Ⅰ$D=1'd'$；Ⅱ$B=2'b'$，Ⅱ$E=2'e'$；Ⅲ$C=3'c'$，Ⅲ$F=3'f'$；依次得 A、D、B、E……各点。

5）用直线依次连接相邻两点，即得斜三棱柱的表面展开图，如图 4-5b 所示。

4.2 曲面立体的表面展开

曲面立体的表面分为可展与不可展两种。凡是相邻两条素线彼此平行或相交（能构成一个平面）的曲面，是可展曲面，如柱面和锥面等。凡是相邻两条素线成交叉两直线（不能构成一个平面）或母线是曲线的曲面，是不可展曲面，如球面等。

本节主要介绍两种常见的可展曲面——圆柱面和圆锥面的展开。它们是由直母线形成的曲面。将这些曲面展开时，可以把相邻两素线间的很小一部分曲面当作平面进行展开。因此，可展平面的展开方法与前一节类似。

4.2.1 圆柱面的展开

圆柱面展开时，先在圆柱面上引若干条相互平行的素线，然后将相邻两素线间的表面近似地作为一个平行四边形来画展开图，最后将各素线的端点连成光滑的曲线。

1. 正圆柱面的展开

正圆柱轴线垂直于 H 面，其水平投影反映上下底面圆的实形，它的相邻两条素线相互平行，可以用平行线法作出其展开图。正圆柱面的展开图为一个矩形，矩形的一直角边是圆面的展开线，即长度等于圆柱正截面的周长 πD（D 为圆柱的直径）；另一直角边是圆柱面上的某一素线，其高度等于圆柱的高度 H，如图 4-6 所示。

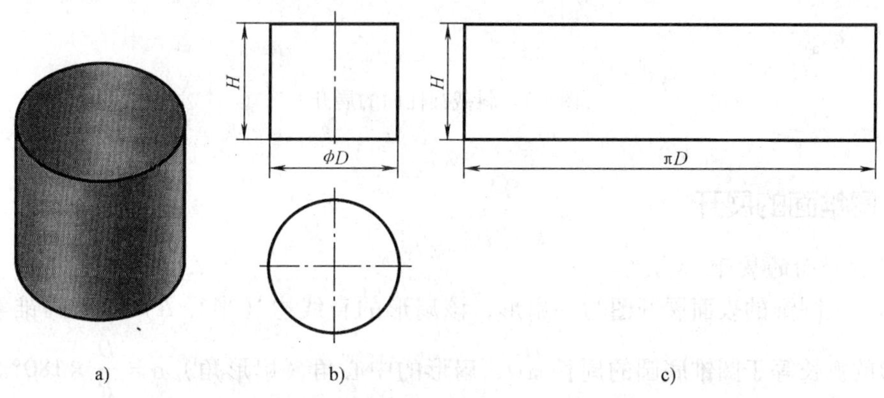

图 4-6 圆柱面的展开

2. 斜截正圆柱表面的展开图

【例 4-6】 如图 4-7b 所示，已知斜截正圆柱的 V、H 投影，绘制其表面展开图。

（1）分析 正圆柱斜截以后，圆柱面上的各条素线的长度不相等，但仍互相平行，且与底面垂直，其正面投影反映实长，斜口展开后成为曲线。展开时可利用圆柱的每条素线均相互平行并垂直于底圆的特性，用平行线法作图。作展开图时先根据视图的投影关系求出若干素线的实长，然后光滑连接这些素线的端点，即可得到展开图。

（2）作图方法与步骤

1）在水平投影上将底圆周长分成若干等分（一般为 12 等份），因前后对称，只对底圆前半部分各点标注为 1、2、3……7，过各个等分点在正面投影图中画出相应的素线 $1'a'$、$2'b'$、$3'c'$……，即得各素线的实长。

2）将底圆展开成一直线，其长度为 πD，并将其等分为 12 等份，其间距等于底圆上相应两点间的圆弧。

3）过Ⅰ、Ⅱ、……各等分点作铅垂线，并在其垂线上截取相应素线高度（实长），$ⅠA=1'a'$、$ⅡB=2'b'$、……得 A、B、C、D……G 各点（为作图简化清晰起见，只标出 A、B……G 点）。

4）光滑连接 A、B、C、……各端点，即可得到斜截圆柱表面的展开图，如图 4-7c 所示。

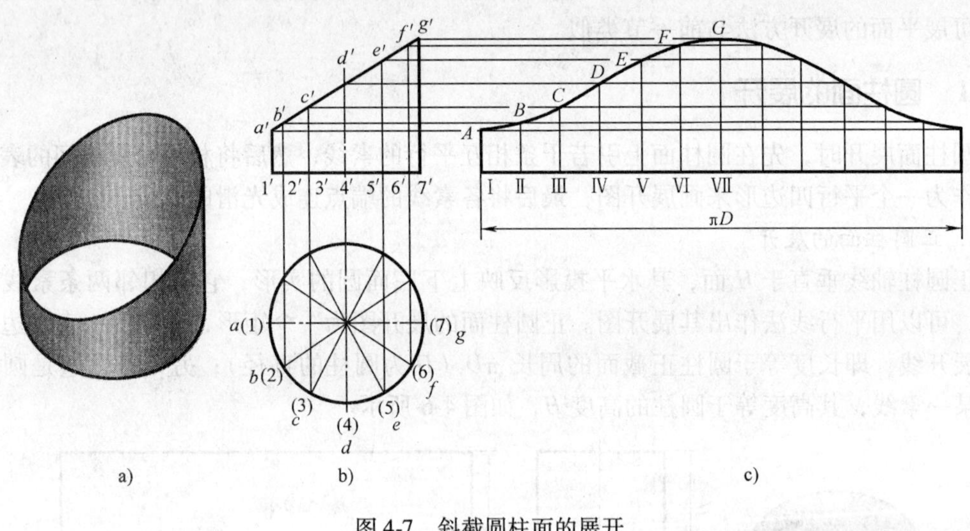

图 4-7　斜截圆柱面的展开

4.2.2　圆锥面的展开

1. 正圆锥面的展开

完整的正圆锥的表面展开图为一扇形，该扇形的直线边（半径 R）等于圆锥素线的实长，扇形的弧长等于圆锥底圆的周长 πD，扇形的中心角（扇形角）$\alpha=\dfrac{D}{R}\times180°$。圆锥的两面投影图及其展开图如图 4-8a、b 所示。

画圆锥的展开图时，可先计算出圆锥展开后的扇形角，然后根据扇形角和圆锥素线的长度，画出圆锥的展开图。也可采用如下步骤作图：

1）把水平投影圆周分为 12 等分，在正面投影图上作出相应投影 $s'1'$、$s'2'$、……。

2）以素线实长 $s'1'$为半径画一圆弧，在圆弧上量取 12 段等距离，即以底圆上的分段弦长近似代替分段弧长，ⅠⅡ=12、ⅡⅢ=23、……，然后将首尾两点与圆心相连，即为正圆锥面的展开图。

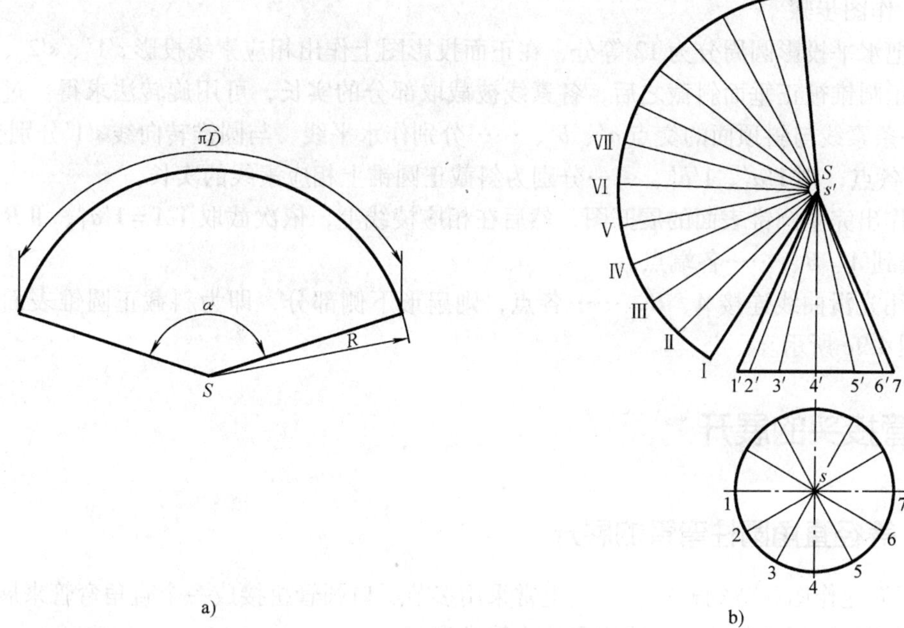

图 4-8　正圆锥面的展开

2. 斜截正圆锥表面的展开

【例 4-7】 如图 4-9b 所示，已知斜截正圆锥的 V、H 投影，求作斜截圆锥面的展开图。

（1）分析　斜截圆锥面的展开图为正圆锥展开图的一部分。因此，应该首先作出正圆锥的展开图，然后求出切口平面与正圆锥面各素线的交点，再确定这些点在相应素线实长上的真实位置，得到被截素线的实长，依次连接这些素线的端点，即可得到所要求作的展开图。

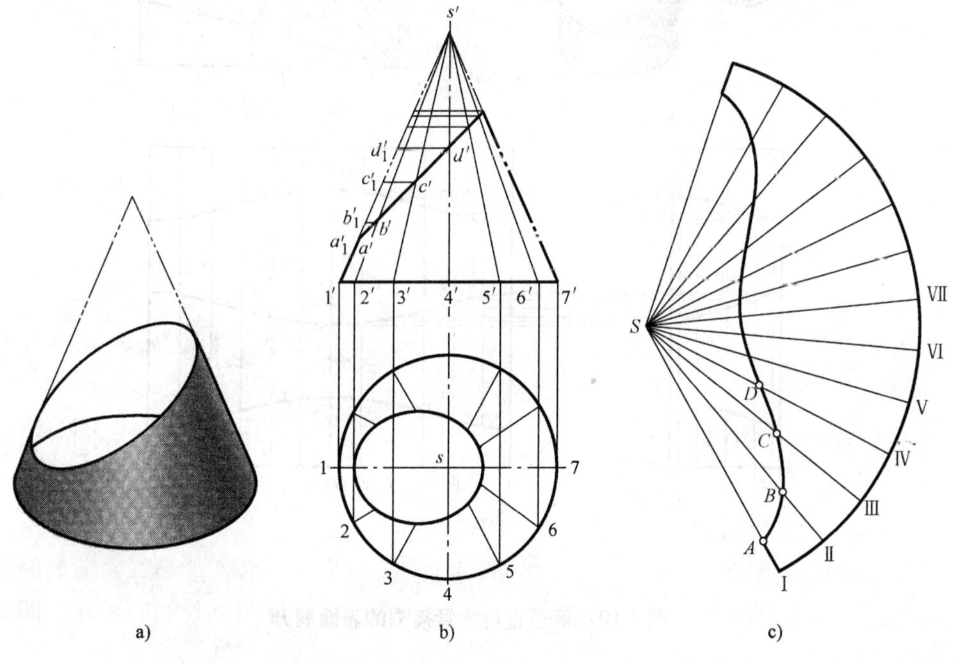

图 4-9　斜截正圆锥表面的展开

（2）作图步骤

1）把水平投影圆周分为 12 等分，在正面投影图上作出相应素线投影 $s'1'$、$s'2'$、……。

2）正圆锥被正垂面斜截之后，各素线被截取部分的实长，可用旋转法求得：过正面投影图上各条素线与斜顶面的交点 a'、b'、……分别作水平线，与圆锥转向线 $s'1'$分别交于a_1'、b_1'、……各点，则 $1'a_1'$、$1'b_1'$、……分别为斜截正圆锥上相应素线的实长。

3）作出完整圆锥表面的展开图，然后在相应棱线上，依次截取 Ⅰ$A=1'a_1'$、Ⅱ$B=1'b_1'$、……，得到 A、B、……各端点。

4）用光滑曲线连接 A、B、……各点，则扇形下侧部分，即为斜截正圆锥表面的展开图，如图 4-9c 所示。

4.3 管接头的展开

4.3.1 等径直角圆柱弯管的展开

为了简化作图和节约材料，工程上常采用多节斜口圆管拼接成一个直角弯管来展开。多节圆柱弯管广泛用于各种通风管道和热力管道中。

【例 4-8】 如图 4-10a 所示四节等径直角圆柱弯管，用来连接等径两互相垂直的圆管，已知弯管的直径为 d，弯管中心半径为 R。绘制该等径直角弯管的展开图。

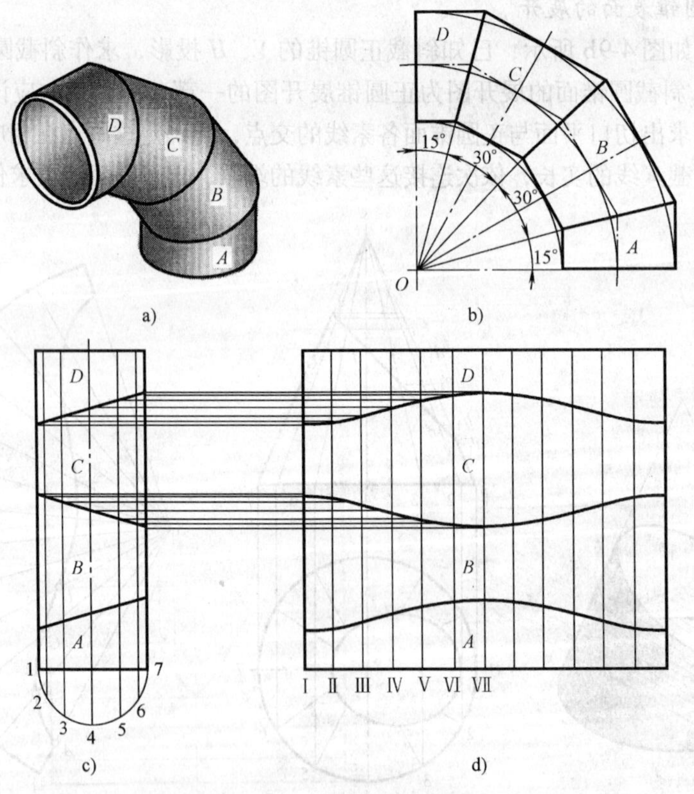

图 4-10 等径直角弯管接头的表面展开

（1）分析 本例所示弯管由四节斜口圆管组成，中间两节是两面斜口圆柱管（称为全节)，端部两节是由一个全节分成的两个半节，是单斜口圆管，由这四节拼接而成一个直圆管。弯管每小节所对应的斜口角度 α 可用下列公式计算：

$$\alpha = 90°/(2n-2)$$

式中，n 为节数，本例弯管由四节组成，故 $\alpha = 15°$。中间两全节每节所对应的角度为 30°，两端的半节每节所对应的角度为 15°，共 6 个半节。

(2) 作图步骤

1) 作相互垂直的两条直线，其交点为 O。以 O 为圆心，R 为半径画出弯管中心圆，并分别以 $R+d/2$、$R-d/2$ 为半径画圆弧，如图 4-10b 所示。

2) 画出弯管和各节分界线 ($\alpha = 15°$)，作出与半径 $R+d/2$、$R-d/2$ 两圆弧相外切的各节切线，即得弯管的主视图，如图 4-10b 所示的 A、B、C、D 各节。

3) 弯管各节斜口的展开图可按前面所讲的斜截正圆柱展开图的画法作出，如图 4-10c、d 所示。

在实际生产中，若用钢板制作弯管，不必画出完整的弯管正面投影，只需要求出斜口角度，画出下端半节的展开图，再以它为样板画出其余各节的下料曲线。

4.3.2 等径三通管的展开

【例 4-9】 如图 4-11a 所示的等径三通管，求作其展开图。

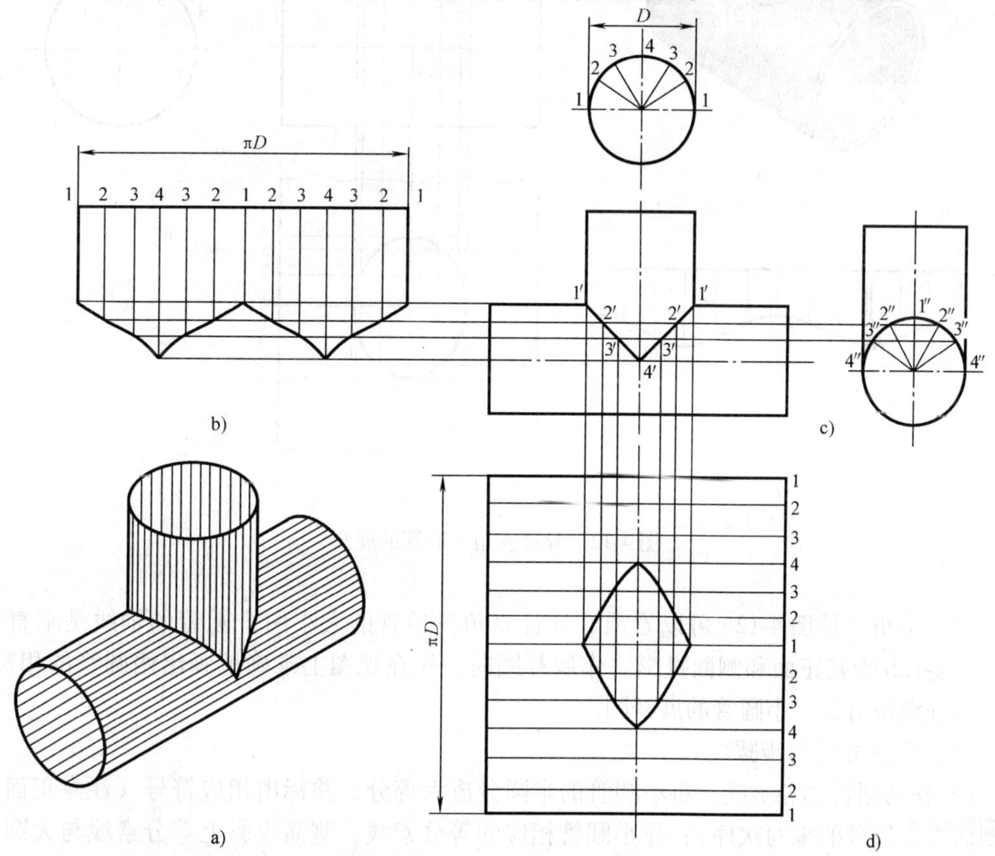

图 4-11 等径三通管的展开图

（1）分析　等径三通管实际上为相贯体，画等径三通管的展开图，应该首先确定相贯线，然后以相贯线为界限，将它划分为两个圆柱管的切割体，再按基本体的展开方法作出各自的展开图。由于两个圆柱管的轴线都平行于正面，它们的表面素线的正面投影都反映实长，所以可以按照作斜截正圆柱展开图的方法画出其展开图。

（2）作图方法与步骤

1）求出相贯线的投影。两圆柱管垂直正交且直径相等，因此，相贯线的正面投影为互相垂直的两线段，如图 4-11c 所示。

2）作正立圆柱管的展开图，方法同【例 4-6】的作图原理，如图 4-11b 所示。

3）作水平圆柱管的展开图，方法同图 4-6。然后求出相贯线点的位置，依次光滑地将各相贯线点连线，就可以得到相贯线所围成的孔的展开图，如图 4-11d 所示。

4.3.3　异径直角三通管的展开

【例 4-10】　如图 4-12a 所示异径直角三通管，求作其展开图。

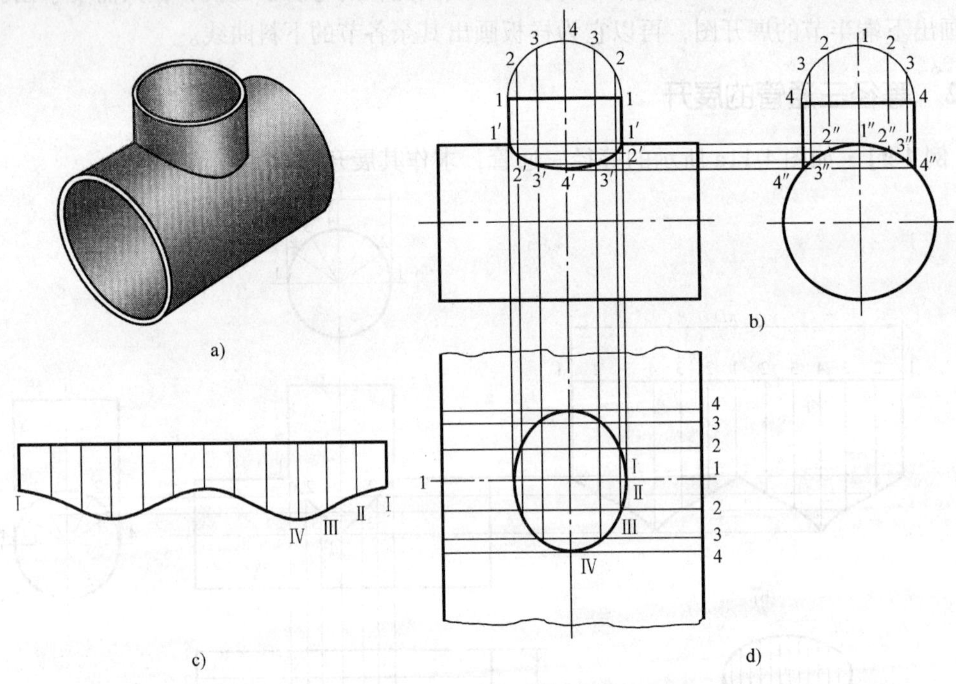

图 4-12　异径直角三通管的展开

（1）分析　从图 4-12a 可以看出，异径直角三通管的大小两个圆管的轴线是垂直相交的。图 4-12b 为其正面和侧面投影。作展开图时，先在视图上准确地画出两圆管的相贯线，然后再分别作出大、小圆管的展开图。

（2）作图方法与步骤

1）作两圆管的相贯线。将小圆管的半圆分成六等分，并标出相应符号（注意正面投影和侧面投影符号的编写次序）；作小圆管相应的等分素线；侧面投影上等分素线与大圆管的圆交于点 1″、2″、3″、4″，由这些点分别作水平线，在 *V* 面投影上与相应的等分素线交于点 1′、2′、3′、4′，用光滑曲线连接各点，即为所求相贯线的正面投影。

2）作小圆管展开图。与前述斜截圆柱面展开方法相同，先展开小圆柱上底圆，再将各素线实长量取到展开图上，然后以光滑曲线连接各点，如图 4-12c 所示。

3）作大圆管展开图。先将大圆管展开成一个矩形，其边长分别为大圆管的长度和周长。然后作一水平对称线 11 为大圆管最高素线的展开位置，在矩形的垂直边上，在所作水平线的上下量取 12 = 弧长 1″2″、23 = 弧长 2″3″、34 = 弧长 3″4″（可取弦长近似代替弧长），过 1、2、3、4 各点作水平线，与过正面投影图上 1′、2′、3′、4′各点向下所引铅垂线相交，得相应交点Ⅰ、Ⅱ、Ⅲ、Ⅳ。光滑连接各点，即得相贯线展开后的图形，如图 4-12d 所示。

4.3.4 变形接头的展开

【例 4-11】 如图 4-13 所示变形接头，求作其展开图。

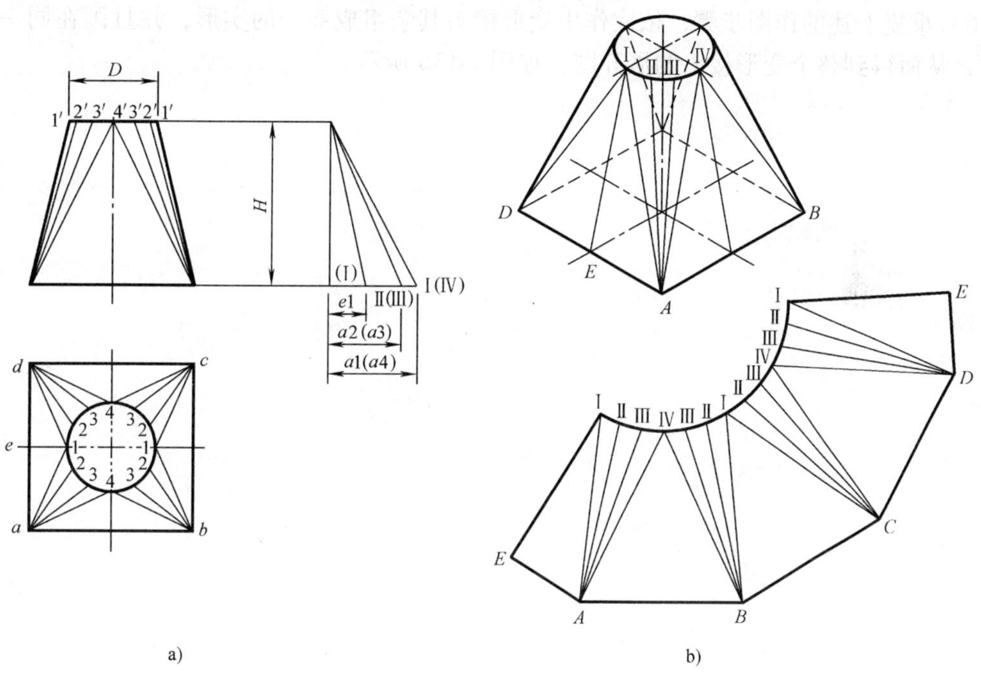

图 4-13 变形接头的展开图

（1）分析 该变形接头为一个上连圆形管口，下连方形管口的上圆下方变形接头，它的表面由四个等腰三角形和四个相同的 1/4 局部倒斜圆锥面组成。下底面 *ABCD* 为水平面，水平投影反映了下底面多边形的实形，每条为实长的边即为等腰三角形的底边，只要求出腰的实长就可以得到等腰三角形的实形；对于变形接头的斜锥面可将其分成若干个三角形，用棱锥面近似代替倒斜圆锥面，然后求出三角形的实形。最后将变形接头的全部组成部分的实形依次画在同一个平面内，就得到变形接头的展开图。

（2）作图步骤

1）在变形接头的水平投影图上，将圆口的 1/4 圆弧分成三等分，得点 1、2、3、4，并求出其正面投影 1′、2′、3′、4′，再将它们与 *A* 点的同面投影连线，得到倒斜圆锥面的四条素线 *A*Ⅰ、*A*Ⅱ、*A*Ⅲ、*A*Ⅳ的两面投影，如图 4-13a 所示。

2）以素线的水平投影和其正面投影两端点的 *z* 坐标差（即变形接头的高）为两直角边作直角三角形，求出素线的实长为 *A*Ⅰ、*A*Ⅱ、*A*Ⅲ、*A*Ⅳ，且 *A*Ⅱ =*A*Ⅲ，*A*Ⅰ =*A*Ⅳ，同为等腰三角形腰的实长；用同样方法求得等腰三角形高的实长 EⅠ，如图 4-13a 所示。

3）作等腰三角形 ABⅣ的实形。取 $AB = ab$，分别以 A、B 点为圆心，以腰长 AⅣ为半径作圆弧得到交点Ⅳ，△ABⅣ为三角形的实形，如图 4-13b 所示。

4）作倒斜圆锥面的实形。分别以Ⅳ、A 点为圆心，以 34 的弧长（近似作图用弦长代替）和 AⅢ为半径作圆弧，交于Ⅲ点，得三角形 AⅢⅣ。同理，依次做出倒斜圆锥面的其余部分的实形△AⅡⅢ和△AⅠⅡ。用光滑曲线连接Ⅰ、Ⅱ、Ⅲ、Ⅳ各点，即可得 1/4 斜锥面的展开图，如图 4-13b 所示。

5）以 A、Ⅰ为圆心，分别以$\frac{1}{2}AD$、EⅠ为半径作圆弧得到交点 E，则△AEⅠ为等腰三角形△AⅠD 一半的实形，EⅠ为变形接头展开图切口的结合边。

6）重复上述的作图步骤，依次作出变形接头其余组成部分的实形，并且画在同一个平面内，从而得到整个变形接头的展开图，如图 4-13b 所示。

第5章　标高投影

大多数土木工程，如房屋建筑、道路桥梁、水利工程等都是修建在地面上的，在设计和施工中，常需要画出地形图，即在总平面图上将建筑地盘四周的地形表示出来。但地面形状比较复杂，地面高度与长度和宽度比起来，一般显得很小。如果仍用三面正投影图，很难表达清楚。因此，在生产实践中人们采用一种适于表达复杂曲面和地面的投影方法，即标高投影法。

标高投影是在形体的水平投影上标注出某些特征面、线及控制点的高程数值和比例，从而只用一个水平投影就可以确定该形体的空间形状和位置，如图5-1所示。标高投影图是一种标注高度数值的单面正投影图。

标高投影包括水平投影、高程数值、绘图比例三要素。高程数值称为高程或标高，它是以水平面投影面 H 为基准面，空间点到基准面的距离即为标高。一般规定基准面的标高为零。基准面上方的点标高为正，但省去“+”号，基准面下方的点标高为负。标高的常用单位是m，一般不需注明。标高投影图必须标明比例或画出比例尺。

在实际工作中，通常用海平面作为基准面，所得标高叫绝对标高。在房屋建筑中，以底层主要地面作为基准面，所得标高叫相对标高。

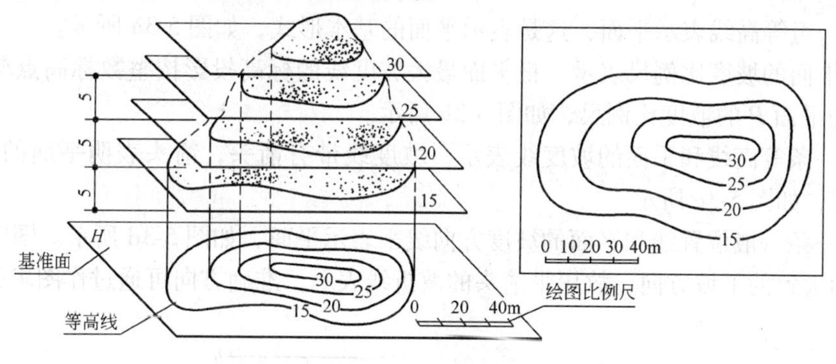

图5-1　标高投影

5.1　平面的标高投影

5.1.1　平面的等高线和坡度线

1. 等高线

平面的等高线是平面上高程相等的点的集合，也就是该平面上的水平线。如图5-2所示，平面 P 上平行于迹线（平面 P 与 H 面的交线）的线都是水平线，各水平线上的点距基准面的高度分别为一等值，图中的Ⅰ—Ⅰ、Ⅱ—Ⅱ等称为等高线。在实际应用中，常取整数标高（或高程）的等高线，并把平面与基准面的交线作为标高为零的等高线。当相邻等高线的高差为1m时，等高线间的水平距离称为等高线的平距。从图中可以看出，平面的等高线有以下特性：

1）等高线都是直线。

2）同一平面的等高线互相平行。

3）当各等高线的高差相等时，其平距也相等。

2. 坡度线

平面对水平面的倾斜度称为平面的坡度。在标高投影中，常借助于平面的最大坡度线来表示平面的坡度。最大坡度线是平面内垂直于等高线的直线，如图5-2中的直线EF。坡度线对基准面的倾角，即为平面对基准面的倾角，因此平面最大坡度线的坡度就代表平面的坡度。

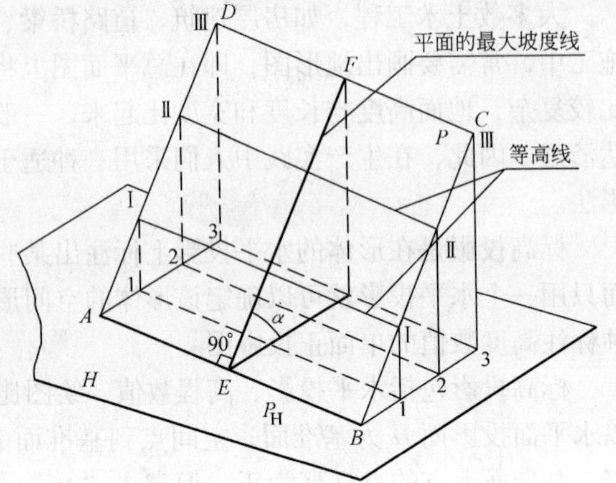

图5-2 平面的等高线和坡度线

平面内的坡度线有下列特性：

1）平面内的坡度线与等高线互相垂直，它们的水平投影也互相垂直。

2）平面最大坡度线的平距就是该平面上等高线的平距。

5.1.2 平面的常用表示法

在标高投影中，常用一些简化的特殊方法来表示平面：

1）用一组等高线表示平面，这是表示平面的基本形式，如图5-3a所示。

2）用平面的坡度比例尺表示。把平面最大坡度线的标高投影按整数标高点刻度后标注为P_i，称为平面P的坡度比例尺，如图5-3b所示。

3）用一条等高线和平面的坡度线表示。坡度线带有箭头，箭头表明平面的下坡方向，并注明坡度，如图5-3c所示。

4）用一条一般位置线和平面的坡度方向线来表示平面，如图5-3d所示。图中箭头的指向只是平面大致的下坡方向，故用带箭头的波折线表示，准确方向可通过作图求得。

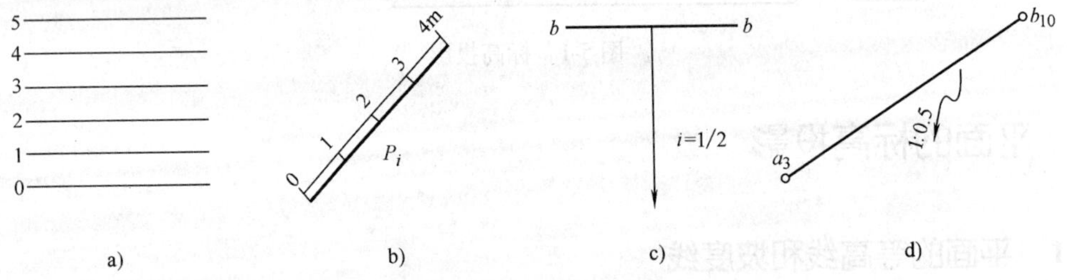

图5-3 平面的表示法

5.2 立体的标高投影

立体的标高投影通常是画出立体的表面（平面或曲面）的等高线，以及相邻表面的交线和地面的交线来表示该立体。

5.2.1 平面立体的标高投影

平面立体是用它表面上有关的点或线的标高投影来表示的，其标高投影由一组多边形组成。如图 5-4 所示，为一个顶面标高为 3、底面标高为 0 的梯形平台的标高投影图。

5.2.2 曲面立体的标高投影

曲面立体的标高投影用曲面上一系列等高线的标高投影来表示，它的等高线是由一组封闭曲线组成的。如图 5-5 所示，假设用一系列整数标高的水平面截割圆锥，所得截交线为一组等高线圆，这些圆向水平面投影并注上相应的标高，即为圆锥的标高投影，图 5-5a、b 分别为正圆锥和斜圆锥的标高投影图。

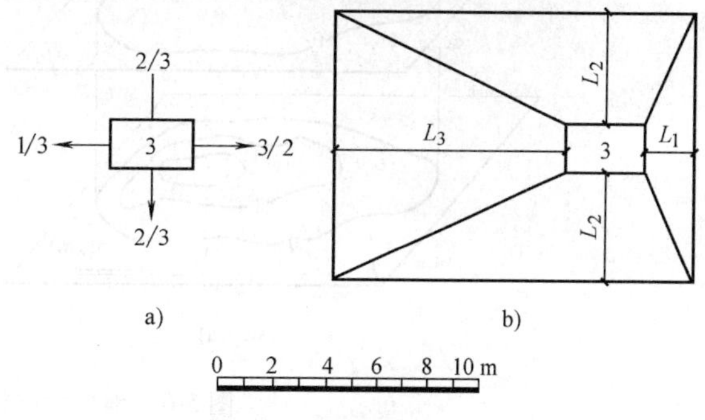

图 5-4 平台的标高投影图

从图中可以看出，正圆锥标高投影的特点是：各等高线是同心圆，等高线间的水平距离相等，当圆锥面正立时，等高线越靠近圆心其高程数值越大，如图 5-5a 所示。斜圆锥标高的特点是：各等高线是异心圆，等高线间的水平距离不相等。坡度愈陡，等高线愈密；坡度愈缓，等高线愈疏，如图 5-5b 所示。

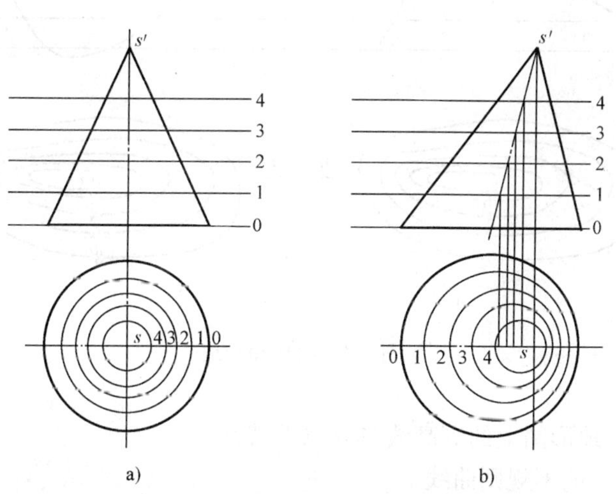

图 5-5 圆锥的标高投影图

5.3 地形面的标高投影

地形面标高投影的表示法与曲面相同，仍然用一系列等高线来表示。以一系列整数标高的水平面与山地相截，把所得的等高截交线投影到水平面上，并标注各等高线的高程，即得地形面的标高投影图，又称地形图，如图 5-6 所示。由于地形面是不规则曲面，因此地形面的等高线是不规则的曲线。

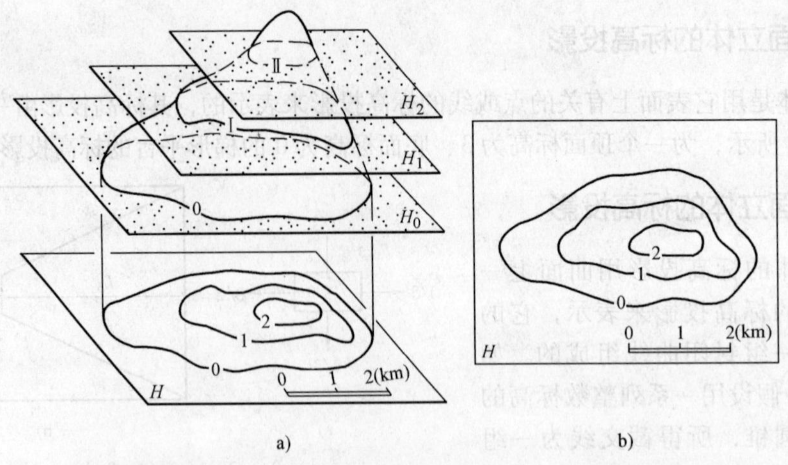

图 5-6　地形面的标高投影

在标注各等高线的高程数值时，按规定字头要朝向地面的上坡方向。在地形图中，如果等高线呈封闭状，高程中间高，外面低，则表示山丘，如图 5-7a 所示；反之，外高内低，则表示洼地，如图 5-7b 所示。这两个标高投影图虽然形状基本相同，由于标高的标注情况不同，因此地面形状截然不同，识读图时要注意辨别。

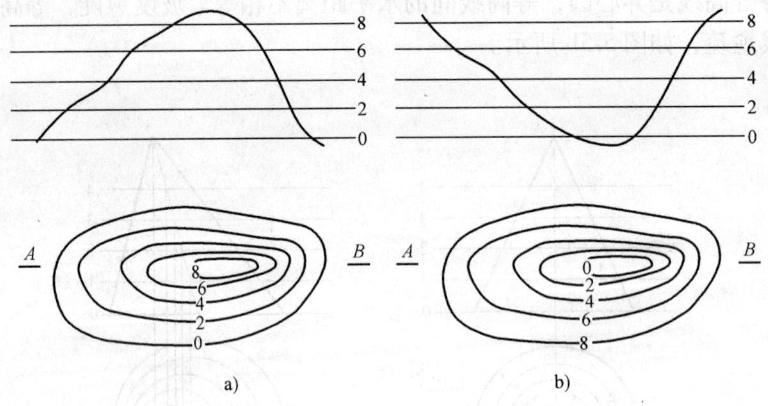

图 5-7　山丘和洼地

从图中可看出，地形图上的等高线具有以下特性：

1）等高线是封闭的不规则曲线。

2）一般情况下（除悬崖、峭壁等特殊地形外）相邻等高线既不相交也不重合。

3）在同一张地形图中，等高线越密集，表示地势越陡，等高线越稀疏表示地势越平缓。

用这种方法表示地形面，能够清楚地反映地形的起伏变化以及坡向等。识读地形图时，应根据等高线间的间距想象地势的陡峭或平顺程度，根据标高的顺序来想象地势的升高或下降。为了便于识读，把典型地形的等高线特征归纳如下：

1）山脊。当等高线是曲线状，等高线凸出方向指向低高程时，则对应地形为山脊，如图 5-8a 所示。

2）山谷。当等高线是曲线状，等高线凸出方向指向高处时，则对应地形是山谷，如图

5-8a 所示。

3）鞍地（或鞍部）。相邻两山峰之间，形状像马鞍的区域称为鞍地（或鞍部）。如图 5-8b 所示，鞍地两侧同高程的等高线基本上呈对称排列。

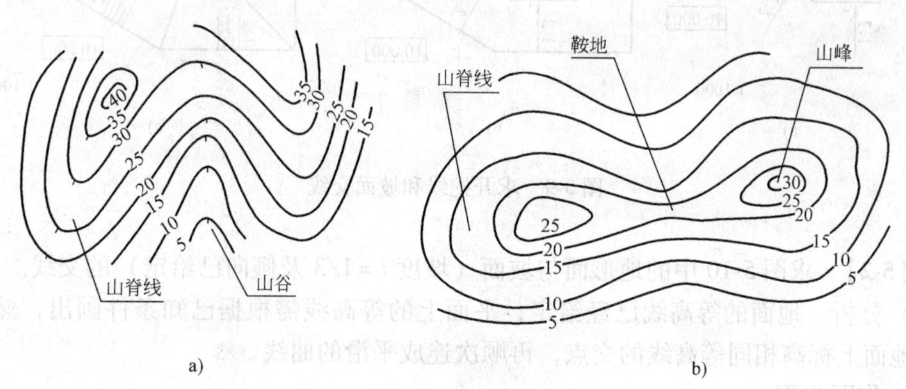

图 5-8　典型地形的等高线特征

a）山脊和山谷　b）鞍地

5.4　标高投影的应用举例

修建在地面上的土木工程建筑物必然与地面产生交线，建筑物本身相邻的坡面间也会产生交线，因此需要应用标高投影来求解坡面与地面的交线以及工程建筑物表面上坡面间的交线。在实际工程中，把建筑物上相邻两坡面的交线称为坡面交线；建筑物与地面的交线统称为坡边线，包括填方工程的坡脚线和挖方工程的开挖线。由于建筑物表面可能是平面或曲面，地面也可能是水平地面或是不规则地形面，所以交线一般是直线和曲线。如果交线是直线，只需求出两个共有点相连即可；如果交线是曲线，则需求出交线上一系列的共有点，然后依次连接成光滑曲线。

【例 5-1】　在高程为 10m 的地面上挖一基坑，坑底高程为 6m，坑底的形状、大小以及各坡面坡度如图 5-9a 所示。求作开挖线和坡面交线，并在坡面上画出示坡线。

（1）分析　开挖线即各坡面与地面的交线，因地面高程为 10m，故开挖线就是高程为 10m 的等高线，它们与坑底相应的边线平行，共 5 条直线。因各坡面都是用一条等高线和一条坡度线来表示的，所以求作开挖线只需沿坡度线找到 10m 高程点，然后作已知等高线的平行线即可。而坡面交线即相邻坡面的交线，它是相邻坡面上两组同高程等高线的交点的连线，共 5 条直线。

（2）作图步骤

1）先求作开挖线。由于高程为 10m 的等高线与坑底相应边线平行，其水平距离分别为 $L_1 = H/i = (10-6)\text{m}/(1/2) = 8\text{m}$，同理，$L_2 = (10-6)\text{m}/(1/3) = 12\text{m}$。如图 5-9b 所示。

2）连坡面交线。

3）画示坡线。为了增加图形的明显性，在坡面上高的一侧，按坡度线方向画出长短相间的、用细实线表示的示坡线。

4）完成作图，如图 5-9c 所示。

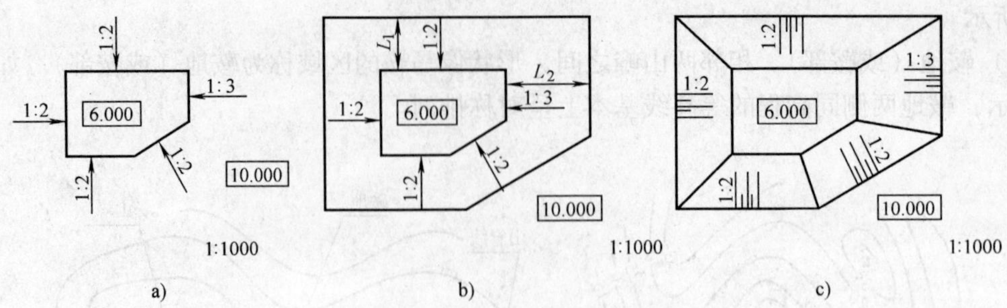

图 5-9　求开挖线和坡面交线

【例 5-2】　求图 5-10 中的地形面与坡面（坡度 $i=1/3$ 及倾向已给定）的交线。

（1）分析　地面的等高线已经给定，平面上的等高线需根据已知条件画出，然后求出平面与地面上标高相同等高线的交点，再顺次连成平滑的曲线。

（2）作图步骤

1）求图形范围内坡面的等高线。已知坡度 $i=1/3$，故平面的平距为 $L=1/i=3$，按坡面的倾斜方向和图中所附的比例尺，作出已给定等高线 36 的平行线组（间距为 3 个单位），即得坡面上 35、34……等一系列等高线。

2）求出地面与坡面上标高相同的等高线的交点，即为所求交线上的点，如 32、33、34、35 等。

3）用内插法求出等高线 35 和 36 之间标高为 35.5 的等高线，并求出交点 m、n。

4）用断面法求出交线的最高点 e。

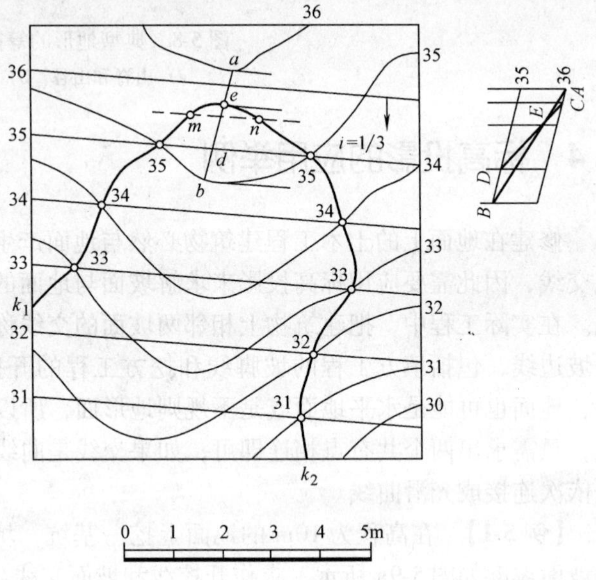

图 5-10　求平面与地面的交线

5）平滑连接各交点，得出坡面范围（图中的 k_1、k_2 点可用延长等高线法求得）。

【例 5-3】　拟沿直线 $a_{21.5}b_{23.5}$ 修筑一铁道，需在山上开挖隧道，求隧道的进出口（如图 5-11 所示）。

（1）分析　问题可理解为求直线 $a_{21.5}b_{23.5}$ 与山地的交点，所求交点就是隧道的进出口。要求直线与地形面的交点，先包含直线作一铅垂剖切面，作出该面与地形面的截交线，从而得到地形的断面轮廓（即地形断面图），再求出直线与断面轮廓的交点即可。

（2）作图步骤

1）过直线 AB 作辅助铅垂面 1—1，其水平投影即直线 $a_{21.5}b_{23.5}$ 本身。

2）作间距为 1 个单位的若干条等高线，如图 5-11 中的 20～25。

3）作出山地断面图。由直线 $a_{21.5}b_{23.5}$ 与地形面上各等高线的交点引垂线，即按其高程和水平距离点到等高线组中，连接各点得平滑曲线即得断面图。

4）根据 AB 的标高在断面图上作出直线 AB，它与山地断面的交点 $K_1 \sim K_4$，就是所求交点。

5）将所求交点返回到标高投影中，得到标高投影图中的 $K_1 \sim K_4$ 点，并将地面以下的部分画成虚线。如图 5-11 所示。

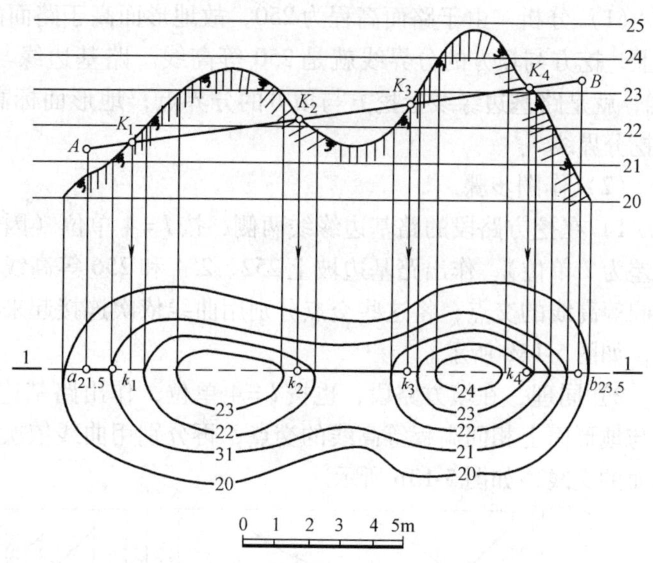

图 5-11　求隧道与地形面的交点

【例 5-4】　拟在山坡上修建一处带圆弧的水平场地，如图 5-12a 所示，场地高程为 30，其中填方边坡坡度为 1∶1.5，挖方边坡坡度为 1∶1，试求场地的填挖边界线及各坡面交线。

（1）分析　因为水平场地高程为 30m，所以地面上高于 30m 的一部分需要挖方，低于 30m 的一部分需要填方，高程为 30m 的等高线是填方和挖方的分界线，它与水平场地边线的交点是填、挖方边界线的分界点。

（2）作图步骤

1）地面上 30m 等高线与水平广场边线的交点为填、挖方分界点。

2）北面挖方部分，包含 1 个圆锥面和 2 个与它相切的平面的组合面（因坡度相同）。根据挖方坡度 1∶1，以平距为 1 单位顺次作出圆锥面及两侧平面边坡的等高线，求得他们与地形面相同高程等高线的交点，并用曲线依次光滑连接这些交点，即得挖方边坡与地形面的交线。挖方部分坡面与圆锥面相切，不产生坡面交线，如图 5-12b 所示。

3）南面填方部分包括 3 个坡面，都是平面。根据填方坡度 1∶1.5，以平距为 1.5 单位顺次作出三个坡面的等高线，顺次连接这些交点，可得填方边坡与地形面的交线。填方部分的 3 个坡面相交产生 2 条坡面交线，如图 5-12b 所示。

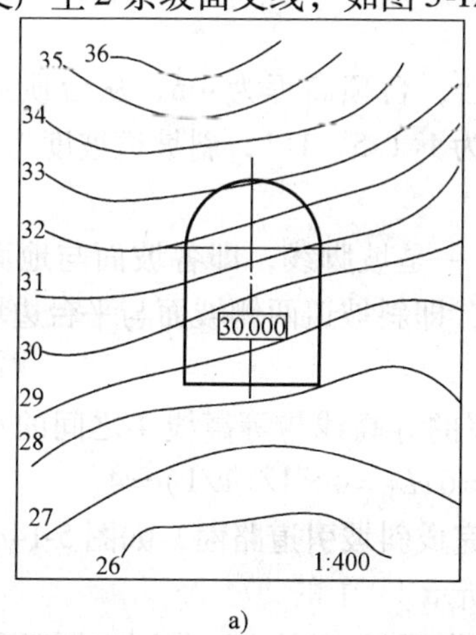

a)

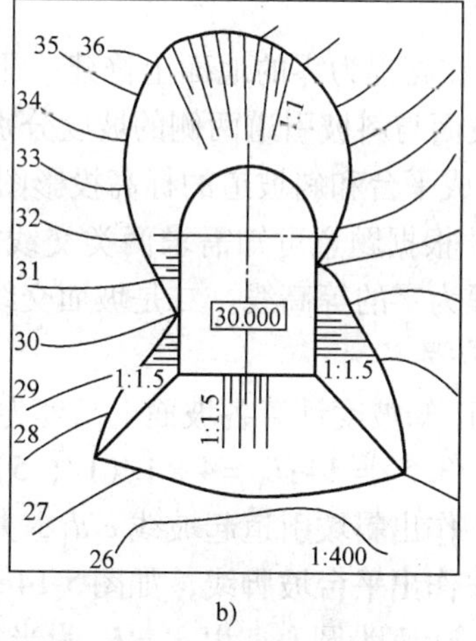

b)

图 5-12　求场地的填挖边界线及各坡面交线

【例 5-5】 如图 5-13a 所示，已知公路路基边坡的坡度均为 1/2，作此路基边坡与地形面的交线。

（1）分析 由于路面高程为 250，故地形面高于路面的部分要挖去，低于路面的部分要填上，挖方与填方的分界线就是 250 等高线。路基边缘与地形面等高线 250 的交点 m_{250} 和 n_{250}，就是路基边缘线上挖方与填方的分界点，地形面标高 250 的等高线通过路面的一段是填挖分界线。

（2）作图步骤

1）在挖方路段的路基边缘线两侧，按 $l=4$ 单位（因为地形面上相邻两条等高线的高程之差为 2 单位），作出路基边坡上 252、254 和 256 等高线，然后再求出它们与地形面上高程相同等高线的交点，将这些交点分别用曲线依次连接起来，就得到了路基边坡与地形面的交线，如图 5-13b 所示。

2）同理，在填方路段，也按 $l=4$ 单位，作出路基边坡上 248、246 等高线，并求出他们与地形面上相同高程等高线的交点，再分别用曲线依次连接这些交点，即得路基边坡与地形面的交线，如图 5-13b 所示。

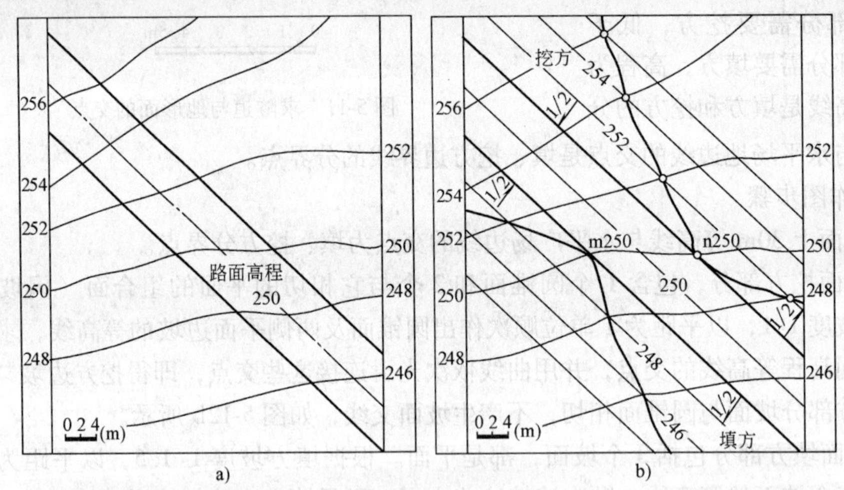

图 5-13 求作路基边坡与地形面的交线

【例 5-6】 在高程为零的地面上修建一平台，台顶高程为 4m，从台顶到地面有一斜坡引道，平台的坡面与斜坡引道两侧的坡度分别为 1:1.5、1:1，斜坡道坡度为 1:3.5，如图 5-14a 所示，试完成平台和斜坡道的标高投影图。

（1）分析 根据题意可知需求两类交线：一是坡脚线，即各坡面与地面的交线，该线是各坡面上高程为零的等高线。二是坡面交线，即斜坡道两侧坡面与平台边坡的交线。

（2）作图步骤

1）先根据已知坡度计算各坡面上高度为零的等高线与等高线 4 之间的水平距离。分别为 $L_1=4\times1/(1/3.5)=14$；$L_2=4\times1/(1/1.5)=6$；$L_3=4\times1/(1/1)=4$。

2）根据 L_1 作出斜坡引道起坡线 c_1d_1，并完成斜坡引道路面，如图 5-14c 所示。

3）根据 L_2 作出平台坡脚线，如图 5-14c 所示。

4）分别以 a、b 为圆心，以 $R=L_3$ 为半径作圆弧，过 c_1d_1 分别作圆弧的切线，得斜坡引道的坡脚线，并求出与平台坡脚线的交点 e_1、f_1，如图 5-14c 所示。

5）连接 a_4e_1、b_4f_1，即得到坡面交线，并画出示坡线，即完成作图，如图 5-14d 所示。

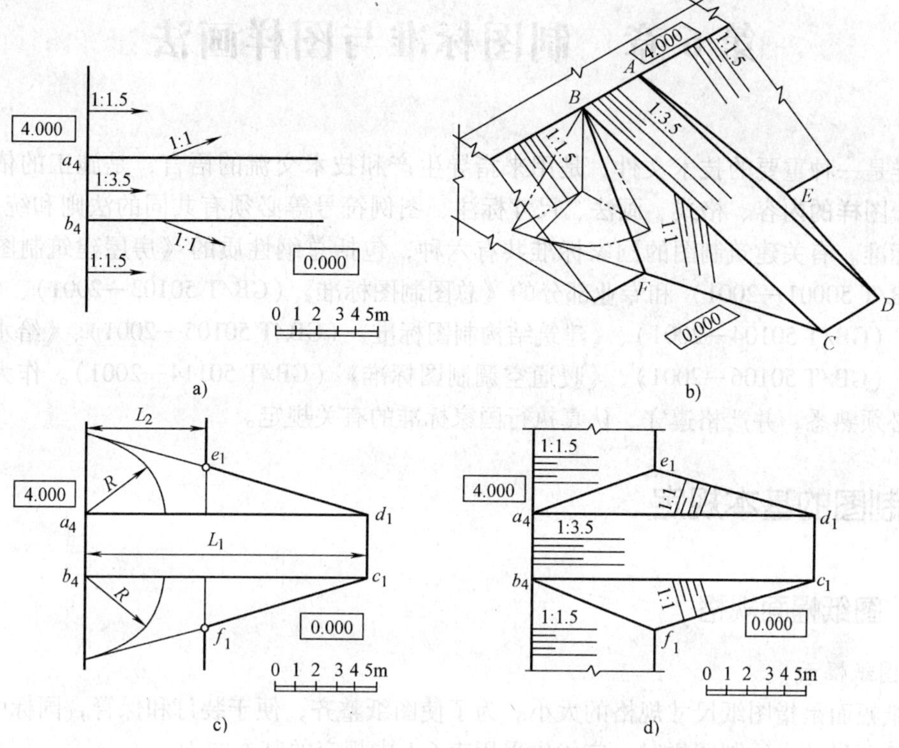

图 5-14　作平台和斜坡道的标高投影图

第 6 章　制图标准与图样画法

图样是一种重要的技术文件，是用来指导生产和技术交流的语言，是施工的依据，因此，对于图样的内容、格式、画法、尺寸标注、图例符号等必须有共同的法则和统一规范，即制图标准。有关建筑制图的国家标准共有六种，包括总纲性质的《房屋建筑制图统一标准》（GB/T 50001—2001）和专业部分的《总图制图标准》（GB/T 50103—2001）、《建筑制图标准》（GB/T 50104—2001）、《建筑结构制图标准》（GB/T 50105—2001）、《给水排水制图标准》（GB/T 50106—2001）、《暖通空调制图标准》（GB/T 50114—2001）。作为工程技术人员必须熟悉，并严格遵守、认真执行国家标准的有关规定。

6.1　制图的基本规定

6.1.1　图纸幅面规格

1. 图纸幅面

图纸幅面是指图纸尺寸规格的大小。为了使图纸整齐，便于装订和保管，国标中规定了图纸的幅面尺寸。绘制图样时，应优先采用表 6-1 中规定的基本幅面。

表 6-1　幅面及图框尺寸　　（单位：mm）

幅面代号 / 尺寸代号	A0	A1	A2	A3	A4
$b \times l$	841 ×1189	594 ×841	420 ×594	297 ×420	210 ×297
c	10			5	
a	25				

其中，l 为图纸长度，b 为图纸宽度，图纸的边线叫幅面线，内部一道封闭线叫图框线，图框线到幅面线的距离分别为 a、c。a 为装订边，另外三个边为 c，随图幅大小而变化，如图 6-1 所示。

从表 6-1 中可以看出，A1 幅面是 A0 幅面的对裁，A2 幅面是 A1 幅面的对裁，余者类推。同一项工程的图纸，不宜多于两种幅面。图纸的短边一般不应加长，长边可加长，但应符合国标 GB/T 50001—2001 的规定。

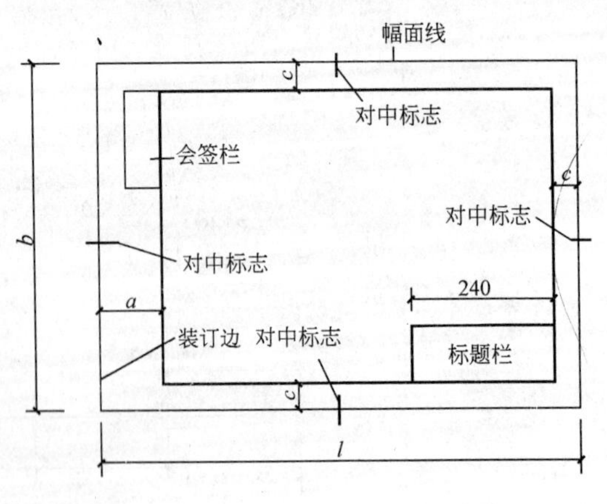

图 6-1　A0 ~ A4 横式幅面

图纸以短边作为垂直边的称为横式（图 6-1），以短边作为水平边的称为立式（图 6-2、图 6-3），幅面可横式布局，也可竖式布局，取决于所绘图形的大小。一般 A0 ~ A3

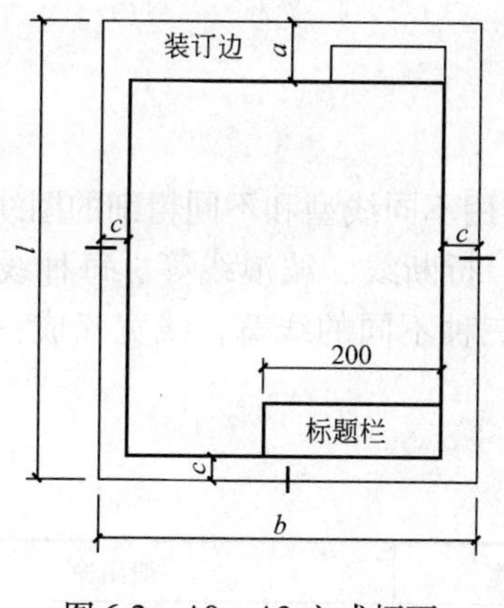

图 6-2　A0 ~ A3 立式幅面

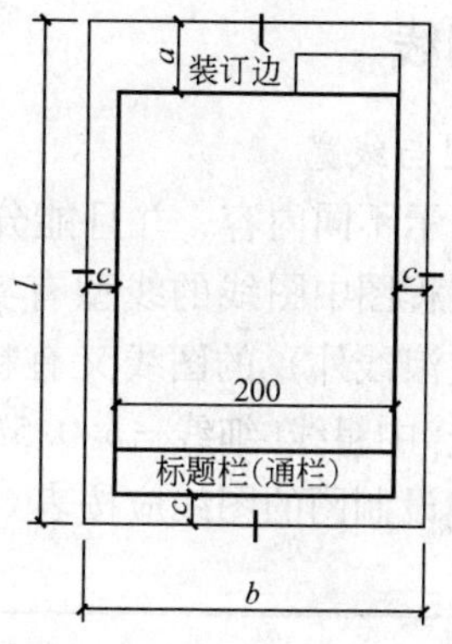

图 6-3　A4 立式幅面

图纸宜使用横式。

2. 图框格式

图框是指在图纸上绘图范围的界线。A0、A1、A2、A3、A4 幅面及图框尺寸应符合图 6-1、图 6-2、图 6-3 的格式。

3. 图纸标题栏和会签栏

图纸标题栏（简称图标）用来填写设计单位、工程名称、图名、图纸编号、比例、设计者和审核者等内容，位于图纸的右下角（横式）。会签栏是为各工种负责人签署专业、姓名、日期用的表格，画在图纸左侧上方的图框线外（横式）。标题栏和会签栏的尺寸、格式及内容如图 6-4、图 6-5 所示。

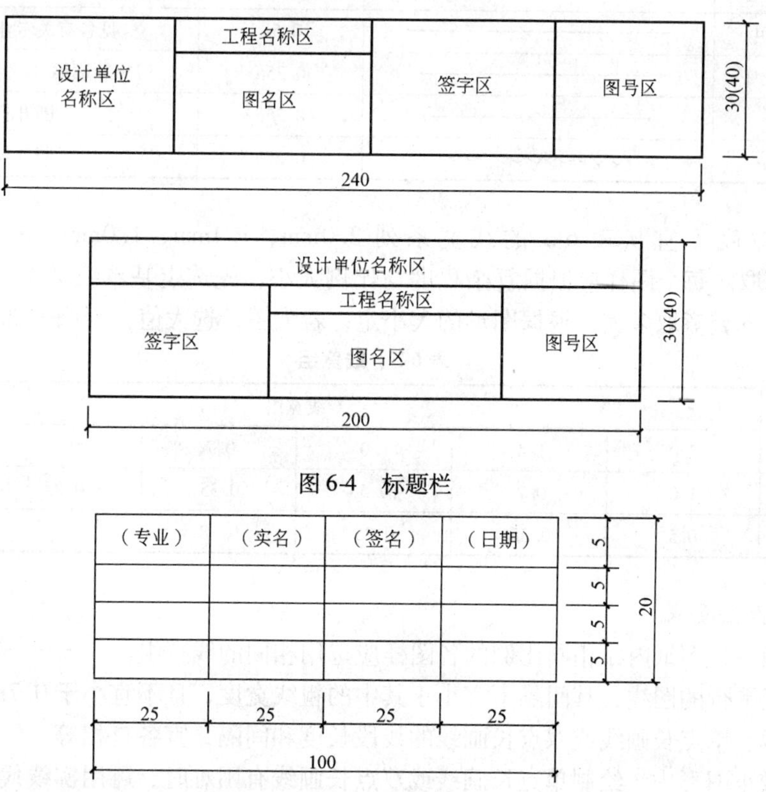

图 6-4　标题栏

图 6-5　会签栏

6.1.2 图线

1. 线型与线宽

为了表示不同内容，并且能分清主次，制图时应使用不同线型和不同粗细的图线。

建筑工程图中图线的线型有实线、虚线、点画线、折断线、波浪线等。每种线型（除折断线、波浪线外）的图线又有粗线、中粗线和细线三种不同的线宽，线宽互成一定的比例，即粗线: 中粗线: 细线 = b: 0.5b: 0.25b。

工程建设制图的图线应按表 6-2 所示选用。

表 6-2 图 线

名称		线型	线宽	一般用途
实线	粗	————————	b	主要可见轮廓线
	中	————————	0.5b	可见轮廓线
	细	————————	0.25b	可见轮廓线、图例线
虚线	粗	– – – – – – – –	b	见各有关专业制图标准
	中	– – – – – – – –	0.5b	不可见轮廓线
	细	– – – – – – – –	0.25b	不可见轮廓线、图例线
单点长画线	粗	—— · —— · ——	b	见各有关专业制图标准
	中	—— · —— · ——	0.5b	见各有关专业制图标准
	细	—— · —— · ——	0.25b	中心线、对称线等
双点长画线	粗	—— ·· —— ·· ——	b	见各有关专业制图标准
	中	—— ·· —— ·· ——	0.5b	见各有关专业制图标准
	细	—— ·· —— ·· ——	0.25b	假想轮廓线、成形前原始轮廓线
折断线		————⌇————	0.25b	断开界线
波浪线		～～～～～～	0.25b	断开界线

图线的宽度 b 宜从表 6-3 的线宽系列 2.0mm、1.4mm、1.0mm、0.7mm、0.5mm、0.35mm 中选取。每个图样应根据复杂程度与比例大小，先选定基本线宽 b，再选用表中相应的线宽组。b 究竟取多大，根据图形的大小定，若大图，选大值，否则，选小值。

表 6-3 线宽组 （单位：mm）

线宽比	线宽组					
b	2.0	1.4	1.0	0.7	0.5	0.35
0.5b	1.0	0.7	0.5	0.35	0.25	0.18
0.25b	0.5	0.35	0.25	0.18	—	—

2. 图线画法要求

1）在同一张图纸内，相同比例的各图样应选用相同的线宽组。

2）相互平行的图线，其间隔不宜小于其中的粗线宽度，且不宜小于 0.7mm。

3）虚线、单点长画线或双点长画线的线段长度和间隔，宜各自相等。

4）在较小图形中，绘制单点长画线或双点长画线有困难时，可用实线代替。

5）单点长画线或双点长画线的起止两端，不应是点，应为线段。点画线与点画线交接或点画线与其他图线交接时，应交于线段处。

6）虚线与虚线交接或虚线与其他图线交接时，应交于线段处。虚线为实线的延长线时，应留空隙，不得与实线连接。

7）图线不得与文字、数字或符号重叠、混淆，不可避免时，应首先保证文字等的清晰。

图线在工程中的实际应用如图 6-6 所示。

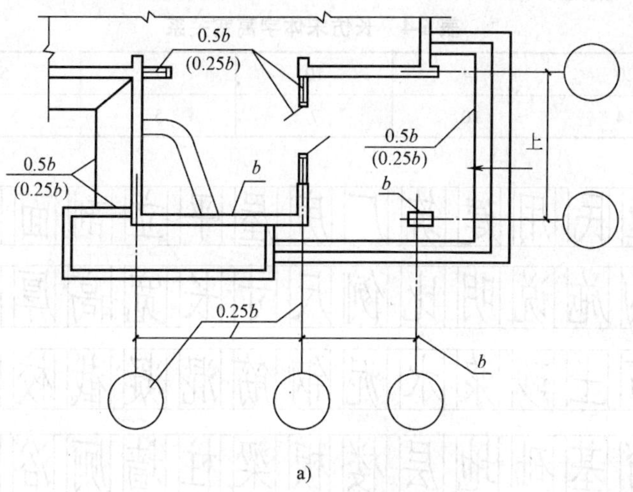

a)

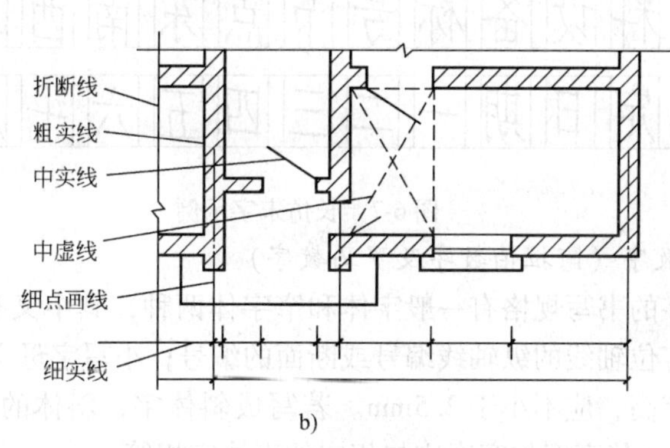

b)

图 6-6　图线的应用

a）线宽　b）线型

6.1.3　字体

图样上需要书写的有文字、数字或符号等，用来说明物体的大小及施工的技术要求等内容。如果书写潦草或模糊不清，不仅影响图样的清晰和美观，还会招致施工的差错和麻烦。因此，国家标准对字体的规格和要求作了统一的规定。

总的要求是：排列整齐、字体端正、笔画清晰，标点符号清楚、正确。

其他规定如下：

1. 文字的字高

图样中字体的大小应根据图纸幅面、比例等情况从国标规定的下列字高系列（简称字号）中选用：3.5mm、5mm、7mm、10mm、14mm、20mm。该字高系列按照$\sqrt{2}$倍的规律递增，若需书写更大的字，则乘以$\sqrt{2}$。

2. 汉字

图中的汉字应采用简化字书写，必须符合国务院公布的《汉字简化方案》和有关规定，并写成长仿宋体。长仿宋体的字高与字宽的比例大约为1:0.7，其关系如表6-4所示。书写长仿宋体的基本要领是横平竖直、起落有锋、结构均匀、填满方格。在图样中书写字体必须做到字体工整、笔画清楚、间隔均匀、排列整齐。长仿宋字示例如图6-7所示。

表6-4　长仿宋体字高宽关系　　（单位：mm）

字高	20	14	10	7	5	3.5
字宽	14	10	7	5	3.5	2.5

工	业	民	用	建	筑	厂	房	屋	平	立	剖	面	详	图
结	构	施	说	明	比	例	尺	寸	长	宽	高	厚	砖	瓦
木	石	土	砂	浆	水	泥	钢	筋	混	凝	截	校	核	梯
门	窗	基	础	地	层	楼	板	梁	柱	墙	厕	浴	标	号
轴	材	料	设	备	标	号	节	点	东	南	西	北	校	核
制	审	定	日	期	一	二	三	四	五	六	七	八	九	十

图6-7　长仿宋字示例

3. 拉丁字母和数字（阿拉伯数字及罗马数字）

拉丁字母和数字的书写规格有一般字体和窄字体两种，其中又有直体字和斜体字之分。大写字母一般用于定位轴线的纵轴线编号或断面的编号；小写字母主要用在投影图的标注。

字母和数字的字高，应不小于2.5mm。若写成斜体字，斜体的倾斜度应是从字的底线逆时针向上倾斜75°，其高度与宽度应与相应的直体字相等。

当字母或数字与汉字并列书写时，它们的字高比汉字的字高宜小一号。

拉丁字母示例如图6-8所示，罗马数字、阿拉伯数字如图6-9所示。

a)

b)

图6-8　拉丁字母示例（斜体）

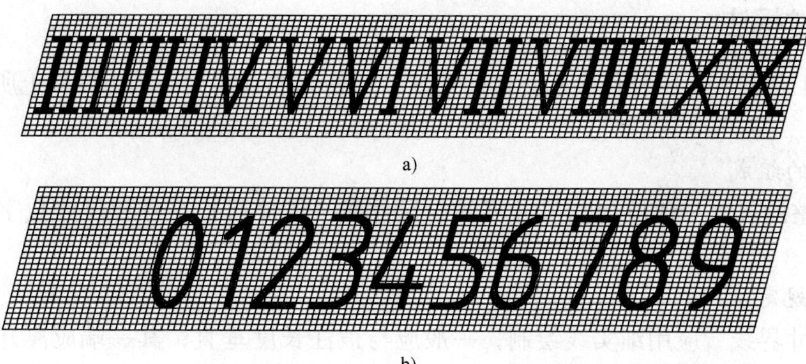

b)

图 6-9　罗马字母、阿拉伯数字示例

6.1.4　比例

1. 比例的概念

图样的比例是指图样中图形与其实物相对应的线性尺寸之比。比例分为三种类型：

1）原值比例。比值为 1 的比例，即 1∶1，表示图形大小与实物大小相同。

2）放大比例。比值大于 1 的比例，如 2∶1，表示在图形中按比例扩大 2 倍绘制。

3）缩小比例。比值小于 1 的比例，如 1∶100，表示在图形中按比例缩小 100 倍绘制。

对于土木工程图，多用缩小比例绘制在图纸上，如用 1∶20 画出的图样，其线性尺寸是实物相对应线性尺寸的 1/20。比例的大小，是指其比值的大小，如 1∶50 大于 1∶100。

2. 比例系列

绘图时所用的比例，应根据图样的用途和被绘对象的复杂程度，从表 6-5 中选用，并优先选用表中常用比例。标注尺寸时，无论选用放大或缩小比例，都必须标注其实际尺寸。

建筑施工图常用比例如下：总平面图选用的比例常常较小，一般为 1∶500、1∶1000、1∶2000、1∶5000 等；平面图、立面图、剖面图的比例常选用 1∶50、1∶100 或 1∶200；详图的比例较大，常用 1∶1、1∶2、1∶5、1∶10、1∶20、1∶50 等。

一般情况下，一个图样应选用一种比例。根据专业制图需要，同一图样也可选用两种比例。

表 6-5　绘图比例

常用比例	1∶1、1∶2、1∶5、1∶10、1∶20、1∶50、1∶100、1∶150、1∶200、1∶500、1∶1000、1∶2000、1∶5000、1∶10000、1∶20000、1∶50000、1∶100000、1∶200000
可用比例	1∶3、1∶4、1∶6、1∶15、1∶25、1∶30、1∶40、1∶60、1∶80、1∶250、1∶300、1∶400、1∶600

3. 比例标注

1）比例的符号为“∶”，比例应以阿拉伯数字表示，如 1∶1、1∶2、1∶100 等。

2）比例注写在图名的右侧，字的基准线应取平；比例的字高宜比图名的字高小一号或二号，如图 6-10 所示。

平面图 1∶100　　⑥ 1∶20

图 6-10　比例的注写

6.1.5 尺寸标注

在土木工程图中，图样仅表示物体的形状，而物体的真实大小则由图样上所标注的实际尺寸来确定。

1. 尺寸的组成

一个完整的尺寸一般应包括尺寸界线、尺寸线、尺寸起止符号和尺寸数字，如图 6-11 所示。

2. 基本规定

（1）尺寸界线　应用细实线绘制，一般应与被注长度垂直，其一端应离开图样轮廓线不小于 2mm，另一端宜超出尺寸线 2 ~ 3mm。有时图样轮廓线也可用作尺寸界线，如图 6-12 所示。

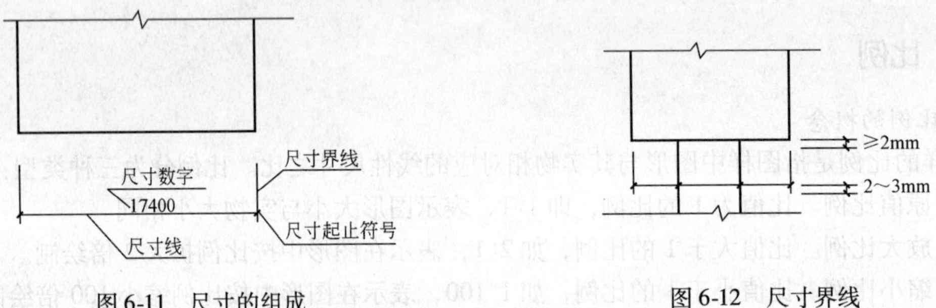

图 6-11　尺寸的组成　　图 6-12　尺寸界线

（2）尺寸线　应用细实线绘制，并与被注长度平行。图样上的任何图线都不得用作尺寸线。

（3）尺寸起止符号　尺寸线与尺寸界线的相交点是尺寸的起止点，土木工程图中一般用中粗斜短线绘制，其倾斜方向应与尺寸界线成顺时针 45°角，长度宜为 2 ~ 3mm。

半径、直径、角度与弧长的尺寸起止符号，宜用箭头表示。箭头画法如图 6-13 所示。

（4）尺寸数字　国标规定，图样上的尺寸一律用阿拉伯数字标注图样的实际尺寸，与绘图时采用的比例无关，应以尺寸数字为准，不得从图上直接量取。

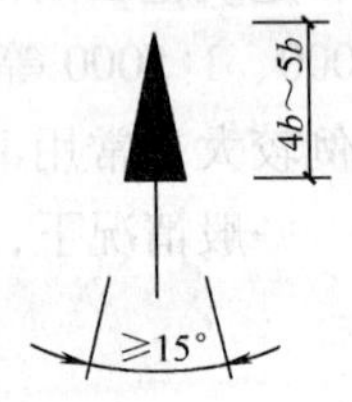

图 6-13　箭头尺寸起止符号

图样上所标注的尺寸，除标高及总平面图以 m 为单位外，其他必须以 mm 为单位，所以图样上的尺寸数字一律不写单位。

尺寸数字一般应依据其方向注写在靠近尺寸线的上方中部。水平方向的尺寸，尺寸数字要写在尺寸线的上面，字头向上；竖直方向的尺寸，尺寸数字要注写在尺寸线的左侧，字头向左；倾斜方向的数字，字头应保持向上，按图 6-14a 的规定注写。若尺寸数字在 30°斜线区内，宜按图 6-14b 的形式注写。

尺寸数字如没有足够的注写位置，最外边的尺寸数字可注写在尺寸界限的外侧，中间相邻的尺寸数字可错开注写，如图 6-15 所示。

3. 尺寸的排列与布置

尺寸宜标注在图样轮廓以外，不宜与图线、文字及符号等相交。图线不得穿过尺寸数字，不可避免时，应将尺寸数字处的图线断开，如图 6-16 所示。

若干互相平行的尺寸线，应从被注写的图样轮廓线由近向远整齐排列，较小尺寸离轮廓线较近，大尺寸离轮廓线较远，如图 6-17 所示。图样轮廓线以外的尺寸界线，距图样最外轮廓线之间的距离，不宜小于 10mm，平行排列的尺寸线的间距为 7 ~ 10mm，并应保持一致。

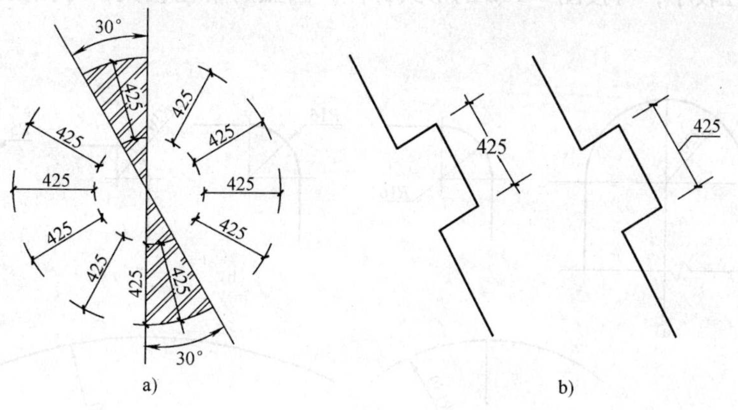

图 6-14　尺寸数字的注写方向

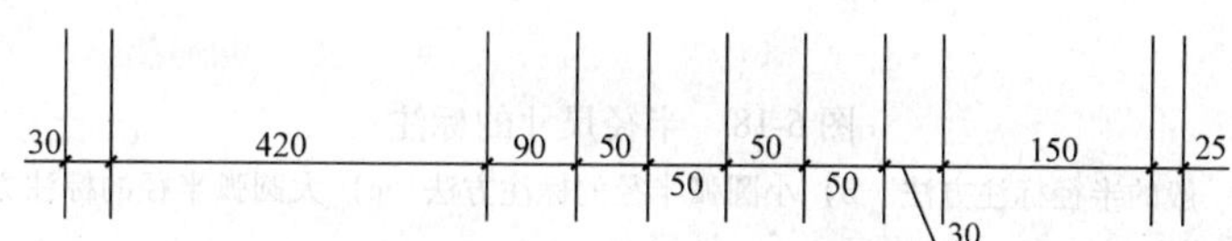

图 6-15　尺寸数字的注写位置

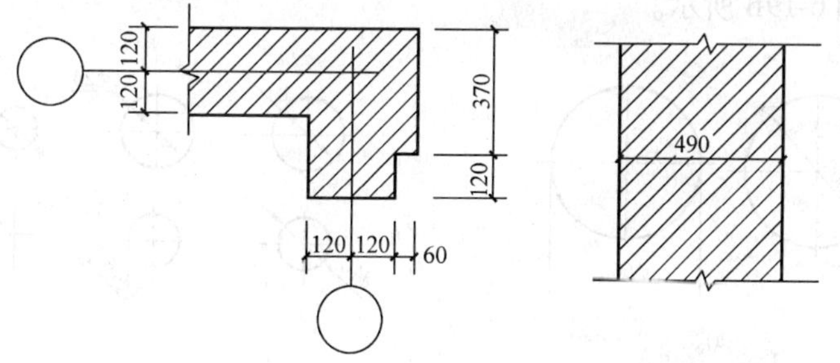

图 6-16　尺寸数字的注写

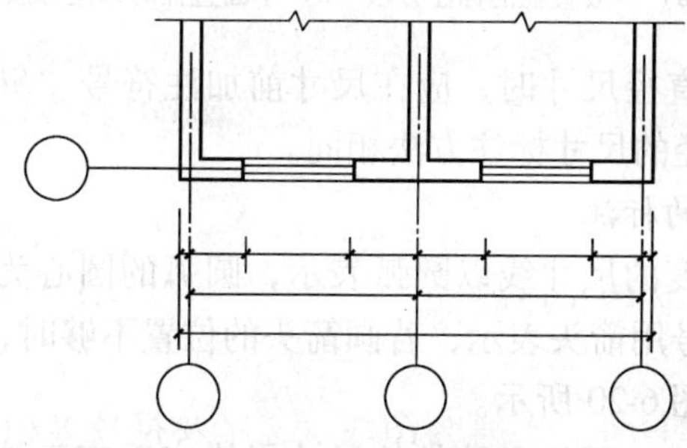

图 6-17　尺寸的排列

4. 半径、直径、球的尺寸标注

（1）半径尺寸的标注　半径的尺寸线一端从圆心开始，另一端画箭头指向圆弧。半径数字前应加注半径符号“*R*”，如图 6-18a 所示。

圆弧的半径较小，可按图 6-18b 的形式标注；圆弧的半径较大，可按图 6-18c 的形式标注。

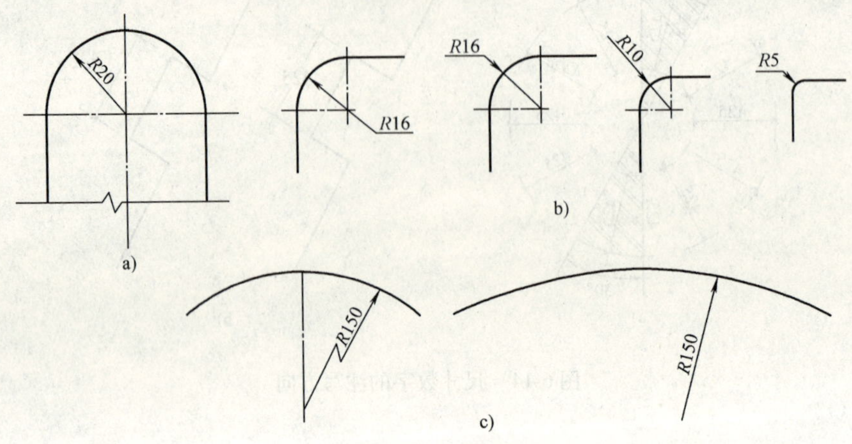

图 6-18　半径尺寸的标注

a）一般的半径标注方法　b）小圆弧半径的标注方法　c）大圆弧半径的标注方法

（2）直径的尺寸标注　标注圆的直径尺寸时，直径数字前应加直径符号“ϕ”。在圆内标注的尺寸线应通过圆心，两端画箭头指向圆弧，如图 6-19a 所示。圆的直径尺寸较小，可标注在圆外，如图 6-19b 所示。

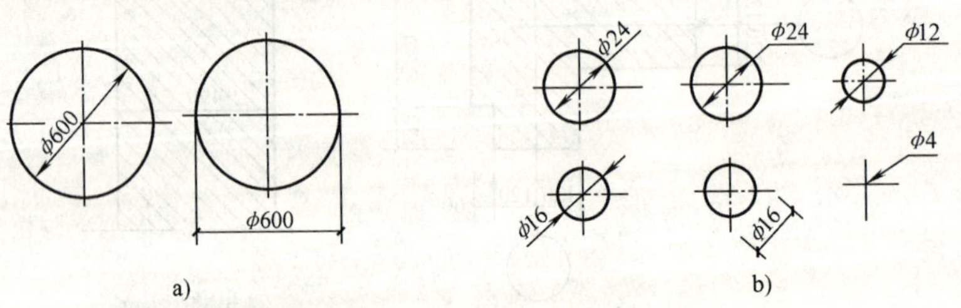

图 6-19　直径尺寸的标注

a）一般直径的标注方法　b）小圆直径的标注方法

（3）标注球的半径或直径尺寸时，应在尺寸前加注符号“*SR*”或符号“$S\phi$”。其注写方法与圆弧半径和圆弧直径的尺寸标注方法相同。

5. 角度、弧长、弦长的标注

（1）角度的标注　角度的尺寸线以圆弧表示，圆弧的圆心为该角的顶点，角的两条边为尺寸界线；角的起止符号用箭头表示，若画箭头的位置不够时，也可用圆点代替；角度数字应按水平方向注写，如图 6-20 所示。

（2）弧长和弦长的标注　弧长和弦长的尺寸界线应垂直于该圆弧的弦；标注圆弧的弧长时，尺寸线是与该圆弧同心的圆弧线，起止符号用箭头表示，并在弧长数字的上方加注圆弧符号“⌒”，如图 6-21a 所示；标注圆弧的弦长时，尺寸线是平行于该弦的直线，起止符号用中粗斜短线表示，如图 6-21b 所示。

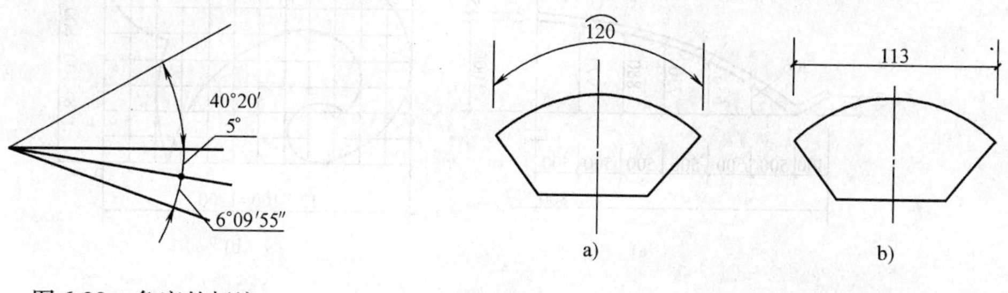

图 6-20　角度的标注

图 6-21　弧长和弦长的标注

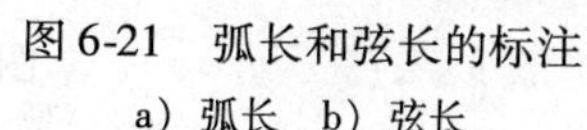

a）弧长　b）弦长

6. 其他尺寸的标注

（1）薄板厚度和正方形的标注　在薄板板面标注板厚尺寸时，应在厚度数字前加厚度符号“*t*”，如图 6-22 所示。

标注正方形的尺寸时，除了可以用“边长 × 边长”的形式外，也可在边长数字前加注正方形符号“□”，如图 6-23 所示。

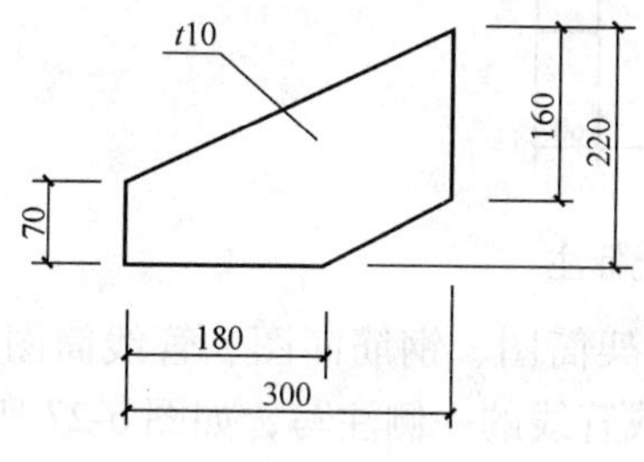

图 6-22　薄板厚度的标注

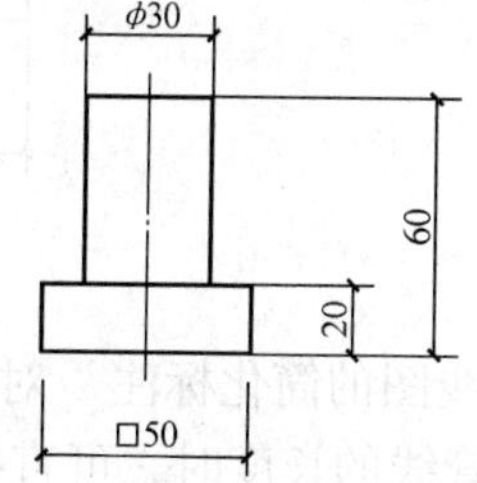

图 6-23　正方形尺寸的标注

（2）坡度的标注　坡度可用百分数、比数、直角三角形的形式标注。用百分数、比数标注坡度时，坡度数字下应加注一单面箭头作为坡度符号“←”，箭头指向下坡方向，如图 6-24a、b 所示。直角三角形的标注形式如图 6-24c 所示。

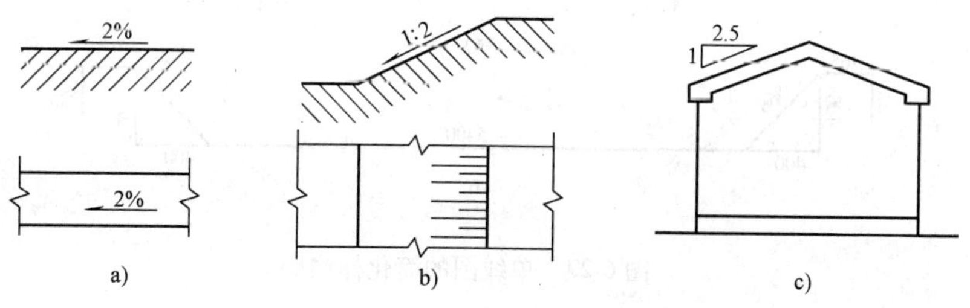

图 6-24　坡度的标注

a）百分数　b）比数　c）直角三角形

（3）非圆曲线的尺寸标注　较简单的非圆曲线，可用坐标形式标注尺寸，如图 6-25a 所示；较复杂的图形，也可用网格形式标注尺寸，即曲线上各点均由方格上的坐标定出，如图 6-25b 所示。

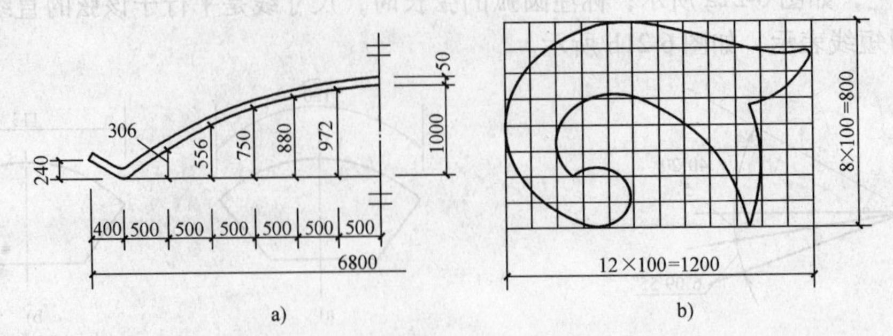

图 6-25　非圆曲线的标注

a）坐标法　b）网格法

7. 尺寸的简化标注

（1）等长尺寸的简化标注　对于较多相等间距的连续尺寸，可用“个数 × 等长尺寸 = 总长”的形式标注，如图 6-26 所示。

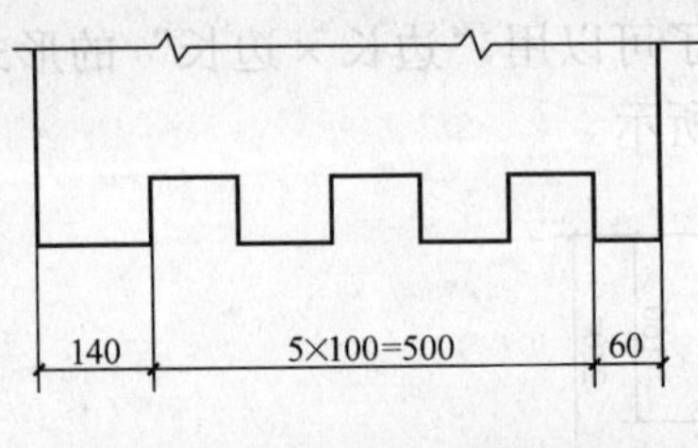

图 6-26　等长尺寸的简化标注

（2）单线图的简化标注　对于单线条的图，如桁架简图、钢筋简图、管线简图等，在标注杆件或管线的长度时，可直接将尺寸数字沿杆件或管线的一侧注写，如图 6-27 所示。

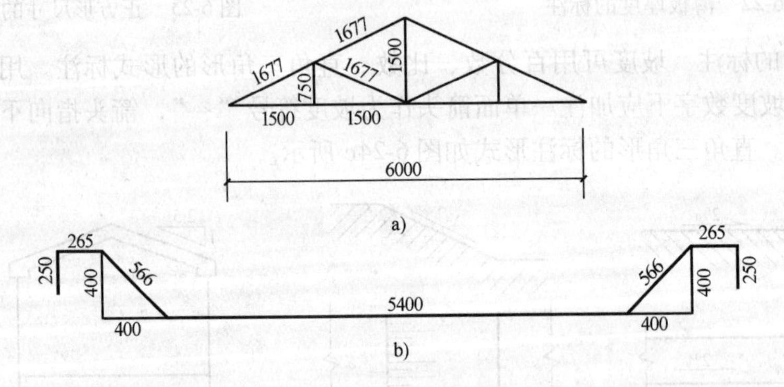

图 6-27　单线图的简化标注

（3）相同要素的简化标注　当构配件内的构造因素（如孔、槽等）

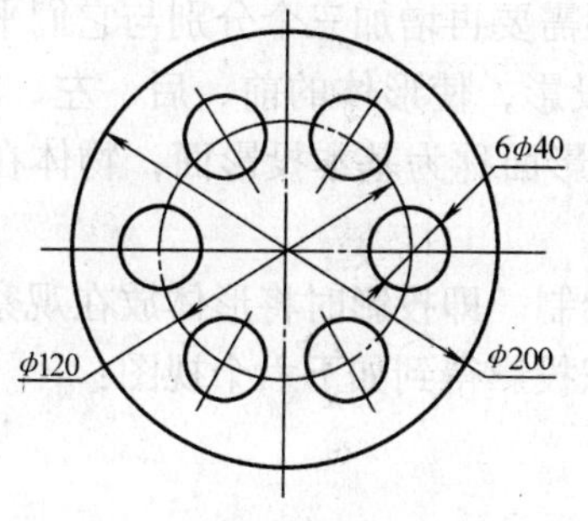

图 6-28　相同要素的简化标注

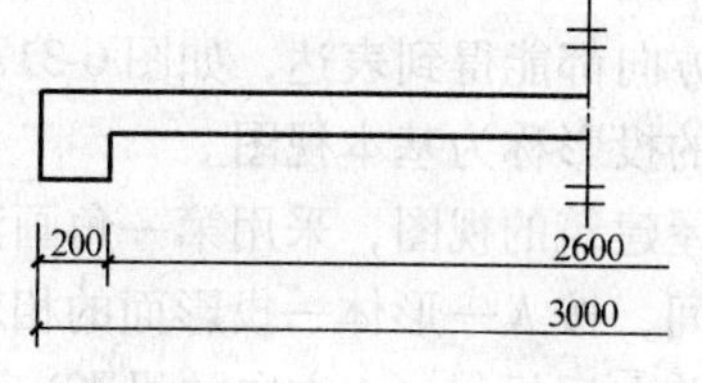

图 6-29　对称构件的简化标注

2）相似构配件。对于两个相似构配件，当仅有个别尺寸数字不同时，可标注在同一图样中，将其中一个构配件的不同尺寸数字写在括号内，该构配件的名称也注写在相应的括号内，如图 6-30a 所示。对于数个相似构配件，当仅有某些尺寸不同时，可将这些有变化的尺寸数字用拉丁字母注写在同一图样中，再另列表格写明其具体尺寸，如图 6-30b 所示。

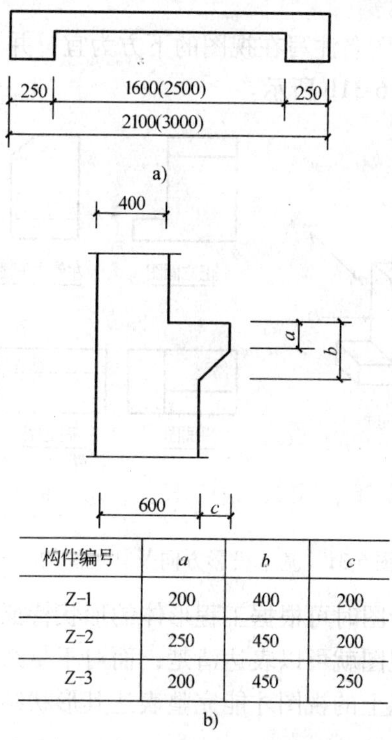

构件编号	a	b	c
Z-1	200	400	200
Z-2	250	450	200
Z-3	200	450	250

图 6-30　相似构配件的简化标注
a）两个相似构配件　b）数个相似构配件

6.2　基本视图及镜像投影

6.2.1　基本视图及其配置

当物体的形状和结构比较复杂时，仅有 H、V、W 三面投影图（三视图）有时是不够的，为了更清晰、完整地表达形体各个方面的形状，还需要再增加三个分别与它们平行的投影面，采用 A、B、C、D、E、F 六个基本投射方向的投影，使形体的前、后、左、右、上、下六个方向都能得到表达，如图 6-31a 所示。这六个投影面称为基本投影面，物体在基本投影面上的投影称为基本视图。

房屋建筑的视图，采用第一角画法并按正投影法绘制。即投影时将形体放在观察者与投影面之间，按人—形体—投影面的相对位置，分别作正投影得到如下六个视图：

从前向后投射（A 方向的投影），称为正立面图；

从上向下投射（B 方向的投影），称为平面图；

从左向右投射（C 方向的投影），称为左侧立面图；

从右向左投射（D 方向的投影），称为右侧立面图；

从下向上投射（E 方向的投影），称为底面图；

从后向前投射（F 方向的投影），称为背立面图。

在同一张图纸上同时绘制几个图样时，应按主次关系从左向右依此排列，各视图的位置宜按图 6-31b 的顺序进行配置。

每个视图都应注出图名，图名注写在视图的下方为宜，并在图名下画一粗横线，其长度应以图名所占长度为准，如图 6-31b 所示。

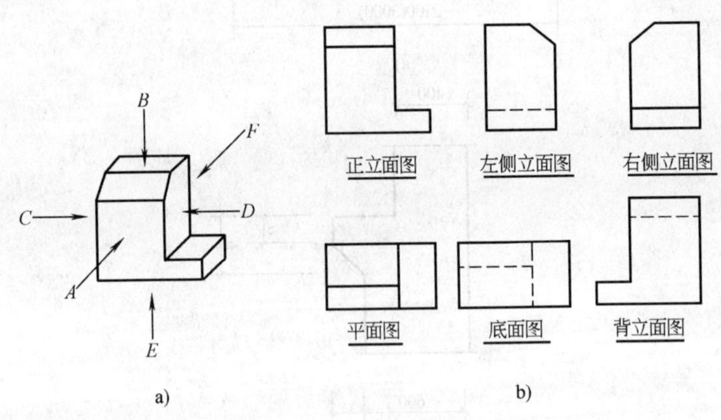

图 6-31　基本投影方向及其视图的配置

对以上六个基本视图，绘图时可根据工程形体的形状特征选择其中必要的视图。对于形状简单的物体，一般用三个视图就可以表达清楚，而对于复杂的房屋建筑，各个方向的外形变化较大时，往往采用三个以上的视图才能完整表达其形状结构。

6.2.2　镜像投影

当某些视图（如顶棚平面图或有特殊要求的立面图）用第一角画法绘制不易表达时，可用镜像投影法绘制。即假想在平行于形体的某个表面设置

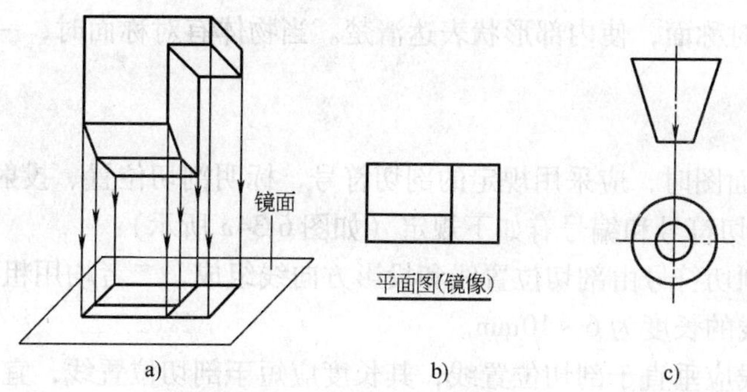

图 6-32　镜像投影

6.3　剖面图和断面图

6.3.1　剖面图和断面图的形成

当物体的内部结构复杂或被遮挡的部分较多时，视图上会出现较多的虚线，使图面虚实线交错而混淆不清，为解决这一问题，工程上常采用剖切的方法。

1. 剖面图

如图 6-33a 所示，假想一个平行于投影面的剖切面 P，把物体剖开，将观察者和剖切面之间的部分移去，将其余部分向投影面进行投射，所得到的投影图称为剖面图，如图 6-33b 所示。

2. 断面图

若将物体剖开后，只画出剖切面与物体接触部分即截断面的图形，所得的图形称为断面图，如图 6-33c 所示。

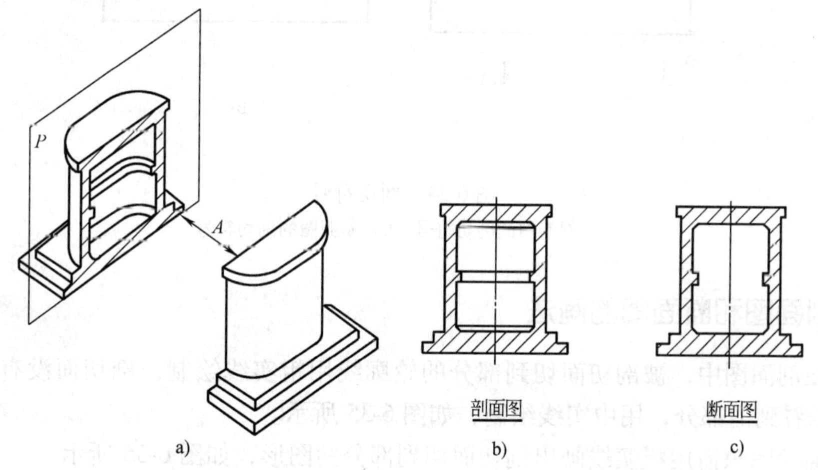

图 6-33　剖面图和断面图的形成

6.3.2　剖切位置和剖切符号

1. 剖切面的位置

剖切面的位置可根据需要选定，一般情况下剖切面应平行某一投影面，并通过孔洞等隐蔽部分的中心线或对称面，使内部形状表达清楚。当物体有对称面时，一般将剖切面选在对称面上。

2. 剖切符号

画剖面图和断面图时，应采用规定的剖切符号，标明剖切位置、投射方向和编号。

（1）剖视的剖切符号和编号有如下规定（如图 6-34a 所示）：

1）剖面图的剖切符号由剖切位置线和投影方向线组成，二者均用粗实线绘制。

2）剖切位置线的长度为 6 ~ 10mm。

3）投影方向线应垂直于剖切位置线，其长度应短于剖切位置线，宜为 4 ~ 6mm。

4）剖切符号不应与图面上其他图线相接触。

5）剖切符号采用阿拉伯数字编号，按从左到右、从下到上的顺序连续编号，并注写在投射方向线的端部。

6）需要转折的剖切位置线，应在转角的外侧加注与该符号相同的编号。

（2）断面图的剖切符号和编号应符合如下规定：

断面的剖切符号只用剖切位置线表示。断面剖切符号的编号应注写在剖切位置线的一侧。编号所在的一侧表示该断面的剖视方向，如图 6-34b 所示。其他要求与剖视的剖切符号相同。

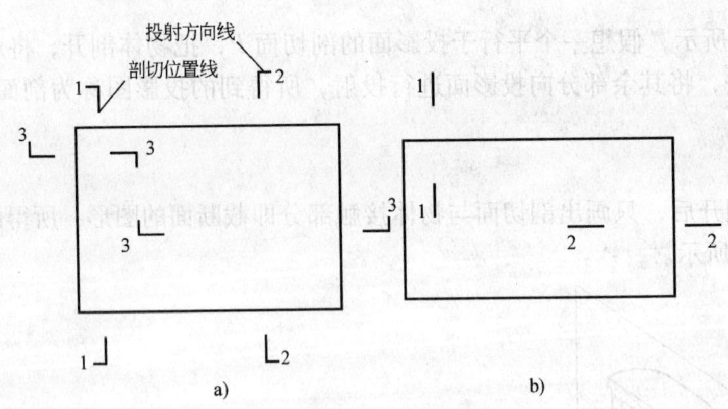

图 6-34　剖切符号

a）剖面图的剖切符号　b）断面图的剖切符号

6.3.3　剖面图和断面图的画法

（1）在剖面图中，被剖切面切到部分的轮廓线用粗实线绘制，剖切面没有切到但沿投射方向可以看到的部分，用中实线绘制，如图 6-35 所示。

（2）断面图只需用粗实线画出剖切面切到部分的图形，如图 6-35 所示。

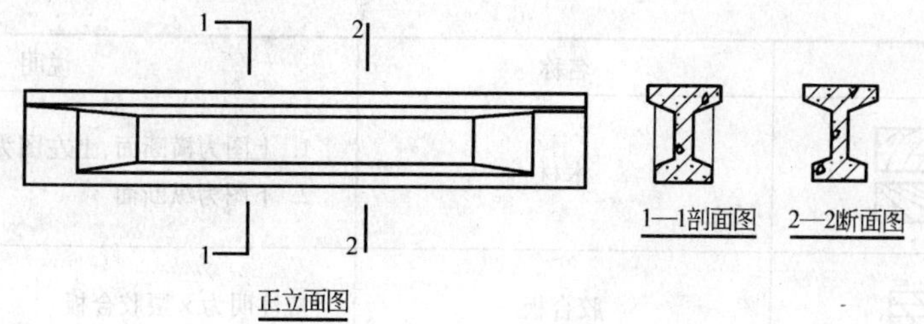

图 6-35　剖面图和断面图的画法

表 6-6　常用建筑材料图例

图例	名称	说明
	自然土壤	包括各种自然土壤
	夯实土壤	
	砂、灰土	靠近轮廓线绘制较密的点
	砂砾石、碎砖三合土	
	混凝土	1. 本图例指能承重的混凝土及钢筋混凝土 2. 包括各种强度等级、骨料、添加剂的混凝土 3. 在剖面图上画出钢筋时，不画图例线 4. 断面图形小，不易画出图例线时，可涂黑
	钢筋混凝土	
	普通砖	1. 包括实心砖、多孔砖、砌块等砌体 2. 断面较窄不易绘出图例线时，可涂红
	耐火砖	包括耐酸砖等砌体
	空心砖	指非承重砖砌体
	饰面砖	包括铺地砖、马赛克、陶瓷锦砖、人造大理石等
	焦渣、矿渣	包括与水泥、石灰等混合而成的材料
	金属	1. 包括各种金属 2. 图形小时，可涂黑
	多孔材料	包括水泥珍珠岩、沥青珍珠岩、泡沫混凝土、非承重加气混凝土、软木、蛭石制品等

（续）

图例	名称	说明
	木材	1. 上图为横断面，上左图为垫木、木砖或木龙骨 2. 下图为纵断面
	胶合板	应注明为×层胶合板
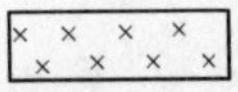	石膏板	包括圆孔、方孔石膏板、防水石膏板等
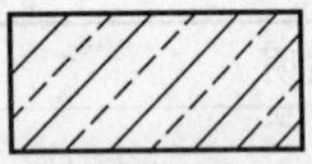	石材	
	毛石	
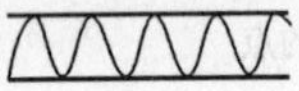	纤维材料	包括矿棉、岩棉、玻璃棉、麻丝、木丝板、纤维板等
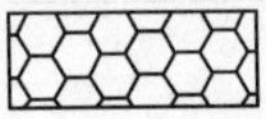	泡沫塑料材料	包括聚苯乙烯、聚乙烯、聚氨酯等多孔聚合物类材料
	网状材料	1. 包括金属、塑料网状材料 2. 应注明具体材料名称
	玻璃	包括平板玻璃、磨砂玻璃、夹丝玻璃、钢化玻璃、中空玻璃、加层玻璃、镀膜玻璃等
	橡胶	
	塑料	包括各种软、硬塑料及有机玻璃等
	防水材料	构造层次多或比例大时，采用上面图例
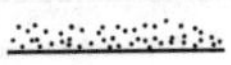	粉刷	本图例采用较稀的点
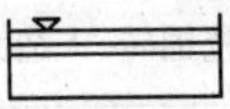	液体	应注明具体液体名称

3）注意剖面图和断面图在剖切符号及所画内容

的。

4）剖面图和断面图中不可见的轮廓线，一般均可不画。

6.3.4 断面图的特有画法

1）如需要，同一物体可画若干个断面图，并按顺序依次排列，也可按比例放大，如图6-36a所示。

2）对较长而断面形状无变化的杆件，断面图可绘制在靠近杆件端部或中断处，可省去剖切符号标注，如图6-36b所示。

3）断面图也可画在图内，这时不需要标注剖切符号，适用于结构布置图，如图6-36c所示。

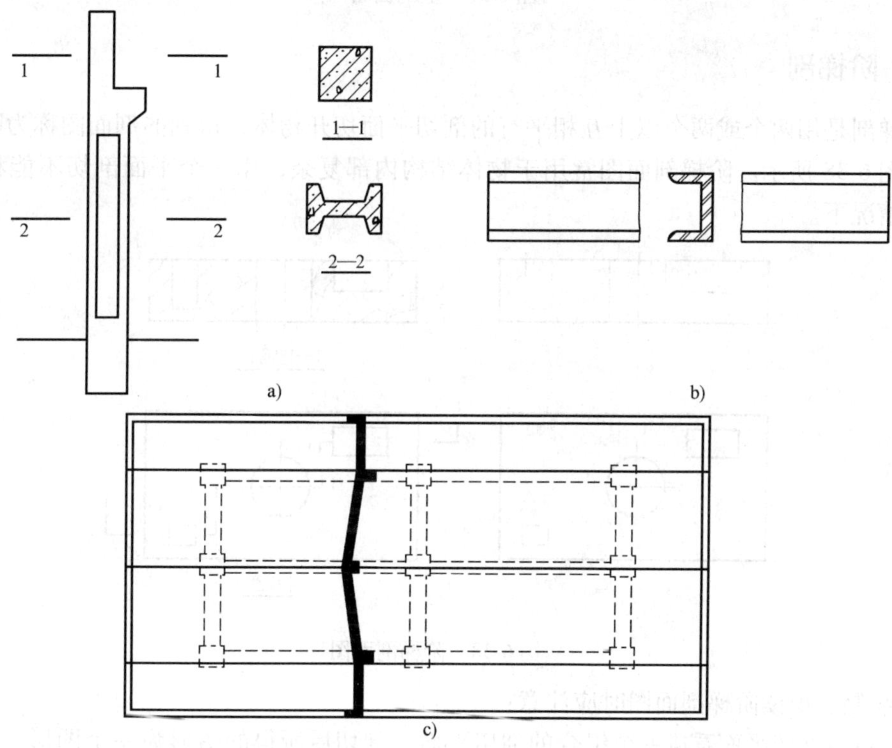

图6-36 断面图的特有画法

6.4 常用的剖切方法

6.4.1 全剖

全剖是用一个假想剖切平面将物体全部剖切开，从而把物体内部形状表达清楚。所得到的剖面图称为全剖面图，如图6-37所示。全剖面图一般用于不对称或者虽然对称但外形简单而内部比较复杂的物体。

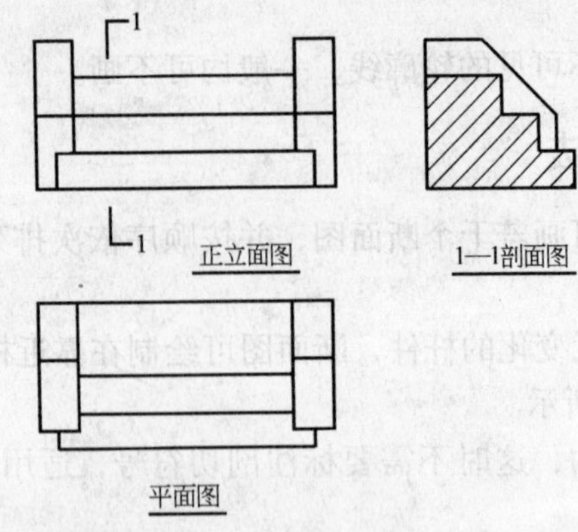

图 6-37 全剖面图

6.4.2 阶梯剖

阶梯剖是用两个或两个以上互相平行的剖切平面切开物体，得到的剖面图称为阶梯剖面图，如图 6-38 所示。阶梯剖面图常用于物体结构内部复杂，用一个平面剖切不能将其表达清楚的情况下。

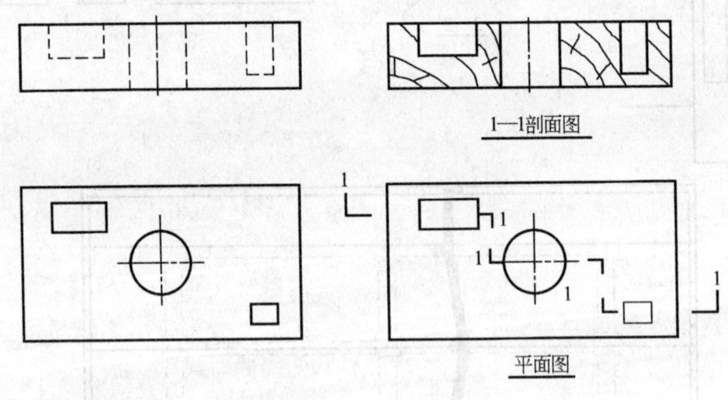

图 6-38 阶梯剖面图

在绘制、识读阶梯剖面图时应注意：

1）将各剖切平面看成一个组合的剖切平面，剖切后所得的图形为一个图形，不应在剖视图中画出各剖切平面的分界线。

2）剖切平面转折处的剖切符号不应与视图中的轮廓线重合。

3）剖切位置符号标注时，在剖切平面的转折处一般应标注相同的字母。在不影响图形阅读的情况下，转折处的字母也可以省略。

6.4.3 旋转剖

斜，将倾斜于投影面的剖切平面整体绕剖切平面的交线（投影面垂直线）旋转到平行于投影面的位置，然后再向该投影面作投影。

如图 6-39 所示的物体，左半部分和右半部分的轴线是斜交的，有两个不同形状的孔。为表达清楚其内部结构，采用 3—3 两相交平面作为剖切面，再将左边剖切面剖到的图形绕铅垂轴线旋转到正平面位置，然后与右侧用正平面剖切得到的图形一起向 *V* 面投影，便得到旋转剖面图。

同样，在旋转剖面图中不需要画出剖切平面的交线，并应在该剖面图的图名后注明“展开”字样，如图 6-39 所示。

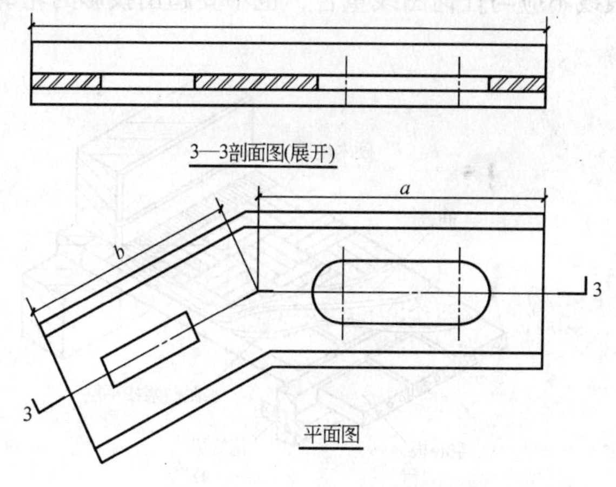

图 6-39　旋转剖面图

6.4.4　局部剖切

对物体进行局部剖切后得到的剖面图，称为局部剖面图。局部剖切适用于只有局部内部结构需要用剖面图表示的情况，即没有必要用全剖面图或半剖面图的情况下。因为局部剖面图的大部分仍为表示外形的视图，故仍用原来视图的名称，且不标注剖切符号。

局部剖面与外形视图之间用波浪线分界，波浪线不能与轮廓线或中心线重合，也不能超出外形轮廓线。

图 6-40 为杯形基础的局部剖面图，平面图左下角的局部剖面图反映了该基础底板内部钢筋的配置情况。

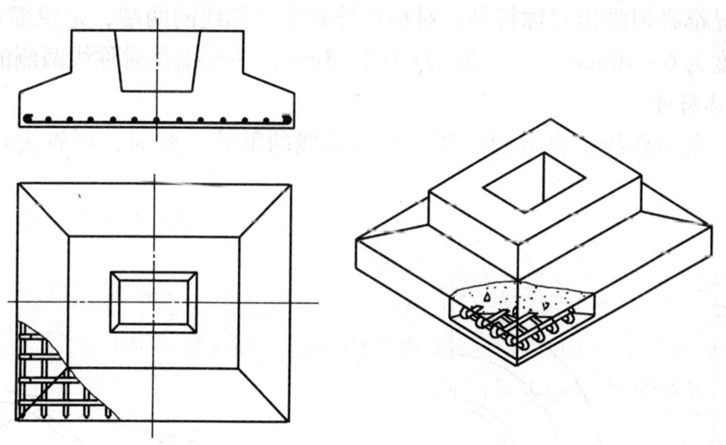
图 6-40　局部剖面图

6.4.5　分层剖切

对于建筑物层次构造较多的部分，如楼面、屋面、墙面、地面等，常采用局部分层剖切的方法，画出各构造层次的剖面图。如图 6-41 所示，图中楼板材料由表及里按层次剖切，表示了楼面的构造与各层所用的材料。分层剖切的剖面图，应以波浪线将各层隔开，注意波浪线不应与任何图线重合，也不要超出投影的轮廓线。

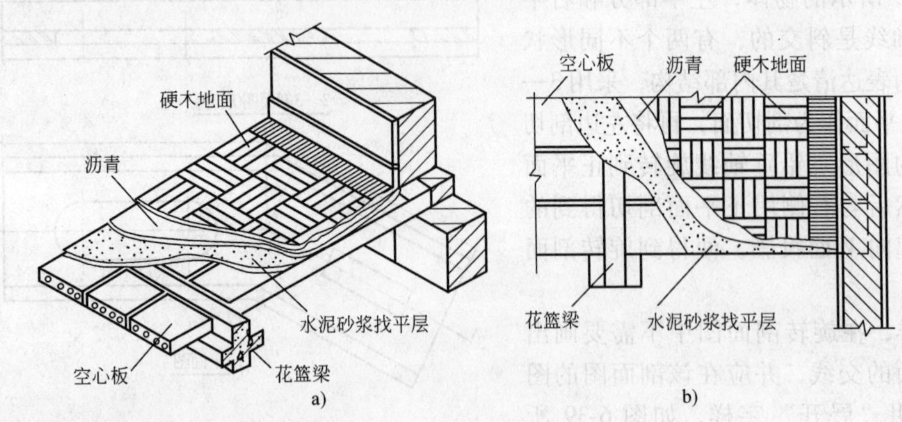

图 6-41　楼面局部分层剖面图

a）立体图　b）平面图

6.5　简化画法

6.5.1　对称图形的简化画法

1. 画出对称符号

当物体的图形对称时，可只画其视图的 1/2（适用于对称图形只有一条对称线时），如图 6-42a 所示；或只画该视图的 1/4（适用于对称图形有两条对称线时），如图 6-42b 所示。

这两种情况都必须画出对称符号。对称符号画在对称线的两端，是用细实线绘制的两条平行线，其长度为 6～10mm，平行线间距为 2～3mm，平行线在对称线两侧的长度应相等。

2. 不画对称符号

当视图有一条对称线，也可画出稍超过对称线的部分，此时，可省去对称符号，如图 6-43 所示。

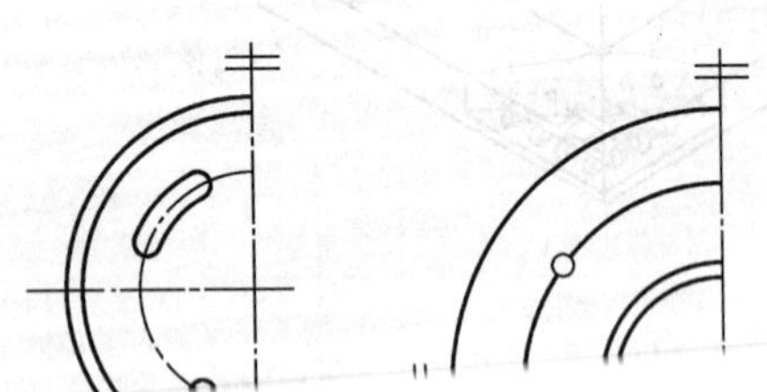

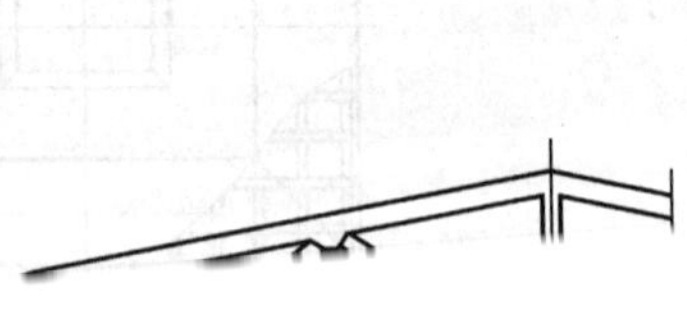

6.5.2 视图与剖面图合并

对称的物体需画剖面图或断面图时，可以对称符号为界，一半画视图，另一半画剖面图或断面图。这样，既可以表示出物体的外部形状，又可以表示物体的内部形状。这种由视图和剖面图各占一半的图样，也称为半剖面图，如图 6-44 所示。

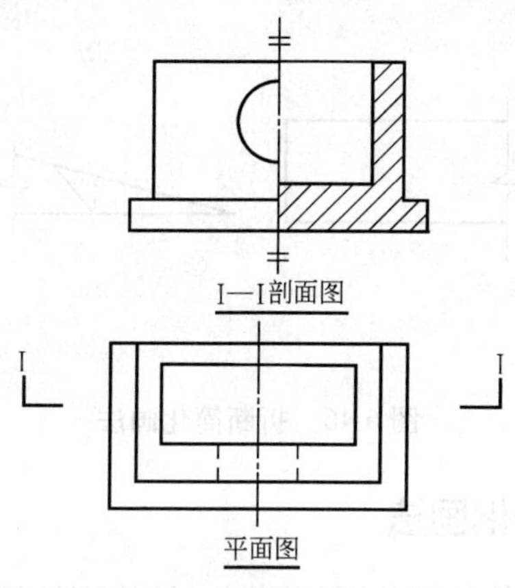

图 6-44　视图与剖面图合并

6.5.3 相同构造要素的简化画法

构配件内有多个完全相同而连续排列的构造要素时，可仅在两端或适当位置画出其完整形状，而其余部分以中心线或中心线交点表示，如图 6-45a、b、c 所示。

如果相同构造要素只在某一些中心线交点上出现，则仅在适当位置画出其完整形状，其余部分应在相同要素位置的中心线交点处用小圆点表示，如图 6-45d 所示。

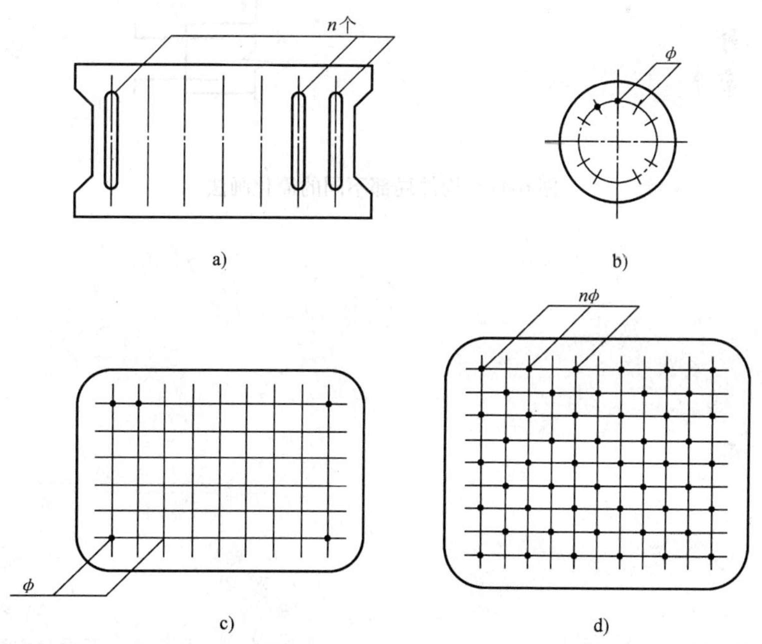

图 6-45　相同要素的简化画法

6.5.4 折断简化画法

对于较长的构件，当沿长度方向的形状相同或按一定规律变化时，可采用折断画法，即将断开部分省略不画，断开处应以折断线表示，如图6-46a、b所示。

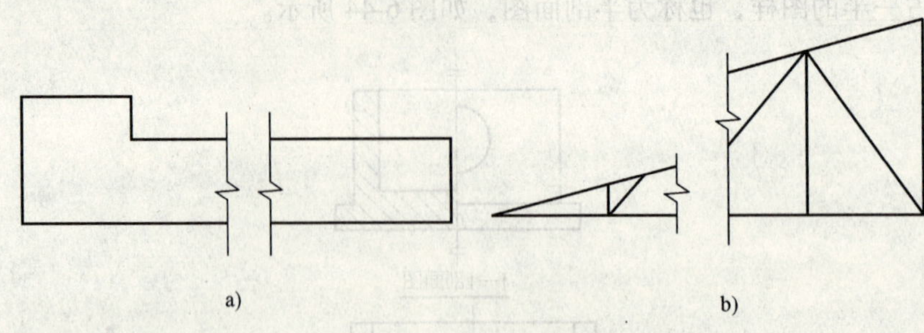

图6-46 折断简化画法

6.5.5 构件局部不同的简化画法

当一个构配件与另一构配件仅部分不相同时，该构配件可只画不同部分，但应在两个构配件的相同部分与不同部分的分界线处，分别绘制连接符号，两个连接符号应对准在同一位置上，如图6-47所示。

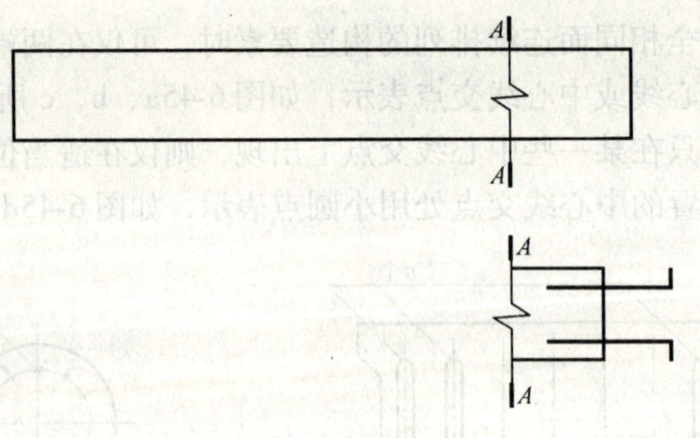

图6-47 构件局部不同的简化画法

第二篇　土木工程图识读

第7章　钢筋混凝土结构图识读

7.1　钢筋混凝土结构的基本知识

各种土木工程建筑，如房屋建筑、水工建筑、桥梁隧道等，都要由各种受力构件组成结构系统，用以承担自重和施加在建筑物上的各种荷载。其中由钢筋混凝土制作而成的构件称为钢筋混凝土构件，如钢筋混凝土基础、梁、板、柱、墙等。用来表达钢筋混凝土结构的图样称为钢筋混凝土结构图。

7.1.1　钢筋混凝土结构的组成

钢筋混凝土由钢筋和混凝土两种材料组合而成，主要是利用混凝土的抗压性能和钢筋的抗拉性能。

混凝土是由水泥、砂、石子、水按一定比例拌和，然后灌入定型模板，经振捣密实、养护凝固后，形成坚硬如石的材料。混凝土的抗压强度较高，其抗压强度分为C15、C20、C25、C30、C35、C40、C45、C50、C55、C60、C65、C70、C75、C80共14个强度等级，C后面的数字表示混凝土的抗压强度，数字越大表示抗压强度越高。但混凝土的抗拉强度较低，一般仅为抗压强度的1/10～1/20，容易因受拉而断裂，如图7-1a所示。

为了提高混凝土构件的抗拉强度，常在混凝土构件的受拉区内配置一定数量的钢筋，制成钢筋混凝土构件。如图7-1b所示。

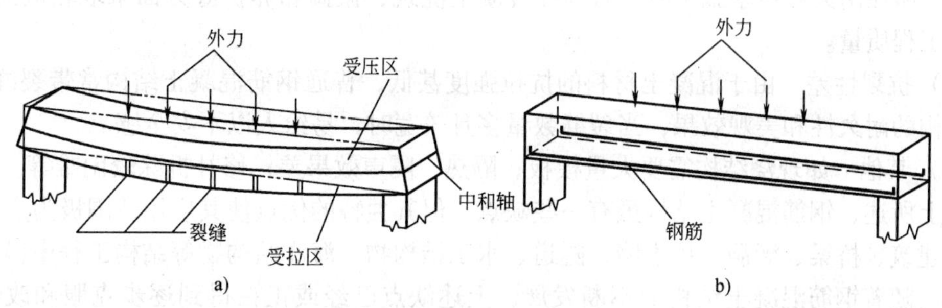

图7-1　梁受力示意图

a）素混凝土梁　b）钢筋混凝土梁

钢筋混凝土是由两种物理、力学性能完全不同的材料——钢筋和混凝土结合成整体，共同发挥作用的一种合成建筑材料。它们之所以能相互结合共同工作，是因为如下原因：

1）混凝土结硬后，能与钢筋牢固地粘结在一起，使两者能够共同承受荷载的作用，产生一致的变形，相互协调地工作。

2）钢筋与混凝土两种材料的温度线膨胀系数接近。钢筋的线膨胀系数为1.2×10^{-5}，混凝土的为$1.0\times10^{-5}\sim1.5\times10^{-5}$，从而当温度变化时保证了两者之间不会产生较大的相对变形和温度应力而使粘结遭到破坏。

3）混凝土对钢筋具有良好的保护作用。由于混凝土保护层具有一定的厚度，而使包裹在混凝土中的钢筋不易锈蚀，保证了钢筋混凝土结构良好的耐久性。

钢筋混凝土结构比素混凝土结构有较高的承载能力和较好的受力性能，其主要优点是：

（1）就地取材　钢筋混凝土结构中，水泥和钢筋所占比例较小，砂、石料所占比例较大，这些材料大多可以就地或就近取材，节省运费，降低建筑成本。在工业废料较多的地区，还可充分利用工业废料（如矿渣、粉煤灰等）制成人工骨料，既废物利用，有利于环保，又减轻了结构自重。

（2）耐久性好　混凝土的强度随时间增长而增长，因而钢筋混凝土材料的使用寿命可以很长，相对于钢结构，无须经常性地进行维护和保养。而且钢筋埋放在混凝土中，受到混凝土保护而不易锈蚀，提高了钢筋混凝土结构的耐久性。

（3）耐火性好　与钢木结构相比，混凝土导热性差，发生火灾时对钢筋起着保护作用，使其不会很快达到软化温度而造成结构破坏，具有较好的耐火性。

（4）可模性好　钢筋混凝土结构可以根据设计需要浇制成任何几何形状和截面尺寸，因此特别适合建造外形复杂的大体积结构和空间薄壁结构。

（5）整体性好、刚度大　现浇式或装配整体式钢筋混凝土结构具有较好的整体性，刚度大，抗震能力强。

（6）节约钢材　钢筋混凝土结构具有较高的强度和承载能力，在某些情况下可以替代钢结构，因此能节约钢材，降低工程造价。

当然，钢筋混凝土结构也存在如下缺点：

（1）自重大　钢筋混凝土结构的自重比钢结构的大，不利于建造大跨度、大空间和高层建筑。

（2）施工受季节性影响较大　钢筋混凝土结构施工建造期较长，且一般不宜在冬雨季施工。如需在雨天和冬季施工时，必须在混凝土浇筑、振捣和养护等方面采取相应的措施，以确保工程质量。

（3）抗裂性差　由于混凝土材料的抗拉强度甚低，普通钢筋混凝土结构常带裂缝工作，影响结构的耐久性和美观效果，当裂缝数量多且较宽时，易给人以不安全感。

（4）其他　如现浇结构需要大量模板；隔热、隔声效果差；修补拆除较困难等。

综上所述，钢筋混凝土结构虽有一些缺点，但其钢筋混凝土构件按施工方式分为现浇和预制两种。前者在工地现场就位直接浇筑，称为现浇钢筋混凝土构件；后者在预制构件加工厂或在工地预制完成后吊装就位，称为预制钢筋混凝土构件。此外，在制作时还可以通过张拉钢筋对混凝土预加一定的压力来提高构件的抗拉和抗裂能力，这种构件称为预应力钢筋混凝土构件。

7.1.2 钢筋的基本知识

1. 钢筋的分类和作用

按钢筋在构件中所起的作用不同，可分为下列几种，如图 7-2a、b、c 所示：

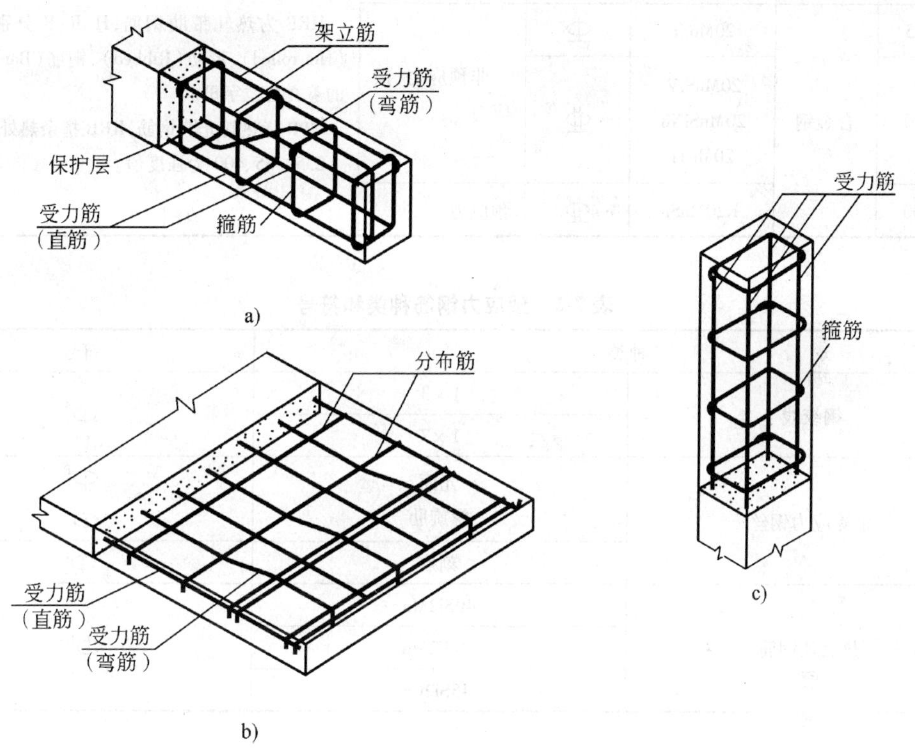

图 7-2 钢筋混凝土构件配筋示意图

a) 梁 b) 板 c) 柱

(1) 受力钢筋 主要起受拉或受压作用的钢筋，在梁、板、柱等各种钢筋混凝土构件中都应配置。可分为直筋和弯筋两种。弯筋是在梁中于支座附近弯起的受力筋，也称弯起钢筋。

(2) 箍筋 主要用来固定受力钢筋的位置，并承受部分剪力，多用于梁、柱等构件。

(3) 架立钢筋 用于固定梁内箍筋的位置，将纵向受力筋与箍筋连成钢筋骨架，一般只在梁中使用。

(4) 分布钢筋 一般用于屋面板、楼板内，它与板的受力筋垂直布置，用以固定受力筋的位置，与受力筋一起构成钢筋网，将承受的重量均匀地传给受力筋。

(5) 构造筋 由于构件的构造要求和施工安装需要而设置的钢筋，如吊筋、拉结筋、预埋锚固筋等。架立钢筋和分布钢筋也属于构造筋。

2. 钢筋的种类和符号

常用的钢筋和钢丝主要有热轧钢筋、预应力钢绞线、钢丝、热处理钢筋四大类，按产品种类不同分别给予不同的符号，供标注及识别之用。热轧钢筋的种类和符号见表7-1，预应力钢绞线、钢丝、热处理钢筋的种类和符号见表7-2。

表7-1　普通热轧钢筋种类和符号

钢筋种类	钢种	常用材料	符号	主要用途	备注
HPB235	低碳钢	Q235	Φ	非预应力	
HRB335	合金钢	20MnSi	Φ̲	非预应力、预应力	HRB为热轧带肋钢筋，H、R、B分别为热轧(Hot rolled)、带肋(Ribbed)、钢筋(Bar)三个词的英文首位字母。 HPB指热轧光圆钢筋，RRB指余热处理钢筋。235、335、400为强度值。
HRB400		20MnSiV 20MnSiNb 20MnTi	Φ̳		
RRB400		K20MnSi	$Φ^{R}$	预应力	

表7-2　预应力钢筋种类和符号

种类		符号
钢绞线	1×3	$Φ^{S}$
	1×7	
消除应力钢丝	光面	$Φ^{P}$
	螺旋肋	$Φ^{H}$
	刻痕	$Φ^{I}$
热处理钢筋	40Si2Mn	$Φ^{HT}$
	48Si2Mn	
	45Si2Cr	

3. 钢筋的弯钩

钢筋混凝土构件中，若受力钢筋采用光圆钢筋，则两端要带弯钩，以增强钢筋与混凝土的粘结力，避免钢筋在受拉时滑动。若采用带肋钢筋，因与混凝土的粘结力强，故钢筋两端不必带弯钩。

钢筋端部的弯钩常采用两种形式：带有平直部分的半圆弯钩和直弯钩。弯钩的形式和简化画法如图7-3a、b所示。箍筋两端在交接处也要做出弯钩，箍筋的弯钩形式和简化画法如图7-3c所示。

4. 钢筋的弯起

受力钢筋除了

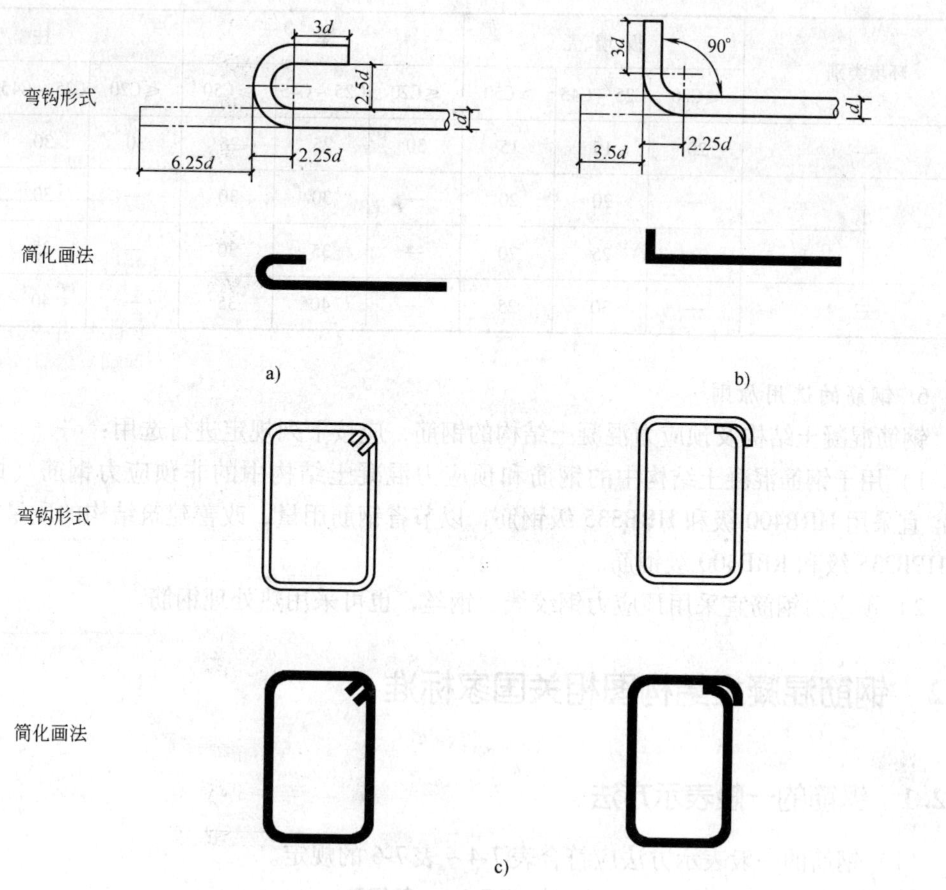

图 7-3　钢筋端部弯钩和箍筋的弯钩形式及其简化画法

a）半圆弯钩　b）直弯钩　c）箍筋的弯钩

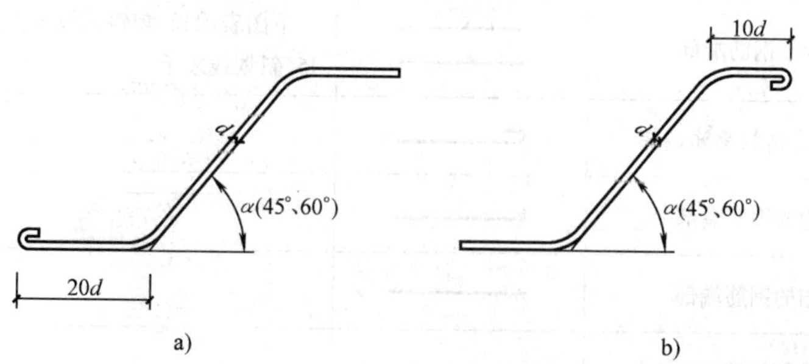

图 7-4　弯起钢筋端部示意图

5. 钢筋的保护层

为了保护钢筋，加强钢筋与混凝土的粘结力，在构件中的钢筋外面要留有保护层（钢筋外边缘到混凝土表面的距离）。根据《混凝土结构设计规范》（GB 50010—2002），保护层最小厚度应符合表 7-3 的规定，且不应小于受力筋的直径。

表 7-3　受力钢筋的混凝土保护层最小厚度　　（单位：mm）

环境类别		板、墙、壳			梁			柱		
		≤C20	C25 ~ C45	≥C50	≤C20	C25 ~ C45	≥C50	≤C20	C25 ~ C45	≥C50
一		20	15	15	30	25	25	30	30	30
二	a	—	20	20	—	30	30	—	30	30
	b	—	25	20	—	35	30	—	35	30
三		—	30	25	—	40	35	—	40	35

6. 钢筋的选用原则

钢筋混凝土结构及预应力混凝土结构的钢筋，应按下列规定进行选用：

1）用于钢筋混凝土结构中的钢筋和预应力混凝土结构中的非预应力钢筋（即普通钢筋）宜采用 HRB400 级和 HRB335 级钢筋，以节省钢筋用量，改善建筑结构的质量。也可采用 HPB235 级和 RRB400 级钢筋。

2）预应力钢筋宜采用预应力钢绞线、钢丝，也可采用热处理钢筋。

7.2　钢筋混凝土结构图相关国家标准

7.2.1　钢筋的一般表示方法

（1）钢筋的一般表示方法应符合表 7-4 ~ 表 7-6 的规定。

表 7-4　一般钢筋

序号	说　明	图　例	备　注
1	钢筋横断面	●	
2	无弯钩的钢筋端部		下图表示长、短钢筋投影重叠时，短钢筋的端部用 45°斜划线表示
3	带半圆形弯钩的钢筋端部		
4	带直钩的钢筋端部		
5	带丝扣的钢筋端部		
6	无弯钩的钢筋搭接		
7	带半圆弯钩的钢筋[illegible]		

表 7-5　预应力钢筋

序号	说　明	图　例
1	预应力钢筋和钢绞线	
2	后张法预应力钢筋断面 无粘结预应力钢筋断面	
3	单根预应力钢筋断面	
4	张拉端锚具	
5	固定端锚具	
6	锚具的端视图	
7	可动联结件	
8	固定联结件	

表 7-6　钢筋网片

序号	说　明	图　例
1	一片钢筋网平面图	W-1
2	一行相同的钢筋网平面图	3W-1

（2）结构施工图中钢筋的常规画法应符合表 7-7 的规定。

表 7-7　钢筋的常规画法

序号	说　明	图　例
1	在结构平面图中配置双层钢筋时，底层钢筋的弯钩向上或向左，顶层钢筋的弯钩向下或向右	顶层　底层
2	配双层钢筋的混凝土墙体，在钢筋立面图中，远面钢筋的弯钩应向上或向左，而近面钢筋弯钩向下或向右（图例中 JM 表示近面，YM 表示远面）	JM　JM　YM　YM
3	如在断面图中不能表示清楚钢筋布置，应在断面图外增加钢筋图	

（续）

序号	说　　明	图　　例
4	图中所表示的箍筋、环筋，如布置复杂，应加画钢筋大样及说明	或
5	对于一组相同的钢筋、箍筋或环筋，可用粗实线画出其中一根来表示，同时用一两端带斜短画线的横穿细线表示其余钢筋的起止范围	

（3）钢筋、钢丝束及钢筋网片应按下列规定标注：

1）钢筋、钢丝束的说明中应给出钢筋的代号、直径、数量、间距、编号及所在位置，其说明应沿钢筋的长度标注或标注在相关钢筋的引出线上。

2）钢筋网片的编号应标注在对角线上。网片的数量应与网片的编号标注在一起（见表7-6 序号 2）。对于简单的构件、钢筋种类时较少可不编号。

（4）钢筋在平面、立面、剖（断）面中的表示方法应符合下列规定：

1）钢筋在平面图中的配置应按图 7-5 所示的方法表示。当钢筋标注的位置不够时，可采用引出线标注。引出线标注钢筋的斜短画线应为中实线或细实线。

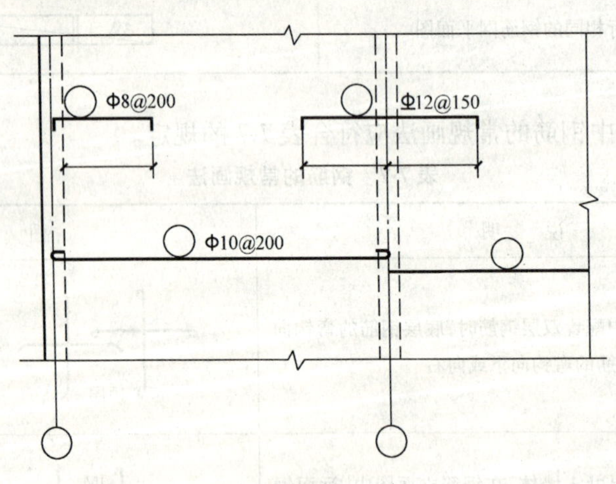

图 7-5　钢筋在平面图中的

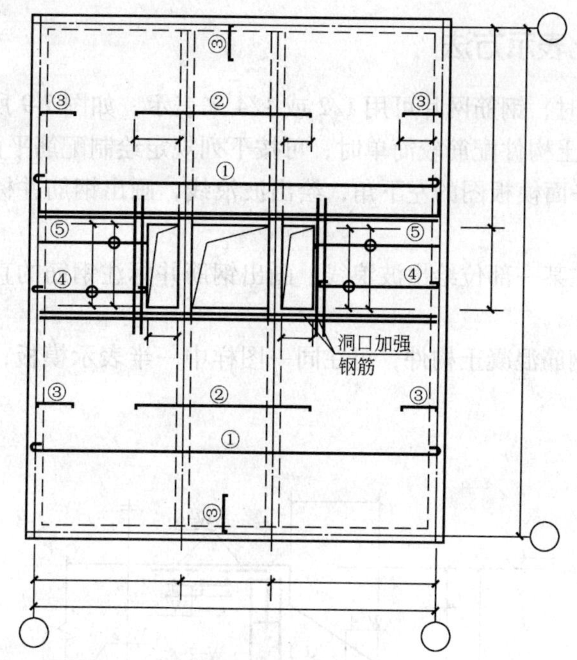

图 7-6　楼板配筋较复杂的结构平面图

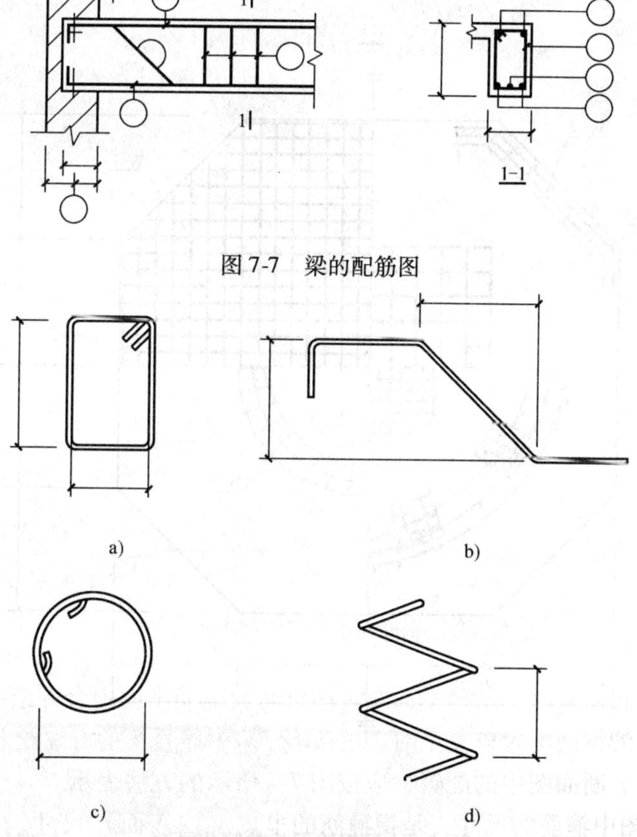

图 7-7　梁的配筋图

图 7-8　箍筋和弯起钢筋的尺寸标注

a）箍筋尺寸标注　b）弯起钢筋尺寸标注　c）环形钢筋尺寸标注　d）螺旋钢筋尺寸标注

7.2.2 钢筋的简化表示方法

（1）当构件对称时，钢筋网片可用1/2或1/4来表示，如图7-9所示。

（2）当钢筋混凝土构件配筋较简单时，可按下列规定绘制配筋平面图：

1）独立基础在平面模板图的左下角，绘出波浪线，画出钢筋并标注钢筋的直径、间距等，如图7-10a所示。

2）其他构件可在某一部位绘出波浪线，画出钢筋并标注钢筋的直径、间距等，如图7-10b所示。

3）对于对称的钢筋混凝土构件，可在同一图样中一半表示模板，另一半表示配筋，如图7-11所示。

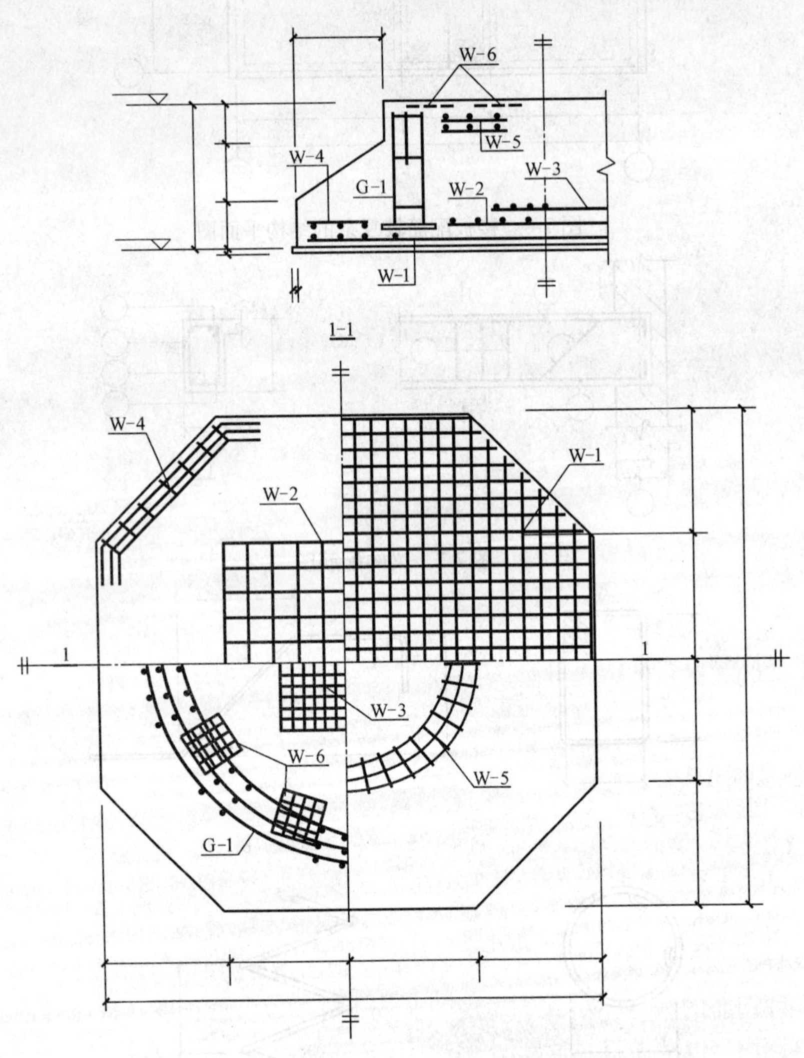

图7-9 配钢筋网片的简化画法

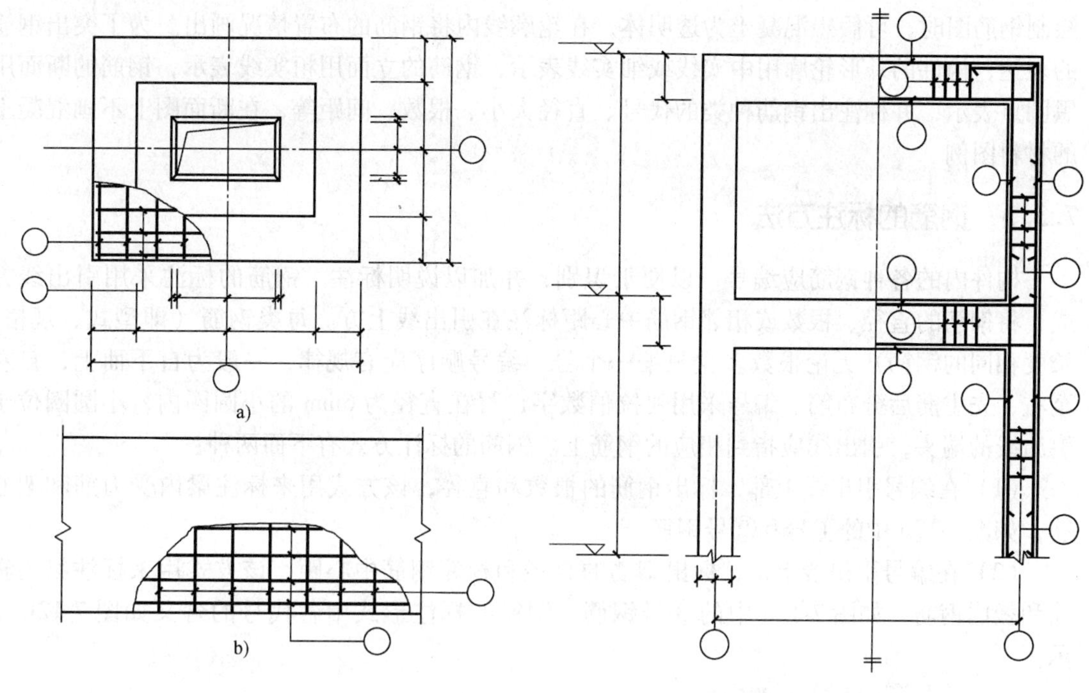

图 7-10　配筋简化图　　　　图 7-11　对称的钢筋混凝土构件配筋简化图

7.3　钢筋混凝土结构图的图示方法

7.3.1　钢筋混凝土结构图的内容

钢筋混凝土结构图包括结构布置图和构件图，这里主要介绍构件图。

钢筋混凝土构件图一般包括模板图和配筋图。模板图也称外形图，只用于较复杂的构件，以便于模板的制作和安装。它主要表明钢筋混凝土构件的外形，预埋铁件、预留钢筋、预留孔洞的位置，各部位尺寸和标高、构件以及定位轴线的位置关系等。若构件形状简单，可与配筋图画在一起，不必单独画模板图。

配筋图着重表示构件内部的钢筋配置、形状、规格、数量等，是构件图的主要部分。配筋图通常包括立面图、断面图、钢筋详图及钢筋表。立面图主要用来表示钢筋混凝土构件的外形尺寸、钢筋的立面形状及其上下排列的情况；断面图主要用来表示配筋情况，如钢筋的上下和前后排列、箍筋的形状及与其他钢筋的连接关系；钢筋详图是表达构件中每种钢筋加工成型后的形状和尺寸的图样，在图上直接标注钢筋各部分的实际尺寸，并注明钢筋的编号、根数、直径以及单根钢筋的下料长度，它是钢筋下料和加工的依据；钢筋明细表就是将构件中每一种钢筋的编号、型式、规格、根数、单根数、总长度和备注等内容列成表格形式，是备料、加工以及做材料预算的依据。

7.3.2　钢筋混凝土构件图的图示方法

钢筋混凝土构件的外观只能看到混凝土表面和它的外形，而内部钢筋的形状和布置是看不见的。由于构件图的重点是钢筋混凝土构件中的钢筋配置情况，而不是构件的形状，因此绘制钢筋图时，可假想混凝土为透明体，在轮廓线内将钢筋的布置情况画出。为了突出钢筋的表达，构件的外形轮廓用中实线或细实线表示，钢筋的立面用粗实线表示，钢筋的断面用黑圆点表示，并标注出钢筋种类的代号、直径大小、根数、间距等，在断面图上不画混凝土的材料图例。

7.3.3 钢筋的标注方法

构件内的各种钢筋应编号，以便于识别，并加以说明标注。钢筋的标注采用引出线方式，将钢筋的直径、根数或相邻钢筋中心距标注在引出线上方。每类钢筋（即型式、规格、长度相同的钢筋）无论根数多少只编一个号。编号顺序应有规律，一般为自下而上，自左至右，先主筋后分布筋。编号采用阿拉伯数字，写在直径为6mm的小圆圈内，小圆圈位于引出线的端头，引出线应指到相应的钢筋上。钢筋的标注方式有下面两种：

（1）在编号引出线上部，标出钢筋的根数和直径，该方式用来标注梁内受力筋和架立筋，如图7-12a中的①号和②号钢筋。

（2）在编号引出线上部，标出钢筋的直径和相邻钢筋中心距，该方式用来标注梁内箍筋和板内钢筋。如图7-12a中的③号钢筋。钢筋的标注形式中各代号的含义如图7-12b所示。

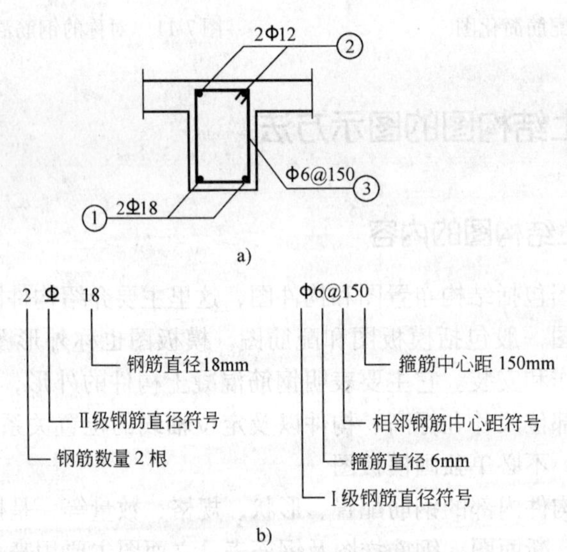

图7-12 钢筋的标注方法

7.4 钢筋混凝土构件图识读

识读钢筋图主要是为了弄清结构内部钢筋的布置情况，以便进行钢筋的下料加工和绑扎成型。读图时须注意图上的标题栏、有关说明，先弄清楚结构的外形，然后按钢筋的编号次序，逐根看懂钢筋的位置、形状、种类、直径、数量和长度。要把立面图、断面图、钢筋详图和钢筋表配合起来看。

7.4.1 钢筋混凝土梁详图识读

梁是房屋结构中的主要受弯构件，常见的有过梁、圈梁、楼板梁、框架梁、楼梯梁、雨篷梁等。

梁的截面高度与跨度之比一般为1/8～1/16，高跨比大于1/4的梁称为深梁；梁的截面高度通常大于截面的宽度，但因工程需要，梁宽大于梁高时，称为扁梁；梁的高度沿轴线变化时，称为变截面梁。常见的钢筋混凝土梁的截面形式有矩形梁、T形梁、花篮梁。

梁的结构详图由配筋图和钢筋表组成。一般用立面图和断面图来表示梁的外形尺寸和钢筋配置，为了便于下料还可把钢筋抽出来绘成钢筋详图，列钢筋表。

1. 概括了解

如图7-13所示是单跨钢筋混凝土简支梁的配筋图，梁的外形及钢筋布置由立面图和1-1、2-2两个断面图来表达，从图中可知梁的两端分别搁置在定位轴线为①、②的砖墙上。梁的跨度为3840mm。从断面图可知，该梁的断面形状是矩形，梁宽150mm，梁高300mm。

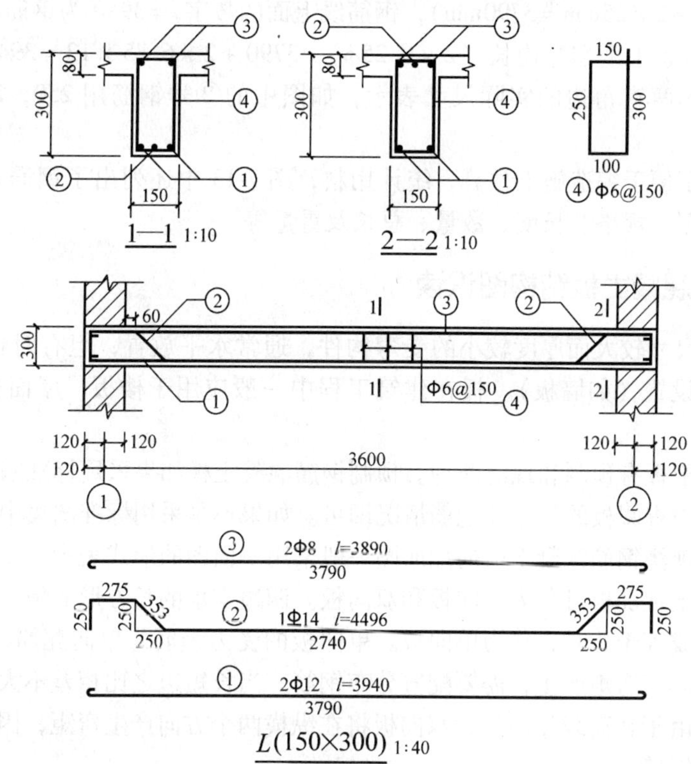

钢筋表

钢筋编号	钢筋规格	简图	长度/mm	根数	总长度/m	重量/kg
①	Φ12		3940	2	7.880	8.02
②	Φ14		4496	1	4.496	5.43
③	Φ8		3890	2	7.780	3.09
④	Φ6		800	24	19.200	4.29

图7-13 钢筋混凝土梁配筋图

2. 详细分析钢筋

通过立面图和断面图，可知梁的配筋情况。图中用1-1和2-2两个断面图配合立面图表示钢筋的配置关系，1-1断面表示梁跨中的情况，2-2断面表示梁端部的情况。从1-1断面图可知，梁的下部配置了三根受力筋，其中①号钢筋2根，配置在梁下部的两角处，是直径为12mm的Ⅰ级钢筋；②号筋1根，配置在梁下部的中间，是直径为14mm的Ⅱ级钢筋。结合立面图可以看出，②号筋是弯起钢筋，在接近梁的两端支座处弯起。从1-1断面图还可看出，梁的上方配置了两根③号钢筋，作为架立筋，是直径为8mm的Ⅰ级钢筋。同时，也可知箍筋④的立面形状，它是直径为6mm的Ⅰ级钢筋，间距150mm在梁中均匀分布。立面图中采用了简化画法，只画出三道箍筋，注明了箍筋的直径和间距。

图7-13中还画出了各号钢筋的详图，单根钢筋详图按由上而下的顺序画在立面图的下方，分别标注每种钢筋的编号，根数、直径以及各段的设计长度和总尺寸（下料长度）以及弯起角度，以方便下料加工。如图中的①号钢筋详图，钢筋线下面的数字3790，表示钢筋的设计长度，是钢筋两端弯钩外沿之间的直线尺寸（即为梁总长减去两端混凝土保护层厚度，$3840\text{mm}-2\times25\text{mm}=3790\text{mm}$），钢筋线上面的数字$l=3940$为钢筋的下料长度，即等于上述直线段长加上两端弯钩长（$2\times6.25\phi$）：$3790+2\times6.25\times12=3940$。钢筋的弯起角度在详图中采用两直角边的实际尺寸表示，如图中的②号钢筋用250，250表示其弯起角度。

此外，为了便于编造施工预算，统计用料，图7-13中还列出了钢筋表，表内注明了钢筋的编号、简图、规格、长度、数量、总长及重量等。

7.4.2 钢筋混凝土板结构图识读

板指平面尺寸较大而厚度较小的受弯构件，通常水平放置，但有时也斜向设置（如楼梯板）或竖向设置（如墙板）。板在建筑工程中一般应用于楼板、屋面板、基础板、墙板等。

钢筋混凝土板有预制和现浇两种。预制钢筋混凝土板如果采用标准图集中的构件，则只需从标准图集中查阅板的尺寸和配筋情况即可。如果不是采用标准图集中的构件，仍应另绘出构件详图。现浇钢筋混凝土板的配筋图一般采用平面图的形式表示。

钢筋混凝土现浇板可分为单向板和双向板。四边支承的长方形的板，如长边尺寸与短边尺寸之比大于或等于2时，称为单向板。单向板的受力钢筋为单向配筋，沿短跨方向配置。但在长跨方向亦有弯矩产生，需要配置分布钢筋。当长短边之比相差不大，其比值小于2时称为双向板。由于在荷载作用下，双向板将在纵横两个方向产生弯矩，因此需要沿两个垂直方向配置受力钢筋。

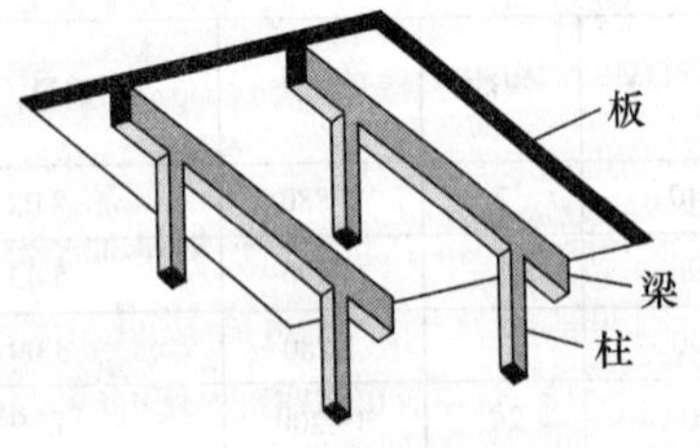

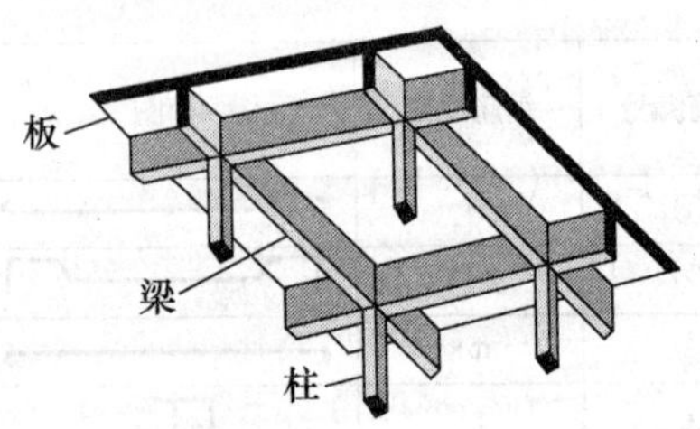

图7-14 单向板和双向板

在板的结构平面图中能表达定位轴线、承重墙或承重梁的布置情况，板支承在墙、梁上的长度及板内配筋情况等。当板的断面变化大或板内配筋较复杂时，应加画板的结构剖面图，结构剖面图反映板内配筋情况、板的厚度变化及板底标高等。

图 7-15 为钢筋混凝土现浇板的结构平面图。从图中可以看出，板支承在①～(1/2)与Ⓑ～Ⓑ轴线墙上。从板的断面形状可以看出板与墙身上的圈梁一起现浇。板底纵向布筋 ϕ8@170，横向布筋 ϕ6@180，板四周沿墙配置构造筋 ϕ6@200，长度为 750mm。在(1/1)～(1/2)轴线间，板跨压在Ⓑ轴线墙上，因此增设构造筋 ϕ8@120，长度为 2800mm。

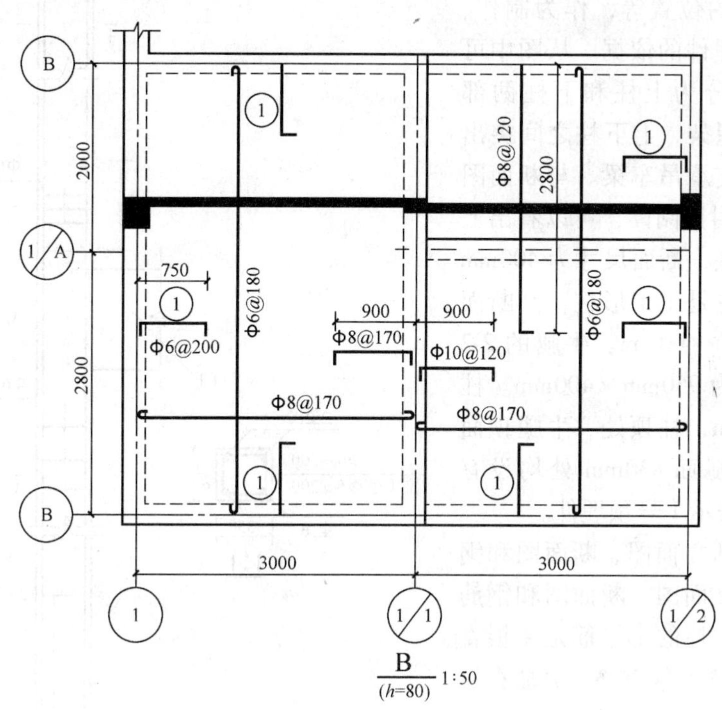

图 7-15　钢筋混凝土现浇板结构平面图

7.4.3　钢筋混凝土柱结构图识读

柱是工程结构中主要承受压力及弯矩的竖向构件。钢筋混凝上柱的结构图主要包括立面图和断面图。如果柱的外形较为复杂或设有预埋件，则还需画出模板图。模板图即构件的外形图，一般用细实线绘制。

1. 现浇钢筋混凝土柱结构图

图 7-16 是一现浇钢筋混凝土柱（Z1）的结构图。从图中可以看出，该柱从 ±0.000 起直至标高 14.680 处，柱为方形断面，断面尺寸为 350mm × 350mm，轴线Ⓓ不在柱 Z1 的中心位置处。柱的受力纵筋是 4 根直径为 16mm 的Ⅱ级钢筋，其下端与柱下基础搭接，除柱的末端外，在每层楼面处纵筋上端向上伸出 600mm，以便与上一层钢筋搭接在一起。柱 Z1 上不同位置，箍筋的疏密程度不同，搭接范围内箍筋加密为 ϕ6@100，其他位置柱内箍筋为 ϕ6@200。柱 Z1 的一侧与梁 L1 和 WL1 连接，同时柱 Z1 还与圈梁 QL 和 WQL 连接，图中用细虚线表示出圈梁的位置。

2. 预制钢筋混凝土柱结构图

图 7-17 是一单层工业厂房预制钢筋混凝土柱的结构图，包括模板立面图、配筋立面图、断面图、配筋详图、预埋件详图、钢筋表和文字说明等。

模板图主要表示柱的外形尺寸，以及预埋件、吊装点、翻身点（该柱为预制柱，在制作、运输、安装中需翻身、起吊）的位置等，作为制作、安装模板和预埋件的依据。从图中可以看出，该柱分为上柱和下柱两部分，上柱支承屋架，上下柱之间突出的牛腿，用来支承吊车梁。与断面图 1-1、2-2、3-3 对照阅读，可以看出上柱是方形实心柱，断面尺寸为 400mm ×400mm。下柱是工字形柱，其断面尺寸为 600mm × 400mm。牛腿的 2-2 断面处的尺寸为 950mm × 400mm。柱总高为 10. 850m，柱顶处、牛腿顶面和在上柱离牛腿面 830mm 处均设有 M-1 预埋件，表示 1 号预埋件。

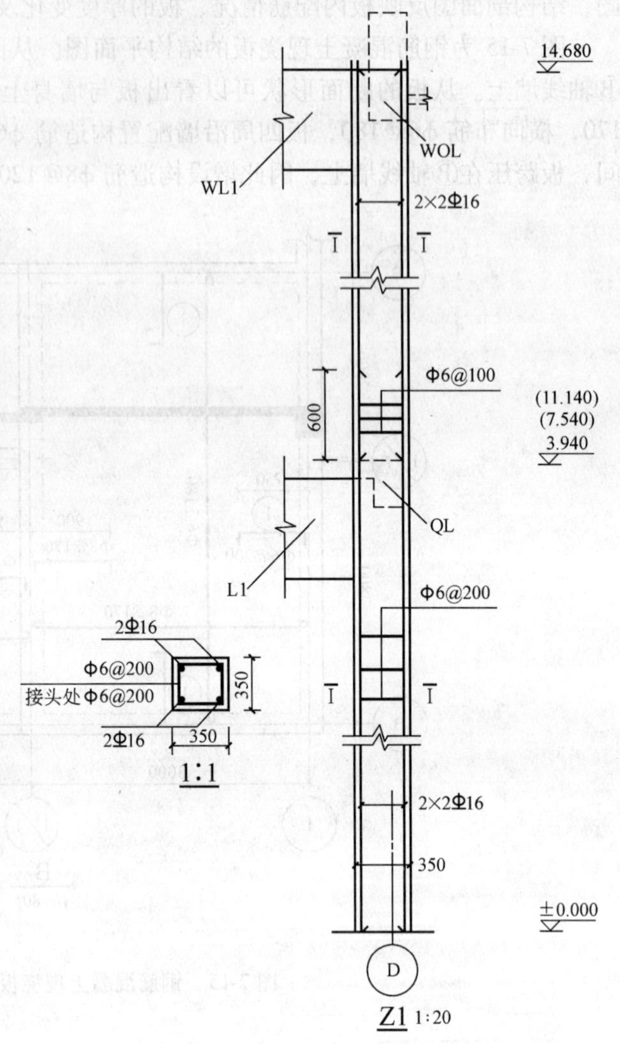

图 7-16 现浇钢筋混凝土柱结构图

配筋图包括立面图、断面图和钢筋详图。根据立面图、断面图和钢筋表可以看出，上柱的①号筋是 4 根直径为 22 的 HRB335 级钢筋，分放在柱的四角，从柱顶一直伸入牛腿内 800。下柱的②号筋是 4 根直径为 18 的 HRB335 级钢筋，也是放在柱的四角。下柱左、右两侧中间各安放 2 根直径为 16 的③号筋，为 HRB335 级钢筋。下柱中间配的是④号筋 2 Φ 10。②、③和④都从柱底一直伸到牛腿顶部。柱左边的①和②号筋在牛腿处搭接成一整体。牛腿处配置的⑨和⑩弯筋，都是 4 根直径 12 的 HRB335 级钢筋，由于较为复杂，因此抽出来单独表示，弯曲形状与各段长度尺寸详见钢筋详图。

箍筋布置在柱子的上、中、下部，上柱是⑤号，下柱是⑦和⑧，在牛腿处是⑥，各段直径和中心距不相同，都在立面图上分别说明。如上柱的顶端 500mm 范围内，是⑤号箍筋 ϕ6@ 150。牛腿部分选用⑥号箍筋 ϕ8@ 150。应该注意，牛腿变断面部分的箍筋，其周长要随牛腿断面的变化逐个计算。

预埋件 M-1 详图表示预埋钢板的形状和尺寸，图中还表示了预埋件的锚固钢筋的位置、数量、规格以及锚固长度等。

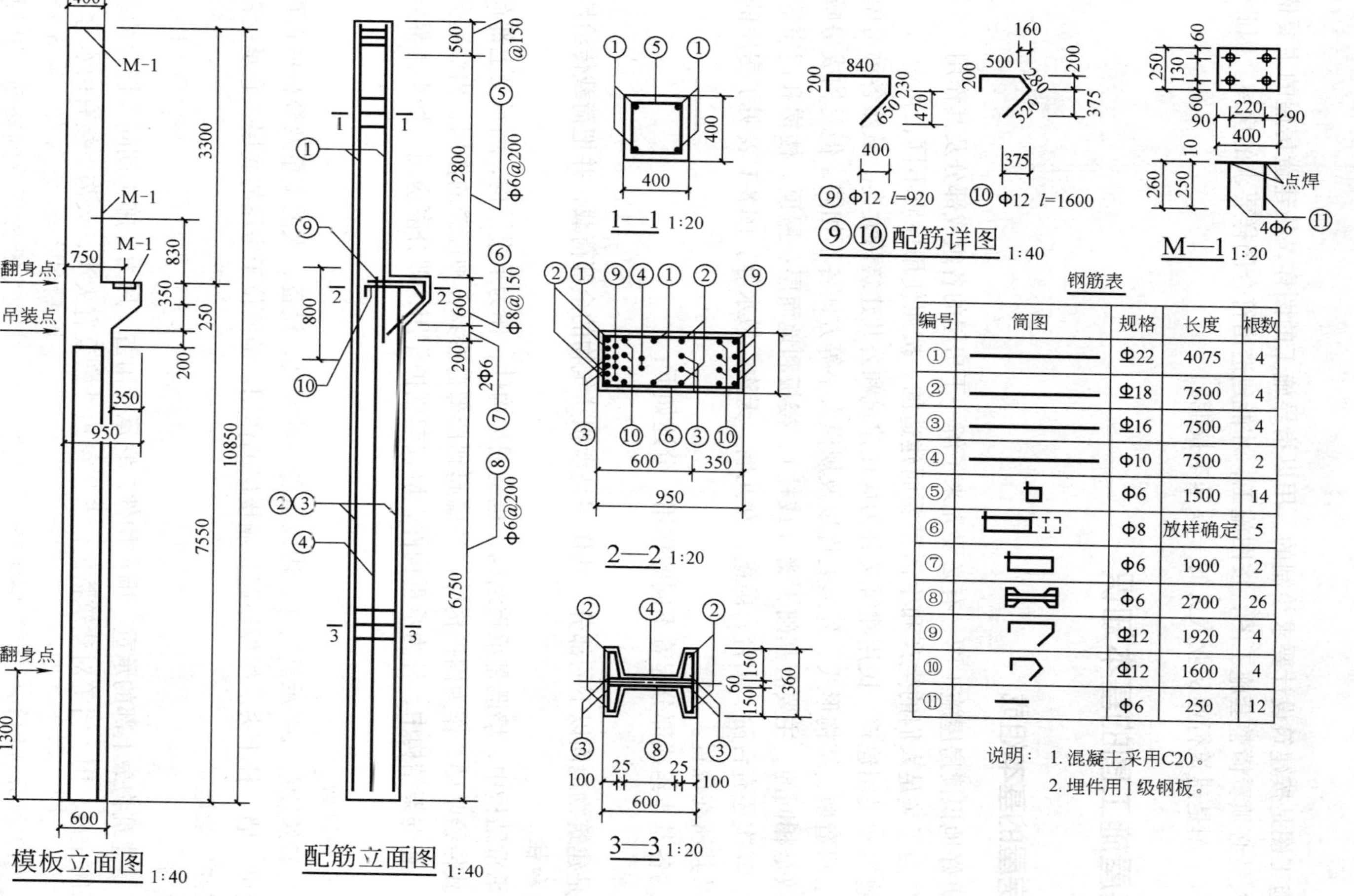

钢筋表

编号	简图	规格	长度	根数
①		Φ22	4075	4
②		Φ18	7500	4
③		Φ16	7500	4
④		Φ10	7500	2
⑤		Φ6	1500	14
⑥		Φ8	放样确定	5
⑦		Φ6	1900	2
⑧		Φ6	2700	26
⑨		Φ12	1920	4
⑩		Φ12	1600	4
⑪		Φ6	250	12

说明：1. 混凝土采用C20。
2. 埋件用Ⅰ级钢板。

图 7-17　预制钢筋混凝土柱结构图

第 8 章　房屋施工图识读

房屋施工图是按建筑设计要求绘制的，用以指导施工的图样，是建造房屋的主要依据。工程技术人员必须看懂整套施工图，按图施工，才能建造出符合图样要求的房屋。因此学会识读房屋施工图是建筑行业从业人员的一项基本技能。

8.1　房屋施工图的基本知识

8.1.1　房屋的基本组成

为了更好地识读房屋施工图，有必要先来了解一下房屋的各组成部分及其作用。

房屋是为了满足人们的生产和生活需要而建造的。按照使用性质不同，可分为工业建筑、农业建筑和民用建筑。民用建筑又分为居住建筑和公共建筑两大类。虽然各种房屋在使用要求、空间造型、结构形式、外形处理以及规模大小等方面各不相同，但是构成房屋的主要部分大致是相同的，主要有基础、墙（或柱）、楼板和地面层、屋顶、楼梯和门窗等六大基本部分，其次还有台阶、阳台、雨篷、女儿墙、天沟、散水等。图 8-1 表明了房屋的各个组成部分及其所在位置。

房屋的各基本组成部分起着不同的作用，分述如下：

1. 基础

基础是建筑物地面以下的部分，其作用是承担建筑物的全部荷载，并把荷载传给地基。

2. 墙和柱

在墙承重结构中，墙既是承重结构，也是围护构件，作为承重结构，墙承受上部荷载并将这些荷载传给基础。作为围护构件，外墙起到抵御自然界各种侵袭的作用，内墙起分隔房间的作用。在框架结构中，柱为承重构件，墙仅起围护作用，即分隔房间、抵御外界对室内的侵袭。

3. 楼板和地面

楼板是建筑物的水平承重构件，用以承受各种家具、设备、人的重量及楼板的自重，并把它传到梁、墙、柱上去。楼板还起分隔楼层的作用。地面位于房屋的底层，它承受首层房间的荷载并传给地基。

4. 屋顶

屋顶是建筑物最上部的承重、围护构件，它承受雨雪、风力、施工期间人群等荷载，同时还用来防止风、雨、雪等对建筑物的侵袭。屋顶外檐设有天沟，天沟下接有雨水管，起排水作用。

5. 楼梯

楼梯是建筑物的垂直交通设施，供人们上下楼层和紧急疏散用。

6. 门窗

门主要供人们内外交通联系之用，窗的主要作用是采光和通风。位于外墙上的门窗兼起

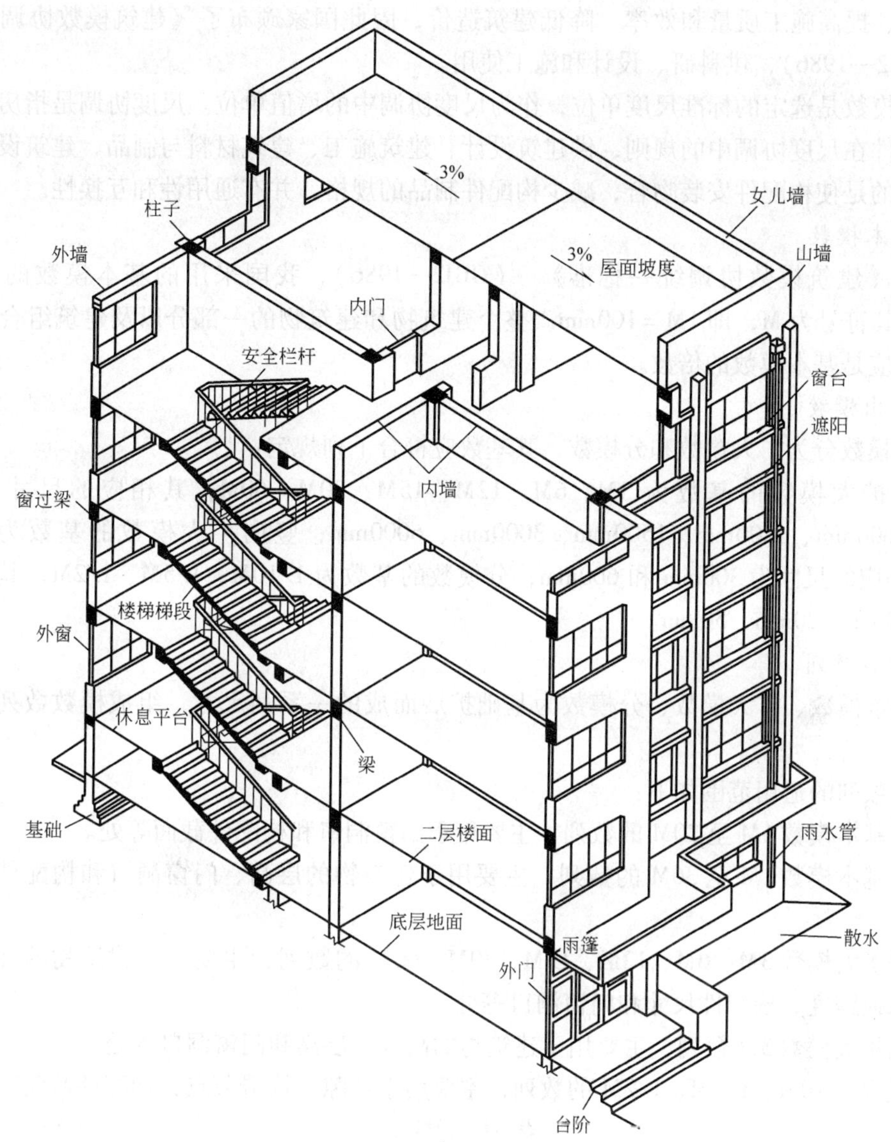

图 8-1　建筑物的构造组成

围护作用。门窗均属于非承重构件。

此外，雨篷、雨水管、天沟、散水或明沟等起排水和保护墙身的作用。

各组成部分归纳起来可分为两大类，一类是承重结构，如基础、墙、柱、楼板、屋顶等，一类是围护构件，如墙、屋顶、门窗等。其中墙和屋顶既是承重结构又是围护构件。

上述房屋的组成部分还可以划分为建筑构件和建筑配件。建筑构件主要指墙、柱、梁、楼板、屋架等承重部件；建筑配件是指屋面、地面、墙面、门窗、栏杆、细部装修等。建筑构件和建筑配件统称为建筑构配件。

8.1.2　建筑模数

为了使建筑制品、建筑构配件和组合件实现工业化大规模生产，使不同材料、不同形式和不同制造方法的建筑构配件、组合件符合模数并且具有较大的通用性和互换性，从而加快设计速度、提高施工质量和效率，降低建筑造价，因此国家颁布了《建筑模数协调统一标准》（GBJ2—1986），供科研、设计和施工使用。

建筑模数是选定的标准尺度单位，作为尺度协调中的增值单位。尺度协调是指房屋构配件、组合件在尺度协调中的规则，供建筑设计、建筑施工、建筑材料与制品、建筑设备等采用，其目的是使构配件安装吻合，减少构配件制品的规格，并有通用性和互换性。

1. 基本模数

根据《建筑模数协调统一标准》（GBJ2—1986），我国采用的基本模数的数值为100mm，其符号为M，即1M＝100mm。整个建筑物和建筑物的一部分以及建筑组合件的模数化尺寸应是基本模数的倍数。

2. 导出模数

导出模数分为扩大模数和分模数，其基数应符合下列规定：

水平扩大模数的基数为3M、6M、12M、15M、30M、60M，其相应的尺寸分别为300mm、600mm、1200mm、1500mm、3000mm、6000mm；竖向扩大模数的基数为3M与6M，其相应的尺寸为300mm和600mm；分模数的基数为1/10M、1/5M、1/2M，其相应的尺寸为10mm、20mm、50mm。

3. 模数数列

以基本模数、扩大模数、分模数为基础扩展而成的一系列尺寸，组成模数数列，见表8-1。

模数数列的适用范围如下：

水平基本模数1M至20M的数列，主要用于门窗洞口和构配件截面等处。

竖向基本模数1M至36M的数列，主要用于建筑物的层高、门窗洞口和构配件截面等处。

水平扩大模数3M、6M、12M、15M、30M、60M的数列，主要用于建筑物的开间或柱距、进深或跨度、构配件尺寸和门窗洞口等处。

竖向扩大模数3M数列，主要用于建筑物的高度、层高和门窗洞口等处。

分模数1/10M、1/5M、1/2M的数列，主要用于缝隙、构造节点、构配件截面等处。

表8-1　模数数列　（单位：mm）

基本模数	扩大模数						分模数		
1M	3M	6M	12M	15M	30M	60M	1/10M	1/5M	1/2M
100	300	600	1200	1500	3000	6000	10	20	50
100	300						10		
200	600	600					20	20	
300	900						30		
400	1200	1200	1200				40	40	
500	1500			1500			50		50
600	1800	1800					60	60	
700	2100						70		
800	2400	2400	2400				80	80	
900	2700						90		

（续）

基本模数	扩大模数						分模数		
1M	3M	6M	12M	15M	30M	60M	1/10M	1/5M	1/2M
1000	3000	3000		3000	3000		100	100	100
1100	3300						110		
1200	3600	3600	3600				120	120	
1300	3900						130		
1400	4200	4200					140	140	
1500	4500			4500			150		150
1600	4800	4800	4800				160	160	
1700	5100						170		
1800	5400	5400					180	180	
1900	5700						190		
2000	6000	6000	6000	6000	6000	6000	200	200	200
2100	6300							220	
2200	6600	6600						240	
2300	6900								250
2400	7200	7200	7200					260	
2500	7500			7500				280	
2600		7800						300	300
2700		8400	8400					320	
2800		9000		9000	9000			340	
2900		9600	9600						350
3000				10500				360	
3100			10800					380	
3200			12000	12000	12000	12000		400	400
3300					15000				450
3400					18000	18000			500
3500					21000				550
3600					24000	24000			600
					27000				650
					30000	30000			700
					33000				750
					36000	36000			800
									850
									900
									950
									1000

8.1.3 房屋施工图的产生

将一幢拟建房屋的内外形状和大小，以及各部分的结构、构造、装修设备等内容，按照“国标”的规定，用正投影法详细准确地画出的图样，称为房屋建筑图。它是用以指导房屋施工、设备安装的技术文件，所以又称为房屋施工图。

一个建筑工程项目，从制订计划到最终建成，必须经过一系列的过程。房屋施工图的产生过程，是建筑工程从计划到建成过程中的一个重要环节。房屋施工图是由设计单位根据设计任务书的要求、有关的设计资料、计算数据及建筑艺术等方面因素设计绘制而成。根据建筑工程的复杂程度，设计过程分两阶段设计和三阶段设计两种，一般情况都按两阶段进行设计。两阶段设计包括初步设计和施工图设计两个阶段。对于较大的或技术较复杂、设计要求高的工程，才在初步设计和施工图设计之间插入一个技术设计阶段，形成三阶段设计。

1. 初步设计阶段

初步设计是根据批准的可行性研究报告或设计任务书而编制的初步设计文件，初步设计是建筑设计的第一阶段，主要是提出技术可行、经济合理的设计方案，说明设计意图，并提出概算书。

初步设计的设计文件包括：

（1）设计总说明。设计的指导思想和主要依据；设计意图及方案特点；建筑结构方案及构造特点；主要建筑材料及装修标准；主要技术经济指标以及结构、设备等系统的说明。

（2）建筑总平面图。比例1:500～1:2000，应表示用地范围、建筑物在基地上的位置、设计层数及标高、道路及绿化布置、基地设施的布置和说明。

（3）各层平面图、主要立面图和剖面图。比例1:100～1:200，应表示房屋各主要控制尺寸，如总尺寸、开间、进深、层高等，同时应表示房间的面积、高度、门窗位置，部分室内家具和固定设备的具体布置。

（4）设计概算。工程概算书，主要材料用量及单位消耗量。

大型民用建筑及其他重要工程，必要时可绘制透视图、鸟瞰图或制作建筑模型。

初步设计的工程图样和有关文件只是作为提供方案研究和审批之用，不能作为施工的依据。

2. 技术设计阶段

技术设计是三阶段设计时的中间阶段，它的主要任务是在初步设计的基础上，进一步具体解决各种技术问题，统一建筑、结构、水、电、暖等专业技术之间的矛盾，为顺利绘制施工图做好准备。

技术设计的图样和设计文件，要求建筑工种的图样标明与技术工种有关的详细尺寸，并编制建筑部分的技术说明书，结构工种应有房屋结构布置方案图，并附初步计算说明，设备工种也提供相应的设备图样及说明书。

对不太复杂的工程，技术设计阶段可以省略，把其中一部分工作并入初步设计阶段，即为“扩大初步设计”，另一部分工作在施工图设计阶段进行。

3. 施工图设计阶段

施工图设计是建筑设计的最后阶段，是提交施工单位进行施工和安装的设计文件。应在初步设计或技术设计的基础上，综合建筑、结构、设备各工种，相互交底，进一步核实查对，深入了解材料供应、施工技术、设备等条件，把满足工程施工的各项具体要求反映在图样中，做到整套图样齐全完整，内容和深度应符合规定，文字说明、图样要准确清晰、明确无误。

施工图设计的内容包括建筑、结构、设备等工种的设计图样、说明书，结构及设备的计算书和工程预算书。具体设计文件有：

（1）建筑总平面图。比例1:500～1:1000。

（2）建筑物各层平面图、各个立面图、必要的剖面图。比例1:100～1:200。除表达初步设计或技术设计的内容以外，还应详细标出门窗洞口、墙段尺寸及必要的细部尺寸、详图索引等。

（3）建筑构造详图。根据表达需要，可分别选用1:20、1:10、1:5、1:2、1:1等比例。包括平面节点、檐口、墙身、阳台、楼梯、门窗、各部分装饰大样等详图，应详细表示各部分构件关系、材料尺寸及具体做法，并附必要的文字说明。

（4）各工种相应配套的施工图。如结构工种的基础平面图，结构布置图，钢筋混凝土柱、梁、板、楼梯等构件详图；设备工种的水、电平面图及系统图，建筑防雷接地平面图等。

（5）设计说明书。包括施工图设计依据、设计的面积规模、标高定位、材料选用以及对设计图样的补充说明等。

（6）结构和设备的计算书。

（7）工程预算书。

8.1.4 房屋施工图的分类

一套完整的房屋施工图，根据其专业内容和作用的不同，一般可分为：

1. 施工首页图

简称首页图，包括图样目录和设计总说明。

2. 建筑施工图

简称“建施”，主要表明拟建房屋的外部形状和内部布置、细部构造、装修做法等内容。建筑施工图包括建筑总平面图、平面图、立面图、剖面图和建筑详图等。

3. 结构施工图

简称“结施”，主要表明拟建房屋的承重结构构件的布置和构造情况。包括结构设计说明、结构平面布置图、结构构造详图、构件图等。

4. 设备施工图

简称“设施”，主要表明给水、排水、采暖、通风、电气等设备的布置、构造、安装要求等。设备施工图包括给水排水、采暖通风、电气设备的平面布置图、系统图和安装详图等。

8.1.5 房屋施工图样的编排顺序

一套房屋施工图，简单的有一二十张图样，大型复杂建筑物的图样至少也有十几张、几十张甚至几百张。因此，为了便于看图，易于查找，施工图样应按顺序进行编排。

施工图一般的编排顺序是：首页图（包括图纸目录、施工总说明等）、建筑施工图、结构施工图、给水排水施工图、采暖通风施工图、电气施工图等。如果是以某专业工种为主体的工程，则应该突出该专业的施工图而另外编排。

各专业的施工图，应按图样内容的主次关系系统地排列。例如基本图在前，详图在后；总体图在前，局部图在后；主要部分在前，次要部分在后；布置图在前，构件图在后；先施工的图在前，后施工的图在后等。

8.1.6 房屋施工图的图示特点和识读方法

1. *房屋施工图的图示特点*

（1）采用正投影法绘制　施工图中的各图样，主要是用正投影法绘制的。在图幅大小允许时，可将平面图、立面图、剖面图按投影关系画在同一张图纸上，以便于阅读。如图幅过小，平面图、立面图、剖面图也可分别画在几张图纸上，这时，应对所绘图样依次连续编号。

（2）选用适当的比例　由于建筑物形体较大，因此施工图一般用较小比例绘制，在小比例图中无法表达清楚的结构，需要配以比例较大的详图来表达，并用文字加以说明。

（3）采用国标规定的图例和标注符号　由于建筑构配件和材料种类繁多，为使作图简便，国家标准规定了一系列的图形符号来代表建筑构配件、卫生设备、建筑材料等。这些图形符号称为图例。为读图方便，国家标准还规定了许多标注符号。这些国家标准包括《房屋建筑制图统一标准》（GB/T 50001—2001）、《总图制图标准》（GB/T 50103—2001）（以下简称总标）、《建筑制图标准》（GB/T 50104—2001）（以下简称建标）、《建筑结构制图标准》（GB/T 50105—2001）（以下简称结标）、《给水排水制图标准》（GB/T 50106—2001）（以下简称给标）等。

（4）采用不同的线型和线宽　施工图中的线条采用不同的形式和粗细来表达不同的用途，以反映建筑物轮廓线的主次关系，使图样清晰分明。

（5）选用标准图集　施工图中，许多构配件已经有标准定型设计，并有标准设计图集可供参考。因此，凡采用标准定型设计之处，只需标出标准图集的编号、图号即可。

2. *房屋施工图的识读方法*

（1）施工图的识读步骤　识读施工图时，必须掌握正确的识读方法和步骤。在识读整套图纸时，应按照“总体了解、顺序识读、前后对照、重点细读”的读图方法。

1）总体了解。一般先看首页图（目录、总平面图和施工总说明等），以大致了解工程的情况，如工程设计单位、建设单位、新建房屋的位置、周围环境、施工技术要求等。对照目录检查图样是否齐全，采用了哪些标准图并备齐这些标准图。然后看建筑平面图、立面图、剖面图，大体上想象一下建筑物的立体形象及内部布置。

2）顺序识读。在总体了解建筑物的情况以后，根据施工的先后顺序，从基础、墙体（或柱）、结构平面图、建筑结构及装修的顺序，仔细阅读有关图样。

3）前后对照。读图时，要注意平面图、剖面图对照着读，建筑施工图与结构施工图对照着读，土建施工图与设备施工图对照着读，做到对整个工程施工情况及技术要求心中有数。

4）重点细读。根据工种的不同，将有关专业施工图再有重点地仔细阅读一遍，并将遇到的问题记录下来，及时向设计部门反映。

识读一张图样时，应按由外向内看、从大到小看、由粗到细看、图样与说明交替看、有关图样对照着看的方法，重点看轴线及各种尺寸关系。

要熟练地识读施工图，除了要掌握正投影原理、熟悉房屋建筑的基本构造、熟知国家制图标准外，还必须掌握各专业施工图的用途、图示内容和方法。看图时还要联系生产实践，经常深入到施工现场，对照图样，观察实物，这样就能比较快地掌握图样的内容。

（2）标准图集的查阅　在施工图中有些构配件和节点详图（材料、构造作法），常选自某标准图集，因此也要学会查阅工程施工图所采用的标准图集。

1）标准图集的分类

我国编制的标准图集，按其编制单位和适用范围可分为三类：

①经国家批准的标准图集，可在全国范围内使用。

②经各省、市、自治区等地方批准的通用标准图集，主要供本地区使用。

③各设计单位编制的标准图集，主要供本单位设计使用。

全国通用的标准图集，通常采用“J×××”或“建×××”代号来表示建筑标准配件类的图集；用“G×××”或“结×××”代号来表示结构标准构件类的图集。

2）标准图的查阅方法

①根据施工图中注明的标准图集名称和编号及编制单位，查找相应的图集。

②阅读标准图集时，应先阅读总说明，了解编制该标准图集的设计依据、使用范围、施工要求及注意事项等。

③了解标准图集的编号和有关表示方法。

④根据施工图中的详图索引编号查阅详图，核对有关尺寸。

8.2　施工图中常用的标注及符号

8.2.1　定位轴线

（1）定位轴线的意义和作用　为了建筑工业化，在建筑平面图中，采用轴线网格划分平面，使房屋的平面构件和配件趋于统一，这些轴线即为定位轴线。定位轴线是确定房屋主要承重构件（墙、柱、梁）位置及标注尺寸的基线。在施工时要用定位轴线定位放样，因此，凡承重墙、柱、大梁或屋架等主要承重构件都应画出轴线以确定其位置，并进行编号。对于非承重的隔断墙及其他次要承重构件等，一般不画轴线，而注明它们与附近轴线的相关尺寸以确定其位置。

（2）定位轴线的表示方法

1）定位轴线用细点画线表示，编号注写在轴线端部的圆内。圆用细实线绘制，直径为8mm（在画详图时，轴线编号的圆圈直径为10mm）。定位轴线圆的圆心，应在定位轴线的延长线上或延长线的折线上。

2）在建筑平面图上定位轴线的编号，宜标注在图样的下方或左侧。横向编号应用阿拉伯数字，从左至右顺序编写；竖向编号应用大写拉丁字母，从下至上顺序编写，如图8-2所示。大写拉丁字母中的I、O、Z三个字母不得用作轴线编号，以免与数字1、0、2混淆。如字母数量不够使用，可增用双字母或单字母加注脚，如A_A、B_A……Y_A或A_1、B_1、……Y_1。

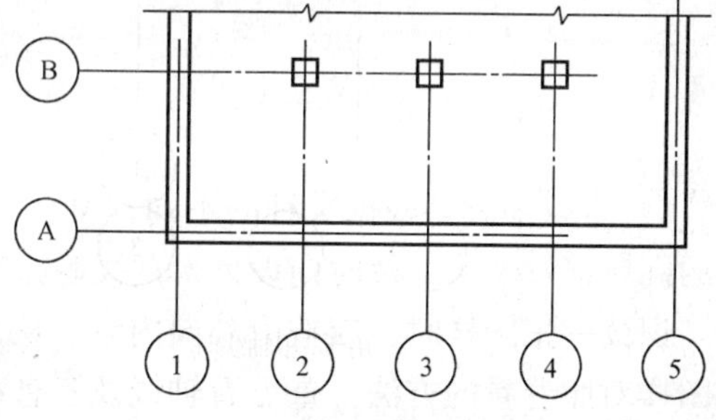

图8-2　定位轴线的编号

3）组合较复杂的平面图中，定位轴线也可采用分区编号。编号的注写形式应为“分区号—该分区编号”，分区号采用阿拉伯数字或大写拉丁字母表示，如图 8-3 所示。

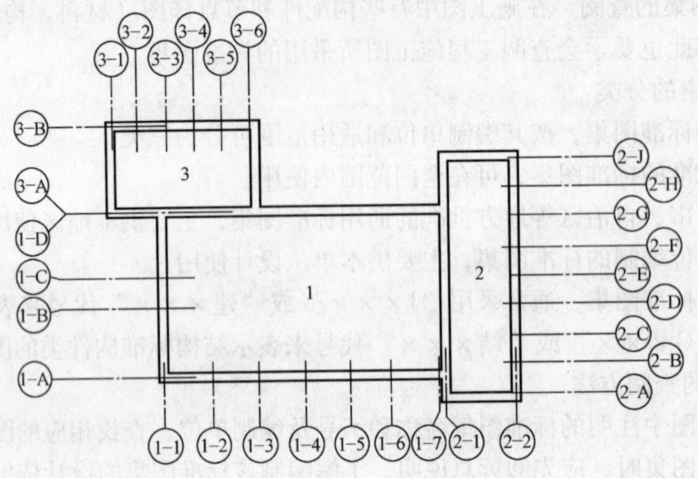

图 8-3　定位轴线的分区编号

4）对于一些与主要承重构件相联系的次要构件，其定位轴线一般作为附加轴线。附加定位轴线用分数编号，并符合下列规定：

①两根轴线间的附加轴线，应以分母表示前一轴线的编号，分子表示附加轴线的编号，编号宜用阿拉伯数字顺序编写，如：

1/2 表示 2 号轴线之后附加的第一根轴线；

3/C 表示 C 号轴线之后附加的第 3 根轴线。

②1 号轴线或 A 号轴线之前附加轴线的分母应以 01 或 0A 表示，如：

1/01 表示 1 号轴线之前附加的第一根轴线；

2/0A 表示 A 号轴线之前附加的第二根轴线。

5）通用详图中的定位轴线，只画圆，不注写轴线编号。如一个详图适用于几根轴线时，应同时注明各有关轴线的编号，如图 8-4 所示。

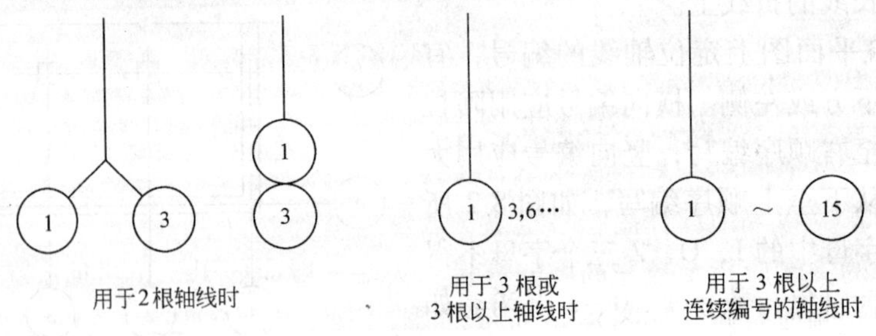

图 8-4　详图定位轴线的编号

6）如为圆形平面，图中定位轴线的编号方法如图 8-5 所示。其中径向轴线用阿拉伯数字表示，从左下角开始，按逆时针顺序编写；圆周轴线宜用大写拉丁字母表示，从外向内顺序编写。

7）如为折线形平面，图中定位轴线的编号方法如图 8-6 所示。

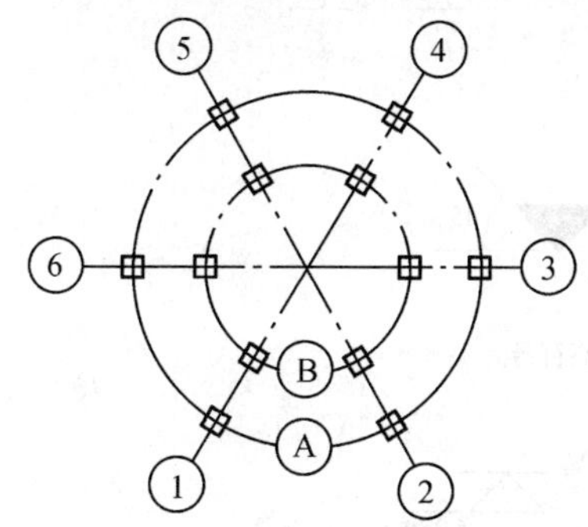

图 8-5　圆形平面定位轴线的编号

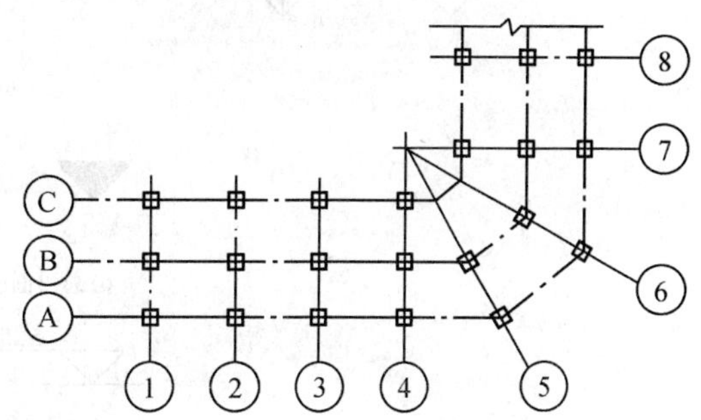

图 8-6　折线形平面定位轴线的编号

8. 2. 2　标高的标注

在总平面图 、平面图、立面图、剖面图上，常用标高符号表示某一部位的高度。

标高分为绝对标高和相对标高。在我国绝对标高是以青岛附近黄海平均海平面为零点，其他各地标高都以此为基准，如在总平面图中的室外整平标高▼2.75即为绝对标高；相对标高一般是以新建建筑物底层室内主要地面作为零点的标高，标注为▽±0.000。除总平面图外，一般都采用相对标高。在施工总说明中，应说明相对标高和绝对标高之间的关系，再根据当地附近的水准点（绝对标高）测定拟建工程的底层地面标高。

房屋的标高还有建筑标高和结构标高之分。建筑标高是指各部位竣工后的上（或下）表面的标高，即建筑构件经装修、粉刷后的标高；结构标高是不包括结构构件表面粉刷层厚度的标高。但门、窗洞口的上顶面和下底面均标注到不包括粉刷层的结构面。除了门窗洞口的标高不包括粉刷层外，通常在标注构件的上顶面标高时，标建筑标高，如室内外地面标高、楼面标高；在标注下底面标高时，标结构标高，如阳台底面标高。

零点标高注写成 ±0. 000，正数标高不注写“ + ”，负数标高应注“ - ”，例如 3. 000、-0. 600。施工图中的标高数字表示其完成面的数值。如标高数字前有“ - ”号的，表示该处完成面低于零点标高。如数字前没有符号的，表示高于零点标高。标高数值以 m 为单位，一般注至小数点后三位（总平面图中为两位数）。

施工图中的标高符号以直角等腰三角形表示，三角形高约 3mm，用细实线绘制，如图 8-7a 所示。如标注位置不够，可按图 8-7a 右图所示形式绘制（图中 h 根据需要而定，l 的长度应使注写完字体后匀称）。

总平面图上的室外地坪标高符号宜涂黑表示，如图 8-7b 所示。

标高符号的尖端应指至被注高度的位置，尖端一般应向下，也可向上，标高数字可注写在标高符号的左侧或右侧，如图 8-7c 所示。

在图样的同一位置需表示几个不同标高时，标高数字可按图 8-7d 的形式注写。

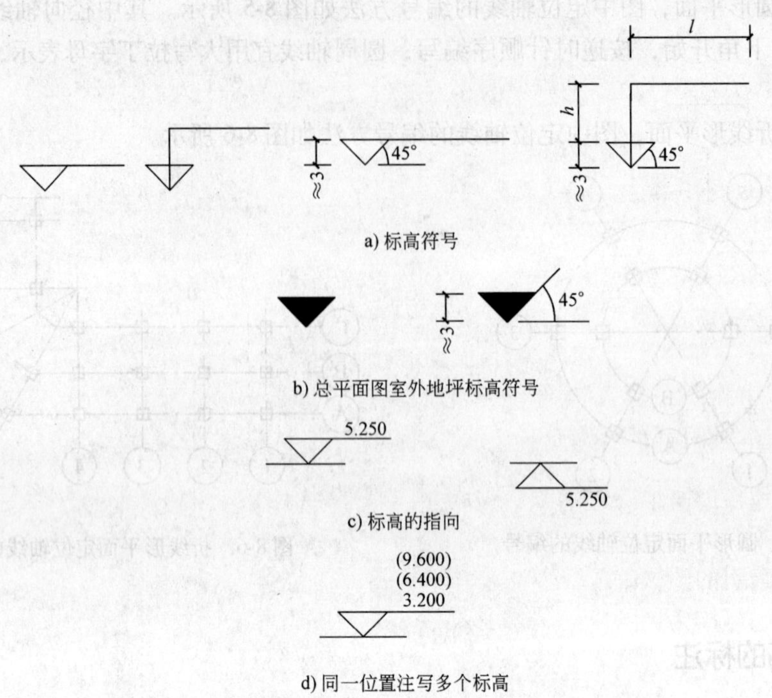

a) 标高符号

b) 总平面图室外地坪标高符号

c) 标高的指向

d) 同一位置注写多个标高

图 8-7　标高符号及注写方法

8.2.3　索引符号与详图符号

施工图中某一部位或某一构件如另有详图，则可画在同一张图样内，也可画在其他有关的图样上。为了便于查找，可通过索引符号和详图符号来反映该部位或构件与详图及有关专业图样之间的关系。

1. 索引符号

索引符号表明详图的位置、详图的编号及详图所在的图样编号，如图 8-8 所示。索引符号由直径为 10mm 的圆和水平直径组成，用细实线绘制。

当索引出的详图与被索引的图样同在一张图样内时，在索引符号的上半圆中用阿拉伯数字注明该详图的编号，在下半圆中间画一段水平细实线，如图 8-8a 所示；当索引出的详图与被索引的图样不在同一张图样内时，在索引符号的下半圆中用阿拉伯数字注明该详图所在图样的编号，如图 8-8b 所示；当索引出的详图采用标准图时，应在索引符号水平直径的延长线上加注该标准图册的编号，如图 8-8c 表示第五号详图是在标准图册 J103 的第四号图样上。

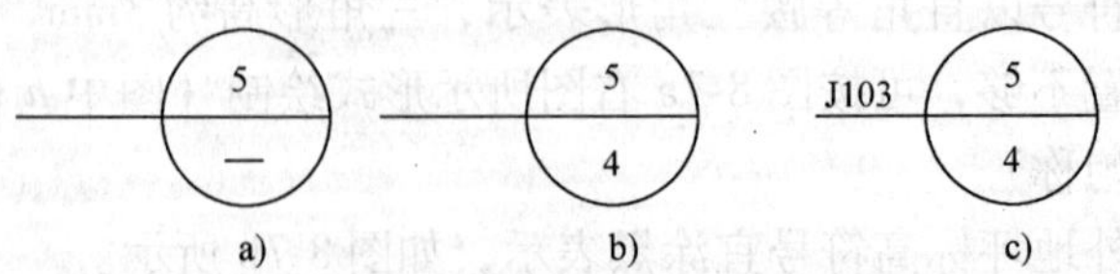

a)　b)　c)

图 8-8　索引符号

索引的详图是局部剖视（或断面）详图时，在被剖切的部位绘制剖切位置线，并以引出线引出索引符号，引出线在剖切位置线的哪一侧，就表示向该侧投影，如图 8-9 所示。

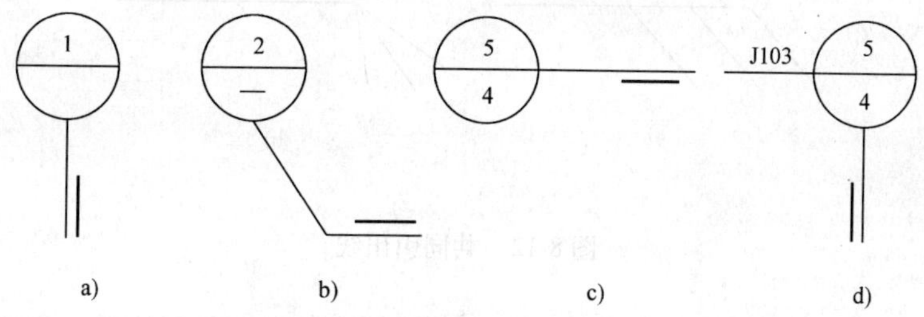

图 8-9　用于索引剖面详图的索引符号

2. 详图符号

详图符号表示详图的位置和编号，用一粗实线圆绘制，直径为 14mm。详图与被索引的图样同在一张图样内时，应在详图符号内用阿拉伯数字注明详图的编号，如图 8-10a 所示。如不在同一张图样内，可用细实线在符号内画一水平直径，在上半圆中注明详图编号，在下半圆中注明被索引的图样编号，如图 8-10b 所示。

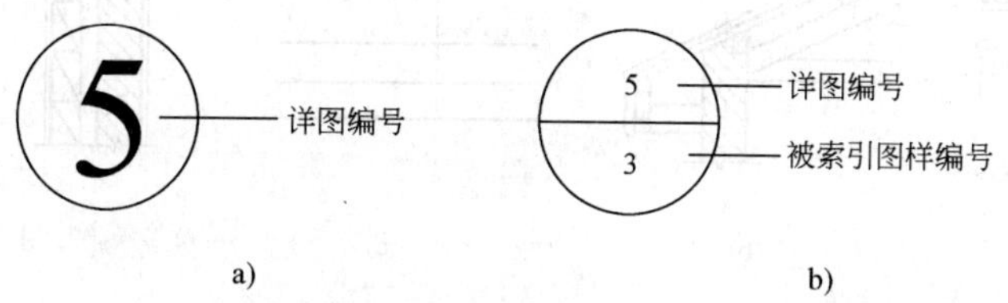

图 8-10　详图符号

3. 零件、钢筋、杆件、设备等的编号

这些编号应用阿拉伯数字按顺序编写，并应以直径为 4 ~ 6mm（同一图样应保持一致）的细实线圆表示。

8.2.4　引出线

建筑物的某些部位需要用文字或详图加以说明时，可用引出线（细实线）从该部位引出。引出线可采用水平方向的直线，或与水平方向成 30°、45°、60°、90°的直线，或经上述角度再折为水平线。文字说明可注写在水平线的上方，也可注写在水平线的端部，索引详图的引出线应与水平直径线相连接，如图 8-11a、b、c 所示。

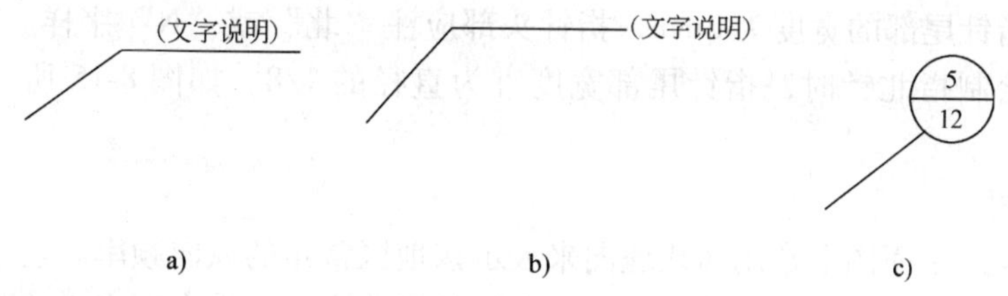

图 8-11　引出线

同时引出几个相同部分的引出线，宜互相平行（图 8-12a），也可画成集中于一点的放射线（图 8-12b）。

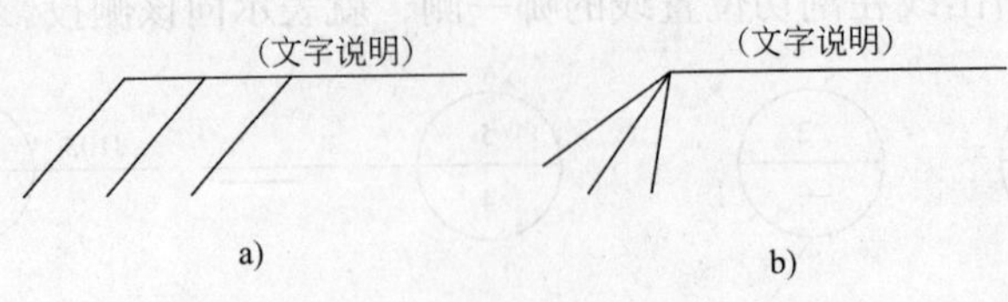

图 8-12　共同引出线

用于多层构造或多层管道的共用引出线，应通过被引出的各层构造。文字说明可注写在横线的上方，也可注写在横线的端部，文字说明的顺序应由上至下，与被说明的层次相互一致；如层次为横向顺序，则由上至下的说明顺序应与由左至右的层次顺序相互一致，如图 8-13 所示。

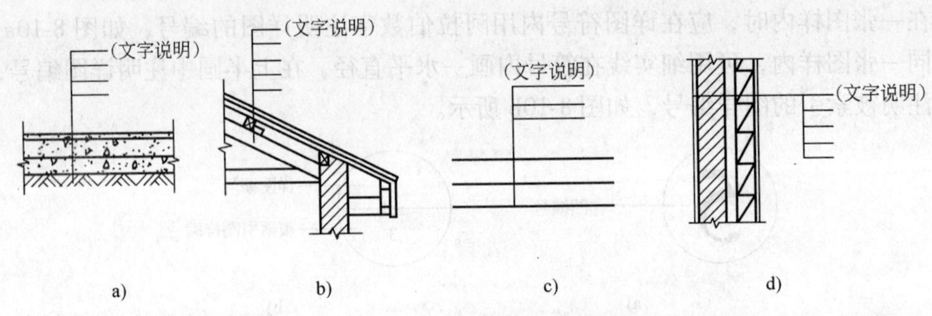

图 8-13　多层构造引出线

8.2.5　其他符号

1. 对称符号

如构配件的图形为对称图形，绘图时可画对称图形的一半，并用细点画线画出对称符号，如图 8-14 所示。对称符号由对称线和两端的两对平行线组成，平行线用细实线绘制，长 6 ~ 8mm，平行线的间距为 2 ~ 3mm；对称线垂直平分两对平行线，两端超出平行线宜为 2 ~ 3mm。

图 8-14　对称符号

2. 指北针

通常在首层建筑平面图上，为了表示该建筑物的朝向，一般都绘有指北针。指北针的形状如图 8-15 所示，其圆的直径为 24mm，用细实线绘制；指针尖为北向，指针尾部的宽度为 3mm，指针头部应注“北”或“N”字样。需用较大直径绘制指北针时，指针尾部宽度宜为直径的 1/8，如图 8-15 所示。

3. 风玫瑰图

一般在建筑总平面图上常用风玫瑰图来表示该地区常年的风向频率。它是根据该地区多年平均统计的各个方位吹风次数的百分率，以端点到中心的距离按一定比例绘制而成的，如图 8-16 所示。风的吹向是从外吹向中心，粗实线范围表示全年风向频率，细虚线范围表示夏季风向频率，按 6、7、8 三个月统计。风玫瑰图一般画出 16 个方向的长短线来表示该地区常年的风向频率，有箭头的方向为北向。

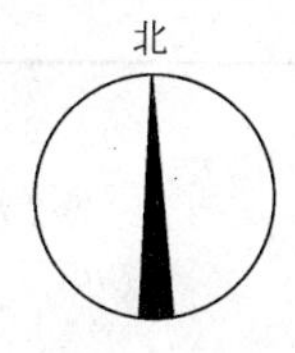

图 8-15　指北针

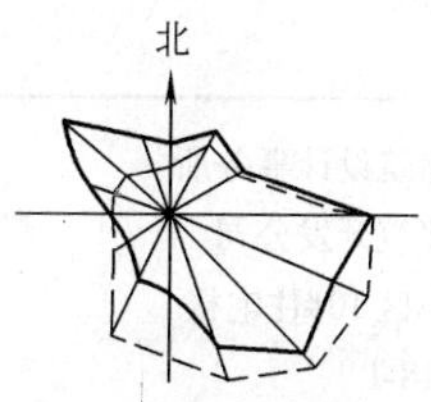

图 8-16　风玫瑰图

8.3　建筑施工图识读

8.3.1　建筑施工图的内容

建筑施工图是表示建筑物的总体布局、外部造型、内部布置以及内外装修、细部构造、设备和施工要求等情况的图样。

无论是施工放样、砌墙、门窗安装、室内外装修，还是编制预算和施工组织计划等，都需要建筑施工图提供依据。建筑施工图中所表达的设计内容必须与结构、水电设备等有关工种配合，协调统一。

建筑施工图一般包括图样目录、设计说明、总平面图、建筑平面图、建筑剖面图、建筑立面图、建筑详图和门窗表等。

8.3.2　施工图首页

施工图首页一般包括图样目录、设计说明、构造做法表及门窗表等。

1. 图样目录

在阅读任何一套施工图之初，首先要看其图样目录。编制图样目录的目的是为了便于查找图样。从图样目录中可以了解建筑设计的整体情况，明确该套图包含了哪几类专业图样，各类专业图样的名称、张数及编排次序；如采用标准图，应了解所使用标准图的名称、所在的标准图集和图号或页次。

表 8-2 为某小区住宅楼的图样目录。从中可以了解到该工程的设计单位、建设单位、工程名称和工程编号。工程编号是设计单位为了便于存档和查阅图样而采取的一种管理方法，不同的单位有各自的编号方法。该住宅楼图样目录表中还说明了图样名称、图别、图号编排，图样张数和备注等，共有建筑施工图 16 张，结构施工图 9 张。

2. 设计说明

设计说明主要是对建筑施工图中未能详细表达的内容用文字加以详细说明，主要包括：工程设计依据（对房屋建筑面积、造价、有关地质、水文、气象方面的情况进行说明）；设计标准（包括建筑标准、结构荷载等级、抗震设防要求，采暖、通风、照明标准等）；施工要求（主要包括施工的技术要求和材料要求等）。设计总说明一般放在一套施工图的首页。

表 8-3 为某小区住宅楼的建筑设计说明。

3. 构造做法表

构造做法表是以表格的形式对建筑物各部位构造、做法、层次、选材、尺寸、施工要求等的详细说明。表 8-4 为某小区住宅楼部分构造做法表。

表 8-2 图样目录

设计单位:××建筑设计事务所
建设单位:××建筑开发公司
工程名称:××小区 10#住宅楼
工程编号:2008018-1

序号	图样名称	图别	图号	张数	备注
1	图样目录	建施	J-1	1	
2	总平面图	建施	J-2	1	
3	建筑设计总说明	建施	J-3	1	
4	建筑做法	建施	J-4	1	
5	节能专篇	建施	J-5	1	
6	建筑设计说明、门窗表	建施	J-6	1	
7	1 层平面图、2 层平面图	建施	J-7	1	
8	3~6 层平面图	建施	J-8	1	
9	阁楼层平面图	建施	J-9	1	
10	屋面排水平面图	建施	J-10	1	
11	①~㉖轴立面图	建施	J-11	1	
12	㉖~①轴立面图	建施	J-12	1	
13	Ⓐ~Ⓕ立面图	建施	J-13	1	
14	1—1 剖面图、2—2 剖面图	建施	J-14	1	
15	节点大样图	建施	J-15	1	
16	户型大样图	建施	J-16	1	
17	结构设计说明	结施	G-1	1	
18	基础平面图、基础详图	结施	G-2	1	
19	柱平面布置图、柱表	结施	G-3	1	
20	1~4 层梁配筋图	结施	G-4	1	
21	5、6 层梁配筋图	结施	G-5	1	
22	屋面梁、屋面板配筋图	结施	G-6	1	
23	1~4 层板配筋图	结施	G-7	1	
24	5、6 层板配筋图	结施	G-8	1	
25	楼梯结构详图	结施	G-9	1	

表 8-3 某小区住宅楼的建筑设计说明

建筑设计说明

一、设计依据

1. 《住宅建筑规范》(GB 50386—2005)
2. 《民用建筑设计通则》(GB 50352—2005)
3. 《建筑设计防火规范》(GBJ 16—87)
4. 《民用建筑工程室内环境污染控制规范》(GB 50325—2001)

（续）

5.《建筑工程建筑面积计算规范》（GB/T 50353—2005）

6. ××省《住宅建筑设计标准》（DBJ 14—2000）、《民用建筑节能设计标准》（采暖居住部分）××省实施细则（DBJ 14—98）

7. 建设单位提供的审批文件、规划文件、设计意见

二、工程概况

1. 工程名称：××小区10#住宅楼

2. 建设单位：××房地产公司

3. 建筑层数：6层

4. 总建筑面积：4695m^2

5. 建筑高度：18.90m

6. 本工程±0.000相当于绝对标高，见总平面图

三、主要技术经济指标

1. 结构体系：框架结构

2. 基础形式：桩基础

3. 工程等级：Ⅲ级；建筑耐火等级：二级

4. 抗震设防烈度、类别和等级：七度、丙类、三级

5. 耐久年限：二级（50年）

6. 户型建筑面积、使用面积和阳台面积：C1户型建筑面积为87.36m^2、使用面积为67.15m^2、阳台面积为6.5m^2；C2户型建筑面积为98.10m^2、使用面积为73.67m^2、阳台面积为10.85m^2

7. 住宅标准层总建筑面积和使用面积：722.2m^2、550.2m^2

8. 住宅标准层使用面积系数：76.2%

9. 层高：住宅为2.8m

四、其他说明

1. 墙身

1）墙体的基础部分见结施图纸，±0.000以下墙体采用实心砖，±0.000以上墙体采用240mm厚加气混凝土砌块砌筑；厨房、卫生间120mm墙采用实心砖

2）不得横向预留、剔凿沟槽。凡需在墙内埋设立管，均应在墙体施工前与设备安装图对接。在砌筑时正确预留出管槽或预埋，埋设管道处参考省标施工。竖向预留沟槽，安装管线后，间隙小处用1:3水泥砂浆填补，间隙大处用同等级混凝土填实

2. 厨房和卫生间

1）烟气道选用图集《住宅厨房卫生间防火型排烟气道》中的L05J105，设计和施工安装，均严格遵守该图集

2）厨房卫生间门扇下面预留15mm高的扫地缝

3）厨房卫生间与相邻房间的楼面高差以厨房卫生间门洞口处做完地面面层后的高差20mm为准，厨房应有1%的坡度，坡向朝地漏，已经做好的卫生间内地面防水层应注意二次装修时不被破坏

4）一层外窗加防盗网，所有外门设防盗门，由甲方自定

3. 节能设计要求

1）根据民用建筑节能设计标准××省实施细则，经计算建筑物的体形系数为0.25；建筑物耗热量指标（qh）为16.43W/m^2；采暖耗煤量指标（qc）为8.79kg/m^2；窗墙比：东0.25、西0.25、南0.37、北0.38

2）加强外维护结构各部位保温节能的措施

①平屋面和坡屋面均已采取保温隔热措施，详见做法说明

②外墙采用加气混凝土砌块240mm厚，外墙部分全部外贴20mm厚聚苯板

③外墙及阳台门均选用传热系数小的气密性良好的中空玻璃塑料窗和门；户门均选用保温性能好的复合型门

④对住户靠不采暖楼梯间的隔墙采用保温砂浆，保温做法详见做法说明表

⑤不采暖地下室顶板采用40mm厚挤塑型聚苯板

4. 消防与安全疏散要求

（续）

1）疏散楼梯梯段净宽1150mm，不小于最小宽度1100mm的规定

2）单元入口门洞宽1.5m，不小于最小宽度1.5m的规定

3）单元之间的隔墙采用非承重型240mm厚加气混凝土砌块，为耐火极限大于1.5h的非燃烧体

表8-4　某小区住宅楼部分构造做法表

施工部位	名称	构造做法说明	备注
散水	混凝土水泥散水	散2	1. 凡未注明者标准图集号均为L96J002，下同 2. 宽800mm，坡度5%
地上储藏室	混凝土防水地面	做法见L96J301第34页2号大样	
	水泥砂浆墙面	内墙11	刮磁两遍
	水泥砂浆顶棚	棚5	刮磁两遍
客厅、卧室、餐厅、书房	水泥混凝土楼面	现浇钢筋混凝土楼板，25mm厚C20细石混凝土随打随抹	
	水泥砂浆踢脚	踢4	高150mm
	混合砂浆墙面	内墙8	
	抹灰顶棚	棚4	
卫生间、厨房	铺地砖防水楼面	现浇防水钢筋混凝土楼板，四周沿墙泛起200mm高，宽95mm（门口除外）	卫生间、厨房的楼面标高低于其他房间楼面20mm
		刷素水泥浆一道，20mm厚1:3水泥砂浆找平	
		水乳型橡胶沥青防水涂料一布（玻纤布）四涂防水层，撒砂一层粘牢	
		20mm厚1:3水泥砂浆保护层，刷素水泥浆一道	
		20mm厚1:2干硬性水泥砂浆结合层，8~10mm厚铺地砖	
	瓷砖墙面	内墙33	用于卫生间，到顶；用于厨房，到顶
	水泥砂浆顶棚	棚5	面层应采用耐擦洗涂料
阳台	水泥楼面	楼1	
	混合砂浆墙面	内墙8	刮磁两遍
	水泥砂浆顶棚	棚5	刮磁两遍
不上人屋面	现喷硬质发泡聚氨酯防水保温屋面	屋35	
坡屋面	平瓦保温屋面	屋7	
外墙	刷乳胶漆墙面	外墙31	颜色见立面
	瓷砖墙面	外墙34	

4. 门窗表

门窗表说明门窗的类型、编号、数量、尺寸规格、所在标准图集等相应内容，以备工程施工、结算所需。表8-5为某小区住宅楼门窗表。

表8-5 某小区住宅楼门窗表

类别	门窗编号	图集编号	选用型号	洞口尺寸/mm		数量	备注
				宽	高		
门	M1			1000	2100	50	保温防盗复合门,由开发商统一确定
	M2	L92J601	M2-51	900	2100	96	夹板门
	M3	L92J601	M2-5	800	2100	52	夹板门
	M4	L99J605	TM-40	2400	2400	36	PVC 塑料中空玻璃推拉门,尺寸相应调整
	M5	L99J605	TM-75	2700	2400	12	PVC 塑料中空玻璃推拉门,尺寸相应调整
	M6			1500	2100	4	中档可视对讲式单元门
窗	C1	L99J605	TC(M)-21	1500	1500	96	PVC 塑料中空玻璃推拉窗
	C2	L99J605	TC(M)-13	1200	1200	20	PVC 塑料中空玻璃推拉窗,尺寸相应调整
	C3	L99J605	TC(M)-01	700	600	56	PVC 塑料中空玻璃固定推拉窗,尺寸相应调整
	C4	L99J605	TC-03	1800	600	2	PVC 塑料中空玻璃推拉窗,尺寸相应调整
	C5	L99J605	TC-52	3800	600	2	PVC 塑料中空玻璃推拉窗,尺寸相应调整
	C6	L99J605	TC-52	3500	600	6	PVC 塑料中空玻璃推拉窗,尺寸相应调整
	C1′	L99J605	TC-02	1500	600	24	PVC 塑料中空玻璃推拉窗,尺寸相应调整
	C2′	L99J605	TC(M)-15	1500	1200	4	PVC 塑料中空玻璃推拉窗
	C5′			3800			见 J-9,外设同尺寸铝合金格栅
	C6′			3500			见 J-9,外设同尺寸铝合金格栅
	C6″			3500			见 J-9,外设同尺寸铝合金格栅
凸窗	TC1			1800	1900	12	见 J-7
	TC2			1500	1900	36	见 J-7
门联窗	MC1			1800	2400	12	见 J-7

8.3.3 总平面图

（1）图示方法　总平面图是新建房屋在基地范围内的总体布置图。将新建工程四周一定范围内的新建、拟建、原有和拆除的建筑物、构筑物连同其周围的地形、地物状况，用水平投影和相应的图例所画出的图样，即为建筑总平面图。主要是表示新建房屋的位置、朝向、与原有建筑物的关系，以及周围道路、绿化和给水、排水、供电条件等方面的情况，作为新建房屋定位、土方施工及绘制设备管网平面布置图和施工总平面布置图的依据。

总平面图是利用正投影原理绘制的，图形主要以图例的形式表示。总平面图中的图例采用《总图制图标准》（GB/T50103—2001）（以下简称总标）所规定的图例表示，见表8-6。若所用的图例在《总标》中没有规定，则必须在图中另加说明。

表 8-6 总平面图常用图例

名称	图例	说明
新建建筑物	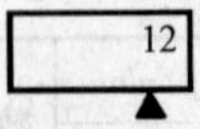 12	1. 需要时可用▲表示出入口，可在图形右上角用点数或数字表示层数 2. 建筑物的外形用粗实线表示，地面以上的建筑物用中粗实线表示，地面以下用细虚线表示
原有建筑物		用细实线表示
计划扩建的预留地或建筑物		用中粗虚线表示
拆除的建筑物	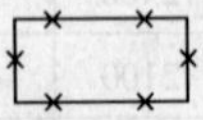	用细实线表示
散状材料露天堆放场	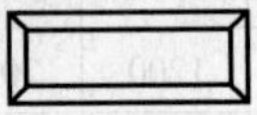	需要时可注明材料名称
其他材料露天堆放场或作业场	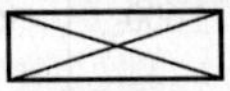	
建筑物下面的通道	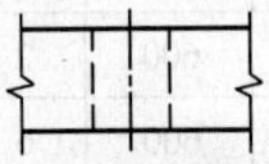	
铺砌场地	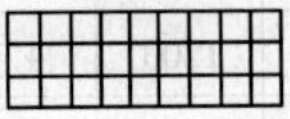	
敞棚或敞廊	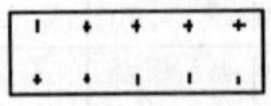	
冷却塔（池）	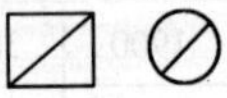	应注明冷却塔或冷却池
水塔、储罐	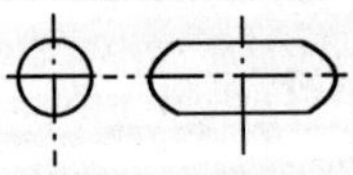	左图为水塔或立式贮罐 右图为卧式贮罐
水池、坑槽		也可以不涂黑
烟囱	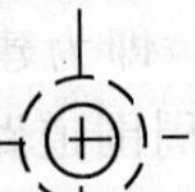	实线为烟囱下部直径，虚线为基础，必要时可注写烟囱高度和上、下口直径
雨水口		
消火栓井		

（续）

名称	图例	说明
急流槽		箭头表示水流方向
跌水	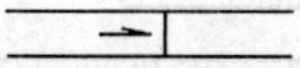	
拦水(闸)坝	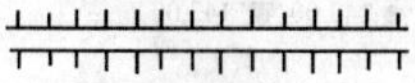	
透水路堤	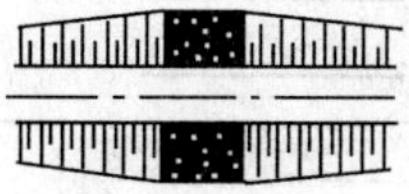	边坡较长时,可在一端或两端局部表示
过水路面		
围墙及大门	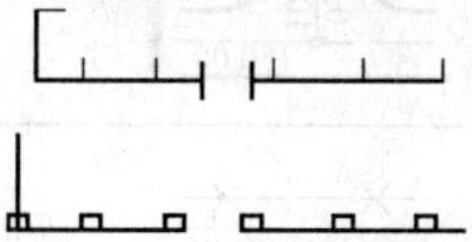	上图表示实体性质的围墙,下图为通透性质的围墙,若仅表示围墙时不画大门
挡土墙		被挡的土在凸出的一侧
台阶	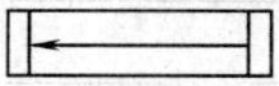	箭头指向表示向下
坐标	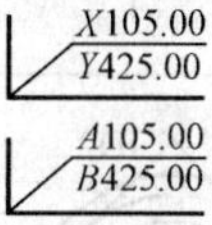 X105.00 Y425.00 A105.00 B425.00	上图表示测量坐标 下图表示施工坐标
方格网交叉点标高	-0.50 77.85 78.35	“78.35”为原地面标高;“77.85”为设计标高;“-0.50”为施工高度;“-”表示挖方(“+”表示填方)
填方区、挖方区、未整平区及零点线	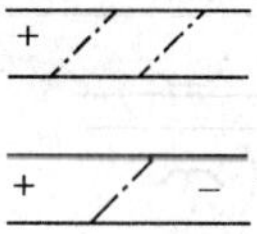 + + –	“+”表示填方区 “-”表示挖方区 中间为未整平区 点画线为零点线
填挖边坡		1. 边坡较长时,可在一端或两端局部表示 2. 下边线为虚线时表示填方
护坡	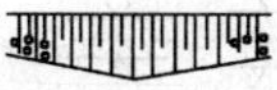	
分水脊线与谷线	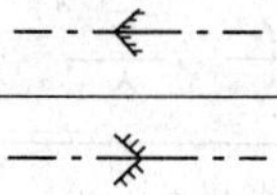	上图表示脊线 下图表示谷线
洪水淹没线		阴影部分表示淹没区(可在底图背面涂红)
截水沟或排水沟	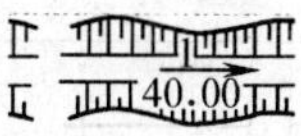 40.00	“1”表示1%的沟底纵向坡度,“40.00”表示变坡点间距离,箭头表示水流方向

（续）

名称	图例	说明
室内标高	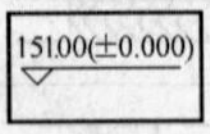 151.00(±0.000)	
室外标高	 ● 143.00 ▼ 143.00	室外标高也可采用等高线表示
原有道路		
计划扩建的道路	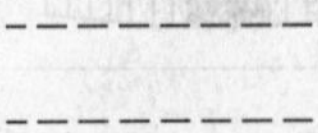	
新建道路	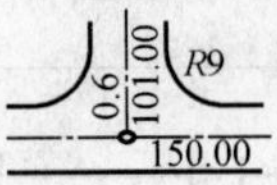 R9 0.6 101.00 150.00	R9 表示道路转弯半径 9m，150.00 为路面中心控制点标高，0.6 表示 0.6% 的纵向坡度，101.00 表示变坡点间距离
拆除的道路	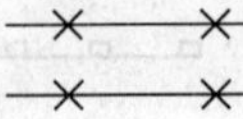	
人行道	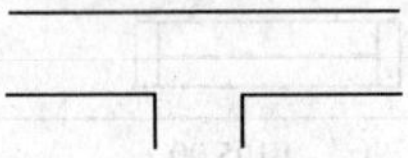	
道路曲线段	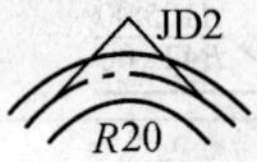 JD2 R20	“JD2”为曲线转折点编号 “R20”表示道路中心曲线半径为 20m
道路隧道	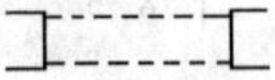	
桥梁	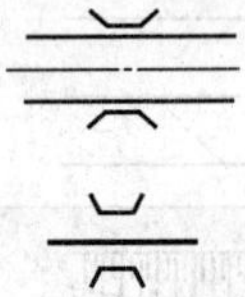	1. 上图为公路桥，下图为铁路桥 2. 用于旱桥时应注明
涵洞、涵管	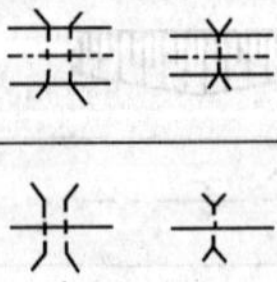	1. 上图为道路涵洞、涵管，下图为铁路涵洞、涵管 2. 左图用于比例较大的图面，右图用于比例较小的图面
露天桥式起重机	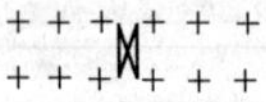	“+”为柱子位置
露天电动葫芦	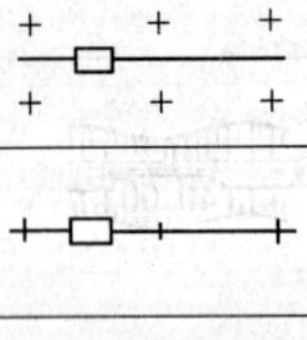	“+”为支架位置

（续）

名称	图例	说明
门式起重机	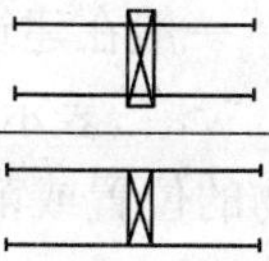	上图表示有外伸臂 下图表示无外伸臂
架空索道		“I”为支架位置
斜坡卷扬机道	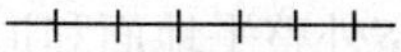	
斜坡栈桥（皮带廊等）	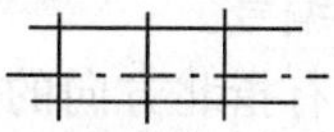	细实线表示支架中心线位置
草坪	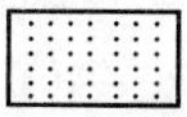	
花坛	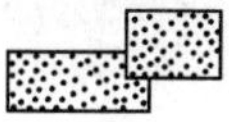	
绿篱		
植草砖铺地		
常绿针叶树		
落叶针叶树		
常绿阔叶乔木		
落叶阔叶乔木		
常绿阔叶灌木		
落叶阔叶灌木		

（2）图示内容

1）图名、比例。

2）标明新建建筑物的具体位置、层数。总平面图中应详细绘出其定位方式，新建建筑物一般是根据原有房屋和道路来定位，并以 m 为单位，标注出定位尺寸。在大范围和复杂地形的总平面图中，常以坐标来标定建筑物、道路和管道的位置。坐标有测量坐标与建筑坐标两种系统，测量坐标网画成交叉十字线，坐标代号用“*X*、*Y*”表示；建筑坐标网画成网格通线，坐标代号用“*A*、*B*”表示。建筑物的层数，一般在建筑物图例的右上角用小圆点或数字表示，层数较少时，用小圆点表示，如“...”或“∴”表示三层；层数较多时，用数字表示。

3）标明相邻原有、拟建、拆除建筑物的位置或范围。

4）标明地形、地物，如等高线、道路、河流、水沟、池塘、土坡等。应注明道路的起点、变坡点、转折点、终点以及道路中心线的标高、坡向等。

5）注明新建房屋底层室内地面、室外整平地面和道路的绝对标高。

6）建筑物使用编号时，应列出名称编号。

7）在总平面图中，通常还要画出带有指北方向的风玫瑰图，用来表示该地区常年的风向频率和房屋的朝向。

8）标出绿化规划、管道布置。

9）补充图例。

（3）总平面图识读示例

1）某学校宿舍楼的总平面图。图 8-17 为某学校宿舍楼的总平面图，读图要点如下：

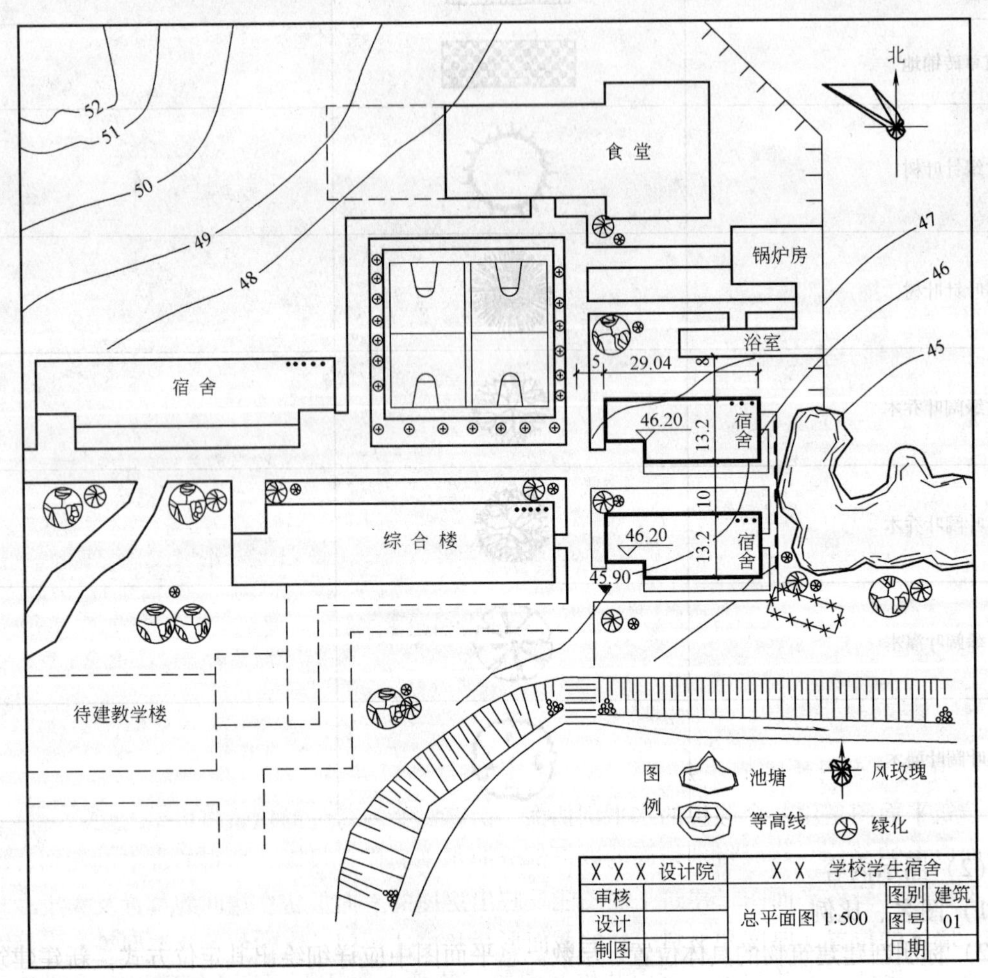

X X X 设计院		X X 学校学生宿舍		
审核		总平面图 1:500	图别	建筑
设计			图号	01
制图			日期	

图 8-17 某学校宿舍楼的总平面图

①了解图名、比例、图例等。该施工图为总平面图。总平面图一般采用较小比例绘制，本图比例为1∶500。总平面图上标注的尺寸，一律以m为单位。图中右下角列出了国家标准中没有规定的图例池塘、等高线、风玫瑰、绿化等。

②了解工程的性质、用地范围、地物地貌和周围环境等情况。新建建筑物的用地范围在图中用粗实线表示，该范围是新建房屋底层平面的外轮廓线，右上方的小黑点数表示房屋层数。由图8-17可知，本次新建工程是某校内两幢相同的学生宿舍楼，建造层数为3层；新建建筑的东面有一池塘，池塘的西边有一挡土墙；新建建筑南面有一护坡，护坡中间有一台阶；新建建筑的东南角有一待拆的房屋；西北向有两个篮球场；东北角有一围墙；周围还有原有建筑（用细实线表示），如宿舍（5层）、综合楼（5层）、锅炉房、浴室、食堂等；有一幢待建教学楼（虚线画出），图中还标明了道路情况和绿化规划情况。

③了解地势、标高情况。从室内底层地面和等高线的标高，了解该地的地势高低、雨水排除方向，并可计算填挖土方的数量。

从图中等高线所注写的数值，可知该处地势是自西北向东南倾斜。图中所注数值均为绝对标高。该新建建筑的底层室内地面的标高为46.20，是根据新建建筑所在位置的前后等高线的标高（图中为45和47）并估计到填挖土方基本平衡而确定的。图中还标出了室外地面的绝对标高，为45.90，注意图中室内外地坪标高标注的符号是不同的。

④了解新建房屋的位置、朝向。本图中新建宿舍楼标出的定位尺寸为10m（两幢宿舍楼之间的垂直距离）、8m（北面宿舍楼的北墙与原有浴室的南墙相互之间的垂直距离）、5m（宿舍楼西墙与道路中心线的距离）等。图中右上方为带指北针的风玫瑰图，表明该地区全年最大的风向频率为西北风。从图中可知，新建宿舍楼的方向坐北朝南。

2）某小区的总平面图。图8-18为某小区的总平面图，比例1∶500。从图中可知，本次新建建筑物为3号和4号住宅，位于连胜路和青春巷交叉路口西北角，建造层数均为4层，住宅形状如图所示。新建住宅的位置由测量坐标和定位尺寸表示，通过道路中心线交点处的坐标 $X=309145.5$，$Y=37526.0$ 及图中标出的定位尺寸可以获知新建住宅所在位置，新建住宅与原有建筑物的定位尺寸、新建住宅的总长度和宽度等都用尺寸线做了标注。图中还标明了拆除建筑、原有建筑和拟建建筑的位置和形状，各房屋层数通过平面图形内的数字可以得知，并给出了新建和原有建筑的室内外地坪标高。图中另外标出了带指北针的风玫瑰图、等高线、围墙、小区道路、绿化情况等。

8.3.4 建筑平面图

1. 建筑平面图的图示方法

建筑平面图是用一个假想的水平剖切面，沿略高于窗台处的位置将房屋剖切后，移去剖切平面以上的部分，然后将剖切面的以下部分向水平面作正投影，所得的水平剖面图，即为建筑平面图，简称平面图。建筑平面图能反映出房屋的平面形状、房间的布置及大小、相互关系，墙体的位置、厚度和材料，柱的截面形状和尺寸，门、窗的位置及类型等。平面图是施工放线、砌墙、安装门窗、室内装修及编制预算的重要依据，是建筑施工图中的重要图样。

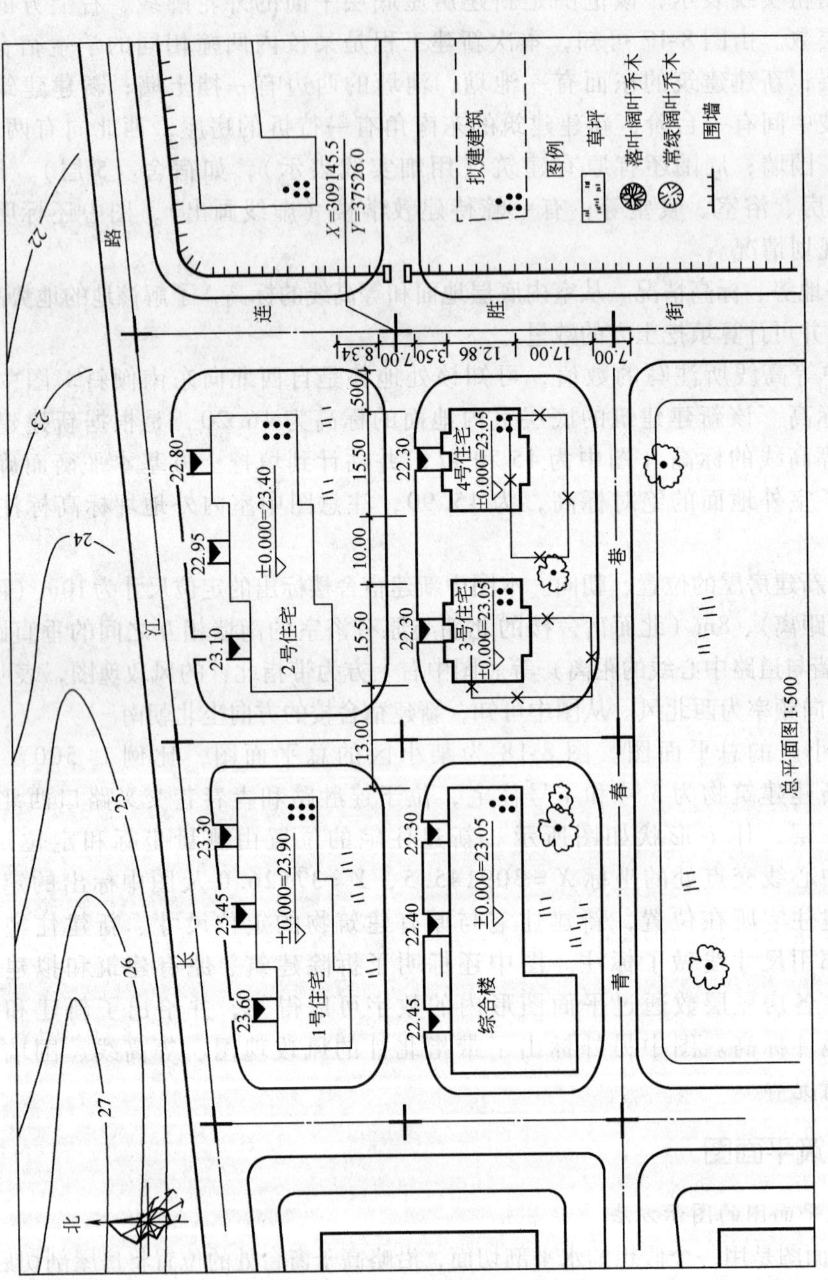

图 8-18 某小区的总平面图

一般地，房屋有几层，就应画出几个平面图，并在图的下方注明相应的图名，如底层平面图、2层平面图等。如果有些楼层的平面布置完全相同或仅有局部不同时，则相同的楼层也可以只画一个平面图，该图称为标准层平面图，对于局部不同之处，另加局部平面图。因此，多层建筑的平面图一般包括底层平面图、标准层平面图、顶层平面图。此外，还有屋顶平面图等。屋顶平面图是从建筑物的上方向下所作的水平投影，主要反映屋顶的形状，屋顶上的构配件、女儿墙、屋面的排水方向及坡度、天沟的位置、屋脊线、雨水管的位置等。

建筑平面图的比例常采用1:50、1:100或1:200。在平面图中的断面，当比例大于1:50时，应画出其材料图例和抹灰层的面层线。如比例为1:100、1:200时，抹灰层面线可不画出，而断面材料图例可用简化画法（如砖墙涂红色，钢筋混凝土涂黑色等）。

平面图实质上是剖面图，因此被剖切到的轮廓线用粗实线表示，如墙、柱等，未剖切到的部分用细实线表示，如台阶、散水等。

由于建筑平面图的比例较小，建筑细部及门、窗等不能详细画出，因此需要用图例表示，这些图例应符合《建标》的规定，见表8-7。

表8-7　建筑构造及配件图例

名称	图例	说明
墙体	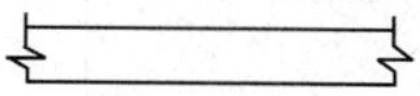	应加注文字或填充图例表示墙体材料，在项目设计图纸说明中列材料图例表给予说明
隔断	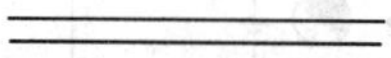	1. 包括板条抹灰、木制、石膏板、金属材料等隔断 2. 适用于到顶与不到顶隔断
栏杆		
底层楼梯	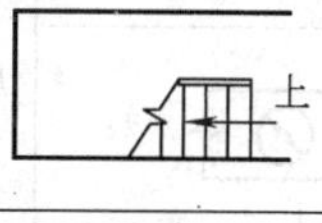 上	楼梯及栏杆扶手的形式和楼梯踏步数应按实际情况绘制
中间层楼梯	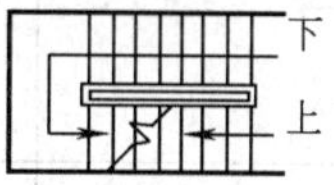 下 上	
顶层楼梯	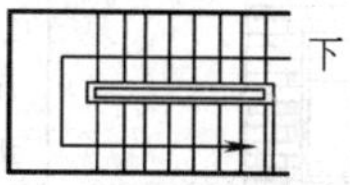 下	
坡道	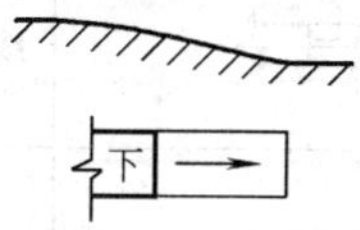 下	长坡道
	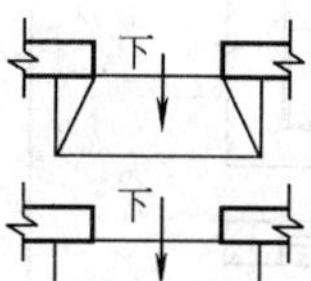 下 下	门口坡道

（续）

名称	图例	说明
检查孔	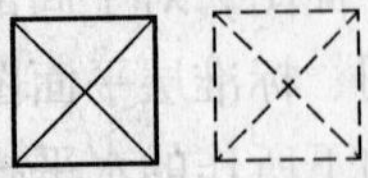	左图为可见检查孔 右图为不可见检查孔
孔洞		阴影部分可以涂色代替
坑槽	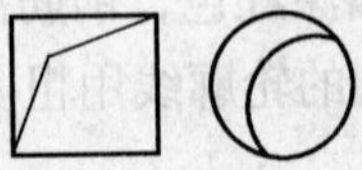	
墙预留洞	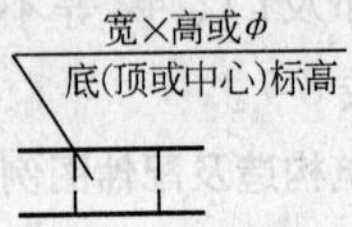 宽×高或ϕ 底(顶或中心)标高	1. 以洞中心或洞边定位 2. 宜以涂色区别墙体和留洞位置
墙预留槽	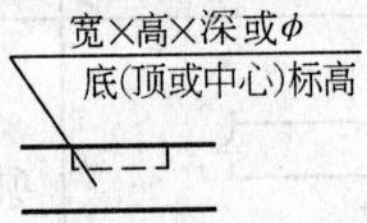 宽×高×深或ϕ 底(顶或中心)标高	
烟道	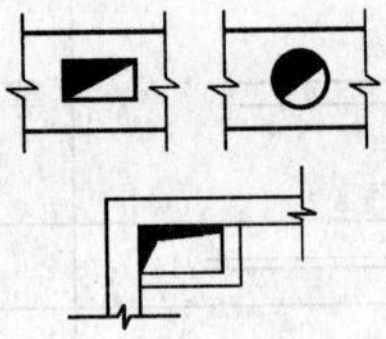	1. 阴影部分可以涂色代替 2. 烟道与墙体同一材料,其相接处墙身线应断开
通风道	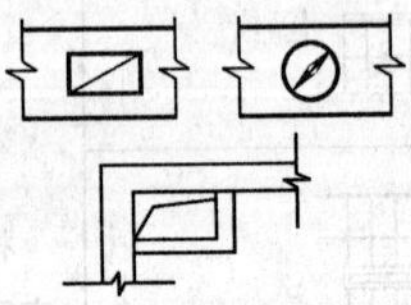	
新建的墙和窗	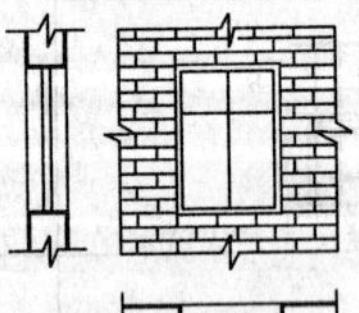	1. 本图以小型砌块为图例,绘图时应按所用材料的图例绘制,不易以图例绘制的,可在墙面上以文字或代号注明 2. 小比例绘图时平、剖面窗线可用单粗实线表示
改建时保留的原有墙和窗	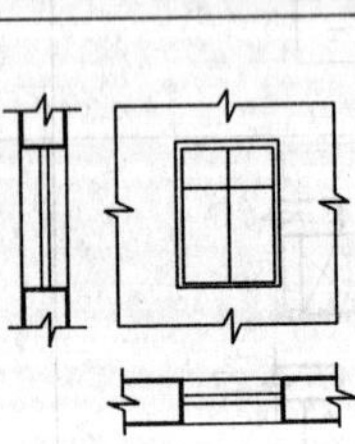	

（续）

名称	图例	说明
应拆除的墙	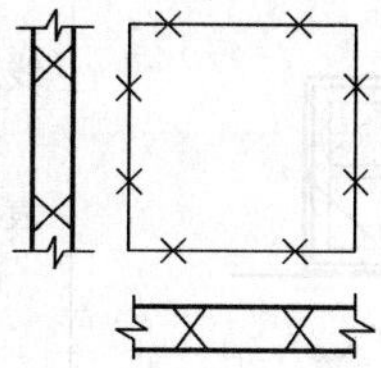	
在原有墙或楼板上新开的洞	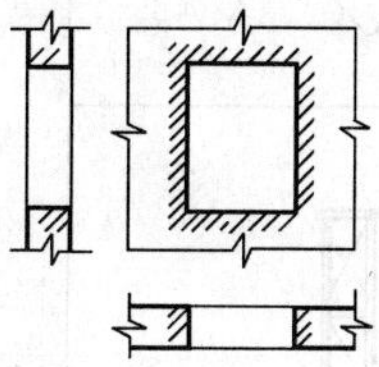	
在原有洞旁扩大的洞	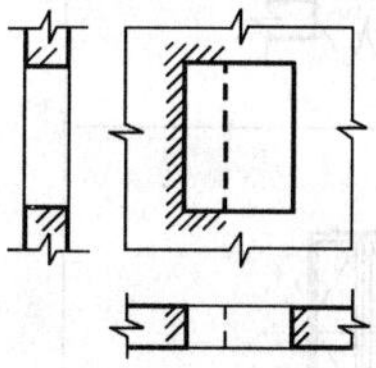	
在原有墙或楼板上全部填塞的洞	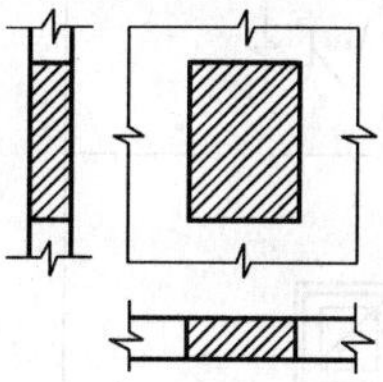	
在原有墙或楼板上局部填塞的洞	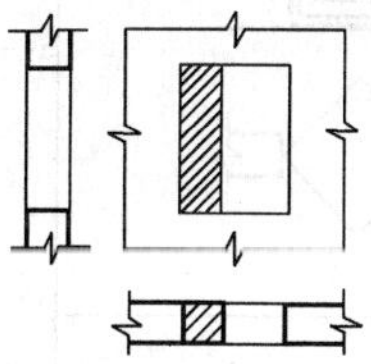	
空门洞	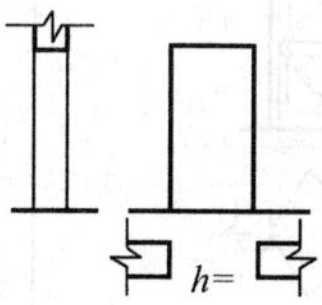 h=	h 为门洞高度
单扇门（平开或单面弹簧）	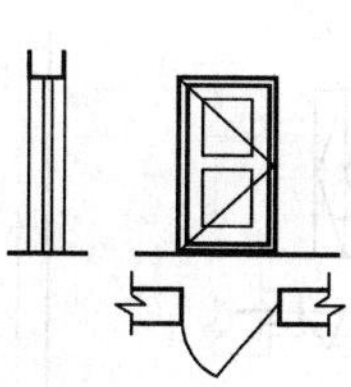	1. 门的名称代号用 M 2. 图例中剖面图左为外、右为内，平面图下为外、上为内 3. 立面图上开启方向线交角的一侧为安装合页的一侧，实线为外开，虚线为内开

（续）

名称	图例	说明
单扇双面弹簧门	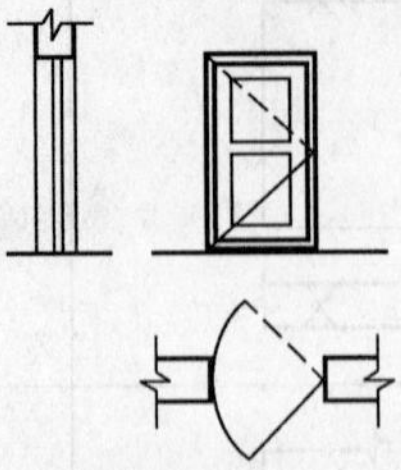	4. 平面图上门线应90°或45°开启，开启弧线应绘出 5. 立面图上的开启线在一般设计图中可不表示，在详图及室内设计图中应表示 6. 立面形式应按实际情况绘出
双扇门（平开或单面弹簧）	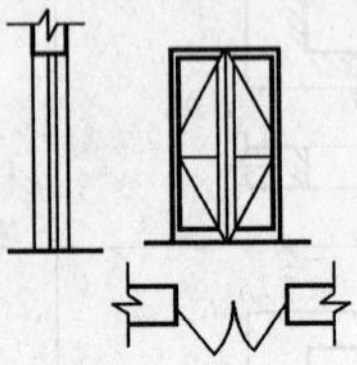	
双扇双面弹簧门	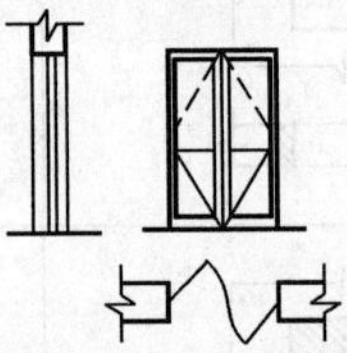	
单扇内外开双层门（包括平开或单面弹簧）	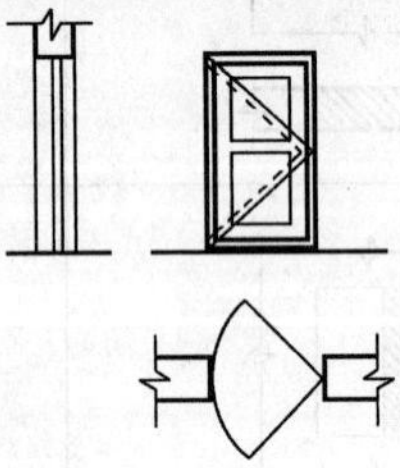	
双扇内外开双层门（包括平开或单面弹簧）	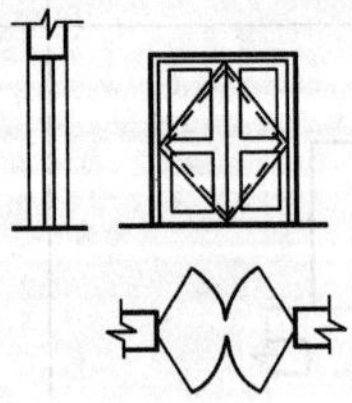	
对开折叠门	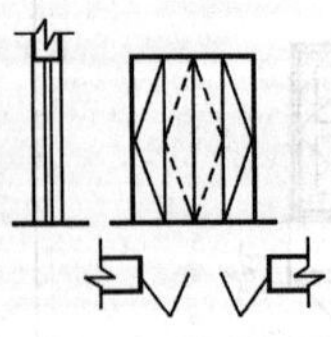	

（续）

名称	图例	说明
转门	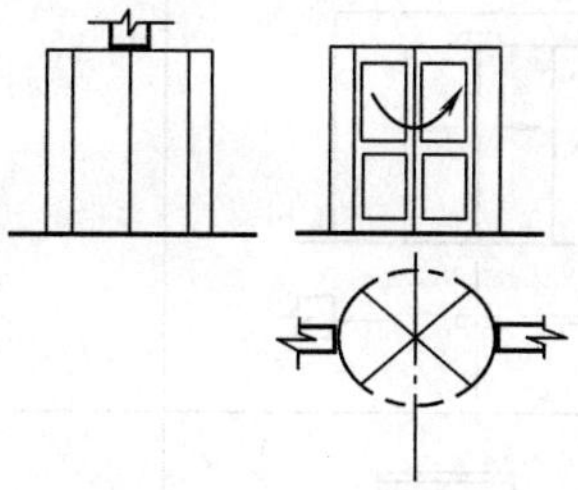	同单扇门说明中的1、2、4、5、6条
折叠上翻门	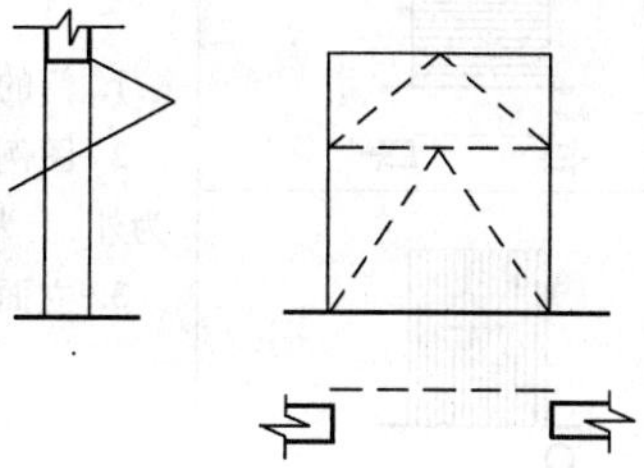	1. 同单扇门说明中的1、2、3、6条 2. 立面图上的开启线设计图中应表示
推拉门	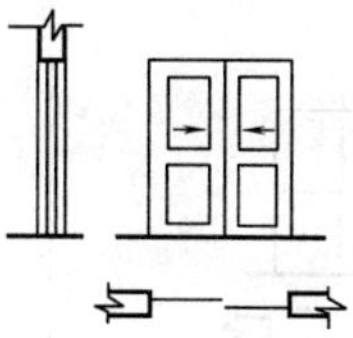	1. 门的名称代号用M 2. 图例中剖面图左为外、右为内，平面图下为外、上为内 3. 立面形式应按实际情况绘出
墙外单扇推拉门	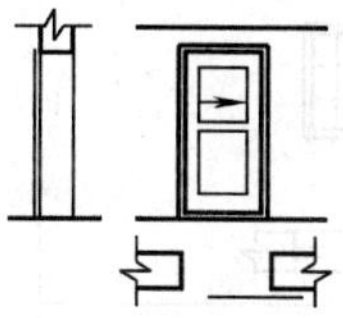	
墙外双扇推拉门	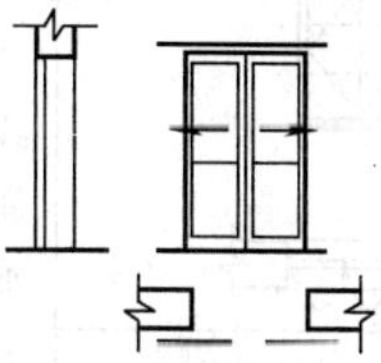	
墙中单扇推拉门	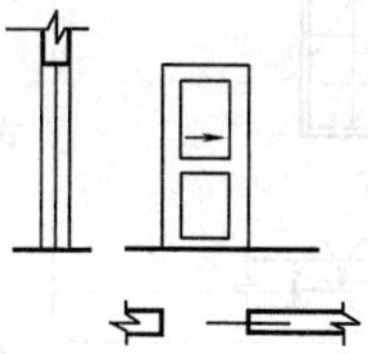	
墙中双扇推拉门	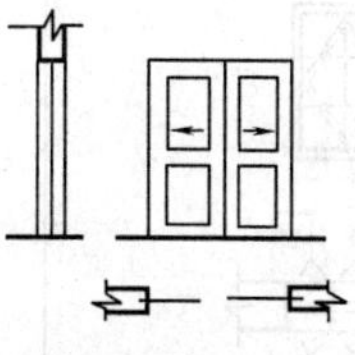	

（续）

名称	图例	说明
自动门	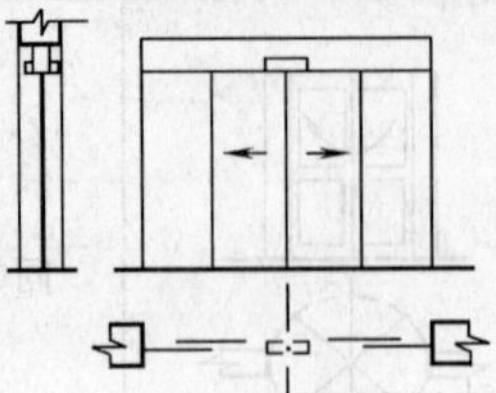	1. 门的名称代号用 M 2. 图例中剖面图左为外、右为内，平面图下为外、上为内 3. 立面形式应按实际情况绘出
竖向卷帘门	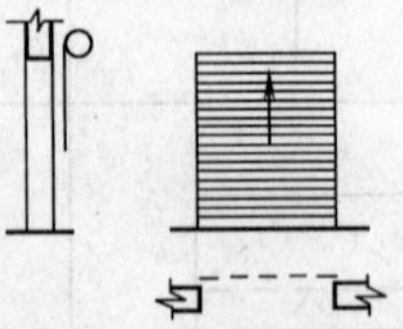	
横向卷帘门	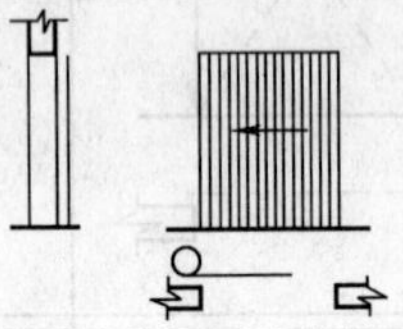	
提升门	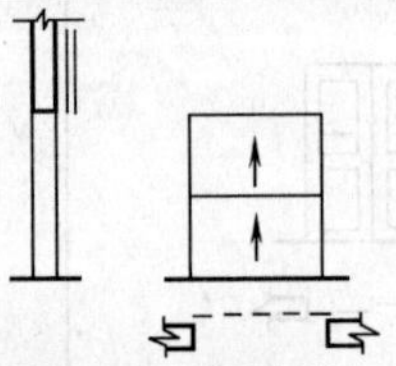	
单层固定窗	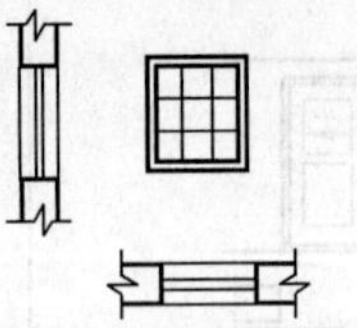	1. 窗的名称代号用 C 表示 2. 立面图中的斜线表示窗的开启方向，实线为外开，虚线为内开；开启方向线交角的一侧为安装合页的一侧，一般设计图中可不表示 3. 图例中剖面图左为外、右为内，平面下为外、上为内 4. 平面图和剖面图上的虚线仅说明开关方式，在设计图中不需表示 5. 窗的立面形式应按实际情况绘出 6. 小比例绘图时平、剖面的窗线可用单粗实线表示
单层外开平开窗	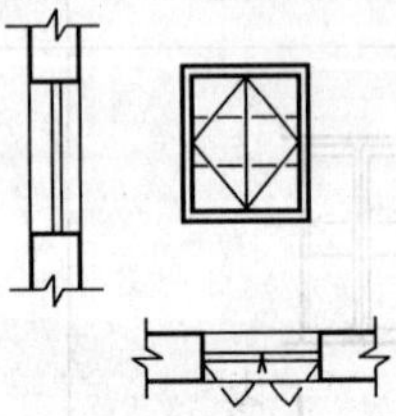	
单层内开平开窗	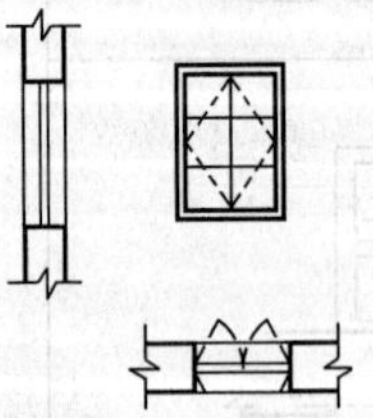	
双层内外开平开窗	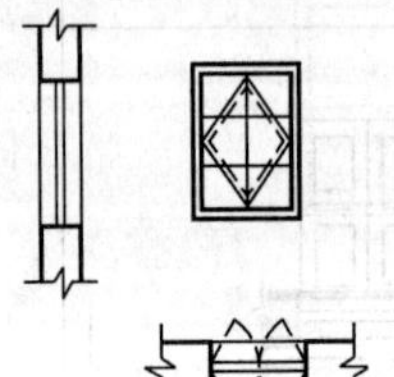	

（续）

名称	图例	说明
单层外开上悬窗	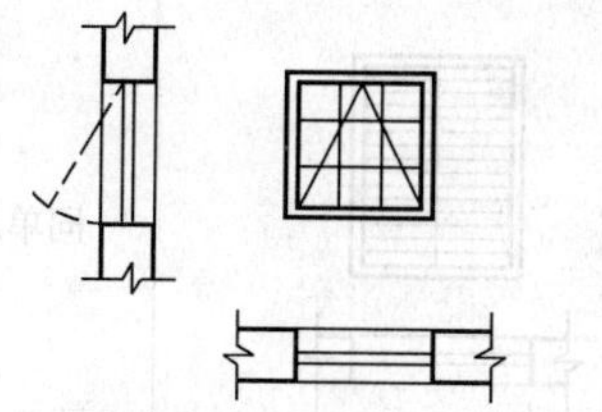	1. 窗的名称代号用 C 表示 2. 立面图中的斜线表示窗的开启方向，实线为外开，虚线为内开；开启方向线交角的一侧为安装合页的一侧，一般设计图中可不表示 3. 图例中剖面图左为外、右为内，平面下为外、上为内 4. 平面图和剖面图上的虚线仅说明开关方式，在设计图中不需表示 5. 窗的立面形式应按实际情况绘出 6. 小比例绘图时平、剖面的窗线可用单粗实线表示
单层中悬窗	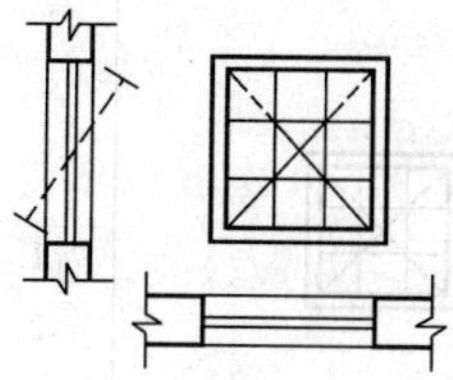	
单层内开下悬窗	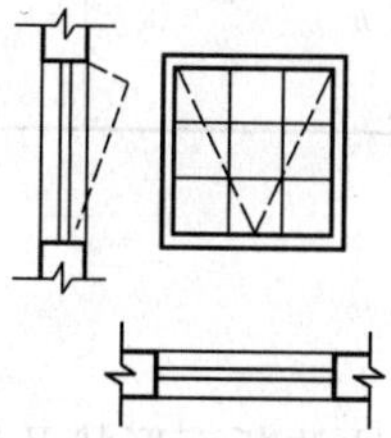	
立转窗	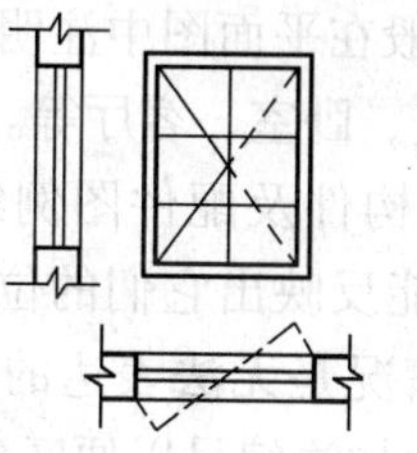	
推拉窗	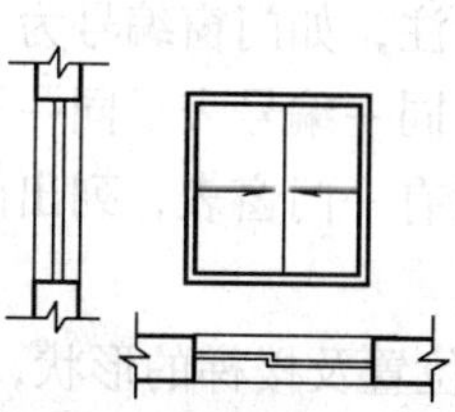	同单层平开窗说明中的 1、3、5、6 条
上推窗	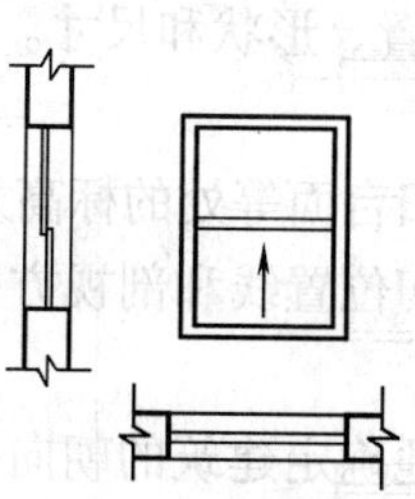	同单层平开窗说明中的 1、3、5、6 条

（续）

名称	图例	说明
百叶窗	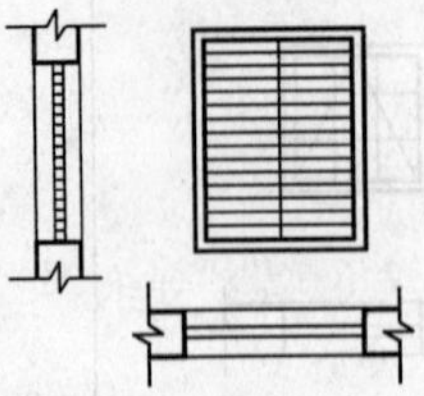	同单层平开窗说明中的1、2、3、4、5条
高窗	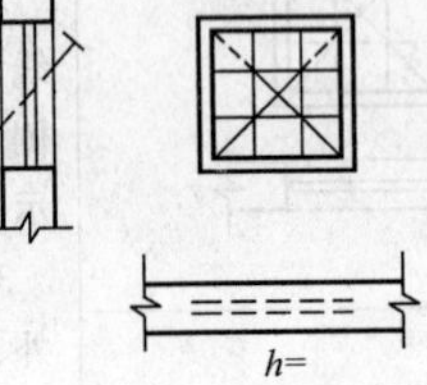 h=	1. 同单层平开窗说明中的1、2、3、4、5条 2. h为窗底距本层楼地面的高度

2. 建筑平面图的图示内容

1）层次、图名、比例。

2）表示纵横定位轴线及其编号，墙、柱的断面形状及尺寸。

3）表示房间的分布及相互关系，一般在平面图中注明房间的名称或编号。如住宅楼中各房间的用途，宜用文字标出，如起居室、卧室、客厅等。

4）表示门窗的位置和类型，门窗按构件及配件图例绘制，并标注名称代号“M”或“C”和编号。由于门窗在平面图中，只能反映出它们的位置、数量和洞口宽度尺寸，而它们的高度尺寸、窗的开启方式和构造等情况是无法表达的。为了便于识读，门采用代号M表示，窗采用代号C表示，并在代号后面加注编号以便区分，如M1、M2…和C1、C2…等。门窗也可以用标准图集上的门窗代号来标注，如门窗编号为MF、LMT、LC的含义分别表示防盗门、铝合金推拉门、铝合金带窗门。同一编号表示同一类型的门窗，它们的构造和尺寸都一样。一般在首页图或在平面图上，附有一门窗表，列出门窗的编号、名称、尺寸、数量及所选标准图集的编号等内容。

5）表示入口、走廊、电梯、楼梯的位置及楼梯的形状，梯段的走向和级数。

6）底层平面图需表明室外散水、明沟、台阶、坡道、花池等的位置、形状和尺寸。二层以上平面图则需表明雨篷、阳台等的位置、形状和尺寸。其他如厕所、盥洗、厨房等固定设施的布置等。

7）注出地面、楼面、楼梯平台面、阳台面等处的标高及坡度方向等。

8）底层平面图中应表明剖面图的剖切位置线和剖视方向及其编号，标注有关部位的索引符号。

9）建筑平面图的朝向。为了更准确地确定建筑的朝向，在底层平面图附近画出指北针（一般取上北下南）。

10）屋顶平面图中应表示出屋顶的形状，屋面排水方向、坡度或泛水，坡面交线以及天沟、水落管及其他构配件的位置和某些轴线等。

11）尺寸标注。平面图中的尺寸有外部尺寸和内部尺寸。外部尺寸一般分三道标注：第一道尺寸，标注房屋外轮廓总尺寸，即从一端的外墙边到另一端的外墙边的总长和总宽尺寸。第二道尺寸，标注定位轴线间的距离，用以说明房间的大小即开间和进深尺寸。相邻横向定位轴线之间的尺寸为房间的开间，相邻纵向定位轴线之间的尺寸称为进深。第三道尺寸，标注外墙上门窗洞宽度和位置、窗间墙、墙厚等细部尺寸。底层平面图中还应标注室外台阶、散水等尺寸。内部尺寸用来标注内墙厚度、内墙上的门窗洞尺寸、门窗洞与墙或柱的定位尺寸以及固定设备的尺寸和位置等。

3. 识读示例

（1）首层平面图的识读　现以图 8-19（见书后插页）所示某小区住宅楼的首层平面图为例来说明平面图的识读方法。

1）了解平面图的图名、比例。从图中可知该平面图是某住宅楼的首层平面图，比例是 1:100。

2）了解房屋的朝向。在图中有一个指北针符号，说明该住宅楼大门入口处朝北。

3）了解定位轴线，内外墙的位置。该平面图中，横向定位轴线从①～㉖，共 26 道轴线；纵向定位轴线从Ⓐ～Ⓔ，共 5 道轴线。定位轴线确定了墙体和框架柱的位置，也可了解房间的大小。从设计说明中可知，外墙除注明外，厚度为 240mm，内墙为 200mm，轴线居中布置。

4）了解房屋的平面布置情况。从图中可了解到该住宅楼由四个单元组成，每个单元有 2 套户型，大门入口设在Ⓔ轴墙上。除整个单元东大头和西大头的 C-1 户型外，中间户型均为 C 户型。每套住宅均设有起居室、卧室、厨房、卫生间、餐厅、阳台等。C-1 户型建筑面积为 98. 10m^2，C 户型建筑面积为 87. 36m^2。以 C-1 户型为例，其朝南的起居室开间为 4. 2m，南卧室开间为 3. 3m，进深均为 4. 7m。朝北的卧室开间为 3. 3m，进深为 4. 3m。厨房开间为 2. 9m，进深为 2. 0m。餐厅开间为 3. 3m，进深为 2. 7m，卫生间开间为 1. 8m，进深为 2. 7m。

5）从图中标注的外部和内部尺寸，了解到各房间的开间、进深、外墙与门窗及室内设备的大小和位置。外部尺寸从外向里分别为：第一道尺寸表示外轮廓的总尺寸，图中住宅楼总长为 56. 94m、总宽为 11. 94m。第二道尺寸表示轴线间的距离，即房间的开间和进深尺寸，如 3300、4200、3900、3000 和 4700、2700、2300、2000 等。第三道尺寸表示各细部的尺寸，以③～⑤轴线间楼梯间为例，楼梯间开间尺寸为 2600mm，楼梯间 M6 的门洞尺寸为 1500mm，门洞边距③轴和⑤轴分别为 550mm。

6）了解建筑物中各组成部分的标高情况。在平面图中，对于建筑物各组成部分，如楼地面、楼梯平台面、室内外地坪面、外廊和阳台面处，一般都分别注明标高。这些标高均采用相对标高，并将建筑物的底层室内地坪面的标高定为 ±0. 000（即底层设计标高）。该住宅楼底层室内地面的相对标高为 ±0. 000，入口处地面标高为 -0. 500，室外标高为 -0. 600。根据设计说明，卫生间、厨房和阳台的地面标高比室内地面低 20mm，防止水倒流溢出到室内。

7）了解门窗的位置及编号。从图中可以看到门窗的类型、编号和位置。如Ⓐ轴上有 2 个凸窗 TC1、6 个凸窗 TC2、6 个推拉门 M4，2 个推拉门 M5。

8）了解其他构配件。该楼北面入口处有坡道进到室内，经3级踏步到达一层地面；楼梯向上18级踏步可到达2层楼面。朝南起居室经推拉门通向南阳台，中间采用隔户板使阳台一分为二。其中C-1户型还带有东或西阳台。阳台挑出外墙1500mm，平面形状为矩形，地面坡度为1%，坡向集水口。从阳台一侧下四步台阶可到达室外地面。沿外墙四周布置有散水，宽800mm。大门入口处坡道两边距③轴和⑤轴分别为940mm，坡道宽1500mm。大门入口处外墙上设有报箱预留洞，洞底标高0.400，洞高1020mm、宽400mm、深200mm。

9）了解建筑剖面图的剖切位置、索引标志。图中在④、⑤轴线间和⑥、⑦轴线间分别标明了剖切符号1-1和2-2，表示剖面图的剖切位置，剖视方向相左，以便与剖面图对照查阅。首层平面图中入口坡道、门斗、⑬~⑭轴线间变形缝、阳台与室外地面交接处均标注了索引符号，表示了详图的索引位置。如$\frac{2}{24}$$\frac{\text{L03J004}}{\text{入口坡道}}$，表示入口坡道详图见标准图集L03J004中第24页第2号详图；$\frac{5}{\text{J-7}}$$\frac{\text{门斗}}{}$表示门斗详图见建施J-7号图纸第5号详图。

（2）2层平面图的识读　与首层平面图相比，二层平面图的不同之处主要有：

1）不再绘制首层平面图中表示清楚的构配件，如散水、台阶、花坛等室外设施及构配件。

2）不再绘制指北针和剖切符号。

3）表示雨篷的位置、平面形状及尺寸。

4）楼梯间的表达方式与底层不同。各处标高也与底层不相同。

图8-20（见书后插页）为某小区住宅楼的二层平面图，从图中可以看出，绝大部分平面布置与底层相同，不同之处有以下几方面：

1）表示了4个大门出入口顶上的雨篷轮廓线。从图中可看到，雨篷内的排水坡度为2%，并用外伸80mm的ϕ50PVC泄水管进行排水。

2）楼面标高为2.8m，厨房、卫生间、阳台标高比楼面低20mm。

3）楼梯间平面布置图和首层不同，从图中可以看出向上一层行走的部分踏步（用“上”及箭头表示），还可看到向首层楼面行走的第二跑的全部（6级踏步）和第一跑的部分踏步（用“下”及箭头表示）。从而可以分析出首层地面到2层楼面为不等跑楼梯，先经6级踏步到达平台，然后再经12级踏步到达2层楼面。

4）首层平面图大门入口处M6，在二层平面图上为C2′。原入口处楼梯间内的水表间，2层平面图不再出现。

5）不再表示剖切符号和散水、阳台处的室外台阶。

（3）标准层平面图的识读　图8-21（见书后插页）为某小区住宅楼的标准层平面图，表示的是3~6层的平面布置，与2层平面图的不同之处有以下几点：

1）不再表示雨篷位置，但表示了4个门斗的轮廓线、排水坡度和标高，及泄水管的安装。

2）楼面标高分别为5.6m、8.4m、11.2m、14.0m。厨房、卫生间、阳台的标高也相应改变。

3）楼梯间平面布置图和2层不同，可以看出，3~6层为等跑楼梯。

4）楼梯间上部对应的窗为C2。

（4）屋顶平面图的识读　在建筑施工图中，屋顶平面图常单独绘制，其主要的图示内容有：

1）屋面排水情况。如排水分区、排水方向、屋面坡度、天沟、下水口位置等。

2）突出屋面的构筑物的布置。如电梯机房、水箱间、女儿墙、天窗、管道、烟囱、检查孔、屋面变形缝的布置情况及其形状等。

3）索引符号。屋顶平面图中常使用索引符号表示详图的位置，如女儿墙、挑檐、屋面交接处等的大样图的位置。

图8-22（见书后插页）为某小区住宅楼的屋顶平面图，屋顶平面形状大致为一矩形，四周有挑檐。正中的屋脊线和东西两头的坡面线将屋面排水划分为四个区，为有组织排水。

东西两侧坡屋面的排水坡度为1∶0.74，分别向①轴和㉖轴处排水，檐沟内排水坡为1%，雨水管设在两个角上，并标注了详图索引符号，可查标准图集L01J202中第34页第2号详图。南北两侧坡屋面的排水方向垂直于屋脊线，雨水向南北侧挑檐内流，再流向雨水口。

屋面有一个上人孔，详见标准图集L01J202中第69页。有16个排风道出屋面，详细做法见标准图集L05J105中第12页。有8个太阳能管道出屋面，详见标准图集L01J202中第28页第1号详图。

另有南立面造型的半圆形平面轮廓线，楼梯间上方对应的屋顶带有女儿墙。

8.3.5 建筑立面图

1. 建筑立面图的图示方法

为了反映房屋的外形、高度，在与房屋立面平行的投影面上所作的房屋正投影图，称为建筑立面图，简称立面图。它主要是表示建筑物的外貌，反映了建筑各立面的造型、门窗形式和位置、各部分的标高、外墙面的装饰材料和做法。建筑立面图中的命名方式有以下三种：

1）按主要出入口或外貌特征命名。把反映房屋主要出入口或比较显著地反映房屋外貌特征的立面图，称为正立面图；其余的立面图相应地称为背立面图、左立面图、右立面图。

2）按房屋朝向来命名。站在南面观看建筑物所得的立面图，称为南立面图；其余的立面图称为北立面图、东立面图、西立面图。

3）按房屋首、尾定位轴线的编号来命名。按照观察者面向建筑物从左向右的轴线顺序命名，如①~⑩立面图或⑩~①立面图等。

图8-23所示为建筑立面图的投影方向和名称。

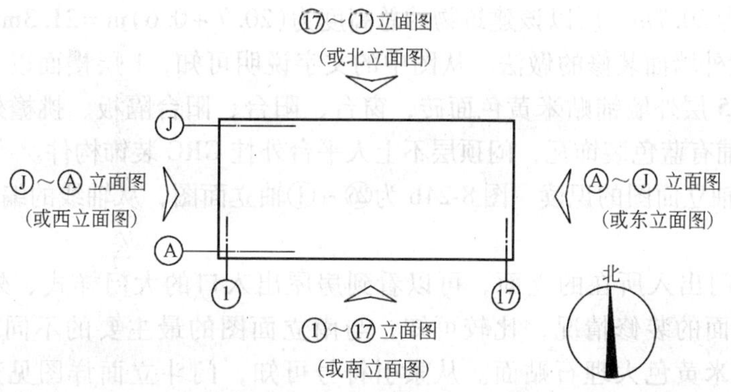

图8-23　建筑立面图的投影方向与名称

2. 建筑立面图的图示内容

建筑立面图一般表示如下内容：

1）图名、比例及立面两端的定位轴线及编号。

2）室外地面线、屋顶外形和外墙面的体型轮廓。通常用粗细不同的线型来表达房屋的外形、前后层次和立面上的凸出构件。

3）门窗的形式、位置与开启方向。门窗的形式、门窗扇的分格与开启符号，是用图例按实际情况表示的。同一型号的窗扇或门扇，其开启符号可以在一处画出。

4）外墙面上的其他构配件、装饰物的形状、位置、用料和做法；在图中画出或注写出立面上所能看得见的细部。如用图例表示台阶、雨篷、阳台、雨水管等的位置和形状；用文字说明建筑外墙、窗台、勒脚、檐口等墙面做法及饰面分格等。

5）标高及必须标注的局部尺寸。立面图上，一般只注写相对标高，不注写大小尺寸。通常需注写出室外地坪、出入口地面、台阶表面、勒脚、门窗洞的上下口、檐口、雨篷、屋顶水箱等处的标高。

6）详图索引符号和文字说明。

3. 立面图识读示例

下面以图 8-24 所示某小区住宅楼的立面图为例来说明立面图的识读方法。

（1）①~㉖轴立面图的识读

1）了解立面图的图名、比例。图 8-24a 为①~㉖轴立面图，从轴线的编号可知，该图是表示房屋南向的立面图。比例与平面图一样为 1∶100，以便对照阅读。

2）了解房屋的外貌和墙体细部构造等情况。从图 8-24a 中可以看到该房屋的整个外貌形状，也可了解该房屋的屋顶、门窗、雨篷、阳台、台阶等细部的形式和位置。该住宅楼为 6 层建筑，带闷顶层，屋面为坡屋面，南向的弧形造型增加了其美观效果。1~6 层，南卧室窗及起居室门的形式均相同，除 1 层外，2~6 层阳台的位置和栏杆形式也相同，1 层南阳台栏杆较矮，并有台阶通到室外地面。结合平面图，⑬~⑭轴线间变形缝直通屋面并在屋面断开。

3）了解房屋立面各部分的标高及高度关系。从图中看到，在立面图的右侧注有标高，从右侧所标注的标高可知，该房屋室外地坪标高为 -0.600，比室内 ±0.000 低 600mm，即室内外高差为 600mm。1~6 层层高为 2.8m。闷顶层楼面至屋顶最高处的垂直高度为 3.9m。相对标高以首层室内地面为零点，并分别给出了室外整平地面、各层楼面及建筑物顶部的高度。屋顶最高处为 20.7m，所以该建筑物的总高度为(20.7+0.6)m=21.3m。

4）了解房屋外墙面装修的做法。从图中的文字说明可知，1 层楼面以下外墙铺贴青灰色仿石面砖，2~5 层外墙铺贴米黄色面砖，窗台、阳台、阳台隔板、挑檐外侧等处均刷白色乳胶漆，屋面铺有蓝色装饰瓦，闷顶层不上人平台外挂 GRC 装饰构件。

（2）㉖~①轴立面图的识读　图 8-24b 为㉖~①轴立面图，从轴线的编号可知该图是表示房屋北立面图。

北立面是大门出入所在的立面，可以看到房屋出入口的大门样式、外墙上窗的形式和布置以及外墙面的装修情况，比较可知，与南立面图的最主要的不同之处是出入口。大门边外墙采用米黄色大理石贴面。从索引符号可知，门斗立面详图见建施 J-7 第 5 号详图。

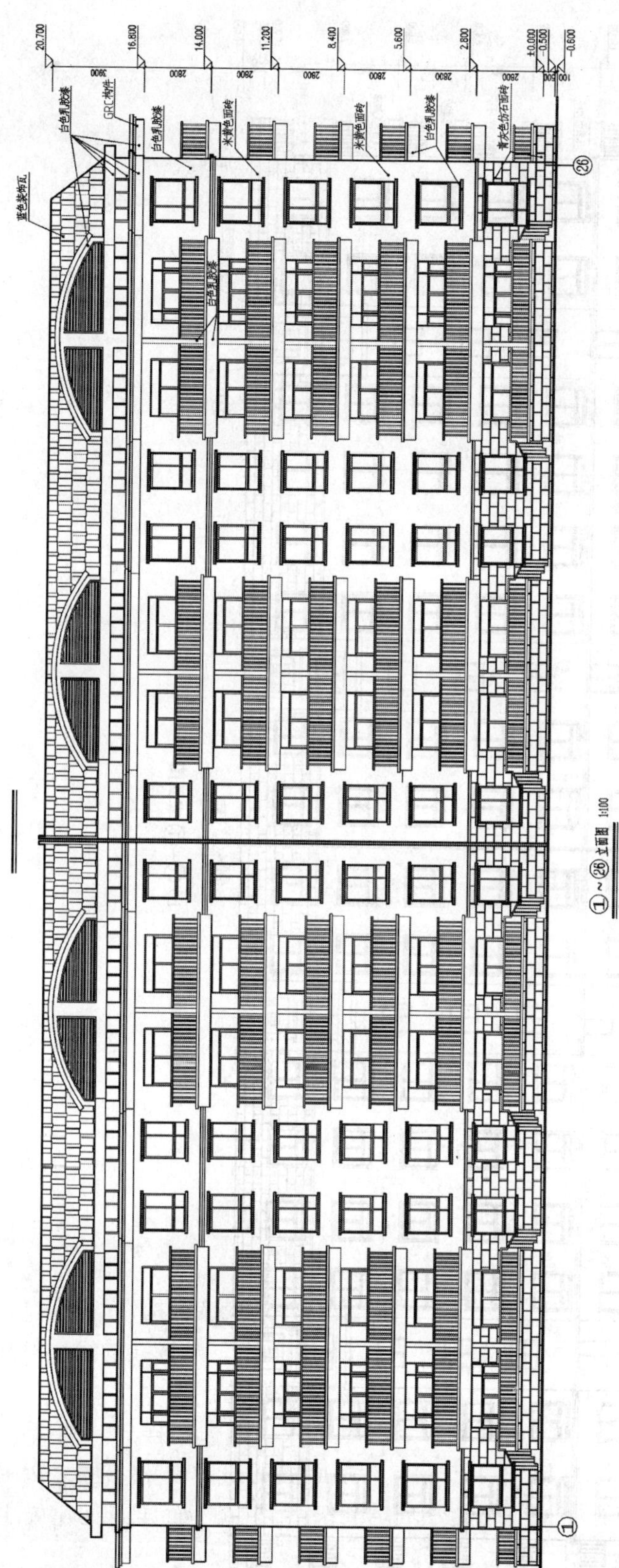

a）①~㉖立面图

图 8-24 建筑立面图

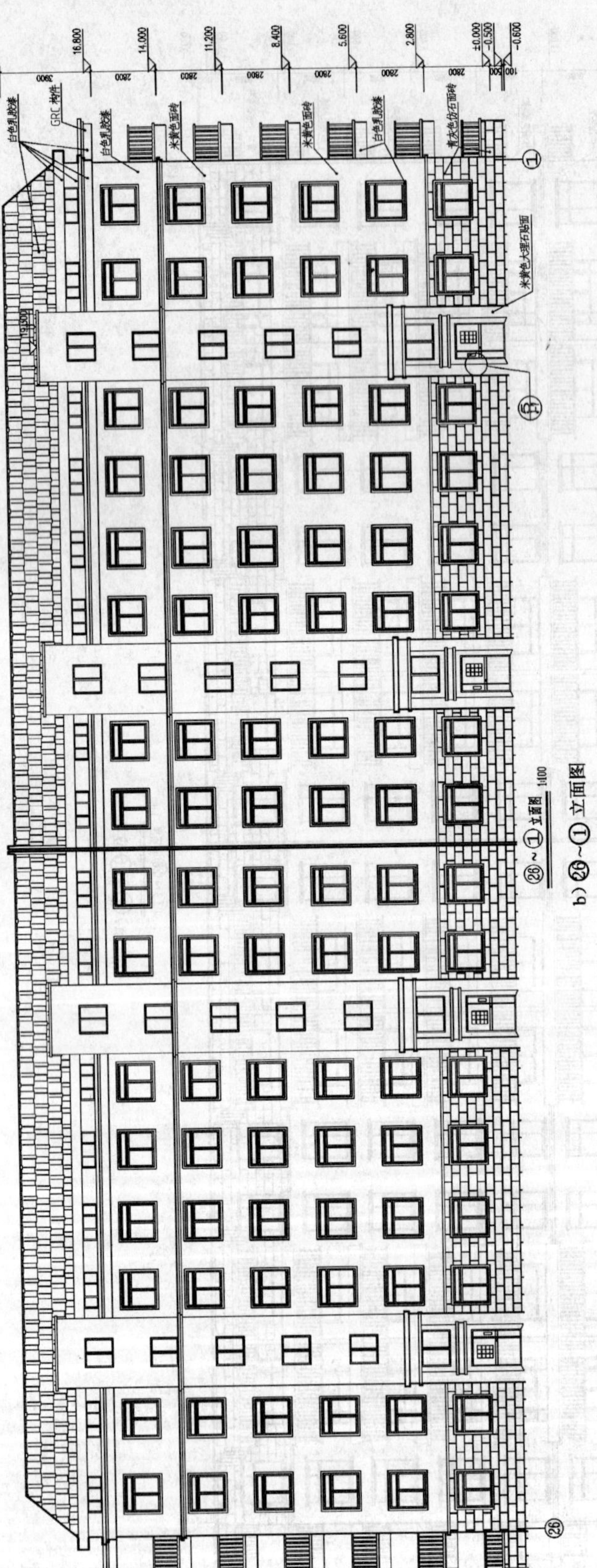

b) ㉖~① 立面图

图 8-24 建筑立面图(续)

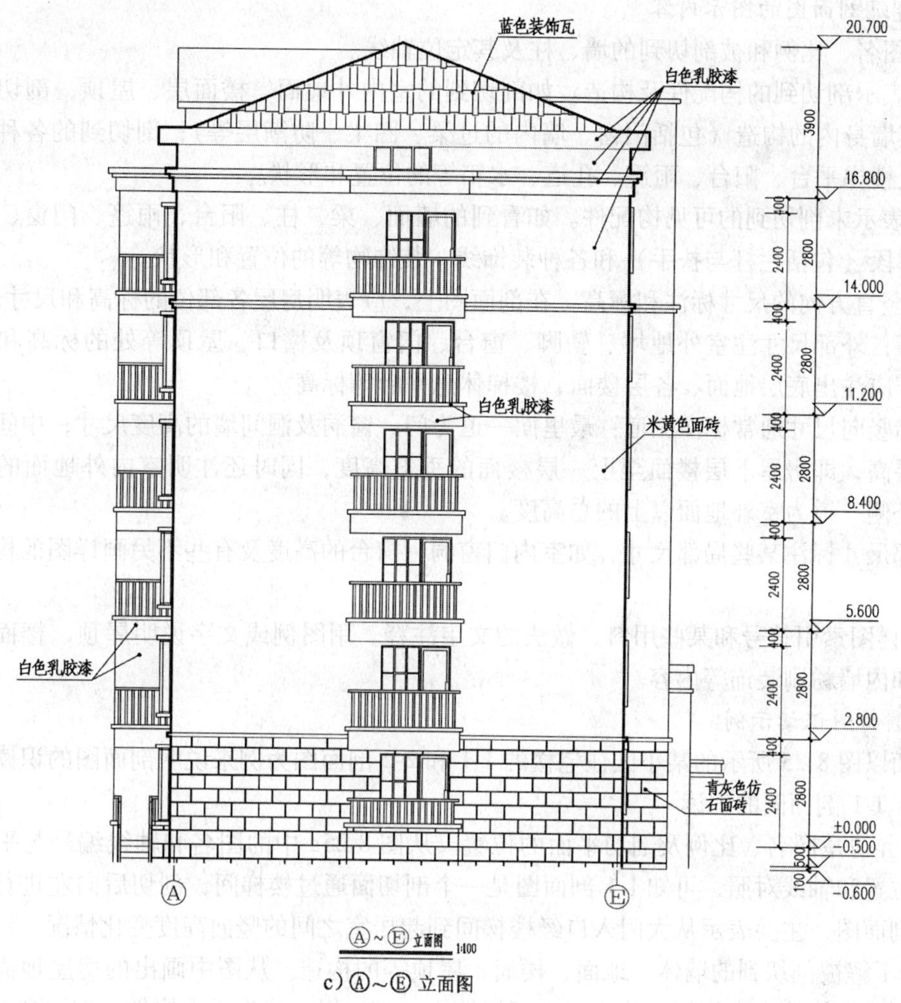

c）Ⓐ～Ⓔ立面图

图 8-24　建筑立面图（续）

（3）Ⓐ～Ⓔ立面图的识读　图 8-24c 为Ⓐ～Ⓔ立面图，从轴线的编号可知该图是表示房屋东立面图。即整个㉖轴外墙面的立面投影图。该立面图显示了南阳台、门头、窗的侧面投影和东阳台的立面投影。从标高标注来看，阳台底面标高比同一楼面标高低 400mm。

8.3.6 建筑剖面图

1. *建筑剖面图的图示方法*

假想用一个或多个铅垂剖切面，将房屋剖开，移去靠近观察者的部分，对留下部分作正投影所得到的正投影图，称为建筑剖面图，简称剖面图。建筑剖面图反映房屋内部的结构或构造形式、分层情况、各部位的联系、材料及其高度等。它与建筑平面图、立面图相结合，是建筑施工图中不可缺少的重要图样之一。

剖切面一般横向，即平行于侧面，必要时也可纵向，即平行于正面。其位置应选择能反映房屋全貌、构造特征及有代表性的部位剖切，一般应通过门窗洞口、楼梯间及主要出入口等位置。剖面图的名称应与平面图上所标注的剖切符号一致。

2. 建筑剖面图的图示内容

1）图名、比例和被剖切到的墙、柱及其定位轴线。

2）表示剖切到的构配件及构造。如剖切到的室内外地面、楼面层、屋顶，剖切到的内外墙及其墙身内的构造（包括门窗、墙内的过梁、圈梁、防潮层等）；剖切到的各种梁、楼梯梯段及楼梯平台、阳台、雨篷、孔道、水箱等的位置和形状。

3）表示未剖切到的可见构配件。如看到的墙面、梁、柱、阳台、雨篷、门窗、未剖切到的楼梯段（包括栏杆与扶手）和各种装饰线、装饰物等的位置和形状。

4）竖直方向的尺寸标注和标高。在剖面图上，应表明房屋各部位的标高和尺寸。

标高：外部尺寸注室外地坪、勒脚、窗台、门窗顶及檐口、屋顶等处的标高和大小尺寸。内部应注出底层地面、各层楼面、楼梯休息平台等标高。

外墙竖向尺寸通常标注三道：最里面一道为门、窗洞及洞间墙的高度尺寸；中间一道是各层的层高，即房屋下层楼面至上一层楼面的垂直高度，同时还注明室内外地面的高差尺寸；最外侧一道为室外地面以上的总高度。

内部尺寸标注某些局部尺寸，如室内门窗洞、窗台的高度及有些不另画详图的构配件尺寸。

5）详图索引符号和某些用料、做法的文字注释。用图例或文字说明屋顶、楼面、地面的构造和内墙粉刷装饰等内容。

3. 剖面图识读示例

下面以图 8-25 所示的某小区住宅楼的 1-1 和 2-2 剖面图为例来说明剖面图的识读方法。

（1）1-1 剖面图的识读

1）弄清楚图名、比例及剖切平面的位置。从图 8-25a 中的图名和轴线编号与平面图上的剖切位置和轴线对照，可知 1-1 剖面图是一个剖切面通过楼梯间，剖切后向左进行投影所得的横剖面图，主要表示从大门入口经楼梯间到起居室之间的竖向高度变化情况。

2）了解被剖切到的墙体、地面、楼面、屋顶等的构造。从图中画出的房屋地面至屋顶的结构形式和构造内容可知，此房屋为框架结构，梁、板、柱为承重构件，剖切到的梁、板截面均涂黑表示，未剖切到的柱子用轮廓线表示。地面、楼面、屋面的具体做法未在图中表示，另有详图。图中坡屋顶的屋面坡度为 1∶2. 49。

3）了解楼梯的形式和构造。从 1-1 剖面图中可以大致了解楼梯的形式和构造。该楼梯为平行双跑式，每层有 2 个梯段，2 层以上梯段各有 9 个踏步，1 层为不等跑楼梯，分别为 12 个踏步和 6 个踏步。楼梯梯段为板式楼梯，其休息平台和楼梯均为现浇钢筋混凝土结构。

4）了解房屋各部位的尺寸和标高情况。1-1 剖面图左侧和右侧都作了尺寸标注。

左侧第一道尺寸标注的是Ⓐ轴外墙上阳台推拉门的门洞高度 2400mm，洞口上皮至上一层楼面的高度 400mm。第二道尺寸标注的是层高，为 2. 800m。最外侧标注了各楼面的标高，如 2 层楼面标高为 2. 800m，3 层楼面标高为 5. 800m，等。另外还可看到阳台栏杆的高度为 850mm，1 层为 550mm。

右侧第一道尺寸标注的是门窗洞的高度，如入口大门的高度为 2100mm，门洞上皮到休息平台板面的高度为 300mm，窗洞高度为 1200mm，窗洞上皮到休息平台面的高度为 200mm。第二道尺寸标注的是楼地面到楼梯平台面的高度和踏步数，如“1400mm，9 等分”。最外侧标注的主要是室内外地面标高、楼梯平台面的标高、女儿墙顶的标高和屋顶最高处的标高。从中可以看到，室外地面标高是 -0. 600m，经 100mm 高度的坡道进到楼梯间，入口处楼梯间地面标高为 -0.500m，迈上三步台阶是底层地面 ±0.000。往上依次为楼梯平台的标高，如一二层之间为 1.900m，二三层之间为 4.300m，等。女儿墙顶的标高为 19.300m，屋顶最高处的标高为 20.7m。

图中还标注了Ⓒ轴墙上的卫生间窗洞离楼地面的高度 1800mm 和窗洞高度 600mm。

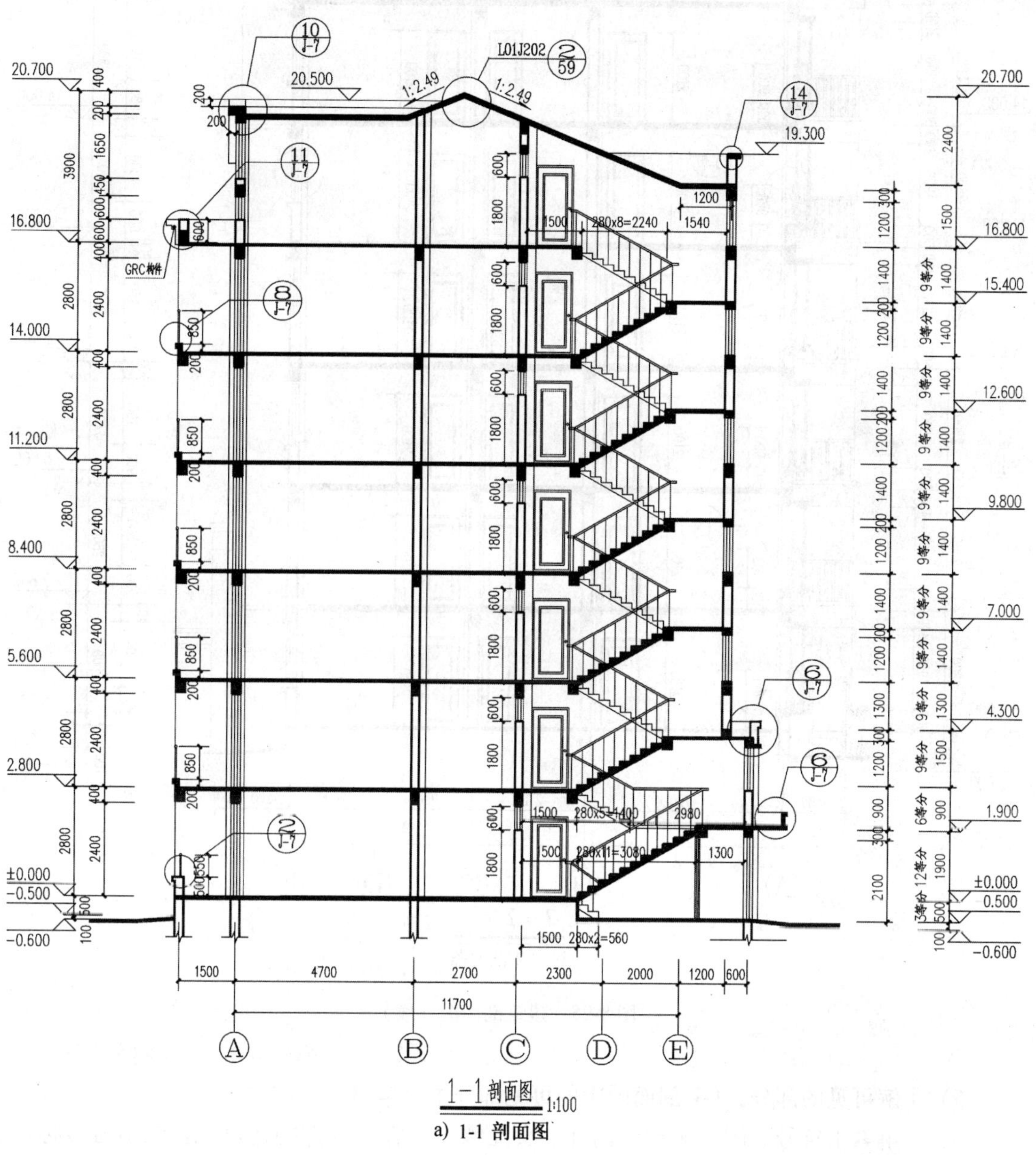

a) 1-1 剖面图

图 8-25　建筑剖面图

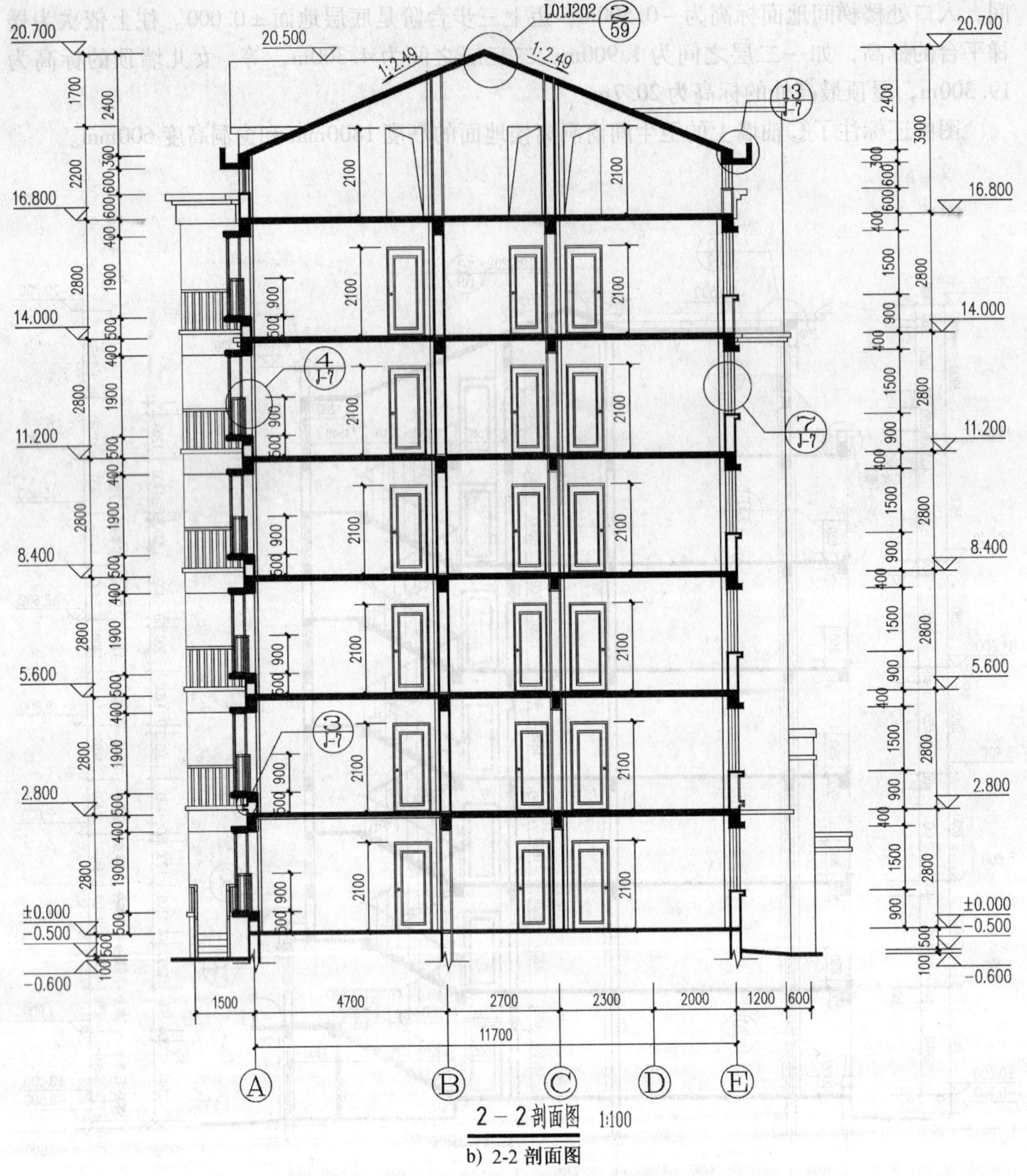

b) 2-2 剖面图

图 8-25　建筑剖面图（续）

5）了解可见的部分，1-1 剖面图中的可见部分主要是门。

6）了解索引符号。图中阳台、门斗、女儿墙、屋脊等细部构造可根据索引符号标注，查阅标准图集或建施 J-7。

（2）2-2 剖面图的识读　从底层平面图中 2-2 剖切线的位置可知 2-2 剖面图是从⑥～⑦轴线之间作的剖面图。该剖面图主要表示北卧室经餐厅到南卧室之间的竖向高度变化情况。

2-2 剖面图左侧和右侧都作了尺寸标注。左侧第一道尺寸标注的是Ⓐ轴外墙上南卧室凸窗的窗洞高度 1900mm，窗台高 500mm，窗洞口上皮至上一层楼面的高度 400mm。第二道尺寸标注的是层高，为 2. 800m。最外侧标注了各楼面的标高。

右侧第一道尺寸标注的是Ⓔ轴外墙上北卧室窗的窗洞高度 1500mm，窗台高 900mm，窗洞口上皮至上一层楼面的高度 400mm。第二道尺寸标注的是层高，为 2. 800m。最外侧标注了各楼面的标高。

室内标注了可看到的卧室门和卫生间门的高度，为 2100mm。另外，图中腰线、凸窗、屋面挑檐等细部构造可根据索引符号标注，查阅标准图集或建施 J-7。

8. 3. 7 建筑详图

由于建筑平面图、立面图、剖面图主要表达全局性的内容，绘制时所用的比例较小，建筑物上的许多细部构造或构配件的形状等难以表达清楚。为了满足施工的需要，必须另外绘制比例较大的图样，将房屋的细部或某些建筑构、配件的形状、尺寸、材料、做法详细表达出来，这样的图称为建筑详图，简称详图。建筑详图一般应表达出构配件的详细构造，所用的各种材料及其规格，各部分的连接方法和相对位置关系；各部位、各细部的详细尺寸，包括需要标注的标高、有关施工要求和做法的说明等。

详图的特点，一是比例较大，常用的比例有 1∶20、1∶10、1∶5、1∶2、1∶1 等；二是图示详尽、清楚；三是尺寸标注齐全。

建筑详图包括的图样一般有局部构造详图，如楼梯详图、墙身详图等；构件详图，如门窗详图、阳台详图等；装饰构造详图，如墙裙构造详图等。详图数量的选择，与房屋的复杂程度及平面图、立面图、剖面图的内容及比例有关。对于套用标准图或通用图的建筑构配件和节点，只需注明所套用图集的名称、型号、页次，可不必另画详图。

为了便于看图，弄清楚各视图之间的关系，详图必须绘出详图符号，应与被索引的图样上的详图索引符号相对应。同时，建筑详图必须加注图名，在详图符号的右下侧注写比例。

1. 外墙身详图

外墙身详图也叫外墙大样图，是将墙体从上至下作一剖切后，画出外墙剖面图的局部放大图样，如图 8-26 所示。主要表示外墙与地面、楼面、屋面的构造连接情况和檐口、门窗顶、窗台、踢脚、防潮层、散水、明沟的尺寸、材料、做法等构造情况。

墙身详图根据需要可以画出若干个，以表示房屋不同部位的不同构造内容。

外墙身详图与建筑平面图配合使用，是砌墙、室内外装修、门窗安装、编制施工预算以及材料估算等的重要依据。

（1）外墙身详图的图示内容　外墙身详图一般采用 1∶50 的比例绘制，在多层房屋中，各层的构造情况基本相同，因此可只画出底层、中间层及顶层，分别表示墙脚、中间部分和檐口三个节点。为节省图幅，外墙身详图可从门窗洞中间折断，化为几个节点详图的组合。门窗一般采用标准图集，为了简化通常采用省略画法。

1）墙脚。外墙墙脚指的是一层窗台及其以下部分，包括散水（或明沟）、防潮层、勒脚、一层地面、踢脚等部分的形状、大小材料及其构造情况。

2）中间部分。主要表示楼板层、门窗过梁、圈梁的形状、大小材料及其构造情况，此外，还应表示出楼板与外墙的关系。

3）檐口。主要表示屋顶、檐口、女儿墙、屋顶圈梁的形状、大小、材料及其构造情况。

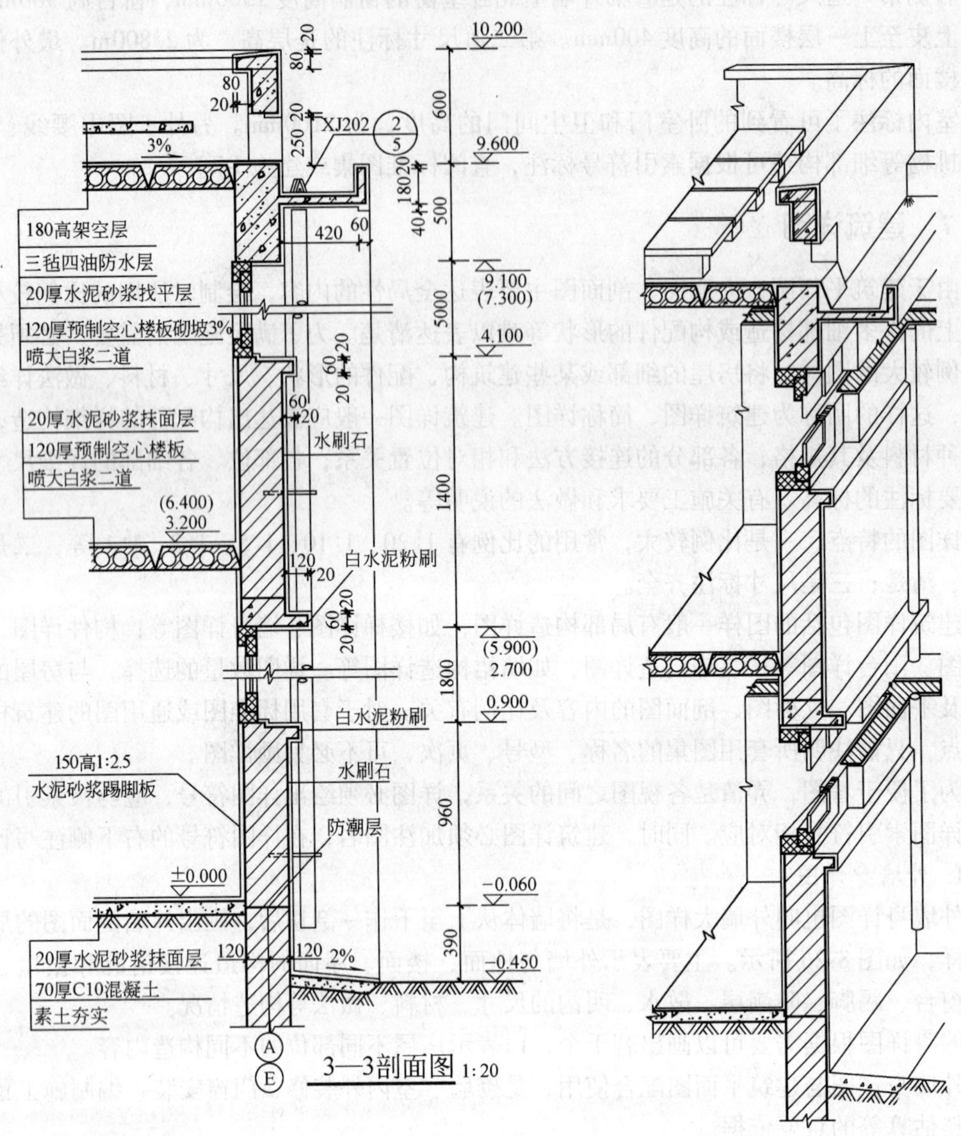

图 8-26 外墙身详图

（2）外墙身详图的识读 现以图 8-27 所示的外墙身详图为例，说明建筑详图的识读方法。

1）看图名和比例。根据图 8-25 剖面图的索引符号和详图的图名，可知该详图的剖切位置是通过阳台处的Ⓐ轴外墙的墙身剖面详图。比例是 1∶50。

2）看底层阳台剖面部分。从图 8-27 中可看到室外地面和室内地面的标高标注，阳台面比楼地面低 20mm。底层阳台栏杆宽 240mm，高 500mm。压头宽 80mm，高 100mm，顶面抹出 3% 的坡度。阳台护栏高 550mm，护栏与阳台栏杆连接处的细部构造见图 8-28 1 层阳台大样图。从图 8-28 中可以看到阳台栏杆采用了直径为 30mm 的钢管，间距为 180mm。栏杆把手采用直径为 60mm 的钢管。栏杆支座处细部构造见标准图集《屋面》（L01J202）。阳台栏杆和地面外包保温材料，详见图集《居住建筑保温构造详图》（L06J113）。

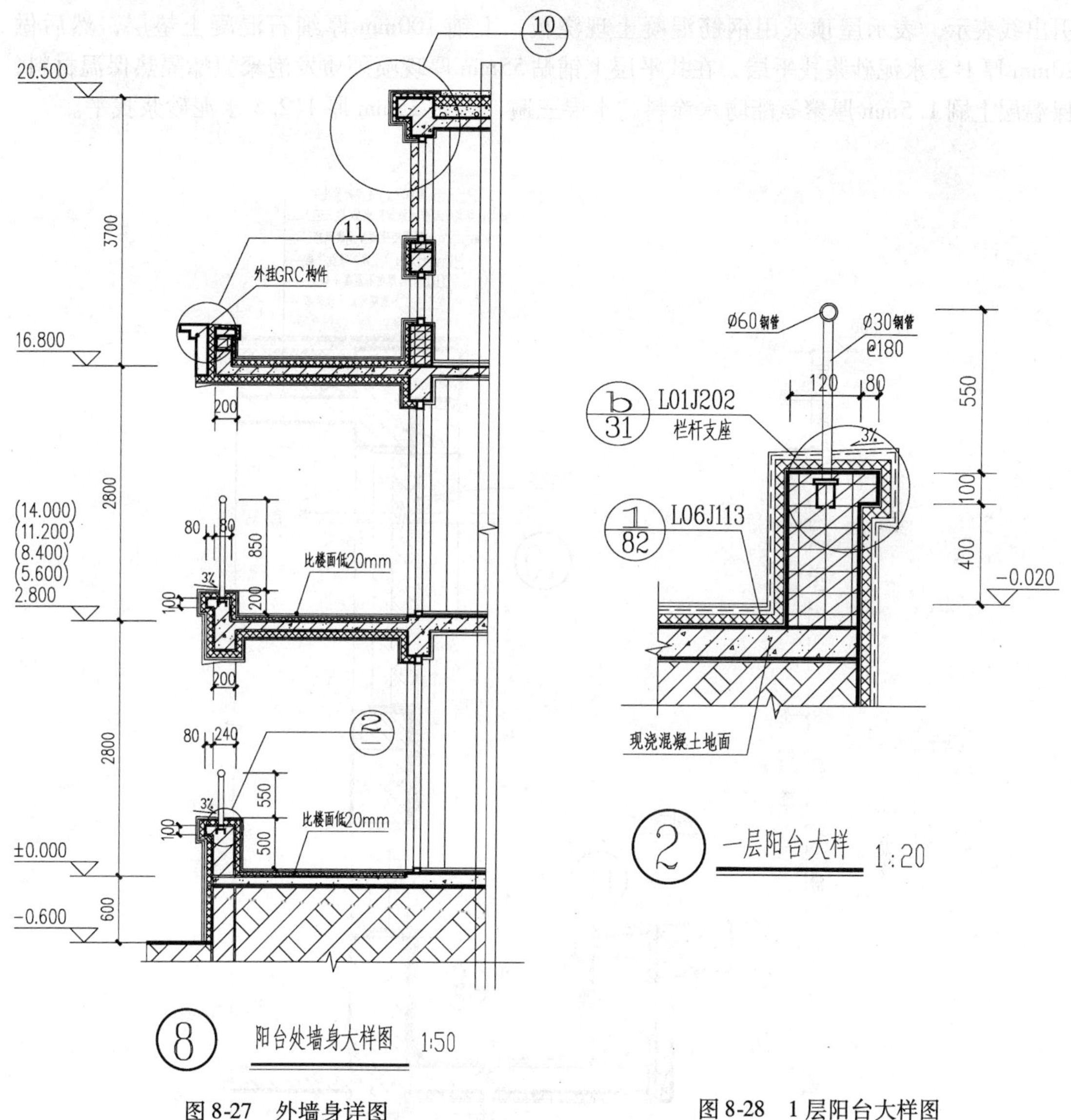

图 8-27　外墙身详图　　　图 8-28　1 层阳台大样图

3）看中间阳台剖面部分。从图 8-27 中可看到与底层阳台不同的是中间阳台栏杆宽 80mm，高 200mm，阳台护栏高 850mm。从图中的楼面标高 2. 800、5. 600、8. 400、11. 200 和 14. 000，可知 2 ~6 层的阳台构造相同。

4）看南向屋顶立面造型部分。楼面标高 16. 8m 处为阁顶层不上人平台剖面，标高 20. 5m 处为屋檐处剖面，两处均通过索引符号查找详图⑩和⑪，如图 8-29 所示。从详图⑪可以看出，阁顶层不上人平台外挂 GRC 构件，用钢钉钉在平台外侧围护矮墙上，围护栏杆比阳台地面高出 600mm，上有混凝土压顶，坡度为 3%。平台面做有防水层，其详细做法见图集 L01J202 第 13 页的①详图。查阅该图集可知防水做法为：在保温层上面铺设找平层，找平层上面铺设防水层。在平台面与平台护栏交接处，还铺有附加防水层。防水层收头处分别压入墙内，并用密封材料压住。详图⑩为南向屋顶造型处剖面详图，可看到造型底部小窗高 600mm，上有混凝土梁，造型为绿色格栅，高 1650mm。造型上部屋顶构造采用多层构造引出线表示，表示屋顶采用钢筋混凝土现浇板，上铺 100mm 厚细石混凝土垫层，然后做 20mm 厚 1∶3 水泥砂浆找平层，在找平层上铺贴 55mm 厚现喷硬质发泡聚氨酯隔热保温材料，保温层上刷 1.5mm 厚聚氨酯防水涂料防水层三遍，再做 25mm 厚 1∶2.5 水泥砂浆找平。

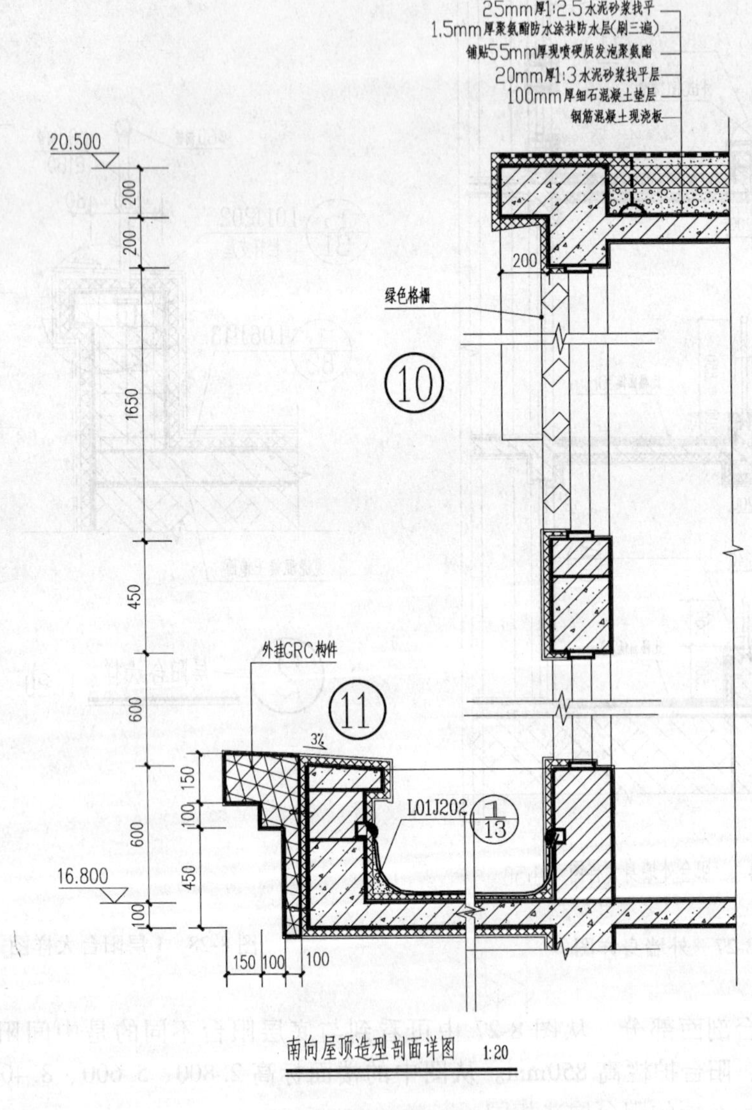

图 8-29　南向屋顶造型剖面详图

2. 楼梯详图

楼梯是多层房屋上下交通的主要设施，由楼梯段（简称梯段，包括踏步或斜梁）、休息平台、栏杆与扶手等组成。梯段是联系两个不同标高平面的倾斜构件，上面做有踏步，踏步的水平面称踏面，垂直面称踢面；休息平台起休息和转换行走方向的作用；栏杆和扶手起保证楼梯交通安全的作用。

目前最常用的楼梯是钢筋混凝土楼梯，结构形式分为板式和梁板式。楼梯按平面形式不同，可分为单跑楼梯、双跑楼梯、三跑楼梯、螺旋楼梯、弧形楼梯、剪刀楼梯等。

由于楼梯构造比较复杂，一般需要绘制楼梯详图。楼梯详图主要表示楼梯的布置类型、结构形式以及踏步、栏杆扶手、防滑条等的详细构造、尺寸和装修做法，是楼梯施工放样的重要依据。楼梯详图一般包括楼梯平面图、楼梯剖面图及楼梯踏步、栏杆、扶手等节点详图。平面图、剖面图的比例一般一致，便于对照阅读。踏步、栏杆详图比例要大一些，以便表达清楚该部分的构造情况。楼梯详图一般分建筑详图与结构详图，并分别绘制、编入“建施”和“结施”中。但对一些构造和装修较简单的现浇钢筋混凝土楼梯，其建筑详图和结构详图可合并绘制，编入“建施”和“结施”均可。

（1）楼梯平面图　楼梯平面图实际是水平剖面图，在略高于窗台上方处作水平剖切然后向下投影而成，如图 8-30 所示。

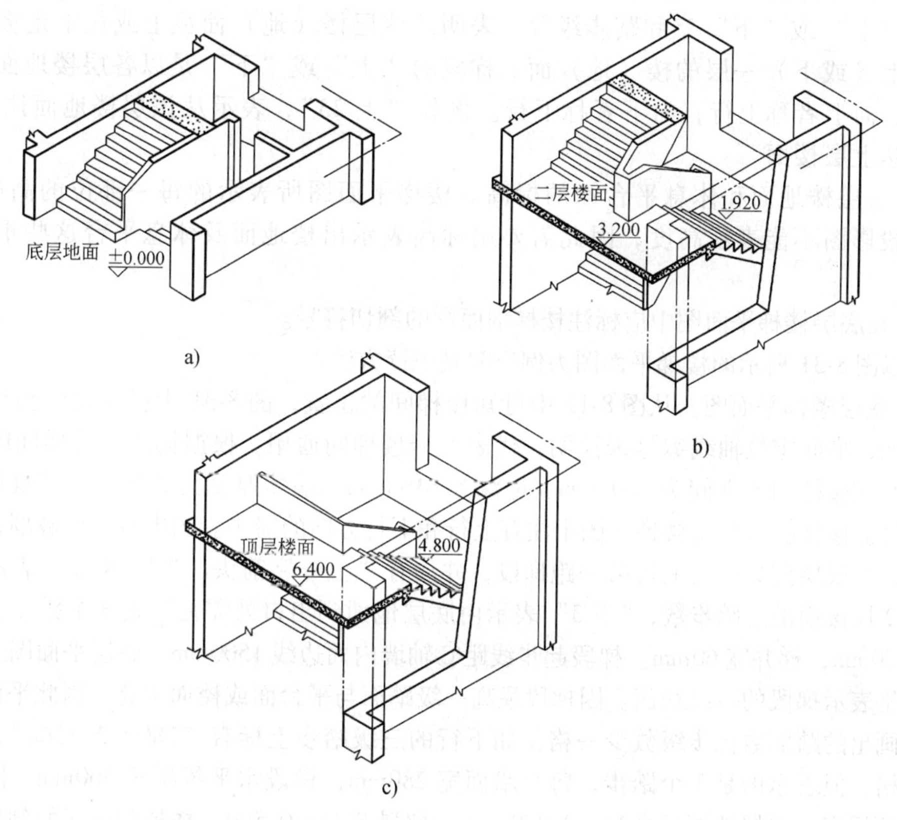

图 8-30　楼梯平面图
a）底层平面　b）2 层平面　c）顶层平面

建筑物中各层楼梯的布置和构造等情况不一定相同，为此每一层都要画出它们的平面图。对于相同的各层楼梯平面（仅标高不同）可用一个标准层平面图表示，因此3层以上的房屋，只需要用底层、中间层和顶层3个平面图表示即可。

楼梯平面图的剖切位置按规定设在该层往上走的第一梯段（休息平台下）的任一位置处。各层被剖切到的梯段，按“国标”规定，均在平面图中用一条45°折断线表示。

识读楼梯平面图时应了解如下内容：

1）楼梯或楼梯间在建筑物中的平面位置及定位轴线的布置。楼梯平面图的轴线编号必须与建筑平面图中表示的楼梯间的轴线编号相同，若不标编号，则表示通用。

2）楼梯间、楼梯段、楼梯井和休息平台等的平面形式、尺寸，楼梯踏步宽度和踏步数。楼梯平面图中的尺寸一般有楼梯间的开间尺寸、进深尺寸、平台宽度尺寸、梯段与梯井宽度尺寸、梯段的踏面数×踏面宽＝梯段长度的三者合并尺寸，以及楼梯栏杆扶手的位置尺寸。梯段长度尺寸与踏面数、踏面宽的尺寸通常合并写在一起。如11×260mm＝2860mm，表示该梯段有11个踏面，每一踏面宽为260mm，整跑梯段的水平投影长度为2860mm。

3）楼梯间处的墙、柱、门窗平面位置及尺寸。

4）楼梯的走向、栏杆设置及楼梯上下起步的位置。在每一梯段处画有一长箭头，并注写“上”或“下”字和踏步级数，表明从该层楼（地）面往上或往下走多少步级可达到上（或下）一层的楼（地）面。梯段的“上”或“下”是以各层楼地面为基准标注的，向上者称上行，向下者称下行。例如“上23”，表示从该层楼地面往上走23级可到达上层楼面。

5）各层楼地面和休息平台面的标高。楼梯平面图所表示的每一部位的高度不同，而水平投影图不能表示高度，因此需要用标高表示出楼地面及休息平台这些重要部位的高度。

6）在底层楼梯平面图中应标注楼梯剖面图的剖切符号。

现以图8-31所示的楼梯平面图为例说明其识读方法。

1）底层楼梯平面图。从图8-19中可知楼梯间的位置，图8-31中纵向定位轴线的编号为Ⓒ和Ⓔ，横向定位轴线编号未注明，代表4个楼梯间通用。根据标出的楼梯间的轴线尺寸，可知该楼梯间的开间为2600mm，进深为6100mm，墙体厚度为240mm，楼梯间共有6根框架柱。该楼梯为双跑楼梯，图中注有上行和下行方向的箭头。图中有一个被剖切的梯段及栏杆，为底层到2层的上行第一跑梯段，并注有“上”字箭头。“上18步”表示由底层地面到2层楼面的总踏步数，“下3”表示由底层地面到出口处需往下走3个踏步。每个梯段宽1170mm，梯井宽60mm。梯段起步线距Ⓒ轴墙内面边线1500mm。各层平面图上所画的每一分格表示梯段的一级踏面。因梯段最高一级踏面与平台面或楼面重合，因此平面图中每一梯段画出的踏面数比步级数少一格。如下行的三级踏步上标有“280×2＝560”，在图中只画2格，但表示的是3个踏步，每个踏面宽280mm，梯段水平投影长560mm。图中还注明了地面标高，首层地面标高为±0.000，下三级踏步为－0.500。楼梯剖面图的剖切符号为“1-1”。

另外，还可看到距Ⓔ轴1800mm处为入口大门，宽度为1500mm；住宅大门为M1，大门的位置和开启方向，大门宽1000mm。1层梯段下的空间为水表间，水表间开间为1210mm，隔墙宽120mm，门宽800mm。Ⓒ轴上为卫生间的窗C3，宽700mm。

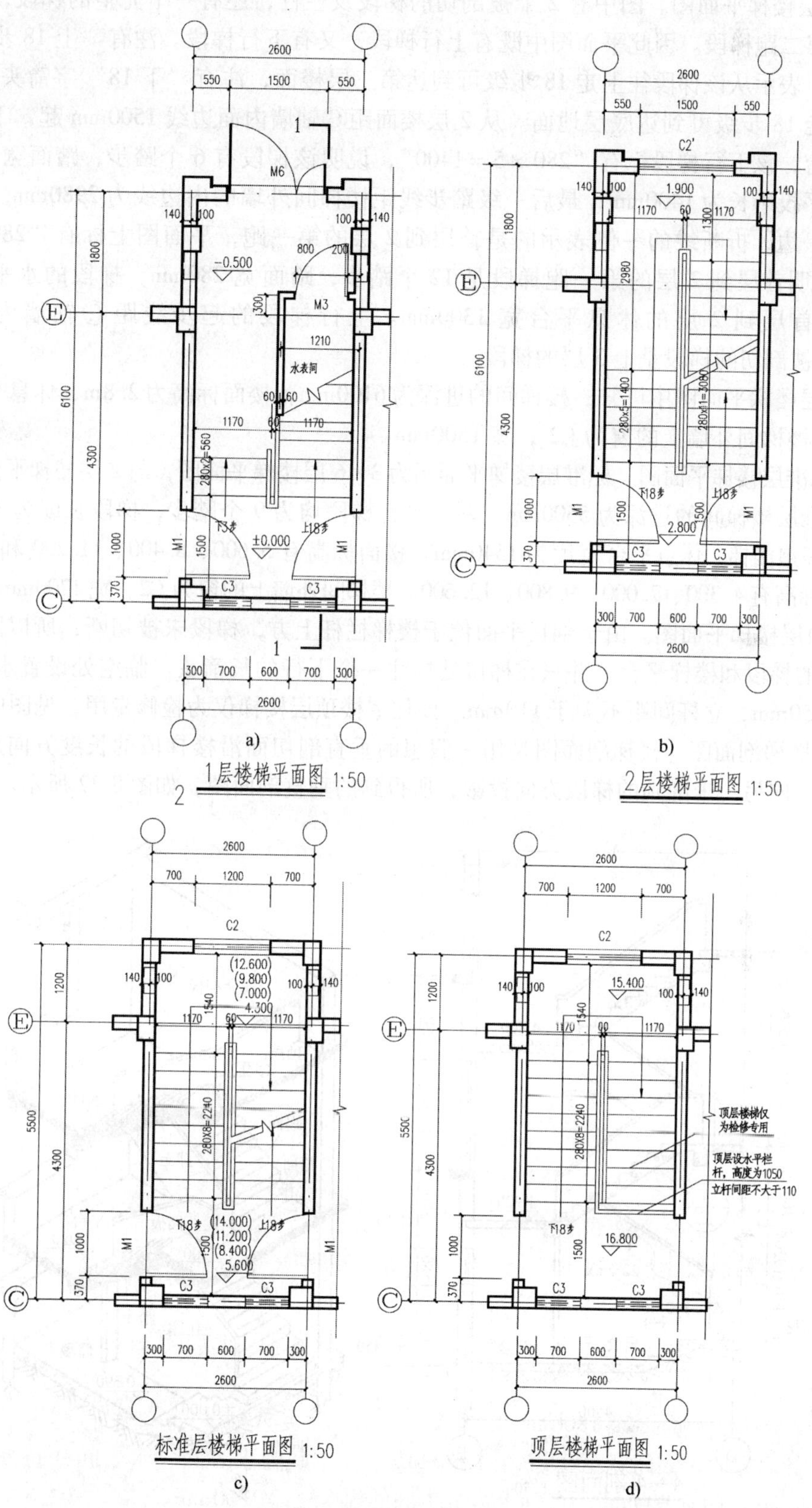

水表间
a)
1层楼梯平面图 1:50
b)
2层楼梯平面图 1:50
顶层楼梯仅为检修专用
顶层设水平栏杆，高度为1050
立杆间距不大于110
标准层楼梯平面图 1:50
c)
顶层楼梯平面图 1:50
d)

图 8-31　楼梯平面图

2）2 层楼梯平面图。图中有 2 个被剖切的梯段及栏杆，还有一个完整的梯段，即首层到 2 层的第二跑梯段。因此平面图中既有上行梯段，又有下行梯段。注有“上 18 步”字箭头的一端，表示从该梯段往上走 18 步级可到达第三层楼面，注有“下 18”字箭头的一端，表示往下走 18 步级可到达底层地面。从 2 层楼面距Ⓒ轴墙内面边线 1500mm 起，下第二跑至休息平台，该下行梯段标有“280 ×5 =1400”，说明该梯段有 6 个踏步，踏面宽 280mm，梯段的水平投影长为 1400mm，最后一级踏步线距楼梯间外墙的内边线为 2980mm。在画有折断线的一边，折断线的一侧表示的是首层到 2 层的第一跑，平面图上标有“280 ×11 = 3080”，说明首层到 2 层的第一跑梯段是 12 个踏步，踏面宽 280mm，梯段的水平投影长 3080mm。首层到 2 层的休息平台宽 1300mm。上行梯段的起步线距Ⓒ轴墙内面边线 1500mm，被剖切的梯段是上 3 层的梯段。

从 2 层楼梯平面图中可知，楼梯间的进深为 6100mm，楼面标高为 2. 8m，休息平台标高为 1. 9m。楼梯间外墙上的窗为 C2′，宽 1500mm。

3）标准层楼梯平面图。标准层楼梯平面图为 3 ~6 层楼梯平面图，与 2 层楼梯平面图不同的是：标准层楼梯间的进深为 5500mm。两个平行梯段均为 9 个踏步，梯段长度为 8 ×280 = 2240，为等跑楼梯，休息平台宽度为 1540mm。楼面标高有 5. 600、8. 400、11. 200 和 14. 00m，休息平台标高有 4. 300、7. 000、9. 800、12. 600。楼梯间外墙上的窗为 C2，宽 1200mm。

4）顶层楼梯平面图。由于剖切平面位于楼梯栏杆上方，梯段未被切断，所以图中画有两段完整的梯段和楼梯平台，并只在梯口处标注一个下行的长箭头。临空处设置水平栏杆，高度为 1050mm，立杆间距不大于 110mm。该住宅楼顶层楼梯仅为检修专用，见图中标注。

（2）楼梯剖面图　楼梯剖面图是用一假想的垂直剖切面沿楼梯段的长度方向从上至下作剖切后，向另一未剖到的梯段方向投影，所得到的垂直剖面图，如图 8-32 所示。

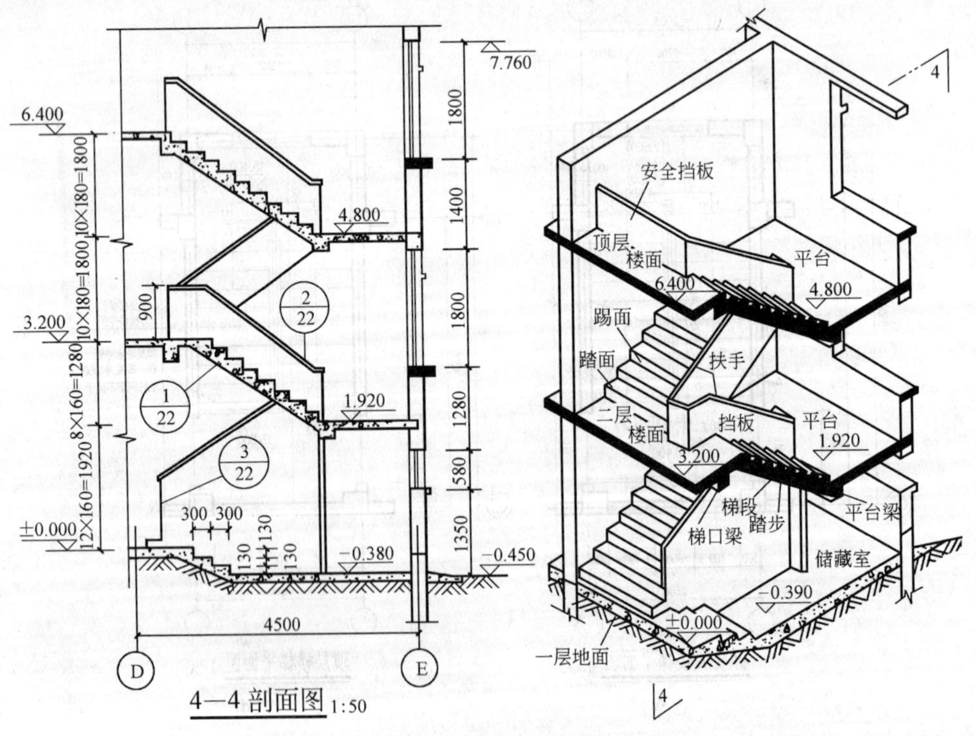

图 8-32　楼梯剖面图的形成

楼梯剖面图能清楚地表明楼梯梯段的结构形式、踏步的踏面宽、踢面高、级数以及楼地面、楼梯平台、墙身、栏杆、栏板等构造做法及其相对位置。在楼梯剖面图中不仅要包含被剖切到的楼梯段，还要有未被剖切到的楼梯段的投影。在多层建筑中，若中间层楼梯完全相同时，可只画出底层、中间层、顶层的剖面图，在中间层处用折断线符号分开，并在中间层的楼面和楼梯平台面上注写适用于其他中间层楼面的标高。若楼梯间的屋面构造做法没有特殊之处，一般不再画出。

识读楼梯剖面图时应了解如下内容：

1）图名与比例。楼梯剖面图的图名与楼梯底层平面图中的剖切编号相同，比例也与楼梯平面图的比例相一致。

2）楼梯的结构类型和形式。钢筋混凝土楼梯有现浇和预制两种；从楼梯段的受力形式又可分为板式和梁板式。

3）楼梯在竖向和进深方向的有关标高、尺寸。

4）楼梯间墙身的轴线编号、轴线间距尺寸及墙柱结构与楼梯结构的连接。

5）梯段、平台、栏杆、扶手等构造情况和用料说明。

6）踏步的宽度、高度及栏杆的高度。

7）详图索引符号，了解需另画详图的部位。

现以图 8-33 所示楼梯剖面图为例说明其识读方法。从图 8-31 中底层楼梯平面图的剖切

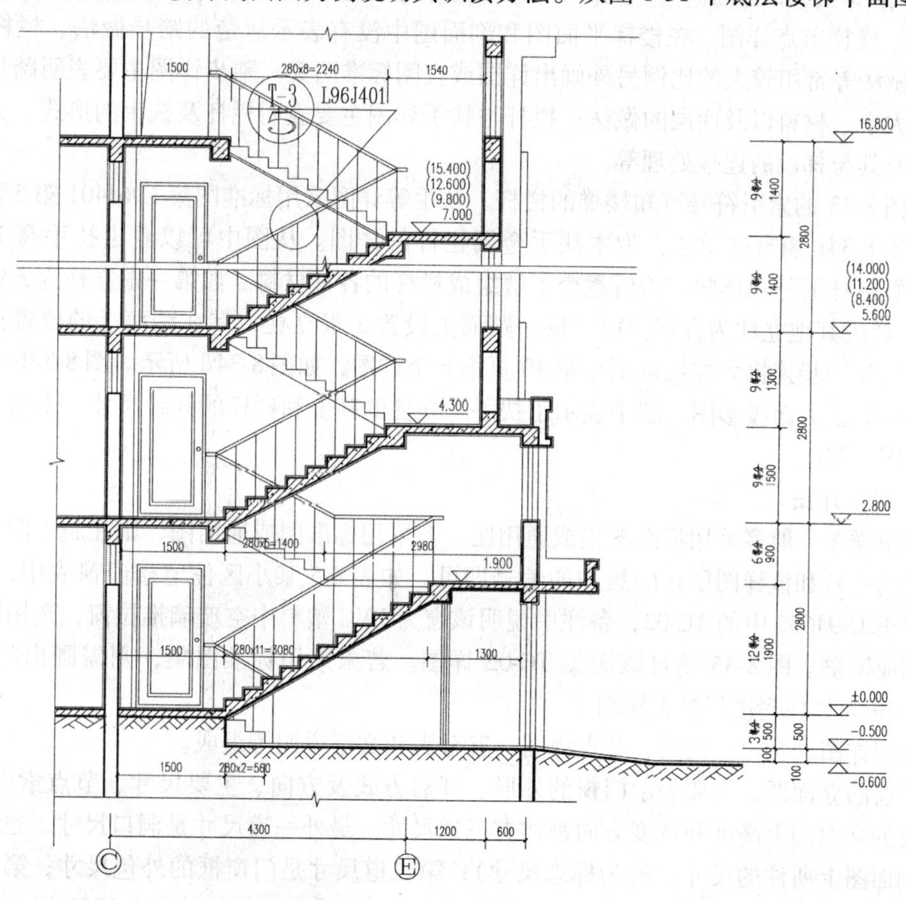

1-1 剖面图 1:50

图 8-33　楼梯剖面图

符号知，该楼梯剖面图剖切到第一跑，向第二跑投影。剖切到的楼梯踏步及梁、板用粗实线表示，看到的部分用细实线表示。

1）了解楼梯的构造形式。从图中可知，该楼梯现浇钢筋混凝土板式楼梯，双跑式。

2）了解轴线编号、楼梯在竖向和进深方向的有关尺寸。楼梯剖面图的编号和进深尺寸与平面图的相同。从楼层标高和定位轴线间的距离可知，该楼层高2800mm，进深一二层为6100mm，以上楼层为5500mm。

3）了解楼梯段、平台、栏杆、扶手等的构造和用料说明。

4）了解踏步级数、梯段和栏杆的高度尺寸。被剖梯段的和未剖梯段的踏步级数，可从图上看出。如底层至2层楼梯的第一跑有12个踏步，每个踢面高约158mm，一层休息平台的高度不在楼层高度的一半，其标高为1.900m，整跑梯段的垂直高度为1900mm。第二跑为6步，踢面高150mm。2～3层楼梯的第一跑有9个踏步，每个踢面高约167mm，2层休息平台的高度不在楼层高度的一半，其标高为4.300m，该跑梯段的垂直高度为1500mm。第二跑为9步，踢面高约144mm。其他楼层每跑均为9步，休息平台均在楼层高度的中间，楼面到平台之距均为1400mm。

5）了解图中的索引符号。从图中的索引符号可知，楼梯扶手和栏杆需查阅标准图集L96J401第5页T-3详图。

（3）楼梯节点详图　在楼梯平面图和剖面图中没有表示清楚的踏步做法、栏杆或栏板及扶手做法等常用较大的比例另外画出详图或查阅标准图集。踏步详图主要表明踏步的截面形状、大小、材料以及面层的做法；栏杆与扶手详图主要表明栏杆及扶手的形式、大小、所用材料及其与梯段的连接处理等。

从图8-33的索引符号可知楼梯的栏杆、扶手等详图采用标准图集L96J401第5页T-3的做法，图8-34a摘自该做法，为木扶手金属栏杆的详图。从图中可以看出扶手高1000mm，还可了解栏杆的外观形状，然后逐个了解组成栏杆的各种材料。如第一根立柱为方钢，边长25mm，梯段其他立柱为方钢□18。每一踏面上设置2根立柱，其在踏面上的位置见图中标注。栏杆与踏步连接大样见该图集第40页第6个详图，如图8-34d所示。图8-34b表示的是水平栏杆的正立面投影图，图中表示了扶手、立柱的高度和栏杆的间距尺寸。木扶手的断面形状见图8-34c。

3. 门窗详图

门窗详图一般多采用标准图集或通用图。若采用标准图或通用图，则在施工图中只需注明图集的代号和该详图所在图集中的编号即可。如表8-5某小区住宅楼门窗表中，C1′选自标准图集L99J605中的TC-02，备注中说明该窗为PVC塑料中空玻璃推拉窗，选用图集时尺寸作相应调整。图8-35摘自该图集TC-02详图。若未采用标准图集，则需画出门窗详图，如图8-36为某住宅楼门窗大样图。

门窗详图通常由立面图、节点详图、五金表和文字说明等组成。

门窗的立面图，主要表示门窗的外形、开启方式及方向、主要尺寸、节点索引符号等。在门窗的立面图上高度和宽度方向都注有三道尺寸。最外一道尺寸是洞口尺寸，也就是平面图和剖面图上所注的尺寸（称为标志尺寸）；第二道尺寸是门窗框的外包尺寸；第三道尺寸是门窗扇的立面尺寸。门窗洞口的宽和高，1000以下时为100的倍数，1000以上时，一般为300的倍数。图8-35a为TC-02的立面图，由两扇窗组成，从开启符号看，推拉窗为水平

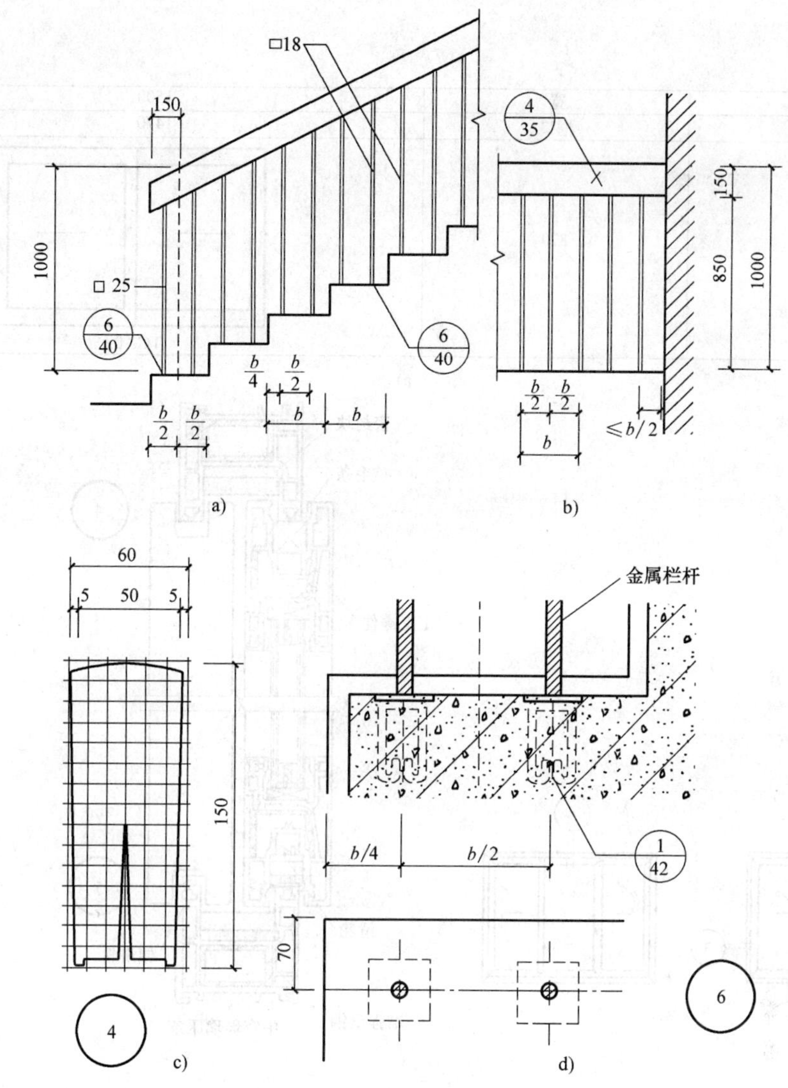

图 8-34　楼梯详图

推拉。窗的尺寸列表表示，该推拉窗的洞口尺寸为 1500mm × 900mm，窗外框的尺寸为 1470mm × 870mm。

节点详图一般包括剖面详图、断面图和安装节点图等，主要表示各门窗料的断面形状、用料尺寸、安装位置及门窗扇和门窗框的连接关系等。图 8-35b 为推拉窗 TC-02 的节点构造详图。在窗的立面图上用剖切符号画出了详图的剖切位置和剖视方向。剖切线要整齐布置，尽量在同一水平或垂直面上，剖面详图要用较大的比例画出。横向剖切的剖面图横向连在一起画在立面图的下方，竖向剖切的剖面图竖直地连在一起画在立面图的左侧或右侧，中间用折断线断开，并分别注写详图编号，以便与立面图对照阅读。

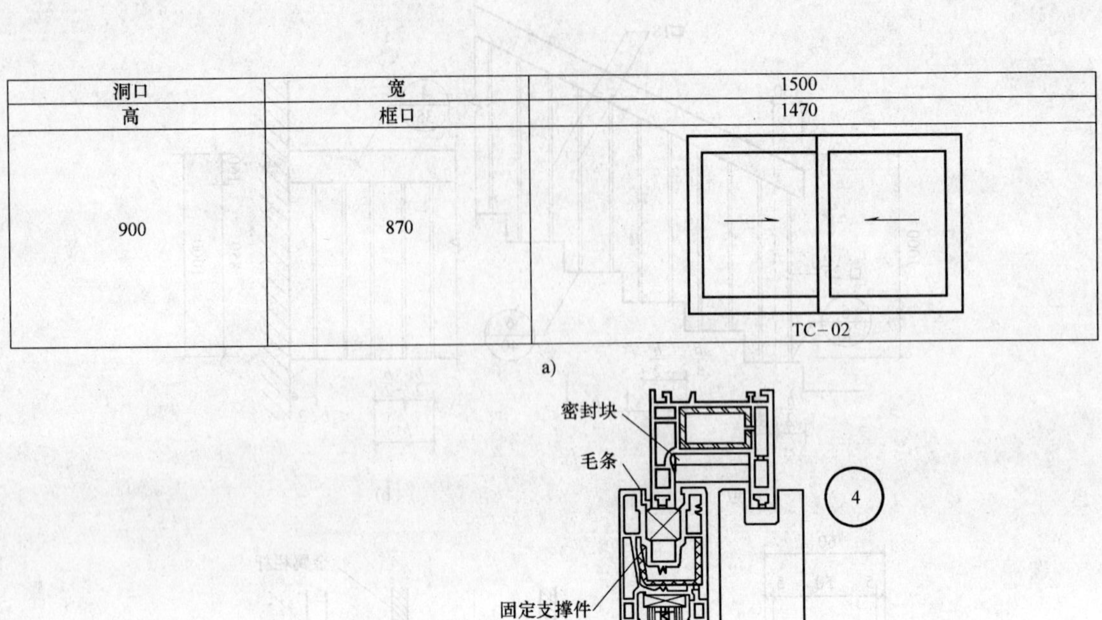

洞口	宽	1500
高	框口	1470
900	870	TC－02

a)

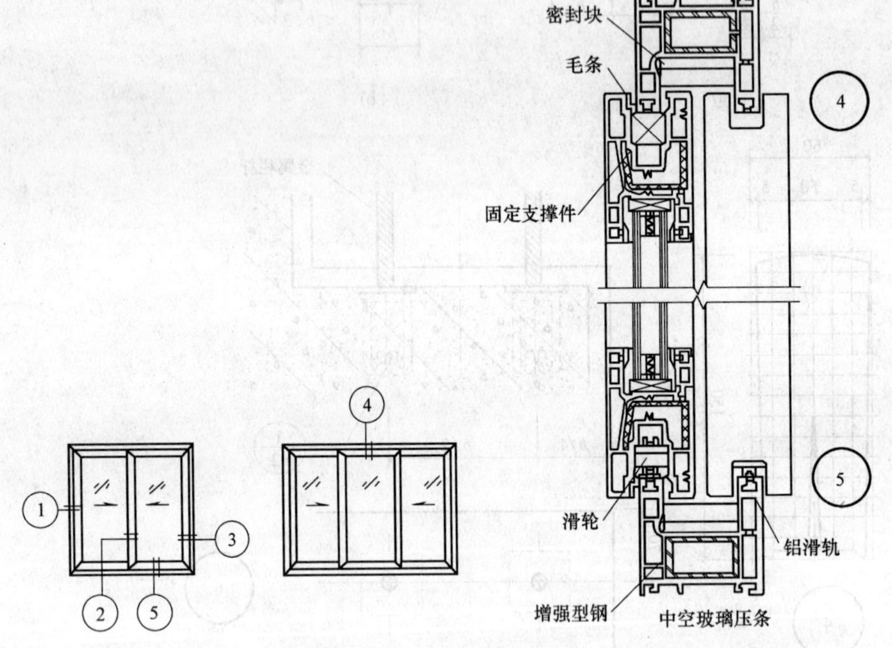

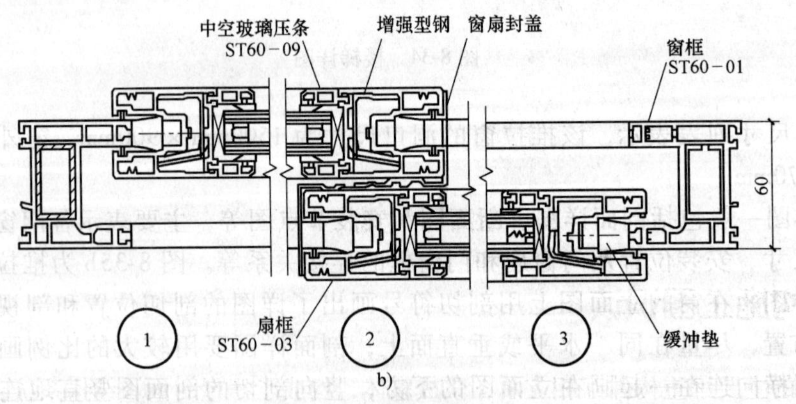

b)

图 8-35　推拉窗详图（选自标准图集）

a）推拉窗立面图　b）推拉窗构造节点图

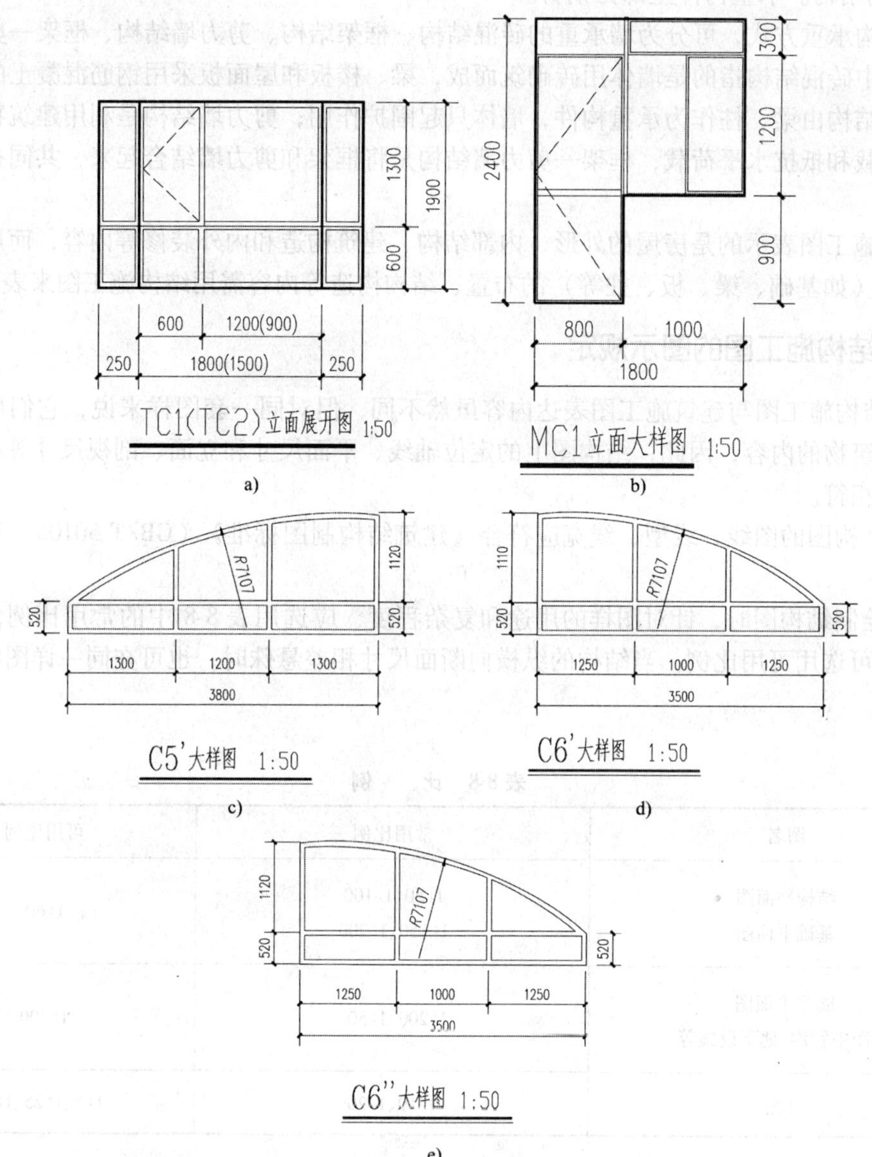

a) b) c) d) e)

图 8-36 门窗大样图

8.4 结构施工图识读

建筑物的主要承重构件互相支承，联成整体，构成了房屋的承重结构系统，此系统称为建筑结构，简称结构。组成这个系统的各个构件称为结构构件。按承重构件的材料不同，可分为木结构、砌体结构、钢筋混凝土结构、钢结构、组合结构等。

1）木结构。承重构件全部为木材。

2）砌体结构。用砂浆将砖、石材或砌块等砌筑而成的结构。

3）钢筋混凝土结构。柱、梁、楼板和屋面都是采用钢筋混凝土构件。

4）钢结构。承重构件全部为钢材。

按结构承重方式，可分为墙承重的砖混结构、框架结构、剪力墙结构、框架—剪力墙结构等。其中砖混结构指的是墙体用砖砌筑而成，梁、楼板和屋面板采用钢筋混凝土的混合结构；框架结构由梁、柱作为承重构件，墙体只起围护作用；剪力墙结构是利用建筑物墙体承受竖向荷载和抵抗水平荷载；框架—剪力墙结构是将框架和剪力墙结合起来，共同抵抗水平荷载。

建筑施工图表示的是房屋的外形、内部结构、建筑构造和内外装修等内容，而房屋的各承重构件（如基础、梁、板、柱等）的布置、结构构造等内容需用结构施工图来表达。

8.4.1 结构施工图的图示规定

1）结构施工图与建筑施工图表达内容虽然不同，但对同一套图样来说，它们反映的是同一幢建筑物的内容，因此，结构图上的定位轴线、平面尺寸和立面、剖视尺寸等必须与建筑施工图相符。

2）结构图的图线、线型、线宽应符合《建筑结构制图标准》（GB/T 50105—2001）的规定。

3）绘制结构图时，针对图样的用途和复杂程度，应选用表8-8中的常用比例，特殊情况下，也可选用可用比例。当结构的纵横向断面尺寸相差悬殊时，也可在同一详图中选用不同比例。

表8-8 比 例

图名	常用比例	可用比例
结构平面图 基础平面图	1:50、1:100 1:150、1:200	1:60
圈梁平面图 总图中管沟、地下设施等	1:200、1:500	1:300
详图	1:10、1:20	1:5、1:25、1:4

4）在结构施工图中，各种构件类型很多，如板、梁、柱、屋架、基础等。为了图示简明扼要，在结构图上常用代号来表示构件名称，代号后用阿拉伯数字标注该构件的型号或编号，也可为构件的顺序号。构件的顺序号采用不带角标的阿拉伯数字连续编排。

构件代号以该构件名称的汉语拼音第一个字母表示。常用构件的代号见表8-9。预应力钢筋混凝土构件的代号，应在构件代号前加注“Y”，例如Y-KB表示预应力钢筋混凝土空心板。

当采用标准、通用图集中的构件时，应用该图集中的规定代号或型号注写。

5）结构图应采用正投影法绘制，如图8-37a、b所示。特殊情况下也可采用仰视投影绘制。

表 8-9 常用结构构件的代号

序号	名称	代号	序号	名称	代号	序号	名称	代号
1	板	B	19	圈梁	QL	37	承台	CT
2	屋面板	WB	20	过梁	GL	38	基础	J
3	空心板	KB	21	连系梁	LL	39	设备基础	SJ
4	槽形板	CB	22	基础梁	JL	40	桩	ZH
5	折板	ZB	23	楼梯梁	TL	41	挡土墙	DQ
6	密肋板	MB	24	框架梁	KL	42	地沟	DG
7	楼梯板	TB	25	框支梁	KZL	43	柱间支撑	ZC
8	盖板或沟盖板	GB	26	屋面框架梁	WKL	44	垂直支撑	CC
9	挡雨板或檐口板	YB	27	檩条	LT	45	水平支撑	SC
10	吊车安全走道板	DB	28	屋架	WJ	46	梯	T
11	墙板	QB	29	托架	TJ	47	雨篷	YP
12	天沟板	TGB	30	天窗架	CJ	48	阳台	YT
13	梁	L	31	框架	KJ	49	梁垫	LD
14	屋面梁	WL	32	刚架	GJ	50	预埋件	M
15	吊车梁	DL	33	支架	ZJ	51	天窗端壁	TD
16	单轨吊车梁	DDL	34	柱	Z	52	钢筋网	W
17	轨道连接	DGL	35	框架柱	KZ	53	钢筋骨架	G
18	车档	CD	36	构造柱	GZ	54	暗柱	AZ

注：1. 预制钢筋混凝土构件、现浇钢筋混凝土构件、钢构件和木构件，一般可直接采用本表中的构件代号。在绘图中，当需要区别上述构件的材料种类时，可在构件代号前加注材料代号，并在图纸中加以说明。

2. 预应力钢筋混凝土构件的代号，应在构件代号前加注“Y-”，如 Y-DL 表示预应力钢筋混凝土吊车梁。

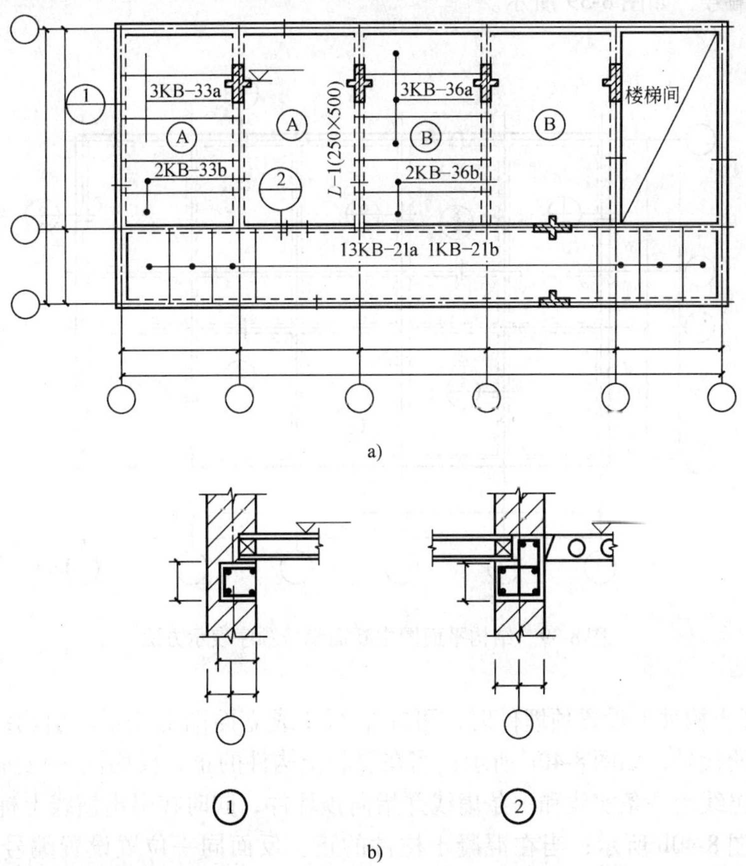

图 8-37 用正投影法绘制结构图

a）结构平面图 b）节点详图

6）在结构平面图中，构件应采用轮廓线表示，如能用单线表示清楚时，也可用单线表示。如图 8-38 所示的桁架式结构，其几何尺寸图可用单线图表示，杆件的轴线长度尺寸应标注在构件的上方。

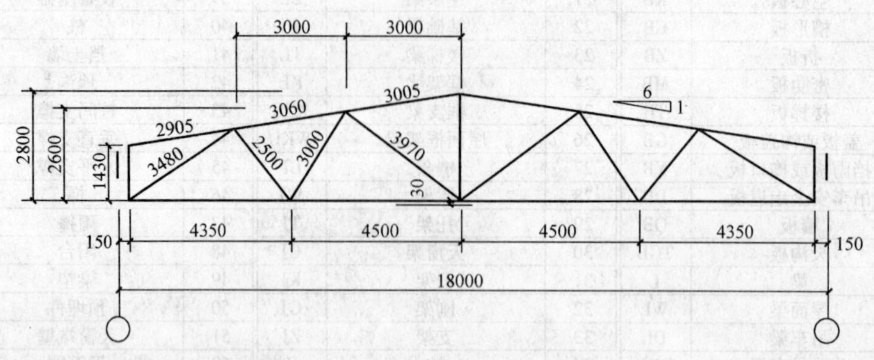

图 8-38　对称桁架几何尺寸标注方法

7）结构平面图中的剖面图、断面详图的编号顺序宜按下列规定编排：

外墙按顺时针方向从左下角开始编号；内横墙从左至右，从上至下编号；内纵墙从上至下，从左至右编号，如图 8-39 所示。

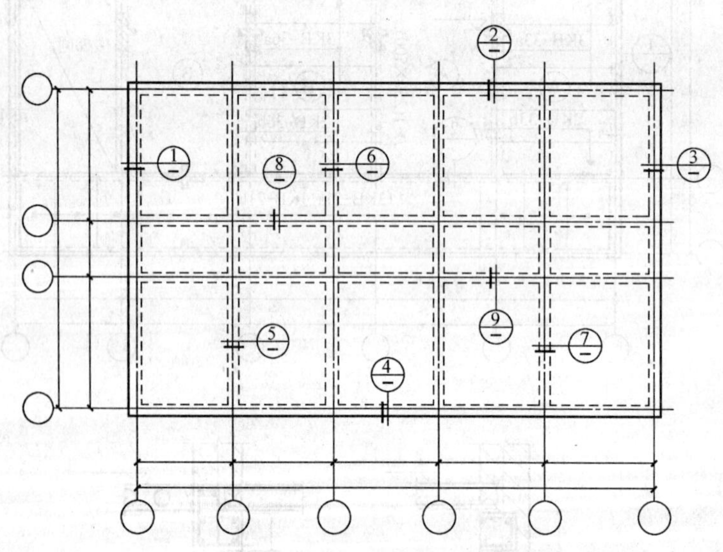

图 8-39　结构平面图中断面编号顺序表示方法

8）在混凝土构件上设置预埋件时，可在平面图或立面图上表示。引出线指向预埋件，并标注预埋件的代号，如图 8-40a 所示；当在混凝土构件的正、反面同一位置均设置相同的预埋件时，引出线为一条实线和一条虚线并指向预埋件，同时在引出横线上标注预埋件的数量及代号，如图 8-40b 所示；当在混凝土构件的正、反面同一位置设置编号不同的预埋件时，引出线为一条实线和一条虚线并指向预埋件。引出横线上标注正面预埋件代号，引出横线下标注反面预埋件代号。

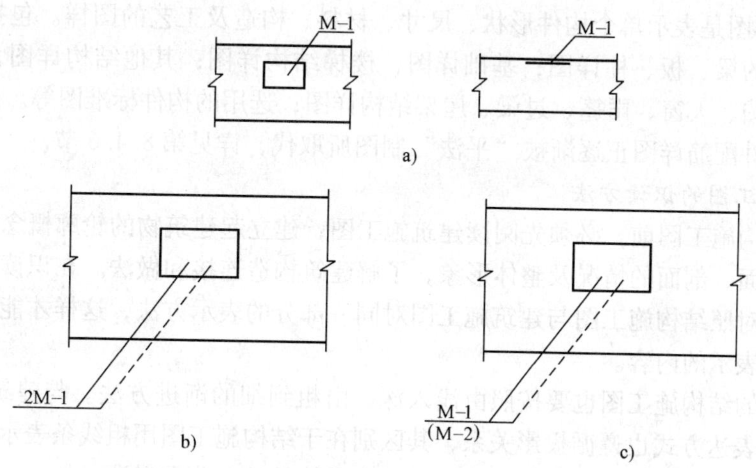

图 8-40　预埋件的表示方法

a）预埋件的表示方法　b）同一位置正、反面预埋件均相同的表示方法

c）同一位置正、反面预埋件不相同的表示方法

8.4.2　结构施工图的内容和识读方法

结构施工图是反映建筑物和承重构件（如基础、承重墙、柱、梁、板、屋架等）的布置、形式、大小、材料、构造及其相互关系的图样，主要用于施工放线、开挖基槽、支模板、绑扎钢筋、设置预埋件、浇筑混凝土，安装梁、板、柱等施工过程，也是编制预算和施工组织计划的依据。

1. 结构施工图的内容

不同的结构类型，其结构施工图的具体内容和图示方法也各不相同，但一般而言，结构施工图通常都包括结构图样目录、结构设计说明、结构平面图、构件详图等内容。

1）图样目录主要包括图样的排序、图号和图样名称等，便于查找所需要的图样，校对图样的完整性。

2）结构设计说明主要说明设计依据，如地基、风雪荷载、抗震情况；荷载取值的标准；选用材料的类型、规格、强度等级；地基基础情况；施工要求；选用的标准图集等。

3）结构平面图是承重结构的整体布置图，主要表示结构构件的位置、数量、型号及相互关系。包括：基础平面图、楼层结构平面图、屋面结构平面图等。

①基础平面图。基础平面图以表示基础部位构件的平面位置为主要目的，结合基础详图表示基础和基础部位构件的位置、编号、标高、详细尺寸及做法。桩基础还包括桩位平面图，工业建筑还有设备基础布置图。

②楼层结构平面图。主要表示该楼层的梁、板、柱的位置、标高、编号、详细尺寸、钢筋配置情况、预埋件及预留洞的位置。如果采用预制构件楼板，则应表明预制构件编号、荷载等级及数量。工业建筑包括柱网、吊车梁、柱间支撑、屋面板、天沟板、屋架及屋盖支撑系统布置图。

③屋面结构平面图，包括屋面板、天沟板、屋架、天窗架及支撑系统布置等。

为了表示清楚构件的详细内容，除了能选用标准图以外，一般还要增加必要的剖面图和节点详图来表示节点的具体尺寸、构造做法及配筋情况。

4）构件详图是表示单个构件形状、尺寸、材料、构造及工艺的图样。包括平面布置图中未表示清楚的梁、板、柱详图；基础详图；楼梯结构详图；其他结构详图，如模板、支撑、预埋件详图、天窗、雨篷、过梁、屋架结构详图；选用的构件标准图等。近几年，传统的梁、柱等构件配筋详图正逐渐被“平法”制图所取代，详见第 8.4.6 节。

2. 结构施工图的识读方法

在识读结构施工图前，必须先阅读建筑施工图，建立起建筑物的轮廓概念，明确建筑施工图平面、立面、剖面的情况及整体形象，了解建筑构造连接和做法。在识读结构施工图期间，还应反复对照结构施工图与建筑施工图对同一部分的表示方法，这样才能准确地理解结构施工图中所表示的内容。

识读复杂的结构施工图也要按照由浅入深、由粗到细的渐进方法。与建筑施工图一样，结构施工图的表达方式也遵循投影关系，其区别在于结构施工图用粗线条表示要突出的重点内容，为了使图面清晰，通常利用编号或代号表示构件的名称和做法。

结构施工图的识读步骤如下：阅读建筑施工图，建立起建筑轮廓→阅读结构施工图图样目录，对图样数量和类型做到心中有数→阅读结构设计说明，了解所采用的标准图以及材料选用和构造要求等→阅读基础平面图，核对基础与建筑平面图各轴线的对应关系→阅读结构布置图，将其与构件详图对号入座。这一过程需反复进行，对照构件详图详细识读结构布置图，直至完全掌握构件情况→详读构件详图并对照材料表，透彻地了解构件配筋情况。

8.4.3 结构设计说明

结构设计说明排在结构施工图样的最前面，主要是对一个建筑物的结构形式和构造要求等方面的总体概述。主要包括如下内容：

1）结构概况。如结构类型、层数、结构总高度、±0.000 相对应的绝对标高等。

2）工程结构设计依据。如设计采用的有关规范、规程、图集等；上部结构的荷载取值；工程地质勘查报告；设计计算所采用的软件；抗震设防烈度；场地土的类别；设计使用年限；环境类别；结构安全等级等。

3）地基及基础。如场地土的类别、基础类型、持力层的选用、基础所选用的材料及强度等级、基坑开挖、验槽要求、基坑土方回填、沉降观测点设置与沉降观测要求。若采用桩基，还应注明桩的类型、所选用桩端持力层、桩端进入持力层的深度、桩身配筋、桩长、单桩承载力、桩基施工控制要求、桩身质量检测的方法及数量要求，地下室防水施工及基础中需要说明的构造要求与施工要求等。

4）材料和强度要求等。如混凝土的强度等级、钢筋的强度等级、焊条、基础砌体的材料及强度等级、上部结构砌体的材料及强度等级等。

5）一般构造要求和做法。如钢筋的连接、锚固长度、箍筋要求、变形缝与后浇带的构造做法、主体结构与围护的连接要求等。

6）上部结构的有关构造及施工要求。如预制构件的制作、起吊、运输和安装要求，梁板中开洞的洞口加强措施，梁、板、柱及剪力墙各构件的抗震等级和构造要求，构造柱、圈梁的设置及施工要求等。

7）采用的标准图集名称与编号。

8）其他方面的特殊要求和工程注意事项等。

表 8-10 为某小区住宅楼的结构设计说明。

表8-10　某小区住宅楼的结构设计说明

结构设计说明

一、工程概况

1. 本工程为××房地产开发公司阳光花园10#住宅楼，拟建场区位于××市开发区西部

2. 住宅楼的1层为储藏室，共6层，带闷顶层。结构形式为钢筋混凝土框架结构，基础采用钢筋混凝土独立基础

二、设计依据

1. 本工程结构设计采用的主要标准、规范和规程有：

1)《建筑结构可靠度设计统一标准》(GB 50068—2001)

2)《建筑结构荷载规范》(GB 50009—2001)

3)《建筑地基基础设计规范》(GB 50007—2002)

4)《建筑抗震设计规范》(GB 50011—2001)

5)《混凝土结构设计规范》(GB 50010—2002)

6)《砌体结构设计规范》(GB 50003—2001)

7)《建筑结构制图标准》(GB/T 50105—2001)

8)《混凝土结构施工图平面整体表示方法制图规则和构造详图》(03G101—1)

2. 岩土工程勘察报告，由××设计研究院提供

3. 建筑、给水排水、电气、采暖及通风各专业提供的施工条件图

三、设计参数

1. 该工程抗震设防类别为丙类，抗震设防烈度为六度，设计基本地震加速度为0.05g，设计地震分组为第二组

2. 本工程所处场地类别为Ⅱ类，场地特征周期g=0.35s。土壤标准冻结深度天然地表下0.50m

3. 该工程框架抗震等级为四级，结构安全等级为二级，结构使用年限50年

4. 该地区基本雪压：0.45kN/m^2；基本风压：0.65kN/m^2

5. 本工程室内地坪标高±0.000相当于绝对标高

6. 本工程全部尺寸单位除注明外，均以mm为单位，标高尺寸以m为单位

四、活荷载标准值

楼面荷载标准值：阳台楼面允许活载为2.5kN/m^2，其他楼面为2.0kN/m^2

不上人屋面允许活载：0.5kN/m^2，上人屋面允许活载：2.0kN/m^2

未注明荷载均按《建筑结构荷载规范》(GB 50009—2001) 采用

五、工程地质概况

本工程所在场区地形平坦，无不良地质现象，适宜建筑。将第一层素填土全部挖除后，采用换土垫层法进行人工地基处理，以中粗砂垫层作为持力层，场地地下水对基础无不良影响。待基槽挖至设计深度后，进行钎探，以查明基底是否有不利因素，并会同设计人员、地质部门等有关人员共同验槽，对可能出现的情况进行必要处理，合格后方可继续施工。地基基础设计等级为丙级

六、材料

1. 钢筋：HPB235钢筋（ф），钢筋强度设计值$f_y=210\text{N/mm}^2$

HRB335钢筋（⏀），钢筋强度设计值$f_y=300\text{N/mm}^2$

2. 焊条：E43××，用于HPB235钢筋（ф）的焊接；E50××，用于HRB335钢筋（⏀）的焊接

3. 混凝土：本工程环境类别地下部分为二类a，地上部分为一类

混凝土强度等级按下表选用：

构件名称及部位	混凝土强度等级	备注	构件名称及部位	混凝土强度等级	备注
基础垫层	C15		梁、板、楼梯	8.05m以下为C25，8.05m以上为C20	屋面为微膨胀混凝土
独立柱基、条形基础	C25		填充墙内圈梁、构造柱	C20	
柱	C25		标准构件		见标准图集

（续）

混凝土耐久性要求见下表：

环境类别		最大水灰比	最小水泥用量 /（kg/m^3）	最低混凝土强度等级	最大氯离子含量（%）	最大碱含量 /（kg/m^3）
一		0.65	225	C20	1.0	不限制
二	a	0.60	250	C25	0.3	3.0
	b	0.55	275	C30	0.2	3.0

4. 砌体：±0.000m 标高以上墙体采用 Mb5.0 混合砂浆砌筑和 MU5 加气混凝土砌块，砌体容重不大于 $8kN/m^3$；±0.000m 标高以下墙体采用 M5.0 水泥砂浆砌筑 MU10 实心砖

七、构造要求

（一）混凝土保护层厚度及钢筋锚固搭接长度

1. 受力钢筋混凝土保护层厚度：独立柱基：40mm；梁、柱钢筋：30mm；板钢筋：20mm

2. 受拉钢筋锚固长度 l_{aE} 要求见下表

	C25	C20
HPB235 钢筋（Φ）	28d	33d
HRB335 钢筋（Φ）	35d	41d

（二）钢筋混凝土梁

1. 主梁在次梁作用处未注明箍筋者均在次梁两侧各设 3 组箍筋，箍筋肢数和直径与梁箍筋相同，间距为 50mm。次梁加吊筋时，在次梁两侧各设 3 组箍筋

2. 本图中屋面标高处的框架梁（KL-××）按 03G101-1 中屋面框架梁（WKL-××）的构造做法施工

3. 梁配筋图中如注明梁侧面纵向钢筋时按图施工。如未注明，当梁高 $h>400$mm 时，梁侧面应配置纵向构造钢筋，配置要求见下表。侧面纵向钢筋锚入支座 L_a，钢筋的连接同梁受力钢筋

截面高度	截面宽度		
	450～500	550～700	750～900
240	2Φ12	4Φ12	6Φ12
300	2Φ14	4Φ12	6Φ12
350	2Φ16	4Φ12	6Φ12

（三）钢筋混凝土现浇板

1. 板的底部钢筋伸入支座≥5d，且应伸至支座中心线

2. 板的中间支座上部钢筋两端直钩长度为板厚减 20mm，板的边支座负筋在梁内锚固长度应满足受拉钢筋最小锚固长度 l_{aE}

3. 除注明外，板内分布筋为Φ6@250

4. 当现浇板短边长度≥3.6m 时，现浇板上表面素混凝土区加设Φ6@200（屋面为Φ8@200）钢筋网，与原结构负筋之间的搭接长度为 300mm，网筋布置在受力负筋内侧。现浇板双层配筋时除外

5. 外露的钢筋混凝土女儿墙、栏板、檐口等构件，当其水平长度超过 10m 时应设置伸缩缝，见下图。伸缩缝间距 <10m，缝宽 20mm

（续）

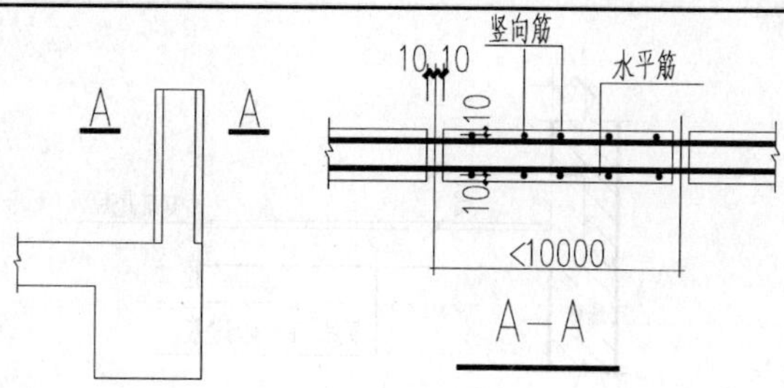

6. 各层楼板预留洞口附加筋

1）洞口周边反檐大样详图见下图

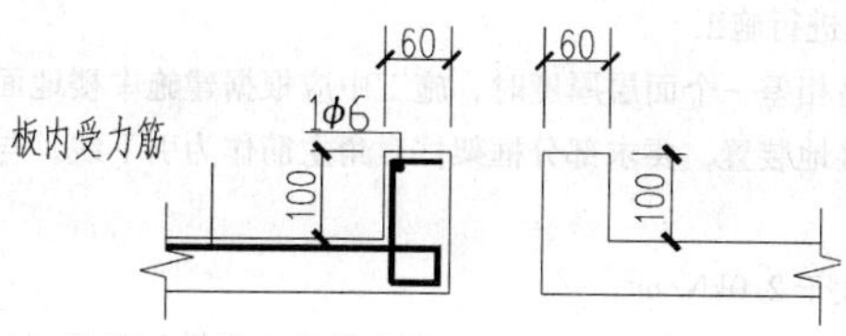

2）当洞口（方洞或圆洞）最大边长不大于250mm时，可将板内受力筋绕洞口而过，不必截断，也不必增加附加筋；当方洞口最大边长大于250mm小于500mm时，可按下图增加附加筋

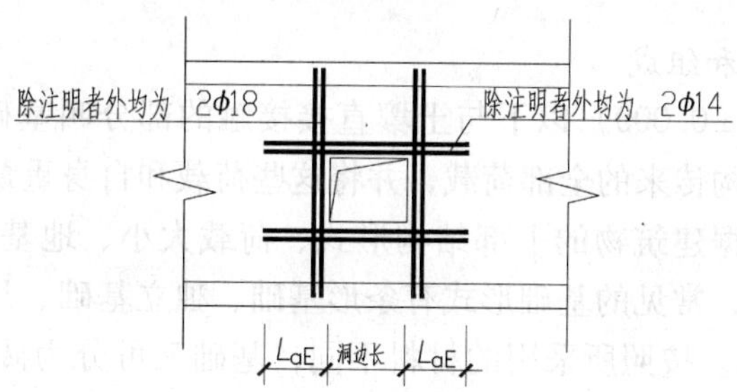

3）当洞口为设备管道井时除采取以上措施外，板内钢筋不应截断，井道应在设备管道安装完毕后封堵

7. 当现浇楼面标高差不大于20mm时，负筋可弯折一角度，不必断开

（四）钢筋混凝土柱

1. 柱箍筋间距加密区为100mm，非加密区为200mm。加密区范围参见国标03G101-1

2. 柱、钢筋混凝土墙凡与现浇过梁、填充墙圈梁连接处，在柱内预留插筋，插筋伸入柱内长度为 l_a

（五）填充墙砌体

1. 填充墙按建施图施工。转角处及水平方向每隔2倍层高（且<5m），应设置钢筋混凝土构造柱，构造柱截面尺寸为240×240，纵筋4⌽12，箍筋φ6@100/200；填充墙高超过4m时，在墙体半高处设置与柱连接且沿墙全长贯通的水平圈梁，圈梁截面为200×200/240，纵筋纵筋4⌽10，箍筋φ6@200。填充墙体应沿混凝土构造柱全高每隔500mm设2φ6拉结筋，拉结筋每端伸入墙内1000mm或至洞边

2. 女儿墙构造柱、压顶设置要求及设置大样参见标准图集L97G329-1，压顶内配φ6@200钢筋网。女儿墙构造柱间距不大于3.0m

3. 门窗过梁可按洞口净跨及墙厚选用标准图集L03G303中二级荷载过梁。过梁遇混凝土柱时改用现浇。填充墙外墙窗台处设置拉梁一道，梁高100mm，纵筋3⌽8，箍筋φ6@250

4. 防潮及防水措施

1）-2.190m标高以下墙体两侧做20mm厚1∶2.5水泥砂浆抹面

2）卫生间、厨房等处现浇板采用防水混凝土，抗渗等级为S6。现浇板周边往上翻120mm厚、200mm高的混凝土止水带。止水带大样详见下图

（续）

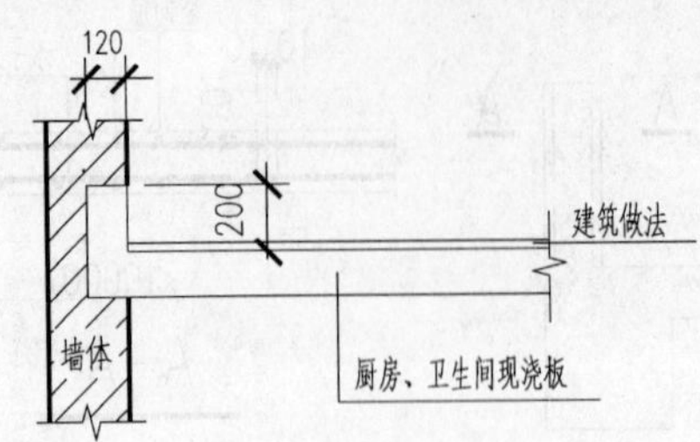

八、施工要求

1. 梁、板、柱预埋件：按各工种的要求，如建筑吊顶、门窗安装、楼梯栏杆、轻质隔墙固定、管线的吊架等均需预埋件，各工种应配合土建进行施工

2. 结构标高与建筑标高相差一个面层厚度时，施工中应根据建施中楼地面厚度进行扣除

3. 本工程利用基础做接地装置，要求部分框架柱对角主筋作为引下线，与基础底板主筋焊接，详见电施防雷接地要求

4. 楼面施工堆载不得大于 2.0kN/m^2

5. 本说明未尽事宜均按国家标准及《混凝土结构工程施工质量验收规范》（GB 50204—2002）执行

8.4.4 基础施工图

1. 基础的类型和组成

建筑物地面（±0.000）以下与土壤直接接触的部分叫基础。它是建筑物的组成部分，承受建筑物上部结构传来的全部荷载，并将这些荷载和自身重量传给地基。

基础的形式根据建筑物的上部结构形式、荷载大小、地基的承载力及施工条件等来确定。根据构造不同，常见的基础形式有条形基础、独立基础、片筏基础、箱形基础、桩基础等，如图 8-41 所示。按照所采用的材料不同，基础又可分为砖石基础、混凝土基础、钢筋混凝土基础等。

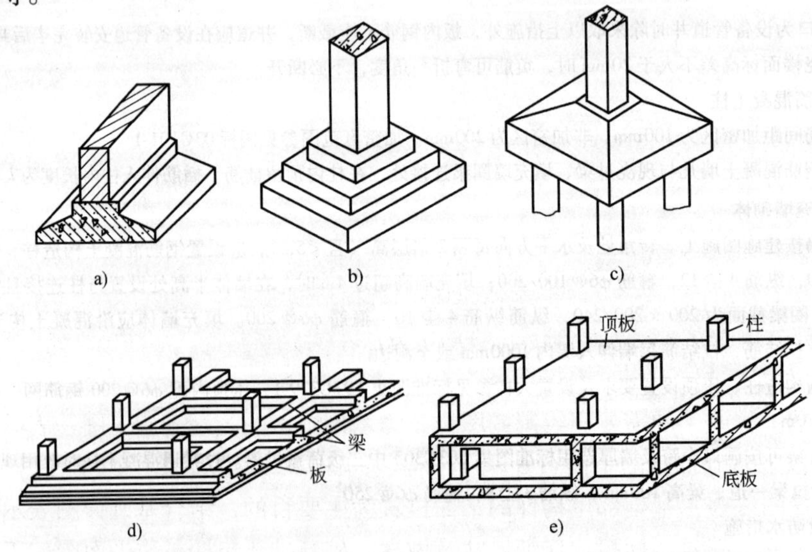

图 8-41 常见的基础形式

a）条形基础 b）独立基础 c）桩基础 d）片筏基础 e）箱形基础

1）条形基础。当建筑物上部结构采用墙体承重时，基础常沿墙身连续设置，做成长条形，叫条形基础或带形基础。多用于地基条件较好、浅基础的砌体结构。常以砖、石、混凝土等材料为主，断面形式多为放大台阶式。条形基础的组成如图8-42所示。下面以条形基础为例，介绍与基础有关的术语。

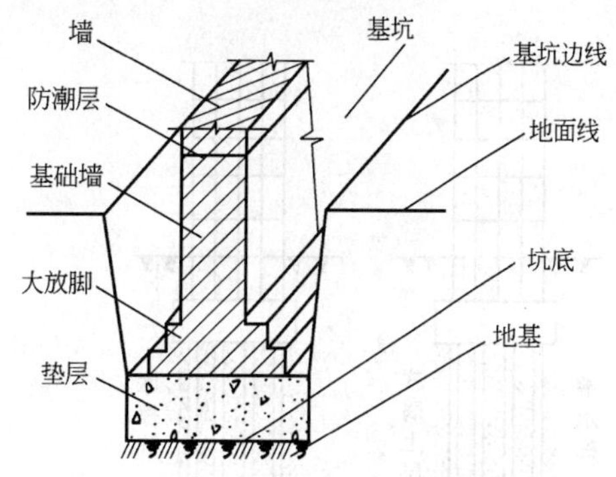

图 8-42　条形基础的组成

地基是基础底下天然的或经过加固的土壤，它不是建筑物的组成部分，用来承受建筑物的荷载。基坑是为基础施工而在地面开挖的土坑，坑底是基础（或垫层）的底面。垫层位于地基与基础之间，其作用是使基础与地基有良好的接触，以便均匀地传递压力，并使基础底面处的钢筋不与泥土直接接触，防止钢筋锈蚀。基坑边线就是放线的灰线。基础埋置深度是从室外设计地面至基础底面的垂直距离，简称基础的埋深。埋入地下（即 ±0.000 以下）的墙称为基础墙。基础墙与垫层之间做成阶梯形的砌体，称为大放脚。大放脚用来把上部结构传来的荷载分散传递给垫层，以使地基上单位面积承受的压力减小。防潮层是基础墙上防止地下水对墙体侵蚀的一层防潮、防水的建筑材料，一般做在距室内地面以下 60mm 处。

2）独立基础。当建筑物上部结构采用框架结构时，柱子下的基础常单独设置，叫独立基础。常见独立基础的形式有阶梯形、锥形（现浇柱下的钢筋混凝土基础）、杯形（预制柱下的基础）等。

3）片筏基础。当建筑物上部荷载较大而地基特别弱，常将建筑物基础做成整块的钢筋混凝土梁或板，即为片筏基础，适用于多层与高层建筑，分为板式、梁板式。

4）箱形基础。当建筑物设有地下室，或基础埋深较大时，可做成钢筋混凝土整体箱形基础。箱形基础由底板、顶板和若干隔墙组成，空间刚度大，能抵抗地基的不均匀沉降，特别适用于高层建筑或具有特大荷载的建筑物。

5）桩基础。当建筑物荷载很大、表层地基土很弱、合适的持力层较深，如果仍然采用上述基础形式，会造成基础深埋而不经济，这时通常采用桩基础，以下部坚实土层或岩层作为持力层。由于桩基础能够承受比较大而且复杂的荷载形式，能够适宜各种地质条件，因此常用于高层建筑、桥梁墩台、电视塔等对基础沉降有严格要求的建筑物。

桩有很多分类方法，按桩的性状和竖向受力情况可分为摩擦型桩和端承型桩。摩擦型桩的桩顶竖向荷载主要由桩侧阻力承受；端承型桩的桩顶竖向荷载主要由桩端阻力承受。桩基础由桩和承台两部分组成，如图 8-43 所示。按施工方法不同分预制桩、灌注桩，如图 8-44 所示。

2. 基础施工图

根据基础工程施工的需要而绘制的图样，为基础施工图。基础施工图是表示建筑物地面（±0.000）以下基础部分的平面布置和详细构造的图样，包括基础平面布置图与基础详图。基础平面布置图以表示基础部位构件的平面位置为主要目的，结合基础详图表示基础和基础部位构件的位置、编号、标高、详细尺寸及做法。桩基础还包括桩位平面图，工业建筑还有设备基础布置图。独立柱基础详图包括柱基平面图、剖面图及钢筋配置情况等，条形基础详图通常为剖面图。

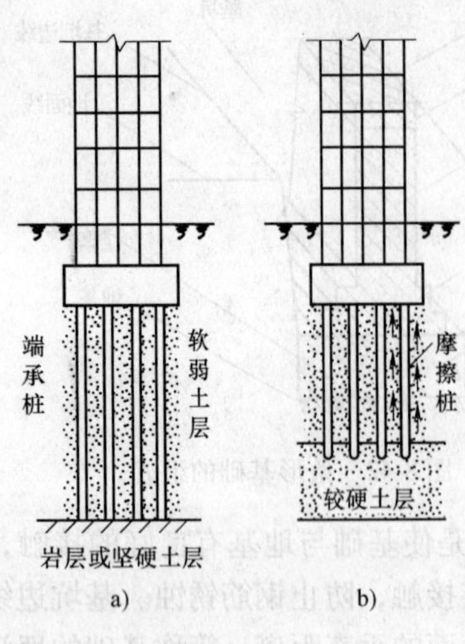

图 8-43　桩基础示意图
a）端承桩　b）摩擦桩

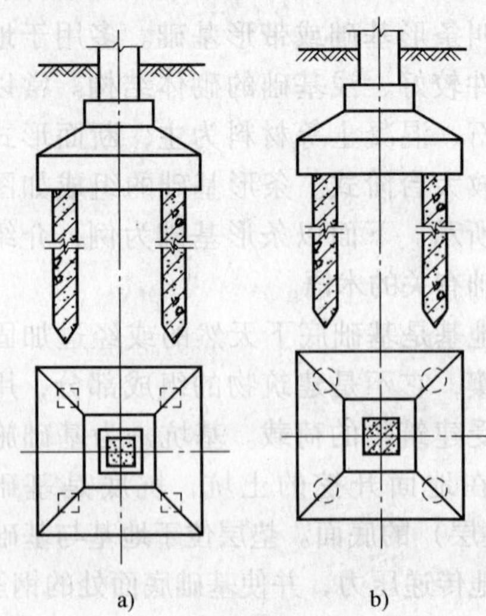

图 8-44　桩基础施工方式
a）预制桩　b）灌注桩

基础施工图是施工放线、开挖基坑或基槽、砌筑或浇注基础的依据。

（1）基础平面图　基础平面图是表示基槽未回填土时基础平面布置的图样，即假想用一个水平面沿建筑物底层室内地面以下剖切后，移去建筑物上部和基坑回填土后所作的水平投影图，它主要表达基础的墙、柱、预留洞及基础构件布置等平面布局和位置关系。

基础平面图的图示内容包括：

1）图名和比例，基础平面图的常用比例为 1∶100 或 1∶200。

2）纵横定位轴线及其编号，应与建筑平面图一致。

3）基础的平面布置，即基础墙、柱以及基础底面的形状、大小及其与轴线的关系。图中只需绘出基础墙、柱及基础底面轮廓线（表示基坑开挖的最小宽度）即可，除此之外的其他细部轮廓，如条形基础的大放脚、独立基础的锥形轮廓线等，都无需在基础平面图中反映出来，而在基础详图中画出。剖切到的基础墙身和柱用粗实线表示，基础底面轮廓用中实线表示。在基础内留有的孔、洞及管沟位置用虚线表示。当采用桩基础时，一般分别绘制桩位平面图和承台平面图。桩位平面图应反映各桩与轴线间的定位尺寸，承台平面图应反映各承台与轴线间的定位尺寸。习惯上一般用粗十字线“+”表示桩的中心位置，或采用桩断面轮廓线表达桩位。

4）基础梁（圈梁）的位置和代号。可见的基础梁用粗实线（单线）表示；不可见的基础梁用粗虚线（单线）表示。不同形式的基础梁用代号 JL1、JL2……表示。

5）基础的编号、基础断面图的剖切符号及其编号。凡基础宽度、墙体厚度、大放脚、基底标高及管沟做法等不同时，均以不同的断面图表示，所以在基础平面图中还应注出各断面图的剖切符号及编号，以便对照查阅基础详图。不同类型的独立基础（包括承台）分别用符号 J（CT）及其序号来进行编号。

6）基础大小尺寸（内部尺寸）和定位尺寸（外部尺寸）。基础的大小尺寸即基础墙宽度、柱外形尺寸以及基础的底面尺寸。基础代号注写在基础剖切线的一侧，以便在相应的基础断面图（即基础详图）中查到基础底面的宽度。基础的定位尺寸也就是基础墙、柱的轴线尺寸。

7）当基础底面标高有变化时，应在基础平面图对应部位的附近画出一段基础垫层的垂直剖面图，来表示基底标高的变化，并标注相应基底的标高。

8）施工说明。即所用材料的强度等级、防潮层做法、设计依据及施工注意事项等。

（2）基础详图　基础详图主要表明基础各组成部分的具体形状、尺寸、材料、配筋及基础埋深等。对于条形基础，基础详图就是基础的垂直断面图。至于独立基础，除画出基础的断面图外，有时还要画出柱基的平面图，并在平面图中采用局部剖面表达底板配筋。

同一幢房屋，由于各处有不同的荷载和不同的地基承载力，下面就有不同的基础。对每一种不同的基础，都应分别画出详图，详图编号应与基础平面图上标注的剖切线编号相一致。

基础详图的图示内容包括：

1）图名或基础代号、比例。基础详图的常用比例为1∶20。

2）基础断面图中轴线及其编号。若为通用断面图，则轴线圆圈内不注编号。

3）基础断面形状、尺寸、材料以及配筋。

4）基础梁和基础圈梁的截面尺寸及配筋。

5）基础圈梁与构造柱的连接做法。

6）基础断面的详细尺寸和室内外地面、基础垫层底面的标高。

7）防潮层的位置和做法。

8）施工说明等。

3. 基础施工图识读示例

基础的类型不同，基础施工图的内容也有差异。但不论采用何种基础类型，一般均先阅读基础平面图，再看基础详图，两者综合对照阅读，才能全面了解基础的构造做法。

条形基础、独立基础和桩基础是最常见的基础形式，下面分别就这三种常见的基础，介绍其施工图的识读方法。其他类型的基础施工图可参照以下方法进行识读。

（1）条形基础施工图识读

1）条形基础平面图。图8-45所示为某办公楼的条形基础平面图。从图中可以看出，除了Ⓒ轴与②轴、Ⓒ轴与③轴相交处柱的基础是独立基础外，该房屋的其余基础均为墙下条形基础。图中定位轴线两侧的粗线是基础墙轮廓线，中粗线是基础底边线。以①轴线为例，图中注出了基础底宽的尺寸1360，墙厚240，左右墙边到轴线的定位尺寸120，基底左右边线到墙边线的定位尺寸560。图中沿墙身轴线画的粗点画线表示基础圈梁JQL和基础梁JL的位置，构造柱在图中涂黑表示。另外，在⑥轴线上接近Ⓔ轴线处，标有一条粗实线，表示此处有预留洞口，供地下管道通过，洞口尺寸为400mm×300mm，洞底标高为－1.150m。

基础平面图上需用剖切线标出基础断面图的位置，凡基础断面有变化的地方，都要画出它的断面图。图中用1-1、2-2等剖切符号标明了断面图的位置，编号数字注写的一侧为剖视方向。

2）条形基础详图。图8-46是图8-45中条形基础1-1和2-2断面的详图，该基础详图适用于断面形状和配筋形式类似的条形基础。由于1-1和2-2断面的结构形式完全一致，仅尺寸和配筋有所不同，因此只需用一个通用断面图，再附上表中所列出的基础底面宽度B和基础受力筋，就能把各个条形基础的形状、大小、构造和配筋表达清楚了。例如对于1-1基

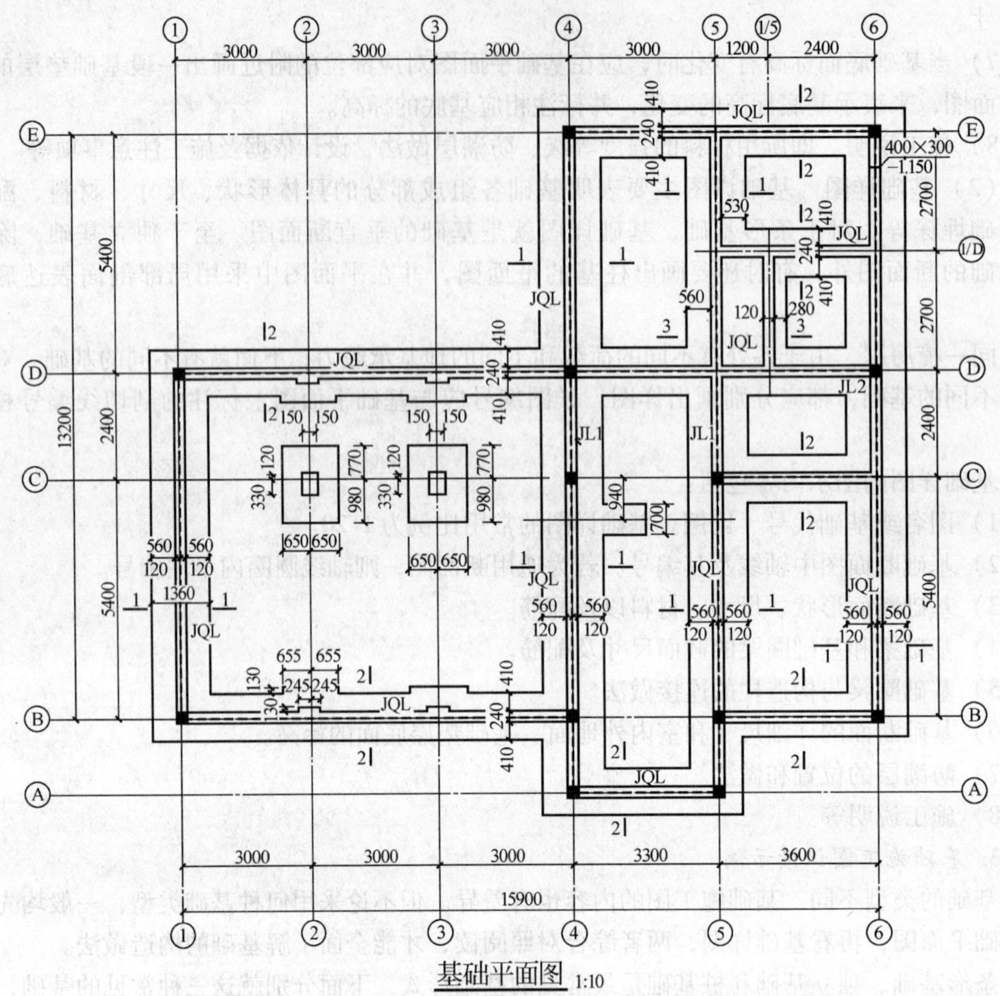

图 8-45　条形基础平面图

础断面，查表可知基础底面宽度为 1360mm，基础内配置的①号钢筋为 $\phi10@200$，分布筋两个断面相同，均为 $2\phi6$，分别设在①号钢筋的左右两端；1-1 基础断面基础圈梁内配置的纵向受力钢筋上皮为②号钢筋 $4\phi12$，与 2-2 断面相同；下皮在图中直接标出，为 $4\phi12$；箍筋也标在图中，为四支箍 $\phi8@200$。当遇到较大门洞或洞口时，基础梁取代基础圈梁，不同之处在于钢筋②，改为 $4\phi20$（JL1）。从图中还可以看出钢筋混凝土基础的断面形状，基础的下面铺有一层 100mm 厚的素混凝土垫层，基础的上面是大放脚，每边放出 65mm，高 120mm。图中标出室内地面标高 ±0.000，室外地面标高 −0.450。此外还注出防潮层的做法和位置，离室内地面为 30mm，防潮层做法为 60mm 厚钢筋混凝土，内配纵向钢筋 $3\phi8$ 和横向分布筋 $\phi4@300$。另根据垫层底面标高还可以得出基础埋置深度为 1.5m。

（2）独立基础施工图识读

1）独立基础平面图。图 8-47 所示为某住宅的独立基础平面布置图，比例为 1∶100。从基础平面图上可以看到：

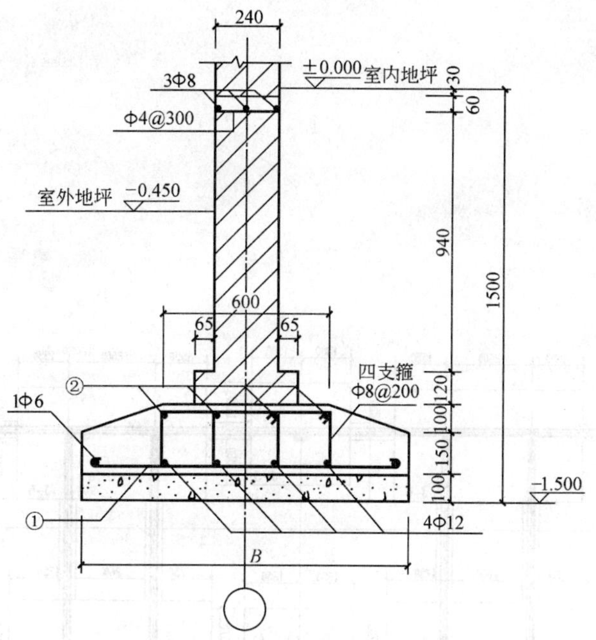

基础钢筋选用表

	类别	基础宽度 (B)/mm	钢筋①	钢筋②
基础	J1(1-1 剖面)	1360	Φ10@200	4Φ12
	J2(2-2 剖面)	1020	Φ10@250	4Φ12
	序号	梁长 /mm	—	钢筋②
基础梁	JL1	2400	—	4Φ20
	JL2	2000	—	4Φ18

图 8-46　钢筋混凝土条形基础详图

①横向定位轴线和纵向定位轴线的总尺寸和基础轴线间的尺寸。横向定位轴线的总尺寸为 57000，纵向定位轴线的总尺寸为 10700。基础轴线间尺寸各有不同，可从图中读出。

②柱子基础的编号和布置。从图中的编号可以看出，柱子基础共有 J-1 ~ J-7 七种类型，J-4 和 J-5 基础上各有 2 根柱子，其余基础为独立柱子基础。柱子均涂黑表示。Ⓐ轴上两端的柱基为 J-7，中间间隔布置 J-2 和 J-3；Ⓑ轴上两端的柱基为 J-1，中间间隔布置 J-4 和 J-2；Ⓒ轴上两端的柱基为 J-1；Ⓕ轴上两端的柱基为 J-6，中间间隔布置 J-5 和 J-3。

③柱子基础的布置及平面尺寸，与轴线的关系。以位于②轴和Ⓑ轴相交处的 J-1 为例，J-1 的平面总尺寸为 2600 × 2600，在平面图上的定位尺寸分别为：左、右边线距离②轴分别为 1750 和 850，上、下边线距Ⓑ轴均为 1300。阅读其他基础的平面布置尺寸，可知基础中心位置与定位轴线均不重合。

2）独立基础详图。图 8-48 为图 8-47 独立基础的详图，其中图 8-48a 为单独柱基础详图，该详图适用于断面形状和配筋形式类似的单独柱基 J-1、J-2、J-3、J-6、J-7 的构造。图 8-48b 为双柱联合基础 J-4 的配筋构造，图 8-48c 为双柱联合基础 J-5 的配筋构造。下面以图 8-48a 和图 8-48b 为例说明独立基础详图的识读方法。

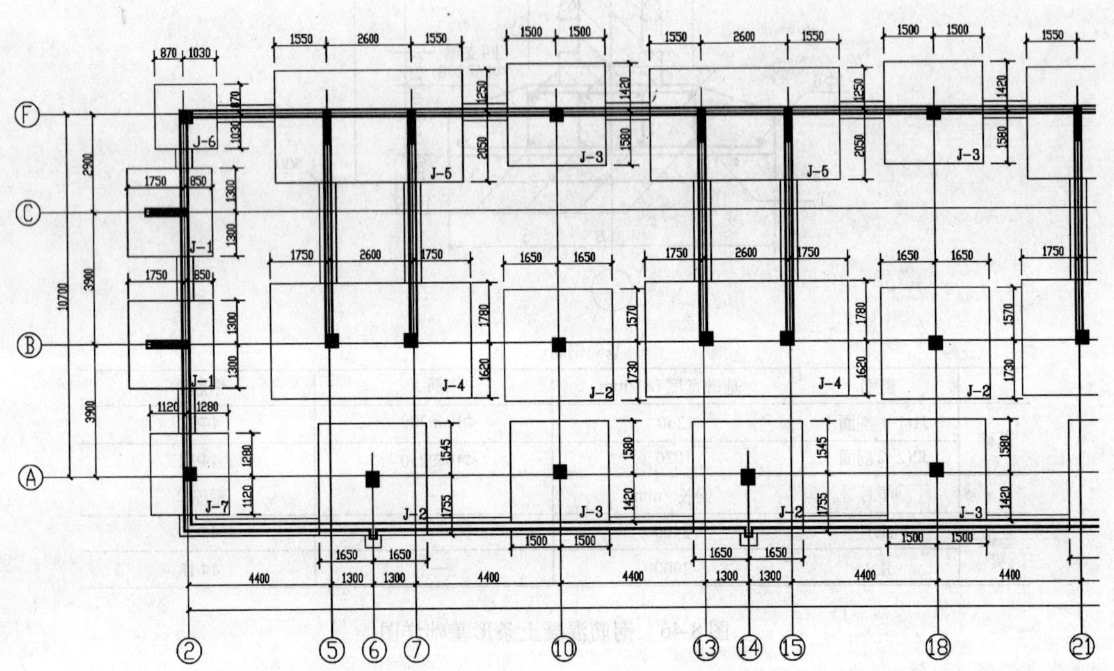

图 8-47　独立基

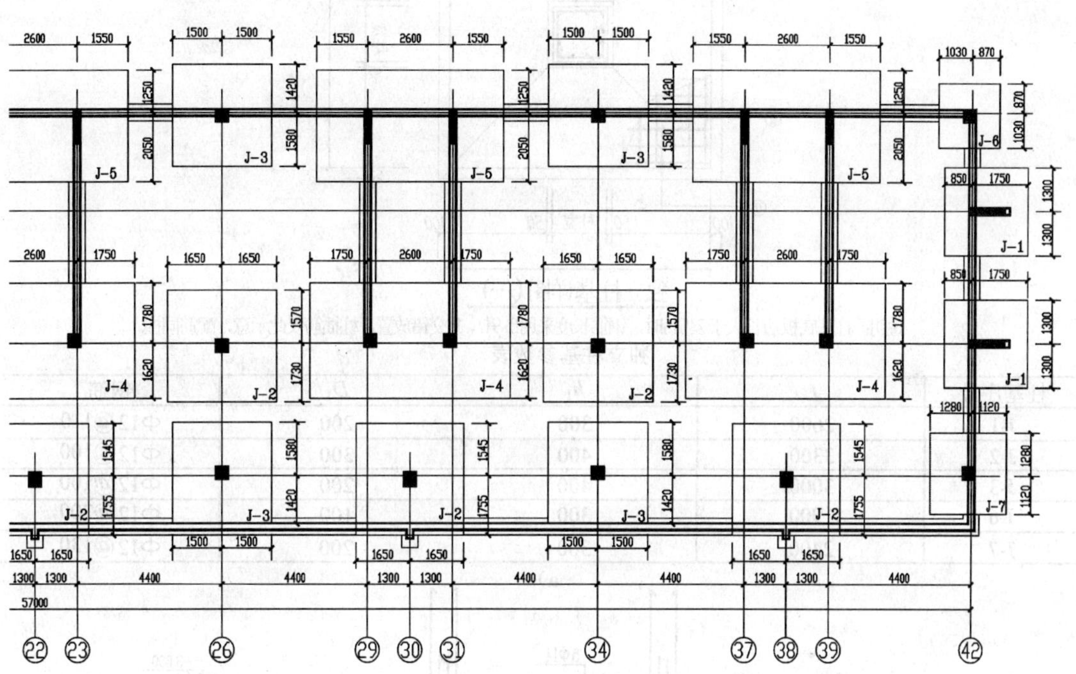

基础平面布置图 1:100

注:砖墙下条基均为1-1,未注明者轴线居中。

础平面图

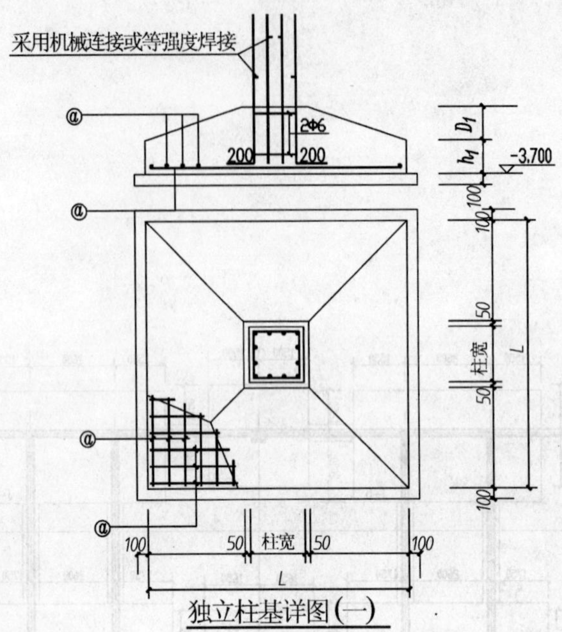

说明：柱基底板边长大于2.5m时，钢筋长度采用0.9L，并交错放置，柱插筋仅此示意，配筋同柱。

独立柱基参数表

柱基序号	L	h_1	D_1	钢筋
J-1	2600	300	200	Φ12@110
J-2	3300	400	300	Φ12@100
J-3	3000	400	200	Φ12@100
J-6	1900	300	100	Φ12@200
J-7	2400	300	200	Φ12@130

a)

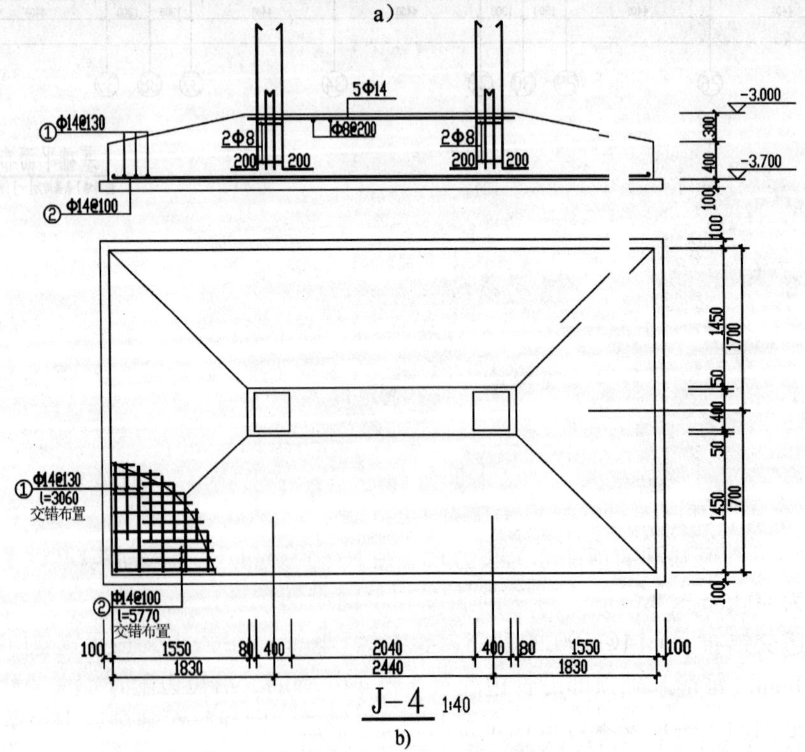

b)

图 8-48 独立基础详图

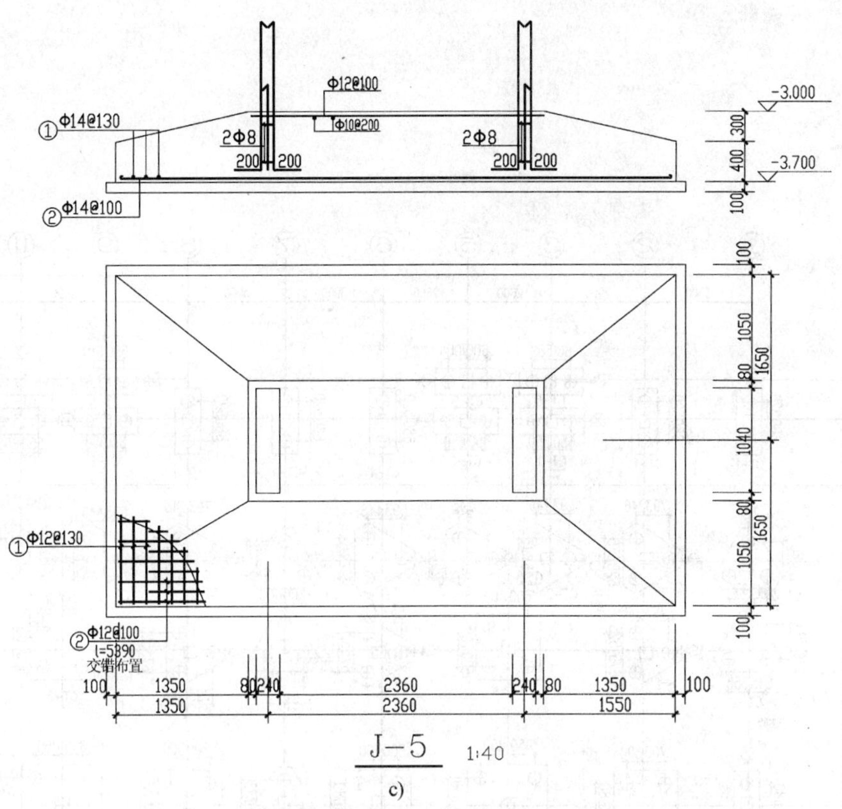

c)

图 8-48　独立基础详图（续）

图 8-48a 除了画出垂直剖面图外，还画出了平面图。垂直剖面图清晰地反映了基础垫层、基础、基础柱三部分的构造情况。平面图中采用了局部剖面形式以表示基础内的网状配筋。由于 J-1、J-2、J-3、J-6、J-7 的断面结构形式一致，仅尺寸和配筋情况有所差异，因此通过一个通用配筋图和独立柱基参数表，来表达独立柱基的形状、大小、构造和配筋。例如 J-1 基础，最下面是 100mm 厚的垫层，宽 2800mm，垫层顶面标高为 -3. 700。从平面图并结合参数表中可以看出，J-1 为锥形基础，锥形基础的底面为 2600mm × 2600mm 的正方形，底板边缘厚 300mm，锥形基础的顶面亦为正方形，每边的边长分别比柱子边长宽出 50mm，锥形斜坡高 200mm。其次，从剖面图和平面图还可看出基础的钢筋配置情况。锥形基础底板内纵横向都配置 ϕ12@ 110 的钢筋。基础柱中预留插筋以便与柱内钢筋搭接，柱插筋与柱相同。在基础高度范围内按构造要求布置两道 ϕ6 箍筋。

图 8-48b 为该住宅双柱联合基础 J-4 的基础详图（平面图、剖面图）。与独立柱基相同，基础下面为 100mm 厚的垫层，垫层顶面标高为 -3. 700。从平面图并结合剖面图可以看出，J-4 为锥形基础，其底面总长度为 6100mm，总宽度为 3400mm，底板边缘厚 400mm，锥形斜坡高 300mm。锥形基础的顶面亦为长方形，总长 3000mm，宽 500mm。基础上 2 根柱子的截面尺寸均为 400mm × 400mm。再从剖面图和平面图阅读基础的钢筋配置情况。锥形基础底板内沿长边交错布置 ϕ14@ 100 的钢筋，长 l = 5770mm；沿短边交错布置 ϕ14@ 130 的钢筋，长 l = 3060mm。锥形基础顶部沿长边配置 5 根 ϕ14 钢筋，沿短边配置 ϕ8@ 200 的钢筋。另在基础高度范围内按构造要求每根柱布置两道 ϕ8 箍筋。同样，在基础柱中预留插筋以便与柱内钢筋搭接。

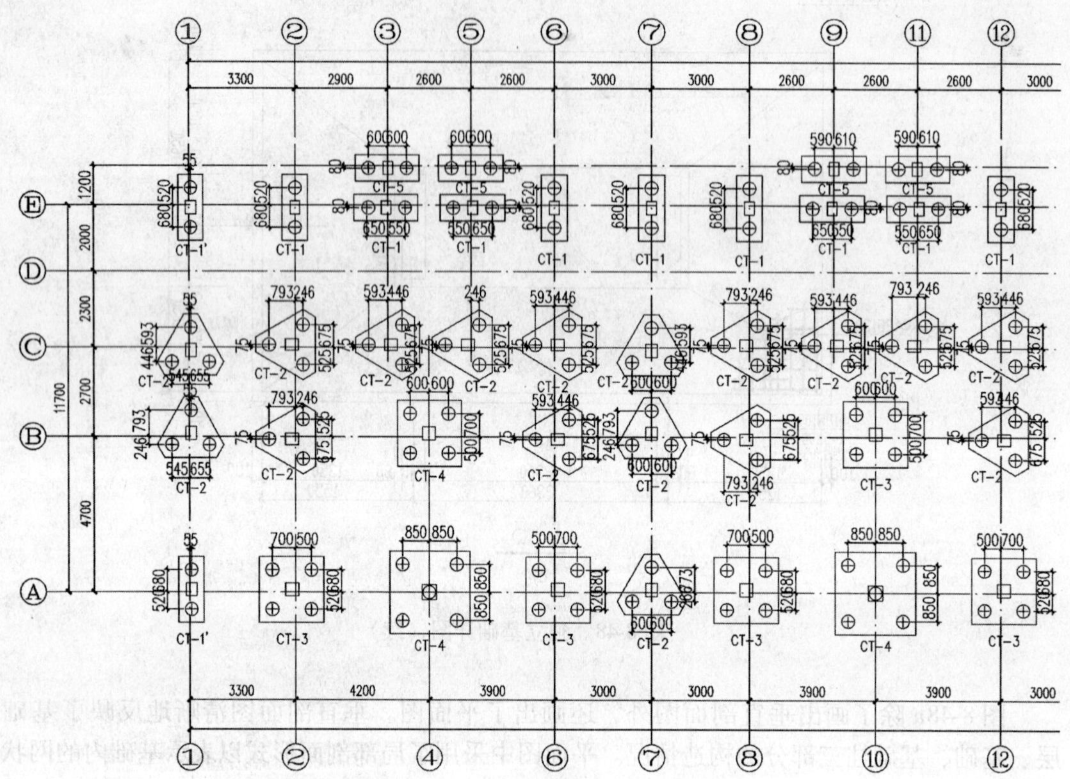

① ② ③ ⑤ ⑥ ⑦ ⑧ ⑨ ⑪ ⑫
3300 2900 2600 2600 3000 3000 2600 2600 2600 3000
Ⓔ Ⓓ Ⓒ Ⓑ Ⓐ
1200 2000 2300 2700 4700 11700
CT-1' CT-1 CT-2 CT-3 CT-4 CT-5
3300 4200 3900 3000 3000 3900 3900 3000
① ② ④ ⑥ ⑦ ⑧ ⑩ ⑫

图 8-49　桩及承台

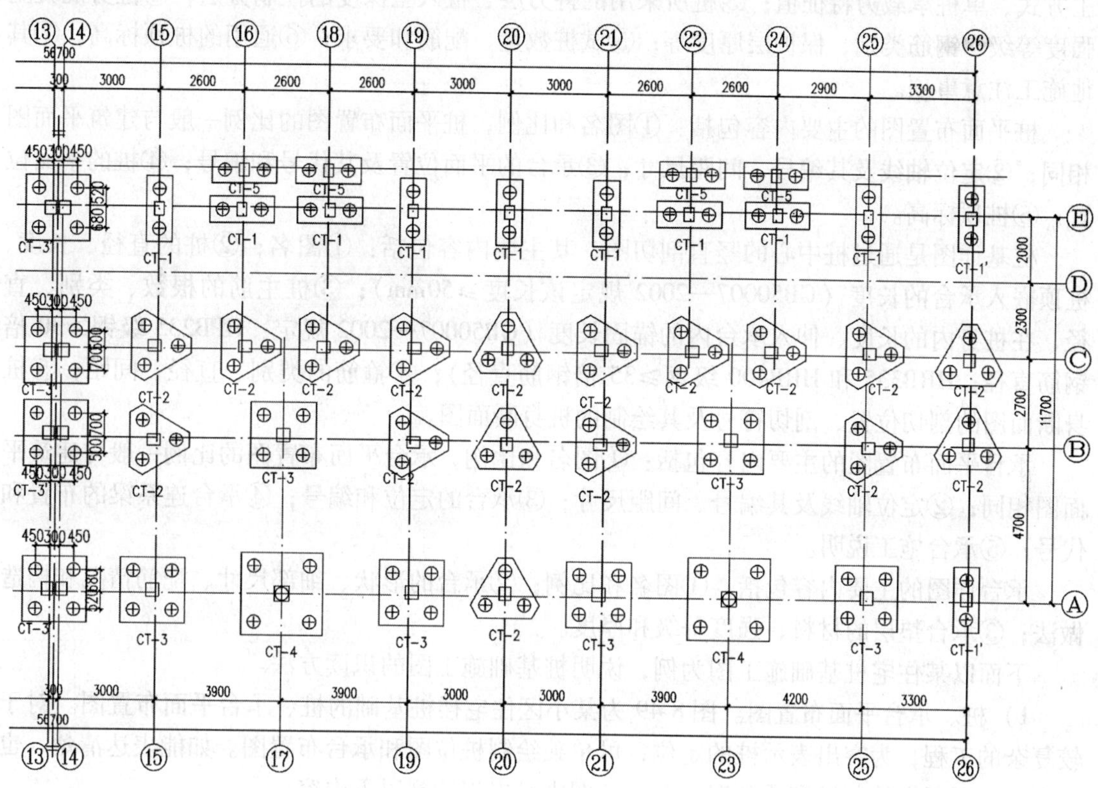

桩及承台平面布置图 1:100

平面布置图

（3）桩基础施工图识读　桩基础施工图主要表示桩、承台、柱的平面布置，相互之间的位置关系；各部分尺寸、使用的材料及其配筋情况等。桩基础施工图一般包括桩基础设计说明、桩平面布置图、承台平面布置图、桩基详图和承台详图。

桩基础设计说明主要包括：①设计依据、场地 ±0.000 的绝对标高值；②桩的种类、施工方式、单桩承载力特征值；③桩所采用的持力层、桩入土深度的控制方法；④桩身混凝土强度等级、钢筋类别、保护层厚度等；⑤试桩数量、配筋和要求；⑥通用的桩顶标高；⑦其他施工注意事项。

桩平面布置图的主要内容包括：①图名和比例，桩平面布置图的比例一般与建筑平面图相同；②定位轴线及其编号、间距尺寸；③承台的平面位置及其代号和编号；④桩的平面位置；⑤桩顶标高。

桩基详图是通过桩中心的竖直剖切图，其主要内容包括：①图名；②桩的直径、长度、桩顶嵌入承台的长度（GB50007—2002 规定该长度≥50mm）；③桩主筋的根数、类别、直径、在桩身内的长度、伸入承台内的锚固长度（GB50007—2002 规定：HPB235 级钢≥30 倍钢筋直径；HRB335 和 HRB400 级钢≥35 倍钢筋直径）；④箍筋的类别、直径、间距；⑤桩身断面图的剖切位置、剖切符号及其绘制的桩身断面图。

承台平面布置图的主要内容包括：①图名和比例，承台平面布置图的比例一般与建筑平面图相同；②定位轴线及其编号、间距尺寸；③承台的定位和编号；④承台连系梁的布置和代号；⑤承台施工说明。

承台详图的主要内容包括：①图名和比例；②承台的形状、细部尺寸、配筋情况和构造做法；③承台垫层的材料、强度等级和厚度。

下面以某住宅桩基础施工图为例，说明桩基础施工图的识读方法。

1）桩、承台平面布置图。图 8-49 为某小区住宅楼桩基础的桩、承台平面布置图。对于较复杂的工程，为突出表示桩的定位，可单独绘制桩位图和承台布置图。如能表达清楚，也可在一张图纸上绘制桩和承台定位图。从图中可以识读到以下内容：

①图 8-49 的比例为 1∶100，经对照，其轴线编号及间距尺寸与建筑平面图一致。

②了解桩的平面布置情况。图中带细实线十字的圆即是桩身截面，细实线十字的中心即是桩身的中心。为了明确桩身的位置，图中标注了桩中心和定位轴线之间的尺寸。由于左右对称，图中只标注了轴线⑭以左部分的桩的定位尺寸。以位于①轴和Ⓐ轴相交处 CT-1′中的 2 根桩为例，桩的中心纵向距①轴线 55mm，横向距Ⓐ轴线分别为 520mm 和 680mm。这些尺寸是施工时桩身定位的重要依据。

③了解承台的类型和编号。从图中可以看出，该建筑使用了 5 种承台，并按承台种类的不同，分别予以编号。如 CT-1，数量为 18 个，位于Ⓔ轴处，属于两桩承台，平面形状为矩形。CT-2，数量为 34 个，属于三桩承台，平面形状为切角三角形。其他承台的数量和形状在此不一一列出。至于承台的定位尺寸及承台与桩、柱之间的相对位置关系需结合承台详图阅读。

2）桩基础详图。图 8-50 为图 8-49 桩基础桩顶处的详图。从图 8-50 中的设计说明可知，本工程基础采用预应力混凝土管桩，根据岩土工程勘察报告，桩的持力层选择第八层强风化花岗岩，桩径为 400mm，壁厚 95mm，桩尖进入花岗岩不小于 1.0m，实际桩长约 11m，单桩竖向承载力特征值为 400kN。桩身混凝土等级≥C80，并要求桩顶主筋若无截断应伸入承台内，其锚固长度 >35d（d 为主筋直径），且不小于 500mm。

从桩顶详图可以看到桩顶处的配筋情况。从桩顶开始的1500mm高度范围内，布置4根直径为16mm的插筋，顶部设置2根$\phi6$十字筋，并与插筋焊接在一起。为加强桩身与承台的连接，插筋在承台中的锚固长度为600mm，并向外扩展。在插筋的顶部，箍筋采用1$\phi6$环箍。插筋底部设置2mm厚圆钢板，直径为200mm。桩顶处在桩芯内填注C30混凝土并灌注饱满。

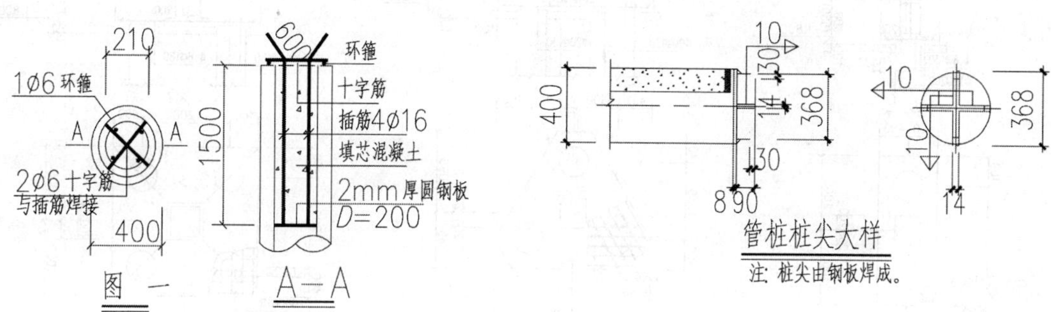

预应力混凝土管桩基础说明：

1. 本工程的基础设计根据××建筑设计院提供的“岩土工程勘察报告”完成。
2. 本工程采用预应力混凝土管桩，桩身混凝土等级≥C80（PHC A类桩）。单桩竖向承载力特征值为400kN，桩径为400mm，壁厚95mm。
3. 桩的持力层选择“岩土工程勘察报告”中的第8层强风化花岗岩。
4. 预应力管桩的分节长度应根据施工条件和运输条件而定，接头不宜超过4个。
5. 预应力管桩的桩顶主筋若无截断应伸入承台内，其锚固长度>35d（d为主筋直径），且不小于500mm。
6. 沉桩施工采用静力压桩。施工时的终压控制条件以终压值控制为主，静压桩机最大加载量为≥800kN（满载、卸载、再满载，反复3次）。视地质情况可增加复压次数。
7. 本工程设计桩长根据工程地质勘探报告，要求桩尖进入花岗岩不小于1.0m（以标贯数不小于50击界定），由现地面算起，实际桩长约11m，如桩长小于8.5m，应通知设计人员另行处理。
8. 送桩时应保证桩锤、送桩器及桩头在同一垂直线上，以免由此引起桩身倾斜。
9. 沉桩施工要求

1）桩插入时，垂直度偏差不得超过0.5%，压桩完成后不超过1%。

2）压桩顺序如下：

①对于密集桩群，自中间向两个方向或向四周对称施压。

②当一侧毗邻建筑物时，由毗邻建筑物向另一方施压。

③根据基础的设计标高，宜先深后浅。

④根据桩的规格，宜先大后小、先长后短。

3）压桩完成以后，桩头高于地面的部分应小心保护，严禁施工机械碰撞。如妨碍桩机行走，应及时用专用截桩器截除。送桩留下的桩孔，应立即用砂或石渣回填。

10. 柱子纵筋锚于承台中的长度要求≥35d，且水平段长取200mm，柱子承台范围内的箍筋间距取200mm。
11. 与承台连接处的管桩桩顶构造如图一所示，填芯混凝土采用的强度等级为C30，并应灌注饱满。
12. 除上述说明以外，其他要求按静压桩有关规定执行。

图8-50　桩顶详图和设计说明

3）承台详图。图 8-51 为承台详图，从中可以读出承台、桩、柱三者之间的相对关系，这一点对承台的定位十分重要。下面以承台 CT-2 和 CT-3（CT-3′）为例，说明承台详图的识读方法。

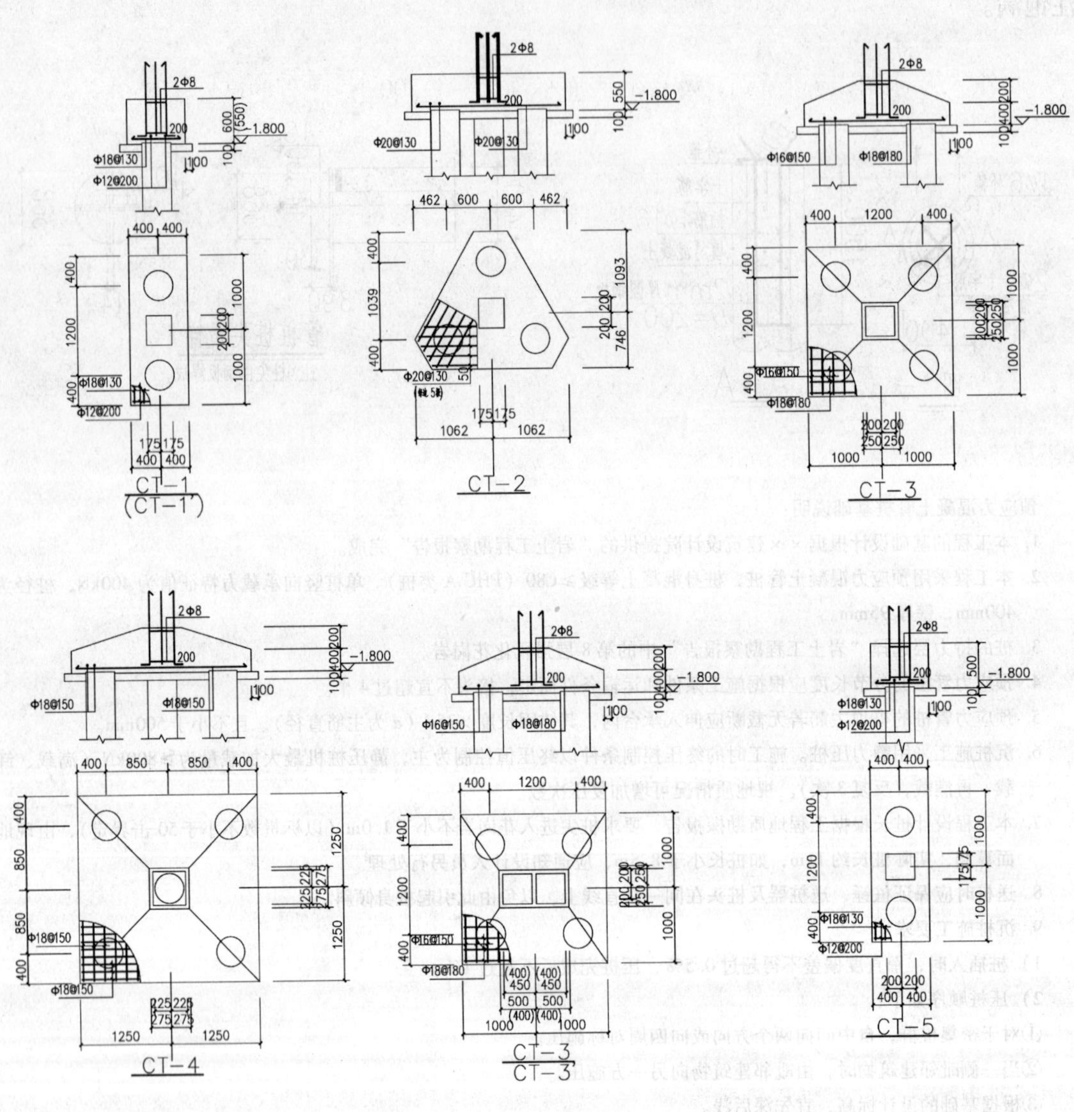

图 8-51　承台详图

①CT-2。与独立基础类似，承台详图由平面图和垂直剖面图组成。从平面图可以看到，CT-2 是一个三桩承台，平面形状近似于一个三角形，但在角部做了 60°切角。柱的尺寸是 400mm×350mm，图中标注的是柱子的中心位置，还可看到柱中心到承台边的定位尺寸，再参照柱子定位图，就可以确定承台相对于定位轴线的位置。图中还注明了桩中心和柱中心的尺寸，因此，承台详图可以明确定位承台、桩和柱之间的相对关系。

CT-2 平面图中用局部剖视的方法表达了配筋情况，结合垂直剖面图，可以识读钢筋的配置情况。可以看到，沿着三根桩的中心线，在承台下部每边布置 5 根直径 20mm 的 HRB335 级钢筋，钢筋之间的间距为 130mm。在承台剖面图中，画出了承台配筋的立面情况以及柱子钢筋锚固在承台中的情况。柱子承台范围内的箍筋按构造要求布置，为两道 $\phi8$ 箍筋。根据图 8-50 设计说明知，箍筋间距取 200mm。柱子纵筋锚于承台中的长度要求 $\geqslant 35d$，且水平段长取 200mm。

此外，从剖面图还可看到，承台的底面标高为 - 1. 800m，承台的高度为 550mm，因此承台顶标高为 - 1. 250m。承台下方还设置 100mm 厚的素混凝土垫层，部分桩顶伸入到承台内部，和承台锚固在了一起。桩顶详图可参看图 8-50。

②CT-3（CT-3′）。CT-3 分为单柱和双柱两个详图，除柱子不同之外，两个详图的各部分尺寸和配筋完全相同，因此通用 CT-3 表示。在双柱详图中，又因为 CT-3 和 CT-3′断面形式一致，仅个别情况有所差异，因此通过一个通用配筋图来表达，CT-3′的数据与 CT-3 不同之处在图中用括号标出。由平面图知，CT-3（CT-3′）是一个四桩承台，形状为正方形，边长为 2000mm。在承台底部沿着承台两个边的方向，纵向均匀布置⏀ 18 钢筋，间距 180mm，横向均匀布置⏀ 16 钢筋，间距 150mm。承台剖面为锥形，底板高 400mm，锥形斜坡高 200mm。柱子在承台范围内的配筋、承台底面标高、桩顶伸入承台内的构造与 CT-2 相同。

8. 4. 5 结构平面图

一般中小型民用房屋，限于经济水平、施工条件和材料供应等，仍采用混合结构。混合结构的楼盖和屋盖一般都采用钢筋混凝土构件。按施工方式不同，楼盖和屋盖又分为预制装配式和现浇式两种。

结构平面图是表示建筑物室外地面以上各层平面承重构件（如梁、板、柱、墙、门窗过梁、圈梁等）布置的图样，一般包括楼层结构平面图和屋顶结构平面图。

1. 楼层结构平面图

楼层结构平面图是假想将建筑物沿楼板面水平剖切后所得的水平剖面图，用于表示各层的梁、板、柱、墙、过梁和圈梁等的平面布置、构造、配筋情况，是结构施工时布置或安放各层承重构件的依据。

在多层建筑中，一般应分层绘制楼层结构平面图，但若各层构件的类型、大小、数量、布置等均相同时，可只画出标准层的楼层结构平面图。如平面对称，可采用对称画法，一半画屋顶结构平面图，另一半画楼层结构平面图。楼梯间和电梯间因另有详图，可在平面图上用相交对角线表示。当铺设预制楼板时，可用细实线分块画出板的铺设方向。

（1）楼层结构平面图的图示内容

1）图名和比例。楼层平面图的比例一般为 1∶50 和 1∶100。

2）定位轴线、编号及轴线尺寸。定位轴线用来确定各承重构件和墙的位置。结构平面图的定位轴线及编号应与建筑平面图一致。

3）墙、柱、梁等构件的位置及代号和编号。墙用平面轮廓线表示，被楼板压住的墙身轮廓线用虚线表示。梁（L）可用粗点画线表示其中心位置。剖切到的柱涂黑表示。

4）楼板部分。如果是预制板，由于是选用标准图集，因此在施工图中应标明代号、跨度、宽度及所能承受的荷载等级；如果是现浇板，则需说明板的范围、板厚、预留孔洞的位置和尺寸。

5）圈梁和过梁的布置位置、代号和编号。圈梁和过梁一般用粗虚线或粗点画线表示其位置。在门窗洞口处，需注明过梁的代号、编号，如 GL-1。在平面布置图中，圈梁用 QL-1、QL-2……编号标注。

6）详图索引符号及剖切符号。

7）设计说明。对本楼层中需要特别指明的特殊材料、尺寸或构造措施加以说明。

（2）识读示例　现以图 8-52 所示的某住宅单元标准楼层结构平面布置图为例，说明楼层结构平面图的识读要点。

从图中可以看出，该楼层以轴线⑤为中线左右对称分为两个单元。

1）首先看图名和比例，得知该图为标准层结构平面布置图，比例为 1:100。

2）在图 8-52 中，各结构构件的定位基本是以定位轴线为基准的，因此，楼层结构平面布置图中，清楚地画出了与建筑平面图一致的定位轴线和编号。

3）沿着定位轴线可以看到该结构墙体的轮廓线，其中被剖切的墙身用细实线表示，楼板下面不可见的墙身轮廓线用细虚线表示。

4）由于房屋中房间的功能和大小不同，所以楼板也不相同。从楼板的布置情况看，标准层的楼板布置有预制装配式楼板和现浇楼板两种。

图中标明甲和乙处的板以及③～⑦轴线间靠近Ⓑ轴线处布置的是预制楼板，以⑧、⑨轴线间的楼板甲为例，在板的布置范围内用一条斜线表示，同时在旁边注明预制楼板的代号、数量和规格，并用细实线画出了各块楼板的轮廓线，以表明预制楼板的铺设方向。

预制楼板用代号表示，如图中甲处的板 1YBZ33-1，其含义如下：

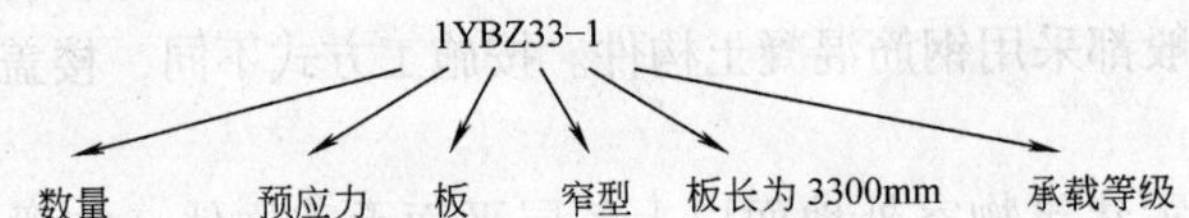

位于厨房、卫生间及阳台等处的楼板，因为需要预留设备管洞及结构要求，设计为现浇钢筋混凝土板。在Ⓓ和Ⓔ轴线间，轴线②和④、⑥和⑧之间的板（即厨房和北阳台的板）是现浇板，代号为 XB-1，现浇板中绘制出钢筋，并标注编号，如①号钢筋为 $\phi8$@180。另根据设计说明，XB1 板厚为 120mm，板内分布钢筋均为 $\phi6$@200。

板丙也为现浇板，根据钢筋的标示，可知顶层钢筋为 $\phi10$@110，底层钢筋为 $\phi10$@110。板丁的底层钢筋有 $\phi10$@100、$\phi12$@110，顶层钢筋有 $\phi12$@110、$\phi10$@100。

5）在图中，用较短的粗虚线表示门或窗洞口上方的过梁，代号为 GL-1、GL-2、GL-3。沿墙体布置的较长粗虚线表示圈梁，类型有 QL-1、QL-1A、QL-5。从设计说明中可知，圈梁底面的标高分别为 2.470m、8.070m。

6）图中涂黑的部分，表示被剖切到的构造柱。图中标明了构造柱 XZ3，未注明的构造柱均为 XZ1。

7）在图 8-52 中，楼梯间用一斜细实线表示。

2. 屋顶结构平面图

屋顶结构平面图是表示屋面承重构件平面布置的图样，其图示内容和表达方法与楼层结构平面图基本相同。其不同之处在于：

1）楼梯间的平屋顶为满铺屋面板，不再是楼梯段。

2）檐口设计为挑檐时，有挑檐板。

3）屋顶结构平面图中常附有屋顶水箱等结构以及上人孔等。

4）由于屋面排水需要，屋面承重构件可根据需要按一定的坡度布置并设置天沟板。

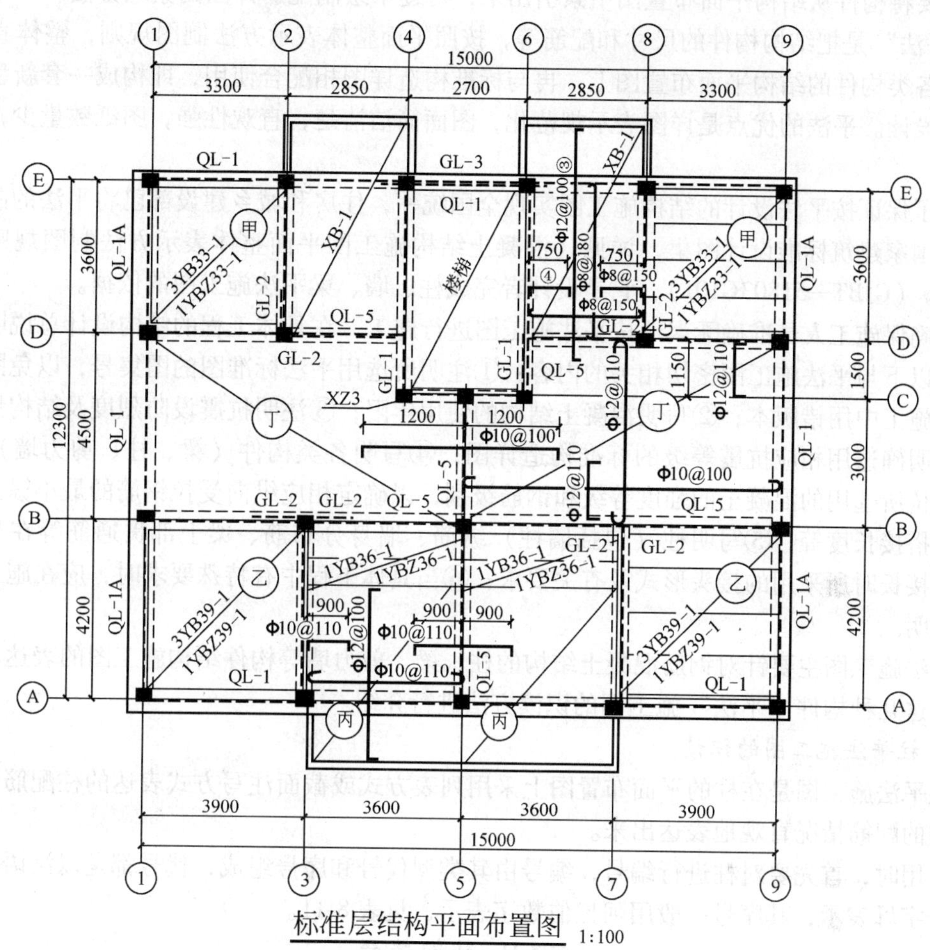

说明：

1. 材料：采用 C20 混凝土，HPB235 级钢筋，f_y=210N/mm^2，HRB335 级钢筋，f_y=300N/mm^2
2. 圈梁底标高分别为 2.470m，8.070m。
3. 现浇板厚均为 h=120，板内分布钢筋均为Φ6@200。
4. 图中未注明的构造柱均为 XZ1。

图 8-52　楼层结构平面图

8.4.6　钢筋混凝土结构“平法”施工图的识读

在第 7 章介绍了表达梁、柱配筋的传统图示方法，这种方法称为详图法，需要在梁、柱上不同位置做断面图，用断面图来表达梁、柱的截面尺寸和内部钢筋配置。现浇钢筋混凝土结构的柱、梁、剪力墙等施工图目前一般都采用平面整体设计方法（简称“平法”）绘制。“平法”绘图方法，对我国传统的混凝土结构施工图的表示方法做了重大改革，改变了过去那种需要将构件从结构平面布置图中索引出来，再逐个绘制配筋详图的繁琐方法。

“平法”是把结构构件的尺寸和配筋等，按照平面整体表示方法制图规则，整体直接地表达在各类构件的结构平面布置图上，再与标准构造详图相配合使用，即构成一套新型完整的结构设计。平法的优点是详图表示规范化，图面简洁清楚，直观性强，图纸数量少，便于识读。

为了保证按平法设计的结构施工图实现全国统一，住房和城乡建设部已将平法的制图规则纳入国家建筑标准设计图集，详见《混凝土结构施工图平面整体表示方法制图规则和构造详图》（GJBT—51803G101），它是设计者完成柱、墙、梁平法施工图的依据。

为确保施工人员准确无误地按平法施工图进行施工，在具体工程的结构设计总说明中必须写明以下与平法施工图密切相关的内容：①注明所选用平法标准图的图集号，以免图集升版后在施工中用错版本；②写明混凝土结构的使用年限；③注明抗震设防烈度及结构抗震等级，以明确选用相应抗震等级的标准构造详图；④写明各类构件（梁、柱、剪力墙）在其所在部位所选用的混凝土的强度等级和钢筋级别，以确定相应纵向受拉钢筋的最小锚固长度及最小搭接长度等；⑤写明柱（包括墙柱）纵筋、墙身分布筋、梁上部贯通筋等在具体工程中需接长时所采用的接头形式及有关要求；⑥当具体工程中有特殊要求时，应在施工图中另加说明。

平法施工图主要针对钢筋混凝土结构的柱、梁、剪力墙等构件结构施工图的表达。下面分别对这几种构件“平法”施工图的识读方法进行介绍。

1. 柱平法施工图的识读

柱平法施工图是在柱的平面布置图上采用列表方式或截面注写方式表达的柱配筋图，可以将柱的配筋情况直观地表达出来。

应用时，首先要对柱进行编号，编号由其类型代号和序号组成，代号都是以汉语拼音的第一个字母表示，其序号一般用阿拉伯数字表示，见表8-11。

表8-11　柱的编号

柱类型	代　号	序　号	柱类型	代　号	序　号
框架柱	KZ	××	梁上柱	LZ	××
框支柱	KZZ	××	剪力墙上柱	QZ	××
芯柱	XZ	××			

例如：KZ1 即表示第一号框架柱，而 QZ03 则表示第三种剪力墙上柱。

（1）列表注写方式　列表注写方式是在柱的平面布置图上（一般只需采用适当比例绘制一张柱平面布置图，将全部柱绘制在该图上），根据柱的类别按表 8-11 的规则进行编号，并表示出柱子结构层楼面标高和结构层高，然后在柱表中注写柱号、柱段起止标高、截面几何尺寸与配筋的具体数值，同时在图中配以各种柱的截面形状及其箍筋类型图，如图 8-53 所示。

列表注写方式的主要内容有：

1）柱平面布置图。图中表明定位轴线及编号、间距尺寸；柱的编号、平面布置、截面形状及与轴线的关系等。

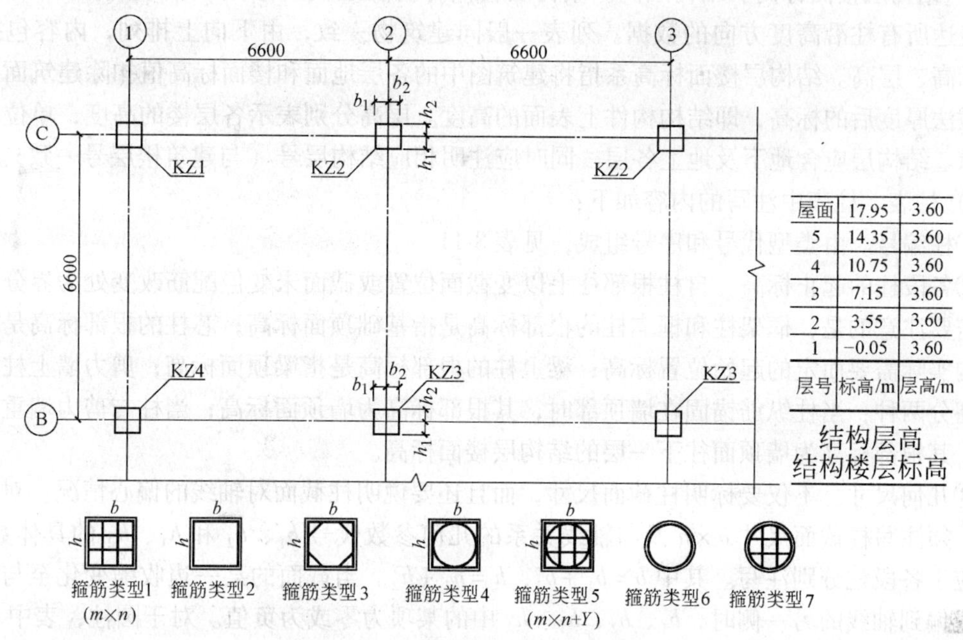

柱表

柱号	KZ1			柱号	KZ2		
标高 /m	−0.05~7.15	7.15~14.35	14.35~17.95	标高 /m	−0.05~7.15	7.15~14.35	14.35~17.95
(b/mm)×(h/mm)	600×600	550×550	500×500	(b/mm)×(h/mm)	600×600	550×550	500×500
b_1/mm	250	250	250	b_1/mm	250	250	250
b_2/mm	350	300	250	b_2/mm	350	300	250
h_1/mm	350	250	250	h_1/mm	300	275	250
h_2/mm	250	300	250	h_2/mm	300	275	250
全部纵筋	12Φ25	12Φ25	12Φ25	全部纵筋	4Φ25+8Φ22	4Φ25+8Φ22	4Φ25+8Φ22
角筋	4Φ25	4Φ25	4Φ25	角筋	4Φ25	4Φ25	4Φ25
b边一侧中部筋	2Φ25	2Φ25	2Φ25	b边一侧中部筋	2Φ22	2Φ22	2Φ22
h边一侧中部筋	2Φ25	2Φ25	2Φ25	h边一侧中部筋	2Φ22	2Φ22	2Φ22
箍筋类型号	1(4×4)	1(4×4)	1(4×4)	箍筋类型号	1(4×4)	1(4×4)	1(4×4)
箍筋	ϕ10@100	ϕ10@100	ϕ10@100	箍筋	ϕ10@100/ϕ10@200	ϕ10@100/ϕ10@200	ϕ10@100/ϕ10@200

图 8-53 柱平法施工图的列表注写方式

2）柱截面形状及其箍筋类型号。因为柱箍筋的配置有多种情况，比较复杂，因此，应在施工图中的适当位置或柱表的上部，画出可能出现的各种箍筋类型图以及箍筋复合的具体方式，并在其上标注与表中相对应的截面尺寸 b、h ，编上类型号。箍筋类型号可编写为1、2、3…，箍筋肢数注写在括号里，用（$m\times n$）来表示，其中 m 对应宽度 b 方向的箍筋肢数，

n 对应 h 方向的箍筋肢数。

3）结构层楼面标高、结构层高。结构层楼面标高及层高一般用表格或其他方法注明，用来表达所有柱沿高度方向的数据。列表一般同建筑物一致，由下向上排列，内容包括层号、标高、层高。结构层楼面标高系指将建筑图中的各层地面和楼面标高值扣除建筑面层及垫层做法厚度后的标高，即结构构件上表面的高度。层高分别表示各层楼的高度，单位均用 m 表示。结构层应含地下及地上各层，同时应注明相应结构层号（与建筑楼层号一致）。

4）柱表。柱表中注写的内容如下：

①柱编号。由类型代号和序号组成，见表 8-11。

②各段柱的起止标高。自柱根部往上以变截面位置或截面未变但配筋改变处为界分段注写。需要注意的是，框架柱和框支柱的根部标高是指基础顶面标高；芯柱的根部标高是指根据结构实际需要而定的起始位置标高；梁上柱的根部标高是指梁顶面标高；剪力墙上柱的根部标高分两种：当柱纵筋锚固在墙顶部时，其根部标高为墙顶面标高；当柱与剪力墙重叠一层时，其根部标高为墙顶面往下一层的结构层楼面标高。

③几何尺寸。不仅要标明柱截面尺寸，而且还要说明柱截面对轴线的偏心情况。对于矩形柱，须注写柱截面尺寸 $b \times h$ 及与轴线关系的几何参数代号 b_1、b_2 和 h_1、h_2 的具体数值，并对应于各段柱分别注写。其中 $b = b_1 + b_2$，$h = h_1 + h_2$。当截面的某一边收缩变化至与轴线重合或偏到轴线的另一侧时，b_1、b_2、h_1、h_2 中的某项为零或为负值。对于圆柱，表中 $b \times h$ 一栏改用在圆柱直径数字前加 d 表示。为表达简单，圆柱截面与轴线的关系也用 b_1、b_2 和 h_1、h_2 表示，并使 $d = b_1 + b_2 = h_1 + h_2$。

④柱纵筋。当柱纵筋直径相同，各边根数也相同时，将柱纵筋注写在“全部纵筋”一栏中。除此之外，将柱纵筋分为角筋、截面 b 边中部筋和 h 边中部筋三项分别注写。对于采用对称配筋的矩形截面柱，可仅注写一侧中部筋，对称边省略不注写。

⑤箍筋类型号和箍筋肢数。选择对应的箍筋类型号，在类型号后面括号内注写箍筋肢数。

⑥柱箍筋。包括钢筋级别、直径与间距。当为抗震设计时，用斜线“/”区分柱端箍筋加密区与柱身非加密区长度范围内箍筋的不同间距。而加密区长度，需要施工人员根据标准构造详图的规定计算确定。例如 ϕ10@100/250，表示箍筋为 HPB235 级钢筋，直径为 10mm，加密区间距为 100，非加密区间距为 250。当箍筋沿柱全高为一种间距时，则不使用斜线“/”。例 ϕ12@100，表示箍筋为 HPB235 级钢筋，直径 12mm，沿柱全高的间距为 100mm。当圆柱采用螺旋箍筋时，需在箍筋前加注“L”。例如 Lϕ10@100/200，表示柱采用螺旋箍筋，HPB235 级钢筋，直径为 10mm，加密区间距为 100mm，非加密区间距为 200mm。

下面以图 8-53 为例，介绍柱平法施工图列表注写方式的识读方法。

从图 8-53 中可以看到，该图适用于①～③轴线和Ⓑ、Ⓒ轴线范围内所有的标高从 −0.05～17.95m的柱，图中列表“结构层高、结构楼层标高”标明了该建筑各层的结构层楼（地）面标高、结构层高及相应的结构层号。由此可知，该建筑是一幢 5 层建筑，屋顶高度为 17.95m，楼层层高 3.6m，本施工图表达从 1 层到 5 层的柱，标高从 −0.05～17.95m。

该结构在此范围内的柱为框架柱，分别编号为 KZ1、KZ2、KZ3、KZ4，柱表表示的是 KZ1 和 KZ2 的平面和立面布置、截面、配筋等情况，表中“标高”一栏表示柱在建筑高度上的布置，从表中可知，在不同的标高范围内，KZ1 和 KZ2 的截面尺寸和配筋是变化的。

因此，柱表分三段高度进行分段注写，标高“-0.05~7.15”段，柱截面尺寸为600mm×600mm；标高“7.15~14.35”段，柱截面尺寸为550mm×550mm；标高“14.35~17.95”段，柱截面尺寸为500mm×500mm。另外，两柱的中心并不与定位轴线对正，因此，在图中注明了柱相对于定位轴线的关系尺寸 b_1、b_2、h_1、h_2，然后将具体数值列在柱表中，从而可以明确各柱在不同楼层的具体位置。

柱表中还列出了柱的配筋。除全部纵筋外，还将纵筋细分为角筋、b 边一侧中部筋、h 边一侧中部筋，这样就可以对各个柱纵向钢筋的配置情况一目了然。如图 8-53 柱表中的 KZ1 标高为“-0.05~7.15”段，配筋情况是角筋为4根直径25mm的HRB335钢筋，截面的 b 边一侧中部筋为2根直径25mm的HRB335钢筋，截面的 h 边一侧中部筋与 b 边的相同。箍筋配置可结合图、柱表来识读。在图的下方列出了该结构中可能出现的箍筋形式，并加以编号，其中类型1是多肢箍筋，用（$m\times n$）表示箍筋的肢数，其中 m 对应宽度 b 方向的箍筋肢数，n 对应高度 h 方向的箍筋肢数。从柱表中可知，KZ1 和 KZ2 的箍筋类型为1（4×4），表示两种柱的箍筋类型均为类型1，b、h 方向的箍筋肢数均为4，然后再从柱表中查到箍筋的级别、直径和间距即可。如 KZ2 在标高-0.05~7.15 的范围内，箍筋类型按类型1配置，箍筋肢数为4×4，宽度 b 和高度 h 方向箍筋的肢数均为4。箍筋的直径为10mm，间距为200mm，而在加密区，间距是100mm，用 ϕ10@100/ϕ10@200 表示，斜线“/”前的100表示加密区箍筋的间距，其后的200表示非加密区的箍筋间距。

（2）截面注写方式　截面注写方式是在柱平面布置图上，分别在不同编号的柱中各选一个截面，在其原位上以一定比例放大绘制柱截面配筋图，在各配筋图上直接注写柱编号、截面尺寸 $b\times h$、角筋或全部纵筋、箍筋的级别、直径及加密区与非加密区的间距。同时，在柱截面配筋图上还需标明柱截面与轴线关系的具体数值 b_1、b_2、h_1、h_2。当纵筋采用两种直径时，须再注写截面各边中部筋的具体数值（对于采用对称配筋的矩形截面柱，可仅在一侧注写中部筋，对称边省略不注）。

在截面注写方式中，如柱的分段截面尺寸和配筋均相同，仅分段截面与轴线的关系不同时，可将其编为同一柱号。但此时应在未画配筋的柱截面上注写该柱截面与轴线关系的具体尺寸。

下面以图 8-54 为例，说明采用截面注写方式表达柱平法施工图的识读方法。

图 8-54 表示的是某结构从19.470~37.470的柱配筋图，即结构6~11层柱的配筋图。图中的柱先进行编号，共有框架柱和梁上柱两种类型，框架柱又编号为KZ1、KZ2、KZ3，梁上柱编号为LZ1，从图中可以得知各柱的数量。图中表示出了定位轴线和各柱截面相对于定位轴线的位置。截面注写方式所标注的内容识读如下：

1）了解柱的截面尺寸。以 KZ1 为例，从标注中可知 KZ1 的截面尺寸为650mm×600mm。

2）了解柱相对定位轴线的位置关系。图中给出了明确的尺寸标注。

3）了解柱的配筋情况。柱的纵向钢筋有两种标注方式：一是分别标注角筋和中间钢筋，如 KZ1，集中标注的4⌀22指的是四角的角筋，然后在宽度方向标注5⌀22、高度方向标注4⌀20，指的是截面宽度和高度方向上中间钢筋的配置情况。二是将所有纵筋集中标注出来，如KZ2、KZ3和LZ1，其纵筋分别为22⌀22、24⌀22、6⌀16，对应各自的纵筋布置图，可以很明确地确定钢筋的放置位置。箍筋的型式在图中直接标明，其含义与列表法一样。

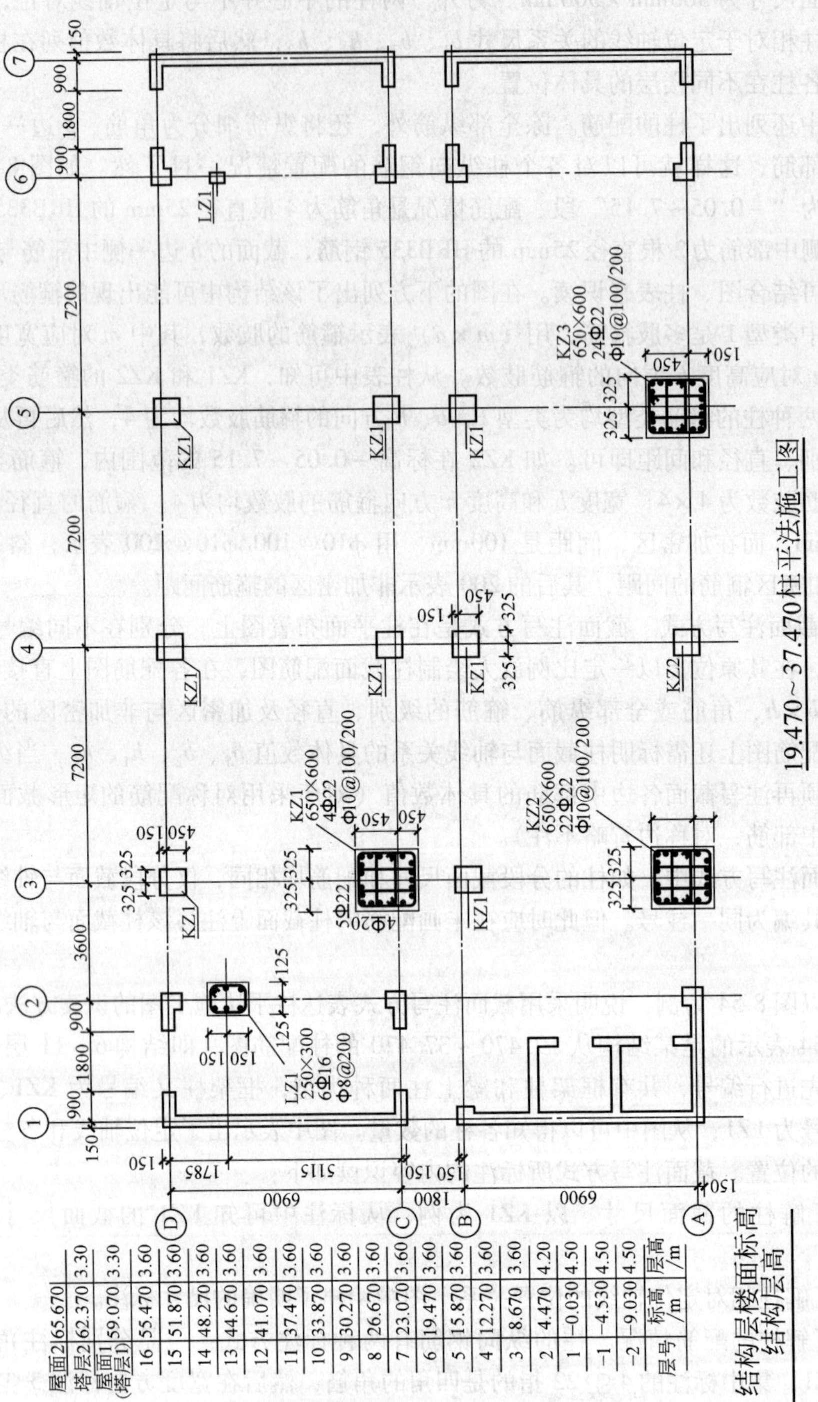

图 8-54 柱平法施工图的截面注写方式

总之，采用“平法”制图方法绘制柱施工图，可直接把柱的配筋情况注明在柱的平面布置图上，具有简单明了的优点。但在传统制图方法绘制的柱配筋立面图中，还可以看到纵向钢筋的锚固长度和搭接长度，而在柱的“平法”施工图中，则无法直接在图中表达这些内容。为了方便应用，平法图集03G101—1给出了钢筋的锚固长度和搭接长度，这些长度是根据规范GB50010—2002计算出来的，见表8-12～表8-14。

表8-12 受拉钢筋最小锚固长度 l_a

钢筋种类		混凝土强度等级									
		C20		C25		C30		C35		C40	
		$d\leqslant25$mm	$d>25$mm	$d\leqslant25$mm	$d>25$mm	$d\leqslant25$mm	$d>25$mm	$d\leqslant25$mm	$d>25$mm	$d\leqslant25$mm	$d>25$mm
HPB235级钢筋	普通钢筋	$31d$	$31d$	$27d$	$27d$	$24d$	$24d$	$22d$	$22d$	$20d$	$20d$
HRB335级钢筋	普通钢筋	$39d$	$42d$	$34d$	$37d$	$30d$	$33d$	$27d$	$30d$	$25d$	$27d$
HRB400级钢筋和RRB400级钢筋	普通钢筋	$46d$	$51d$	$40d$	$44d$	$36d$	$39d$	$33d$	$36d$	$30d$	$33d$

注：在任何情况下，锚固长度不得小于250mm。d为受拉钢筋直径。

表8-13 受拉钢筋抗震锚固长度 l_{aE}

混凝土强度等级与抗震等级 / 普通钢筋种类与直径		C20		C25		C30		C35		C40	
		一、二级抗震等级	三级抗震等级	一、二级抗震等级	三级抗震等级	一、二级抗震等级	三级抗震等级	一、二级抗震等级	三级抗震等级	一、二级抗震等级	三级抗震等级
HPB235级钢筋	—	$36d$	$33d$	$31d$	$28d$	$27d$	$25d$	$25d$	$23d$	$23d$	$21d$
HRB335级钢筋	$d\leqslant25$mm	$44d$	$41d$	$38d$	$35d$	$34d$	$31d$	$31d$	$29d$	$29d$	$26d$
	$d>25$mm	$49d$	$45d$	$42d$	$39d$	$38d$	$34d$	$34d$	$31d$	$32d$	$29d$
HRB400级钢筋和RRB400级钢筋	$d\leqslant25$mm	$53d$	$49d$	$46d$	$42d$	$41d$	$37d$	$37d$	$34d$	$34d$	$31d$
	$d>25$mm	$58d$	$53d$	$51d$	$46d$	$45d$	$41d$	$41d$	$38d$	$38d$	$34d$

注：1. 在任何情况下，锚固长度不得小于250mm。

2. 四级抗震等级 $l_{aE}=l_a$。

3. d为受拉钢筋直径。

表8-14 受拉钢筋搭接长度 l_{lE}及修正系数

<table>
<tr><td colspan="2">纵向受拉钢筋绑扎搭接长度 l_{lE}，l_l</td><td rowspan="3">注：
1. 当不同直径的钢筋搭接时，其 l_{lE}与 l_l 按较小的直径计算
2. 在任何情况下，l_l 不得小于300mm</td><td colspan="4">纵向受拉钢筋绑扎搭接长度修正系数 ζ</td></tr>
<tr><td>抗震</td><td>非抗震</td><td>纵向钢筋搭接接头面积百分率(%)</td><td>≤25</td><td>50</td><td>100</td></tr>
<tr><td>$l_{lE}=\zeta l_{aE}$</td><td>$l_l=\zeta l_a$</td><td>ζ</td><td>1.2</td><td>1.4</td><td>1.6</td></tr>
</table>

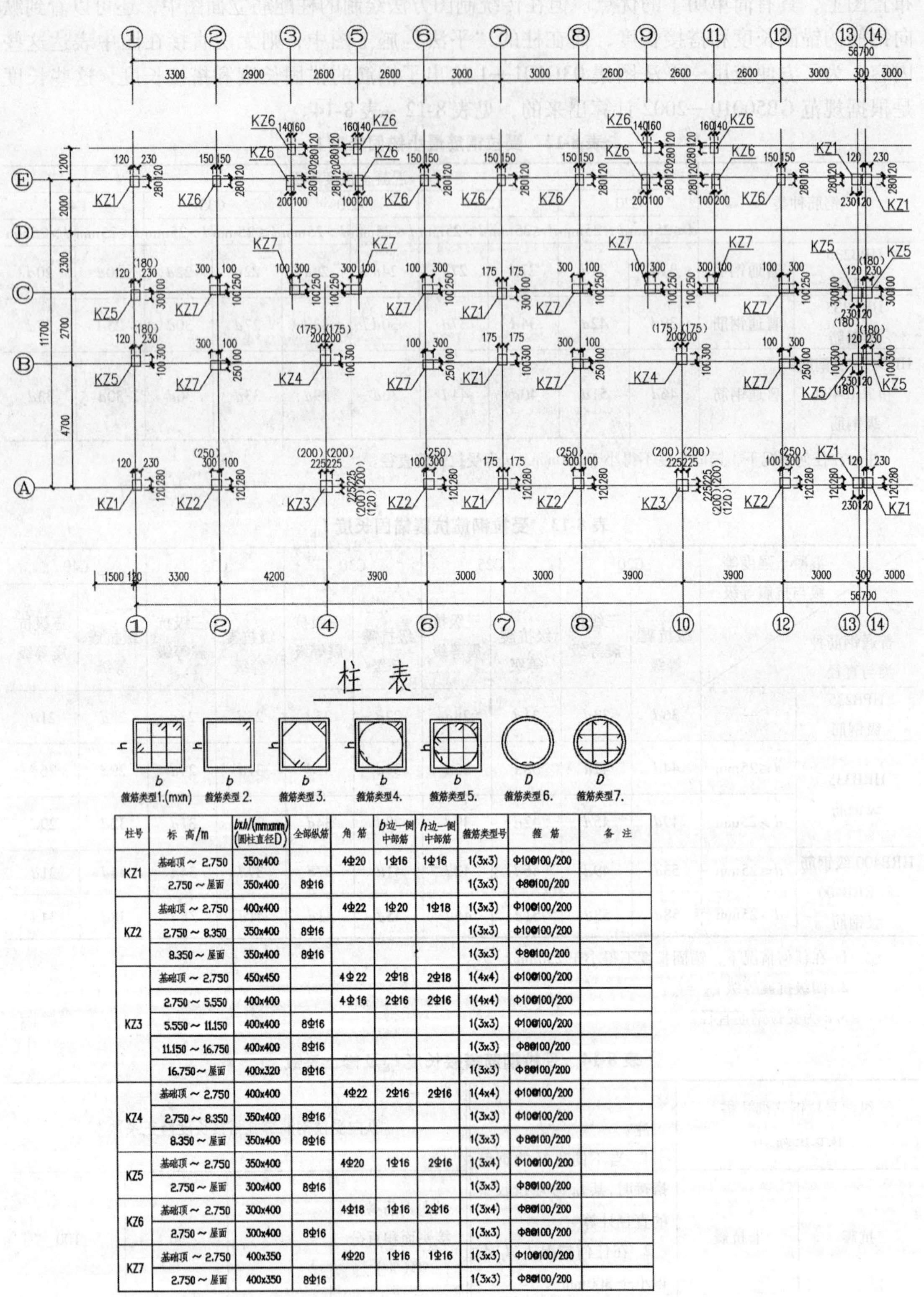

柱号	标 高/m	b×h/(mm×mm)(圆柱直径D)	全部纵筋	角筋	b边一侧中部筋	h边一侧中部筋	箍筋类型号	箍筋	备注
KZ1	基础顶～2.750	350×400		4Φ20	1Φ16	1Φ16	1(3×3)	Φ10@100/200	
	2.750～屋面	350×400	8Φ16				1(3×3)	Φ8@100/200	
KZ2	基础顶～2.750	400×400		4Φ22	1Φ20	1Φ18	1(3×3)	Φ10@100/200	
	2.750～8.350	350×400	8Φ16				1(3×3)	Φ10@100/200	
	8.350～屋面	350×400	8Φ16				1(3×3)	Φ8@100/200	
KZ3	基础顶～2.750	450×450		4Φ22	2Φ18	2Φ18	1(4×4)	Φ10@100/200	
	2.750～5.550	400×400		4Φ16	2Φ16	2Φ16	1(4×4)	Φ10@100/200	
	5.550～11.150	400×400	8Φ16				1(3×3)	Φ10@100/200	
	11.150～16.750	400×400	8Φ16				1(3×3)	Φ8@100/200	
	16.750～屋面	400×320	8Φ16				1(3×3)	Φ8@100/200	
KZ4	基础顶～2.750	400×400		4Φ22	2Φ16	2Φ16	1(4×4)	Φ10@100/200	
	2.750～8.350	350×400	8Φ16				1(3×3)	Φ10@100/200	
	8.350～屋面	350×400	8Φ16				1(3×3)	Φ8@100/200	
KZ5	基础顶～2.750	350×400		4Φ20	1Φ16	2Φ16	1(3×4)	Φ10@100/200	
	2.750～屋面	300×400	8Φ16				1(3×3)	Φ8@100/200	
KZ6	基础顶～2.750	300×400		4Φ18	1Φ16	2Φ16	1(3×4)	Φ8@100/200	
	2.750～屋面	300×400	8Φ16				1(3×3)	Φ8@100/200	
KZ7	基础顶～2.750	400×350		4Φ20	1Φ16	1Φ16	1(3×3)	Φ10@100/200	
	2.750～屋面	400×350	8Φ16				1(3×3)	Φ8@100/200	

图 8-55 某住宅楼柱

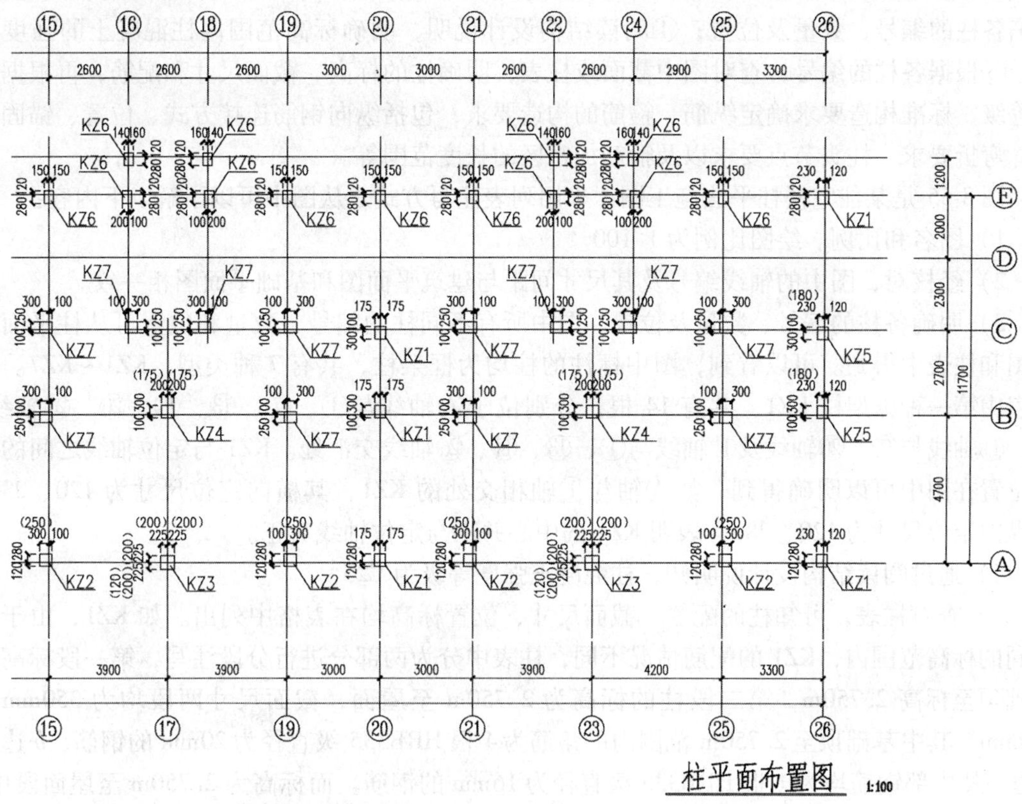

柱平面布置图 1:100

平法施工图

（3）柱平法施工图识读实例　柱平法施工图的识读步骤：①查看图名和比例；②校核轴线编号及轴线尺寸，是否和相应的建筑平面图、基础平面图等相一致；③与建筑图配合，明确各柱的编号、数量及位置；④阅读结构设计说明，明确标高范围内柱混凝土的强度等级；⑤根据各柱的编号，查对图中截面或柱表，明确柱的标高、截面尺寸和配筋，再根据抗震等级、标准构造要求确定纵筋、箍筋的构造要求，包括纵向钢筋连接方式、位置、锚固长度、弯折要求、柱头节点要求以及箍筋加密区的长度范围等。

图 8-55 是某住宅楼柱平法施工图，采用列表注写方式。从图中可以了解以下内容：

1）图名和比例。绘图比例为 1∶100。

2）经核对，图中的轴线编号及其尺寸间距与建筑平面图和基础平面图相一致。

3）明确各柱的编号、数量及位置。图中所有不同柱的编号、数量和位置可从柱平面布置图和柱表中得到。可以看到，图中标注的柱均为框架柱，共有 7 种类型，KZ1 ~ KZ7。如柱表中第一种框架柱 KZ1，共有 14 根，分别位于Ⓐ轴线与①、⑦、⑬、⑭、⑳、㉖轴线，Ⓑ、Ⓒ轴线与⑦、⑳轴线及Ⓔ轴线与①、⑬、⑭、㉖轴线交汇处。KZ1 与定位轴线之间的相对位置在图中可以明确得到，如Ⓐ轴与①轴相交处的 KZ1，其横向定位尺寸为 120、230，其纵向定位尺寸为 120、280，表明 KZ1 的中心并不与定位轴线对正。

4）通过阅读结构设计说明知，柱混凝土强度等级为 C25。

5）查对柱表，可知柱的配筋、截面尺寸、位置标高均在表格中列出。如 KZ1，由于在不同的标高范围内，KZ1 的配筋情况不同，柱表中分为两部分进行分段注写，第一段标高为基础顶至标高 2.750m，第二段柱的标高为 2.750m 至屋面，截面尺寸两段均为 350mm × 400mm。其中基础顶至 2.750m 范围内的角筋为 4 根 HRB335 级直径为 20mm 的钢筋，b 边及 h 边一侧中部钢筋均为 1 根 HRB335 级直径为 16mm 的钢筋。而标高为 2.750m 至屋面段中，纵筋全部为 8 根 HRB335 级直径为 16mm 的钢筋。两个标高段的箍筋均采用图中所示的 1 类箍筋，箍筋肢数为 3 × 3，宽度 b 和高度 h 方向箍筋的肢数均为 3。箍筋的直径为 10mm，采用 HPB235 级钢筋，加密区间距为 100mm，非加密区的箍筋间距为 200mm。

根据结构设计说明，该工程抗震等级为三级，由《混凝土结构施工图平面整体表示方法制图规则和构造详图》的标准构造详图，可知柱箍筋加密区范围是：柱端至基础顶面上，底层柱根加密区高度为底层层高的 1/3；其他各楼层从梁上下分别取截面长边尺寸、柱所在层净高的 1/6 和 500mm 的最大值；刚性地面上下各 500mm。以 KZ1 为例，底层层高为 4.05m，其余各层层高为 2.8m，其净高分别为 3.65m、2.4m，所以箍筋加密区范围分别为 1217mm、500mm。

2. 梁平法施工图的识读

梁平法施工图是采用平面注写方式或截面注写方式来表达梁的截面尺寸、配筋的一种方法。将梁按一定规律编写代号，将各种代号的梁的配筋直径、数量、位置注写在梁的结构平面布置图上，施工人员依据平法施工图及相应的标准构造详图进行施工。

绘制梁平法施工图时，先按一定比例绘制梁的平面布置图，然后分别按照梁的不同结构层（标准层），将全部梁及与之相关联的柱、墙绘制在该图上，并按规定注明各结构层的标高及相应的结构层高。对轴线未居中的梁，应标注其偏心定位尺寸，但贴柱边的梁可不注。最后，根据设计计算结果，采用平面注写方式或截面注写方式表达梁的截面及配筋。一般当梁为异型截面时，可用截面注写方式，否则宜用平面注写方式。

（1）平面注写方式　平面注写方式是在梁平面布置图上，分别在不同编号的梁中各选一根梁，在其上注写截面尺寸和配筋具体数值，如图 8-56 所示。

平面注写分为集中标注和原位标注。集中标注表达梁的通用数值，如截面尺寸、箍筋配置、梁上部贯通钢筋等；原位标注表达梁的特殊数值，如梁在某一跨改变的梁截面尺寸、该处的梁底配筋或增设的钢筋等。当集中标注的某项数值不适用于梁的某部位时，则该项数值原位标注。施工时，原位标注取值优先。

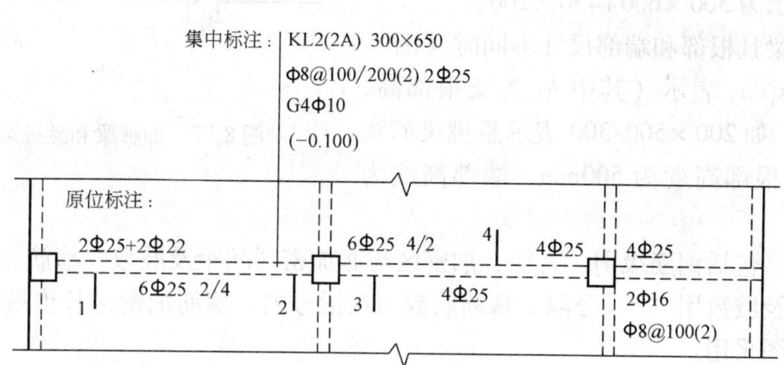

图 8-56 平面注写方式示例

1）集中标注。集中标注可从梁的任意一跨引出。梁集中标注的内容，包括 4 项必注值和 2 项选注值。4 项必注值包括：梁的编号、梁截面尺寸 $b \times h$、梁箍筋（包括钢筋级别、直径、加密区与非加密区间距及肢数）、梁上部贯通筋或架立筋；2 项选注值包括：梁侧面纵向构造钢筋或受扭钢筋、梁顶面标高高差。

①梁的编号。在梁平法施工图中，梁的编号方法与其他构件不同，除包括梁的类型代号、序号外，还应说明跨数和有无悬挑，见表 8-15。根据表 8-15 来分析图 8-56 中集中标注的第一行“KL2(2A)”，可知该梁是 2 号框架梁、两跨、一端悬挑。另如，L9(7B)表示该梁是 9 号非框架梁、7 跨、两端悬挑。

表 8-15 梁的编号

梁类型	代号	序号	跨数及是否带有悬挑	备 注
楼层框架梁	KL	XX	(XX)、(XXA)或(XXB)	(XXA)为一端悬挑，(XXB)为两端悬挑。悬挑梁不计入跨数
屋面框架梁	WKL	XX	(XX)、(XXA)或(XXB)	
框支梁	KZL	XX	(XX)、(XXA)或(XXB)	
非框架梁	L	XX	(XX)、(XXA)或(XXB)	
悬挑梁	XL			
井字梁	JZL	XX	(XX)、(XXA)或(XXB)	

②梁的截面尺寸。当梁为等截面时，用 $b\times h$ 表示。如图 8-56 中集中标注的第一行中“300×650”，表示该梁是等截面梁，宽 300mm，高 650mm。

当为加腋梁（图 8-57a）时，用 $b\times h$、$YC_1\times C_2$ 表示，其中 Y 是加腋的标志，C_1 为腋长，C_2 为腋高。如梁跨中尺寸为 300×600，在梁的两端加腋，腋长 450mm，腋高 200mm，可将该梁的截面尺寸表示为 300×600Y450×200。

当为悬挑梁且根部和端部尺寸不同时（图 8-57b），用 $b\times h_1/h_2$ 表示（其中 h_1 为梁根部高，h_2 为端部高）。如 200×500/300 表示悬挑梁的宽度为 200mm，根部高度为 500mm，端部高度为 300mm。

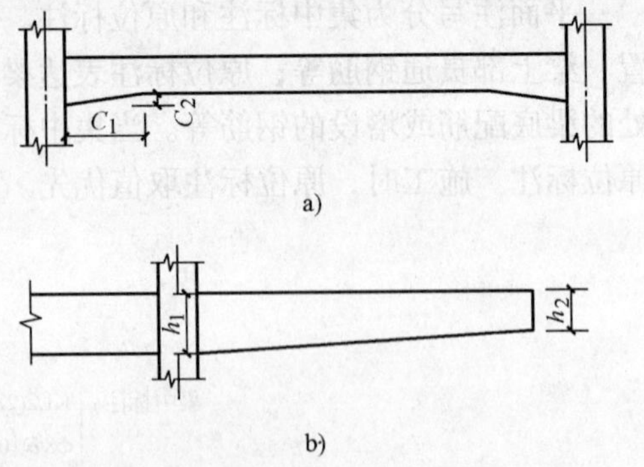

图 8-57　加腋梁和悬挑梁示意图

③梁箍筋。包括钢筋级别、直径、加密区与非加密区间距及肢数。箍筋加密区与非加密区的不同间距及肢数用“/”分隔，箍筋肢数写在括号内。箍筋加密区长度按相应抗震等级的标准构造详图采用。

如图 8-56 中集中标注的第二行中的“ϕ8@100/200(2)”，表示钢筋为 HPB235 级钢筋、直径 8mm、加密区间距 100mm、非加密区间距 200mm，均为双肢箍。另如，ϕ8@100(4)/200(2)则表示钢筋为 HPB235 级钢筋、直径 8mm、加密区间距 100mm 为 4 肢箍、非加密区间距 200mm 为双肢箍。

④梁上部贯通筋或架立筋。所注贯通筋或架立筋的直径及根数应根据结构受力要求及箍筋肢数等构造要求而定。

当既有贯通筋又有架立筋时，用角部贯通筋+架立筋的形式，架立筋写在加号后面的括号内，以示与贯通筋的区别。如图 8-56 中集中标注的第二行中的 2⏀25 表示梁上部有 2 根通长的直径为 25 的 HRB335 级钢筋。这种表示方法用于双肢箍。如 2⏀22+(2⏀12)，用于四肢箍，其中 2⏀22 为贯通筋，2⏀12 为架立筋。另如 2⏀22+(4⏀12)，则表示其中既有贯通筋 2⏀22，又有架立筋 4⏀12。这种表示方法用于 6 肢箍。

当梁的上部纵筋与下部纵筋均为贯通筋，且多数跨的配筋相同时，可用“；”将上部纵筋与下部纵筋分隔开。如“2⏀14；3⏀18”，表示上部配 2⏀14 的贯通筋，下部配 3⏀18 的贯通筋。

⑤梁侧面纵向构造钢筋或受扭钢筋。此项为选注值，当梁腹板高≥450mm 时，须配置符合规范规定的纵向构造钢筋，注写形式以字母 G 打头，其后注明所配纵向构造钢筋的根数、等级和直径，这些钢筋对称配置。如图 8-56 中集中标注的第三行中的 G4ϕ10，表示梁的两个侧面共配置 4ϕ10 的纵向构造钢筋，两侧各 2ϕ10 对称配置。

当梁侧面需配置受扭纵向钢筋时，注写形式以字母 N 打头，后面注明所配受扭纵向钢筋的根数、等级和直径，钢筋对称配置。如 N6⏀18，表示梁的两个侧面共配置 6⏀18 的受扭纵向钢筋，两侧各 3⏀18 对称配置。当配置受扭纵向钢筋时，不再重复配置纵向构造钢筋；但此时受扭纵向钢筋的间距应满足规范对纵向构造钢筋的间距要求。

⑥梁顶面标高高差。此项为选注值，当梁顶面标高与结构层楼面标高不同时，需要将梁顶标高相对于结构层楼面标高的差值注写在括号内，无高差时不注。高于楼面为正值，低于

楼面为负值。如图 8-56 中集中标注的第四行中“（-0.100）”表示该梁顶面比楼面结构标高低 0.1m。

2）原位标注。原位标注的内容包括：梁支座上部纵筋、梁下部纵筋、附加箍筋或吊筋，说明如下：

①梁支座上部纵筋。原位标注的支座上部纵筋包括集中标注的贯通筋在内的所有钢筋。多于 1 排时，用“/”自上而下分开；同排纵筋有 2 种不同直径时，用“+”相连，且角部纵筋写在前面。

如图 8-56 中第一跨梁左端上方的原位标注为“2 ⌀25 +2 ⌀22”，表示梁的支座上部纵筋共 4 根 1 排放置，其中角部纵筋 2 ⌀25，也是上部贯通筋，中间 2 ⌀22。

再如，6 ⌀25 4/2 表示支座上部纵筋共 2 排，上排 4 ⌀25，下排 2 ⌀25；3 ⌀25/2 ⌀22 则表示上排钢筋是 3 ⌀25，下排是 2 ⌀22。

当梁中间支座两边的上部纵筋相同时，仅在支座的一边标注配筋值；否则，须在两边分别标注。

②梁下部纵筋。当下部纵筋多于一排时，用斜线“/”将各排纵筋自上而下分开；当同排纵筋有两种直径时，用加号“+”将两种直径的纵筋相连，注写时角筋写在前面；当梁下部纵筋不全部伸入支座时，将梁支座下部纵筋减少的数量写在括号内；当已按规定注写了梁上部和下部均为通长的纵筋值时，则不需在梁下部重复做原位标注。

如图 8-56 中第一跨梁左端下方的原位标注为：6 ⌀25 2/4，表示下部纵筋共 2 排，上排 2 ⌀25，下排 4 ⌀25。

再如，2 ⌀25 +3 ⌀22(-3)/5 ⌀25，表示梁下部纵筋共 2 排，上排为 2 ⌀25 +3 ⌀22，其中 3 ⌀22 不伸入支座，下排纵筋为 5 ⌀25，全部伸入支座。

③附加箍筋或吊筋。在主次梁交接处，有时要设置附近箍筋或吊筋，可直接画在平面图中的主梁上，用线引注总配筋值，附加箍筋的肢数注在括号内，如图 8-58 所示。当多数附加箍筋或吊筋相同时，可在梁平法施工图上统一注明，少数与统一注明值不同时，再原位引注。

④当在梁上集中标注的内容（即梁截面尺寸、箍筋、上部通长筋或架立筋，梁侧面纵向构造钢筋或受扭纵向钢筋，以及梁顶面标高高差中的某一项或几项数值）不适用于某跨或某悬挑部分时，则将其不同数值原位标注在该跨或该悬挑部位，施工时应按原位标注数值优先取用。

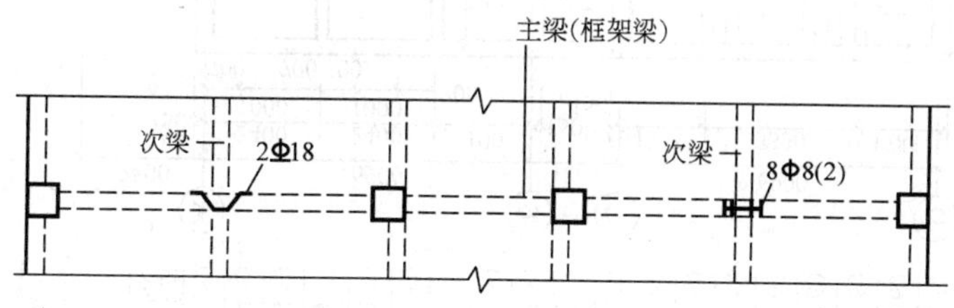

图 8-58　附加箍筋或吊筋

图 8-59 为采用平面注写方式表达的梁平法施工图，从图中左边的列表“结构层楼面标高和结构层高”可知，这是一个地上 16 层，地下 2 层的框架剪力墙结构，本图表示 5 ~ 8 层梁的配筋情况。

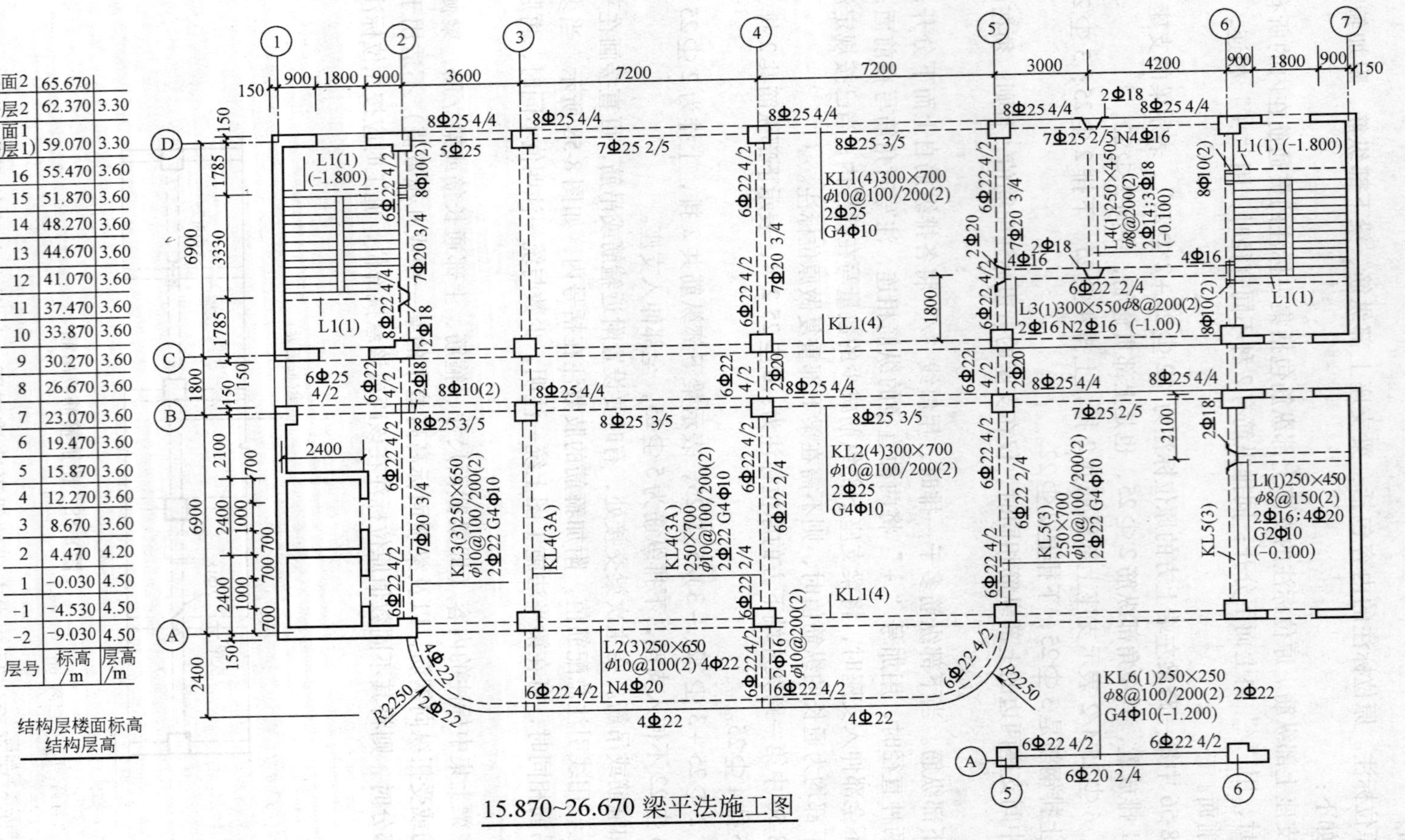

层号	标高/m	层高/m
屋面2	65.670	
塔层2	62.370	3.30
屋面1(塔层1)	59.070	3.30
16	55.470	3.60
15	51.870	3.60
14	48.270	3.60
13	44.670	3.60
12	41.070	3.60
11	37.470	3.60
10	33.870	3.60
9	30.270	3.60
8	26.670	3.60
7	23.070	3.60
6	19.470	3.60
5	15.870	3.60
4	12.270	3.60
3	8.670	3.60
2	4.470	4.20
1	-0.030	4.50
-1	-4.530	4.50
-2	-9.030	4.50

图 8-59 梁平法施工图平面注写方式示例

以 KL6（1）为例说明如下：

KL6（1）位于Ⓐ轴线上的⑤~⑥轴线间，一跨，截面尺寸为250mm×250mm，梁跨度为7.2m，该梁顶面标高低于结构层楼面标高1.2m。配筋：梁上部通长筋为2Φ22，两个侧面共配置4Φ10的纵向构造钢筋，两侧各2Φ10对称配置。⑤支座截面上部纵筋为两排，上排4Φ22，下排2Φ22；跨中截面下部纵筋共两排，上排2Φ20，下排4Φ20；另一支座⑥截面配筋同⑤支座。梁内箍筋为直径8mm的HPB235级钢筋（2肢），加密区间距为100mm，非加密区间距为200mm。

（2）截面注写方式　截面注写方式是在分标准层绘制的梁平面布置图上，分别在不同编号的梁上选择一根梁，用剖面符号引出截面配筋图，并在其上注写截面尺寸和配筋具体数值，如图8-60所示。它包括梁平法施工图、截面图和结构层楼面标高与层高三个部分。

具体规定如下：

1）对梁进行编号，从相同编号的梁中选择一根梁，先将“单边截面号”画在该梁上，再将截面配筋详图画在本图或其他图上。当某梁的顶面标高与结构层的楼面标高不同时，尚应在梁编号后注写梁顶面标高高差（注写规定同平面注写方式）。

2）在截面配筋详图上要注明截面尺寸、上部筋、下部筋、侧面构造筋或受扭筋及箍筋的具体数值，其表达方式与平面注写方式相同。

截面注写方式可单独使用，也可与平面注写方式结合使用。当梁平面整体配筋图中局部区域的梁布置过密时或表达异形截面梁的尺寸、配筋时，用截面注写方式比较方便。

屋面2	65.670	
塔层2	62.370	3.30
屋面1 (塔层1)	59.070	3.30
16	55.470	3.60
15	51.870	3.60
14	48.270	3.60
13	44.670	3.60
12	41.070	3.60
11	37.470	3.60
10	33.870	3.60
9	30.270	3.60
8	26.670	3.60
7	23.070	3.60
6	19.470	3.60
5	15.870	3.60
4	12.270	3.60
3	8.670	3.60
2	4.470	4.20
1	−0.030	4.50
−1	−4.530	4.50
−2	−9.030	4.50
层号	标高/m	层高/m

结构层楼面标高
结构层高

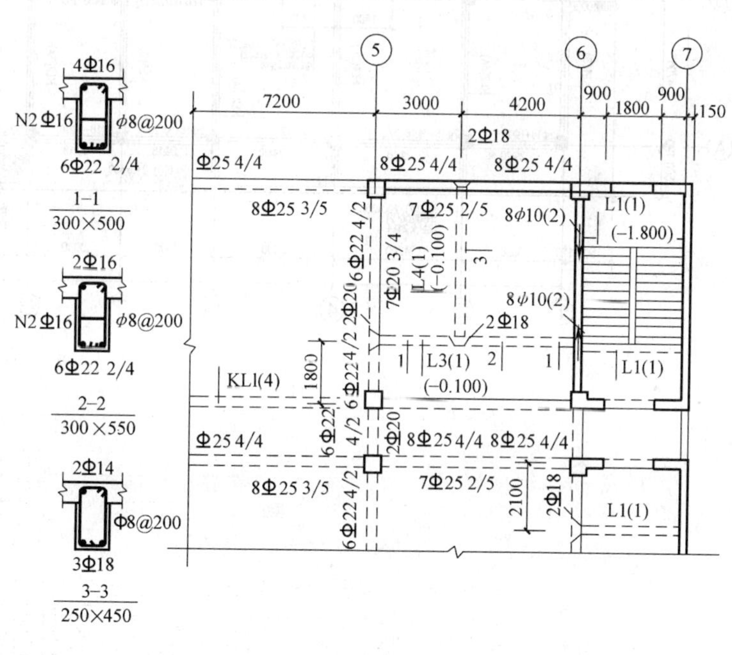

15.870~23.070m 梁平法施工图（局部）

图8-60　梁平法施工图截面注写方式示例

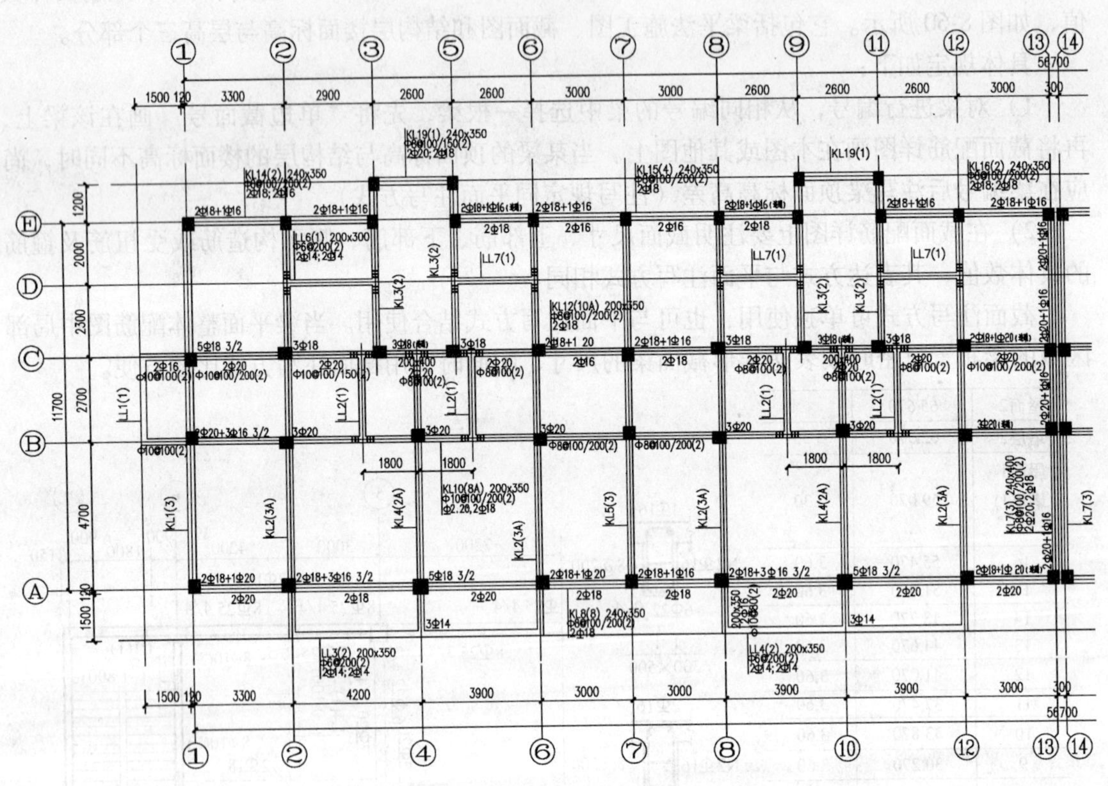

1500 120
3300
2900
2600
2600
3000
3000
2600
2600
2600
3000
300
56700
4200
3900
11700
KL19(1) 240x350
KL14(2) 240x350
KL15(4) 240x350
KL16(2) 240x350
KL12(10A) 200x350
KL10(8A) 200x350
KL8(8) 240x350
KL7(3) 240x400
LL3(2) 200x350
LL4(2) 200x350
LL6(1) 200x300
LL7(1)
LL1(1)
LL2(1)
KL1(3)
KL2(3A)
KL3(2)
KL4(2A)
KL5(3)
KL7(3)
1800

图 8-61 某住宅楼梁

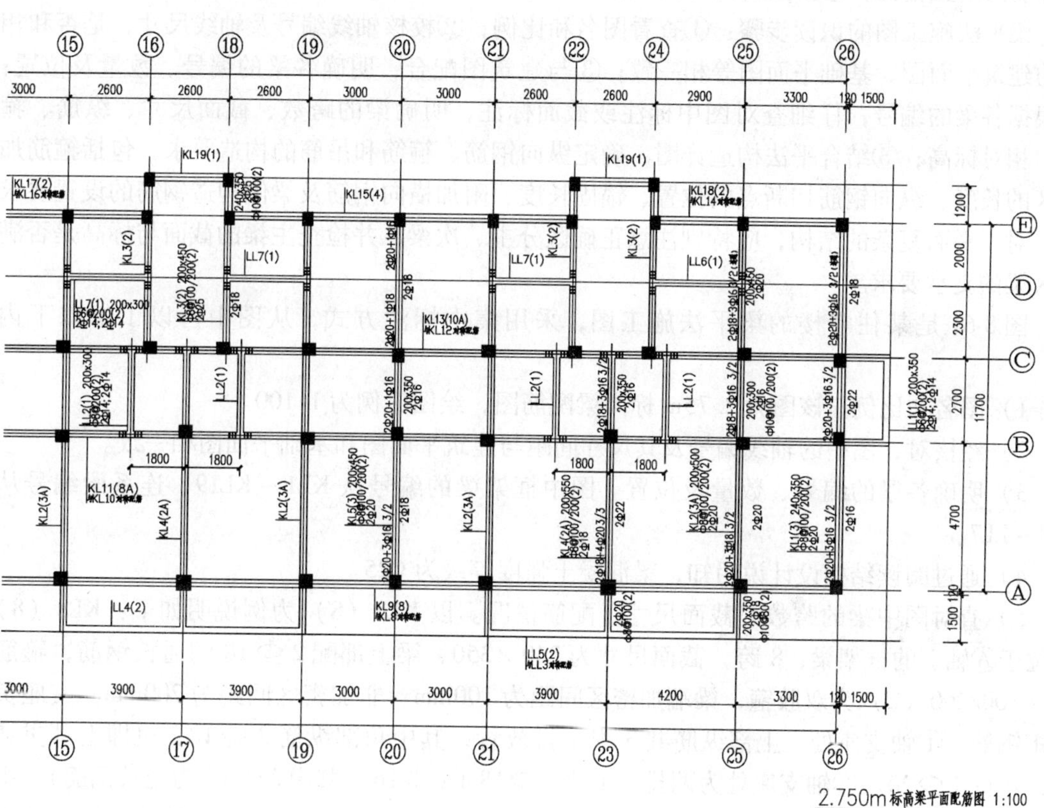

2.750m标高梁平面配筋图 1:100

如图 8-60 中的截面配筋图 1-1，可看到梁的截面尺寸为 300mm×550mm，梁的上部配置一排 4 根直径为 16mm 的 HRB335 级钢筋，梁下部纵筋两排布置，上排纵筋为 2 Φ22，下排纵筋为 4 Φ22，梁的两个侧面各配置 1 Φ16 的受扭纵向钢筋，箍筋为 ϕ8@200。

需要说明的是，梁平法施工图中，无法绘制出纵向钢筋的锚固长度、切断位置、弯折要求和连接方式、搭接长度等，也无法确定箍筋加密区的范围等，这些详细信息需要借助标准构造详图和规范来加以确定。

（3）梁平法施工图识读实例　梁平法施工图的主要内容包括：①图名和比例；②定位轴线及编号、间距和尺寸；③梁的编号、平面布置；④各个编号梁的标高、截面尺寸、纵筋和箍筋的配置情况；⑤必要的设计说明。

梁平法施工图的识读步骤：①查看图名和比例；②校核轴线编号及轴线尺寸，是否和相应的建筑平面图、基础平面图等相一致；③与建筑图配合，明确各梁的编号、数量及位置；④根据各梁的编号，仔细查对图中标注或截面标注，明确梁的跨数、截面尺寸、纵筋、箍筋、相对标高；⑤结合平法构造详图，确定纵向钢筋、箍筋和吊筋的构造要求，包括箍筋加密区的长度、纵向钢筋切断点的位置、锚固长度、附加横向钢筋及梁侧构造钢筋的设置要求等。对于平面复杂的结构，应特别注意正确区分主、次梁，并检查主梁的截面与标高是否满足次梁的支承要求。

图 8-61 是某住宅楼的梁平法施工图，采用集中标注方式，从图中可以了解以下内容：

1）图名和比例。该图为 2.75m 标高梁配筋图，绘图比例为 1:100。

2）经核对，图中的轴线编号及其尺寸间距与建筑平面图和基础平面图相一致。

3）明确各梁的编号、数量及位置。图中框架梁的编号从 KL1～KL19，连系梁编号从 LL1～LL7。

4）通过阅读结构设计说明知，梁混凝土强度等级为 C25。

5）查对图中梁的跨数、截面尺寸、配筋情况。以 KL8（8）为例说明如下：KL8（8）是位于Ⓐ轴上的框架梁，8 跨，截面尺寸为 240×350，梁上部配 2 Φ18 的通长钢筋，箍筋 ϕ8@100/200（2）为双肢箍，梁端加密区间距为 100mm、非加密区间距为 200mm。支座负弯矩钢筋，①轴支座处，上部纵筋共 3 根 1 排放置，其中角部纵筋 2 Φ18，也即上部贯通筋，中间 1 Φ20。②轴支座处为两排，上排 2 Φ18 +1 Φ16（其中 2 Φ18 为通长钢筋），下排 2 Φ16。其他支座不再赘述。梁截面下部纵向钢筋每跨各不相同，分别原位注写，如①～②轴之间为单排的 2 Φ20。

由标准构造详图，可以计算出梁中纵筋的锚固长度，如第一支座上部负弯矩钢筋需伸入边柱内的锚固长度不小于 l_{aE}，其中Φ20 为 $35d=700$mm，Φ18 为 630mm；支座处上部钢筋的截断位置上排取净跨的 1/3，下排取净跨的 1/4；梁端箍筋加密区长度为 1.5 倍梁高。

3. 剪力墙平法施工图的识读

剪力墙平法施工图，是在剪力墙平面布置图上采用列表注写方式或截面注写方式表达的施工图。剪力墙平面布置图可采用适当比例单独绘制，也可与柱或梁平面布置图合并绘制。当剪力墙较复杂或采用截面注写方式时，应按标准层分别绘制剪力墙平面布置图。

剪力墙根据配筋形式不同，可看作由剪力墙柱、剪力墙身、剪力墙梁三类构件组成。

同柱一样，应用时，也要对剪力墙构件按类型进行编号，见表8-16。剪力墙柱和剪力墙梁的编号都是由构件代号和序号组成，剪力墙身除了构件代号和序号外，还要注写墙身所配置的水平与竖向分布钢筋的排数（接序号后续注写在括号内）。表达形式为：QXX（X排）。

表8-16 剪力墙的编号

一、墙柱编号		
墙柱类型	代　号	序　号
约束边缘暗柱	YAZ	XX
约束边缘端柱	YDZ	XX
约束边缘翼墙(柱)	YYZ	XX
约束边缘转角墙(柱)	YJZ	XX
构造边缘暗柱	GAZ	XX
构造边缘端柱	GDZ	XX
构造边缘翼墙(柱)	GYZ	XX
构造边缘转角墙(柱)	GJZ	XX
非边缘暗柱	AZ	XX
扶壁柱	FBZ	XX
二、墙梁编号		
墙梁类型	代　号	序　号
连梁(无交叉暗撑及无交叉钢筋)	LL	XX
连梁(有交叉暗撑)	LL(JC)	XX
连梁(有交叉钢筋)	LL(JG)	XX
暗梁	AL	XX
边框梁	BKL	XX
三、墙身代号		
Q		

（1）列表注写方式　列表注写方式是对应于剪力墙平面布置图上的编号，分别列出剪力墙柱表、剪力墙身表和剪力墙梁表，并绘制断面配筋图，注写几何尺寸和配筋具体数值，如图8-62所示为采用列表注写方式分别表达剪力墙墙梁、墙身和墙柱的平法施工图示例。

1）剪力墙柱表中表达的内容有：①墙柱编号和该墙柱的断面配筋图，加注几何尺寸（几何尺寸按标准标准构造详图取值时，可不标注）；②各段墙柱的起止标高。自墙柱根部往上以变断面位置或断面未变但配筋改变处为界分段注写；③各段墙柱纵向钢筋和箍筋。

2）剪力墙身表中应表达的内容有：①墙身编号；②各段墙身起止标高，自墙身根部往上以变截面位置或截面未变但配筋改变处为界分段注写；③水平分布钢筋、竖向分布钢筋和拉筋的具体数值。

3）剪力墙梁表中应表达的内容有：①墙梁编号；②墙梁所在楼层号；③墙梁顶面标高高差，即相对于墙梁所在结构层楼面标高的高差值，高于者为正值，低于者为负值，当无高差时不注；④墙梁截面尺寸 $b \times h$、上部纵筋、下部纵筋和箍筋的具体数值；⑤当连梁设有斜向交叉暗撑时[代号为LL(JC)××且连梁截面宽度不小于400mm]，注写一根暗撑的全部纵筋，并标注×2，表明有两根暗撑相互交叉，以及箍筋的具体数值；当连梁设有斜向交叉钢筋时［代号为LL（JG）××且连梁截面宽度小于400mm但不小于200mm］，注写一道斜向钢筋的配筋值，并标注×2，表明有两道斜向钢筋相互交叉。

层号	标高/m	层高/m
屋面2	65.670	
塔层2	62.370	3.30
屋面1（塔层1）	59.070	3.30
16	55.470	3.60
15	51.870	3.60
14	48.270	3.60
13	44.670	3.60
12	41.070	3.60
11	37.470	3.60
10	33.870	3.60
9	30.270	3.60
8	26.670	3.60
7	23.070	3.60
6	19.470	3.60
5	15.870	3.60
4	12.270	3.60
3	8.670	3.60
2（底部加强部位）	4.470	4.20
1（底部加强部位）	−0.030	4.50
−1（底部加强部位）	−4.530	4.50
−2（底部加强部位）	−9.030	4.50

结构层楼面标高

结构层高

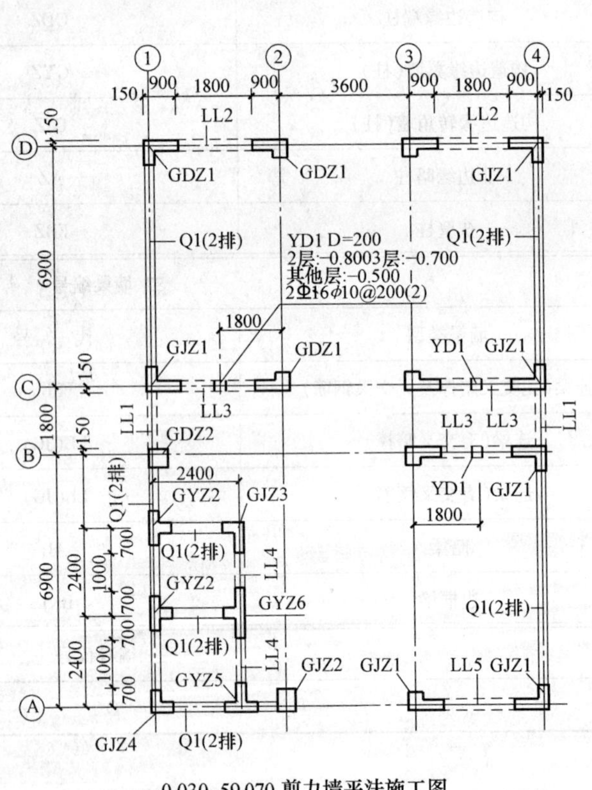

−0.030~59.070 剪力墙平法施工图

图 8-62　剪力墙平法施工图列表注写方式示例

剪力墙梁表

编号	所在楼层号	梁顶相对标高高差/m	梁截面（b/mm）×（h/mm）	上部纵筋	下部纵筋	箍　　筋
LL1	2～9	0.800	300×2000	4Φ22	4Φ22	ϕ10@100(2)
	10～16	0.800	250×2000	4Φ20	4Φ20	ϕ10@100(2)
	屋面1		250×1200	4Φ20	4Φ20	ϕ10@150(2)
LL2	3	-1.200	300×2520	4Φ22	4Φ22	ϕ10@150(2)
	4	-0.900	300×2070	4Φ22	4Φ22	ϕ10@150(2)
	5～9	-0.900	300×1770	4Φ22	4Φ22	ϕ10@150(2)
	10～屋面1	-0.900	250×1770	3Φ22	3Φ22	ϕ10@150(2)
LL3	2		300×2070	4Φ22	4Φ22	ϕ10@100(2)
	3		300×1770	4Φ22	4Φ22	ϕ10@100(2)
	4～9		300×1170	4Φ22	4Φ22	ϕ10@100(2)
	10～屋面1		250×1170	3Φ22	3Φ22	ϕ10@100(2)
LL4	2		250×2070	3Φ20	3Φ20	ϕ10@120(2)
	3		250×1770	3Φ20	3Φ20	ϕ10@120(2)
	4～屋面1		250×1170	3Φ20	3Φ20	ϕ10@120(2)

剪力墙身表

编　　号	标高/m	墙厚/mm	水平分布筋	垂直分布筋	拉筋
Q1(2排)	-0.300～30.270	300	ϕ12@250	ϕ12@250	ϕ6@500
	30.270～59.070	250	ϕ10@250	ϕ10@250	ϕ6@500
Q2(2排)	-0.300～30.270	250	ϕ10@250	ϕ10@250	ϕ6@500
	30.270～59.070	200	ϕ10@250	ϕ10@250	ϕ6@500

剪力墙柱表

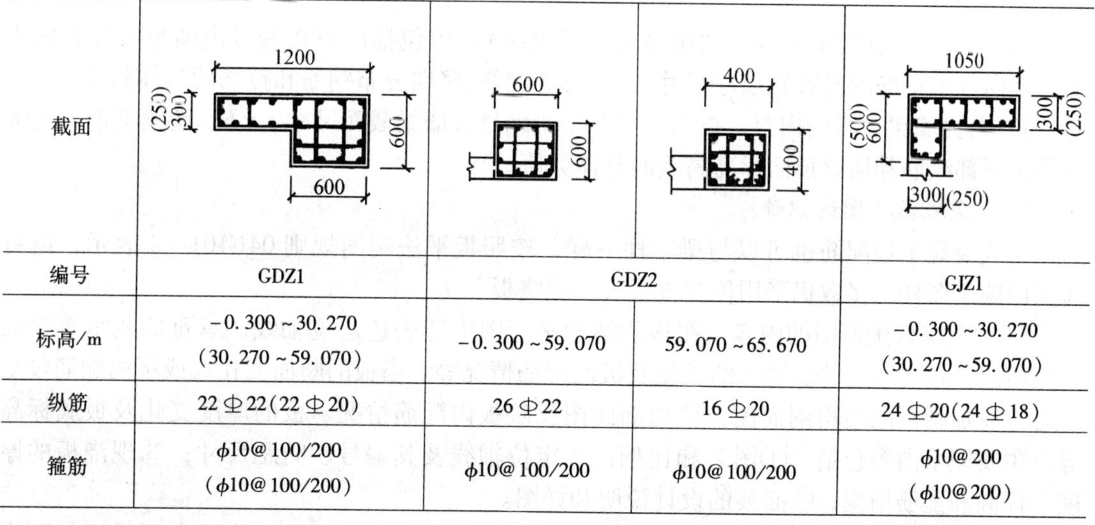

截面				
编号	GDZ1	GDZ2		GJZ1
标高/m	-0.300～30.270 (30.270～59.070)	-0.300～59.070	59.070～65.670	-0.300～30.270 (30.270～59.070)
纵筋	22Φ22(22Φ20)	26Φ22	16Φ20	24Φ20(24Φ18)
箍筋	ϕ10@100/200 (ϕ10@100/200)	ϕ10@100/200	ϕ10@100/200	ϕ10@200 (ϕ10@200)

图8-62　剪力墙平法施工图列表注写方式示例(续一)

截面	500 700 250 (200) 300 (250)	(200) 250 500 825 (800) 250	300(250) 300 (250)	按墙上起柱的构造要求施工 400 400
编号	GYZ2	GJZ3	GJZ4	
标高/m	-0.300~30.270 (30.270~59.070)	-0.300~30.270 (30.270~59.070)	-0.300~30.270 (30.270~59.070)	59.070~65.670
纵筋	20 Φ 20(20 Φ 18)	20 Φ 20(20 Φ 18)	16 Φ 22(16 Φ 20)	12 Φ 18
箍筋	ϕ10@200 (ϕ10@200)	ϕ10@200 (ϕ10@200)	ϕ10@200 (ϕ10@200)	ϕ8@100

图 8-62 剪力墙平法施工图列表注写方式示例(续二)

（2）截面注写方式　与柱截面注写方式相同，在分标准层绘制的剪力墙平面布置图上，直接在墙柱、墙身、墙梁上注写截面尺寸和配筋具体数值。选用适当比例原位放大绘制的剪力墙平面布置图，分别在相同编号的墙柱、墙身、墙梁中选择一根墙柱、一道墙身、一根墙梁进行注写。如图 8-63 所示为采用截面注写方式分别表达剪力墙墙梁、墙身和墙柱的平法施工图示例。

1）剪力墙柱注写的内容。绘制配筋截面图，并标注截面尺寸，全部纵筋及箍筋的具体数值。

2）剪力墙身注写的内容。按顺序引注墙身编号(应包括注写在括号内墙身所配置的水平与竖向分布钢筋的排数)、墙厚尺寸,水平分布钢筋、竖向分布钢筋和拉筋的具体数值。

3）剪力墙梁注写的内容。按顺序引注墙梁编号、墙梁截面尺寸 $b \times h$、墙梁箍筋、上部纵筋、下部纵筋和墙梁顶面标高高差的具体数值。

4. 现浇板施工图的识读

现浇混凝土板配筋也可以与梁、柱一样，按照板平法制图规则 04G101—4 表示，但目前国内施工图样大多数仍采用传统方式表示现浇板。

（1）现浇板配筋图的内容　在板的结构平面图中能表达定位轴线、承重墙或承重梁的布置情况，板支承在墙、梁上的长度及板内配筋情况等。当板的断面变化大或板内配筋较复杂时，应加画板的结构剖面图，结构剖面图反映板内配筋情况、板的厚度变化及板底标高等。主要图示内容包括：①图名和比例；②定位轴线及其编号、间距尺寸；③现浇板的厚度、标高和配筋情况；④必要的设计说明和详图。

（2）现浇板配筋图识读实例　图 8-64 为某住宅现浇板配筋图，从图中可了解如下内容：

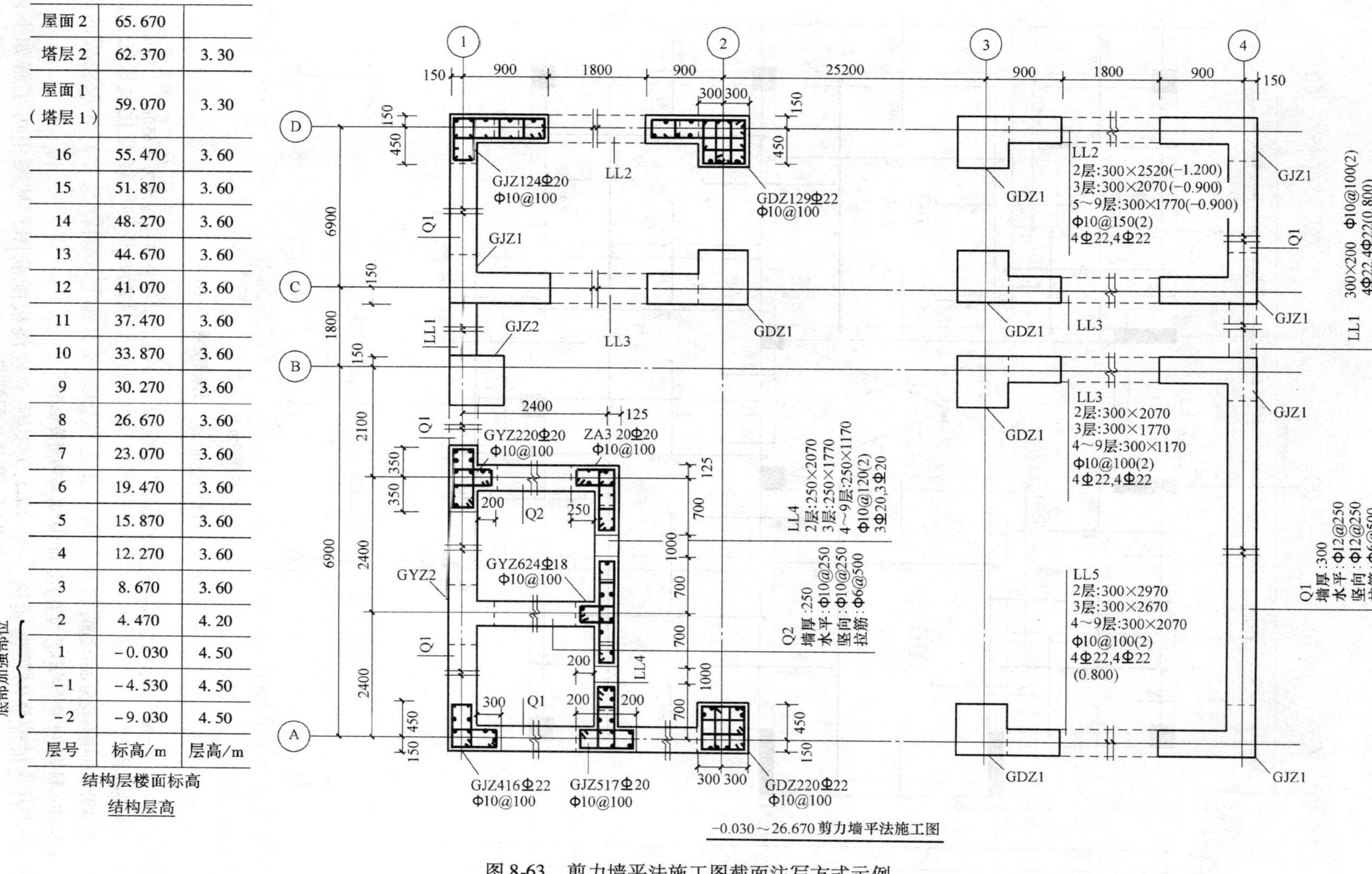

层号	标高/m	层高/m
屋面 2	65.670	
塔层 2	62.370	3.30
屋面 1（塔层 1）	59.070	3.30
16	55.470	3.60
15	51.870	3.60
14	48.270	3.60
13	44.670	3.60
12	41.070	3.60
11	37.470	3.60
10	33.870	3.60
9	30.270	3.60
8	26.670	3.60
7	23.070	3.60
6	19.470	3.60
5	15.870	3.60
4	12.270	3.60
3	8.670	3.60
2	4.470	4.20
1	-0.030	4.50
-1	-4.530	4.50
-2	-9.030	4.50

图 8-63 剪力墙平法施工图截面注写方式示例

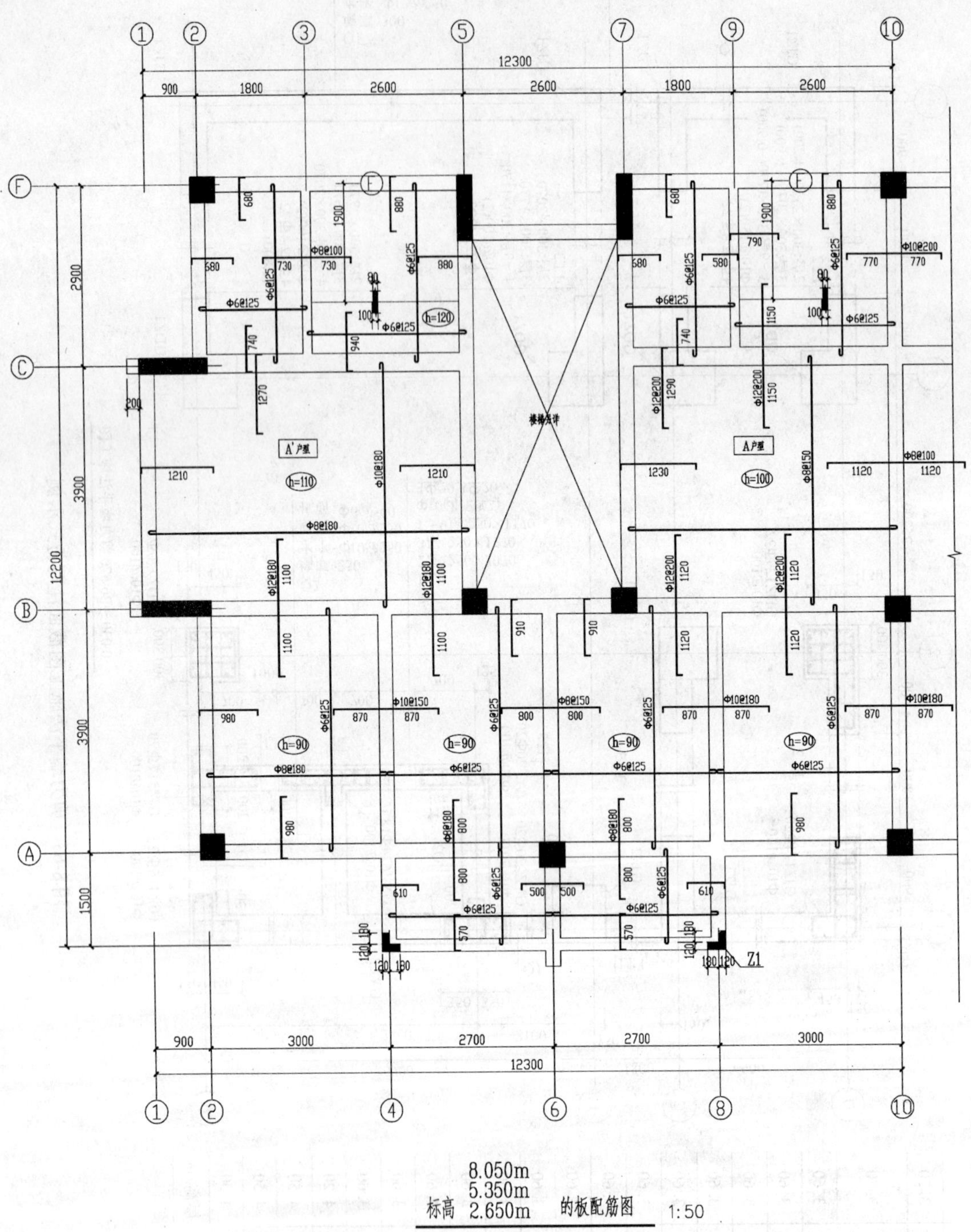

说明：1. 厨房、卫生间、阳台板顶标高均为 2.630m、5.330m、8.030m，其余板顶标高均为 2.650m、5.350m、8.050m。

2. 未注明的钢筋均为 $\phi 8@200$。

3. 本工程结构平面图均按户型表示，相同户型结构布置也相同。

4. 除注明外板厚均为 80mm。

图 8-64　现浇板配筋图

1）查看图名和比例。图 8-64 为某住宅 A 和 A′户型标准层板配筋图，图号为结施 G-8，比例为 1∶50。

2）校核轴线编号及间距尺寸。经校核，轴线编号与建筑施工图相同。

3）阅读结构设计总说明或有关说明，了解现浇板的强度等级。由结构设计总说明知，板的混凝土强度等级为 C30。

4）了解现浇板的厚度和标高。从设计说明和图中得知，板的厚度有五种，分别为 80mm、90mm、100mm、110mm、120mm。

5）识读现浇板的配筋情况，并结合说明，了解未标注的分布筋情况。下面以图 8-64 左下角房间为例进行板配筋情况的识读。

下部钢筋：纵向受力钢筋为 ϕ8@180，横向受力钢筋为 ϕ6@125，两种钢筋末端均做成 180°弯钩。

上部钢筋：板四周与梁交接处均设置上部构造钢筋。其中房间左边和下边与梁交接处的构造筋为 ϕ8@200，伸出梁外 980mm；房间右边与梁交接处的构造筋为 ϕ10@150，伸出梁外 870mm；房间上边与梁交接处的构造筋为 ϕ12@180，伸出梁外 1100mm。这些构造筋都向下做 90°直弯钩顶在板底。

8.4.7 结构详图

结构详图主要是用来表达特殊构件的尺寸、位置、材料和配筋情况的施工图，主要包括楼梯结构详图和建筑造型的有关节点详图等。这里主要介绍楼梯结构详图的识读。

1. 楼梯的类型

钢筋混凝土楼梯按结构类型分为梁板式楼梯和板式楼梯两种。

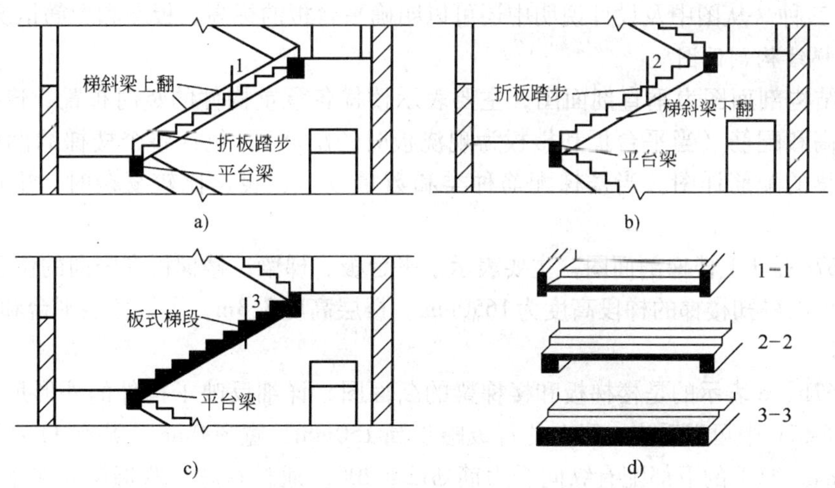

图 8-65 梁板式楼梯和板式楼梯

a）梁板式楼梯斜梁上翻 b）梁板式楼梯斜梁下翻 c）板式楼梯 d）梯段剖面

梁板式楼梯由踏步板、梯段斜梁、平台板和平台梁组成。踏步板支承在斜梁上，斜梁又支承在平台梁上，如图8-65a、b所示。斜梁可设在两侧，也可一侧设斜梁，另一侧搁支在墙上。当斜梁上翻时，底面平整，俗称暗步（图8-65a）；斜梁下翻时上面踏步露明，俗称明步（图8-65b）。当梯段跨度大于3m时，梁板式楼梯较为经济。

板式楼梯不设斜梁，由梯段板、平台板和平台梁组成。梯段板是带有踏步的斜板，承受楼梯的全部荷载，两端支承在平台梁上，如图8-65c所示。板式楼梯一般适用于荷载和跨度均较小的情况。

2. 楼梯结构平面图的识读

楼梯结构详图主要包括楼梯结构平面图和楼梯结构剖面图等图样。

在前述的楼层结构平面布置图中，因采用的比例较小（如1∶100），仅画出了楼梯间的平面位置，故楼梯构件的平面布置和详细尺寸尚需用较大比例（如1∶50）的楼梯结构平面图来表示。

楼梯结构平面图是假想用一个水平剖切平面沿楼层间楼梯平台的梯梁顶面进行剖切，向下做水平投影而成的一个水平剖面图，主要表示各构件（如楼梯梁、梯段板、平台板及楼梯间的门窗过梁等）的平面布置、代号、大小和定位尺寸及它们的结构标高等，其图示要求与楼层结构平面布置图基本相同。

楼梯结构平面图应分层画出，当中间几层的结构布置和构件类型完全相同时，则只要画出一个标准层楼梯结构平面图。图中的定位轴线编号应与建筑施工图一致，剖切符号只在底层楼梯结构平面图中表示。

图8-66为某办公楼的楼梯结构平面图，共有3个平面图，分别是底层平面图，2、3层平面图和顶层平面图。从图中可以看出，该楼梯位于⑤~⑥轴线和Ⓐ、Ⓑ轴线间，为双跑楼梯，4层结构，楼梯平台板、楼梯梁和梯段板均为现浇。梯段板只有一种，即TB1，长3000mm，宽1850mm，共有11级踏步，每步宽300mm。在梯段板的两端是梯梁，有TL1、TL2、TL3三种。从图中及设计说明中还可以明确平台板的标高、板厚和配筋情况。

3. 楼梯结构剖面图

楼梯结构剖面图为垂直剖面图，主要表示楼梯各承重构件的竖向布置、连接情况、各部分的标高和配筋（当平台板和楼板为现浇板时的配筋），包括整个楼梯的剖面图和楼梯板、楼梯梁的配筋详图。当楼梯配筋种类和数量较多、表达比较复杂时，也可通过列表形式表达。

图8-67a是1-1楼梯剖面图，主要表示了平台板、梯梁、楼梯板在竖向的位置、标高等。从图中，可以得知楼梯的梯段高度为1650mm，楼层高度3.3m，了解楼层平台和休息平台的结构标高。

图8-67b、c表示的是楼梯板和楼梯梁的断面图，详细反映了构件的外形尺寸和配筋情况。从图8-67b中可以看出，TB1的每级踏步高150mm，宽300mm，共有11级踏步。踏步板厚100mm。TB1的下部配有纵向受力筋ϕ12@200，通长布置，两端锚固在平台梁内；纵筋上面配有分布钢筋，每踏步1ϕ6，在梯段板长度范围内均匀布置；在梯段板两端的上方，还布置了构造筋ϕ10@200，两端伸入平台梁内。

图8-67c为TL1、TL2、TL3的断面图，图中标明了梁的外形尺寸和配筋。

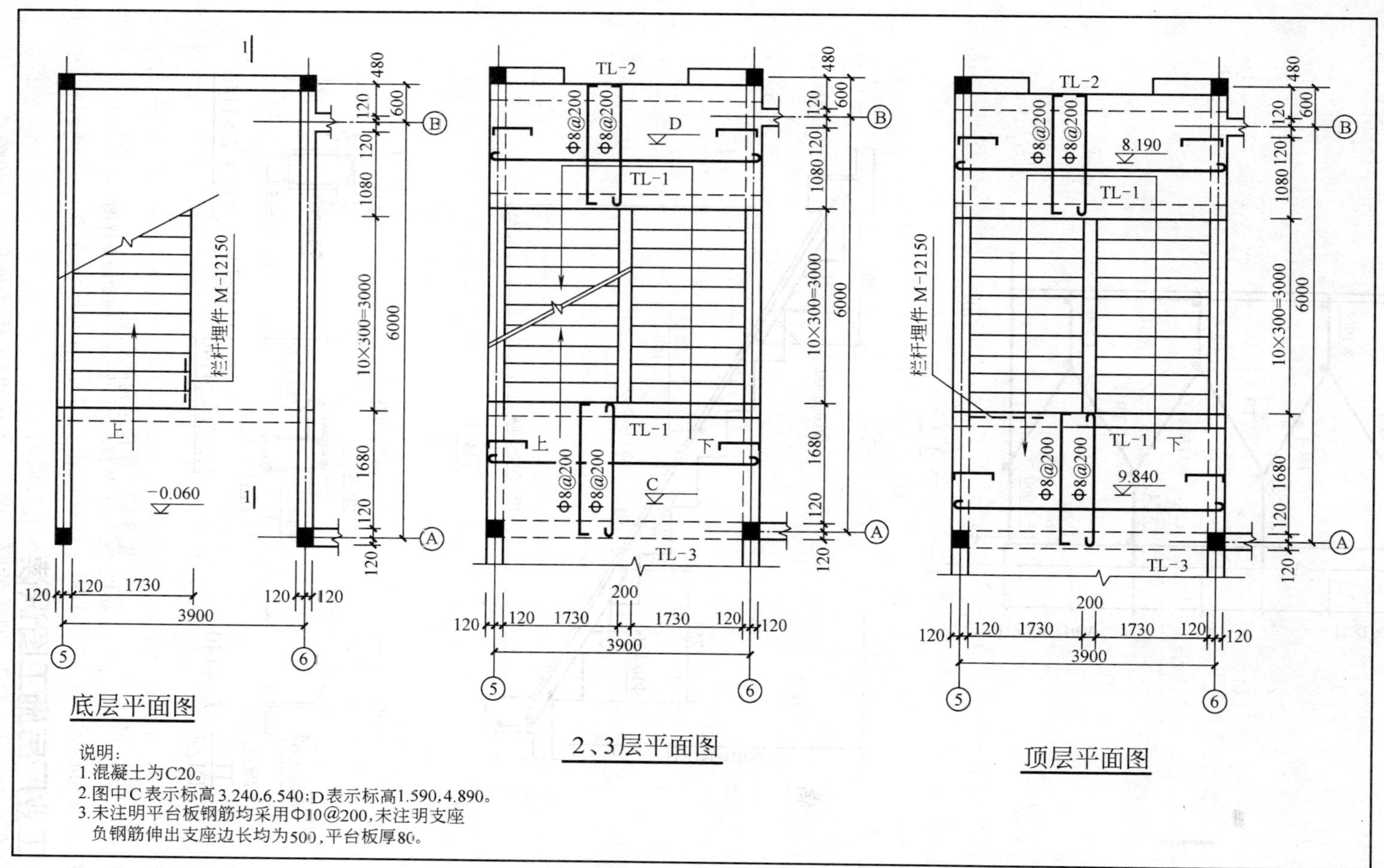

图 8-66 楼梯结构平面图

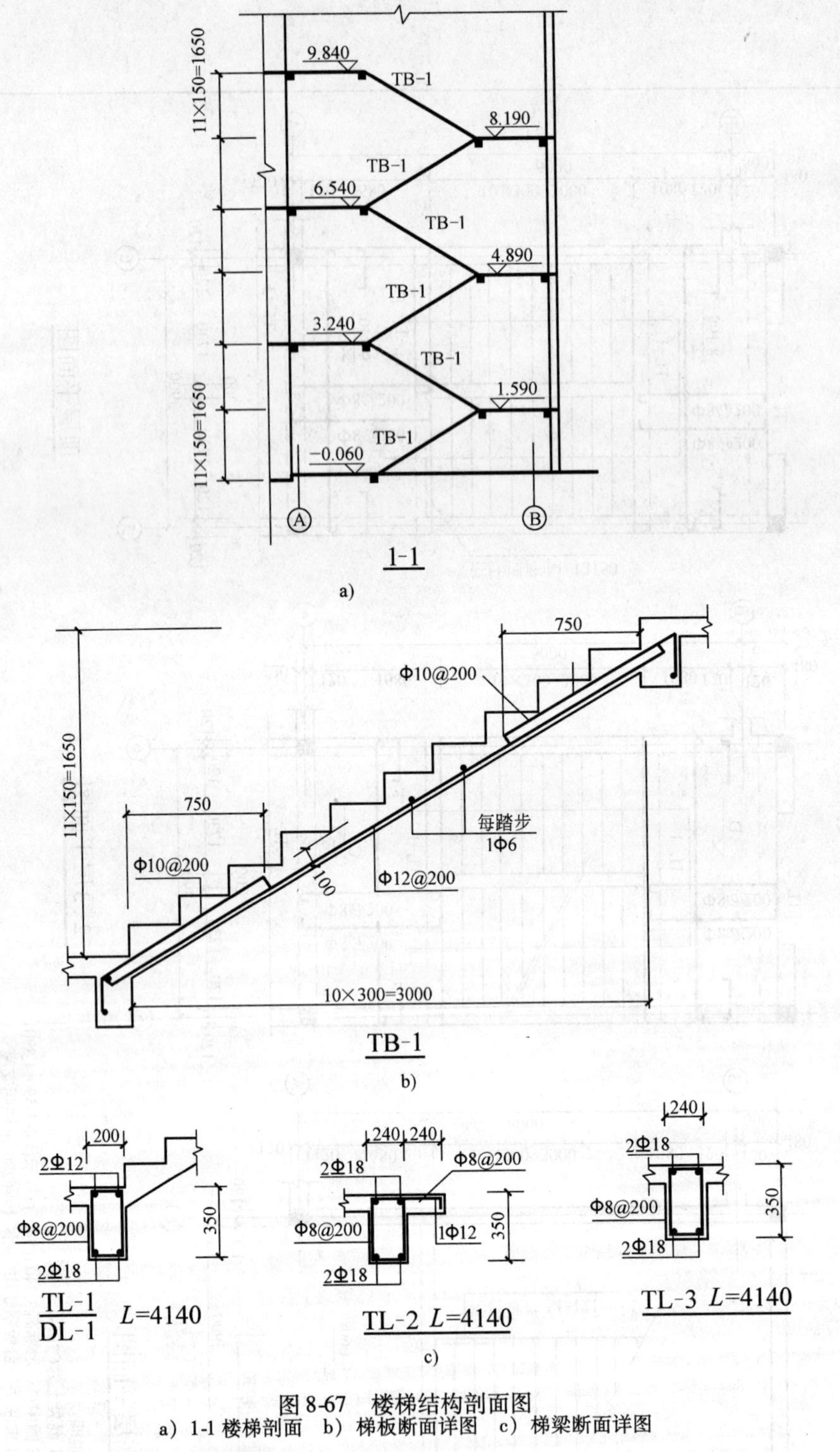

图 8-67 楼梯结构剖面图

a) 1-1 楼梯剖面 b) 梯板断面详图 c) 梯梁断面详图

8.5 工业厂房施工图识读

工业建筑与民用建筑的主要区别是工业建筑必须满足工艺要求，此外有的厂房还设置有吊车。由于生产工艺条件不同，工业厂房可分为多层工业厂房和单层工业厂房。一般对于精密仪器、仪表、电子、轻工等车间，其设备多为轻型设备，所生产的产品其质量、体积均较小，因此多采用多层工业厂房。多层工业厂房的结构形式和构造一般与民用建筑相类似，其施工图的识图方法与前述相差不大。而对于金工、装配、机修、炼钢、锻压、轧钢等冶金类和机械制造类厂房，其车间一般均设有较重型或大型的设备，所生产的产品体积、质量均较大，故而多采用单层工业厂房。单层工业厂房在施工图的内容和图样形式上与民用建筑有所不同，本节主要介绍单层工业厂房施工图的识读方法。

8.5.1 单层工业厂房概述

1. 单层工业厂房的组成

单层工业厂房按承重结构不同可分为墙承重结构和骨架承重结构两种类型。墙承重结构仅适用于厂房跨度较小、高度较低、吊车荷载较小（一般吊车吨位≤50kN，跨度≤15m，柱距≤6m）的中小型厂房。由于大部分工业厂房的跨度较大、高度较高、吊车荷载较大，所以常采用骨架承重结构。骨架承重结构大多采用装配式钢筋混凝土排架结构，由横向骨架和纵向联系构件组成（见图8-68）。横向排架包括屋架、柱子、柱基础等；纵向联系构件包括吊车梁、连系梁、基础梁、柱间支撑等构件，它们与横向排架构成骨架，保证厂房的整体性和稳定性。

下面以图8-68为例，说明单层工业厂房的组成。

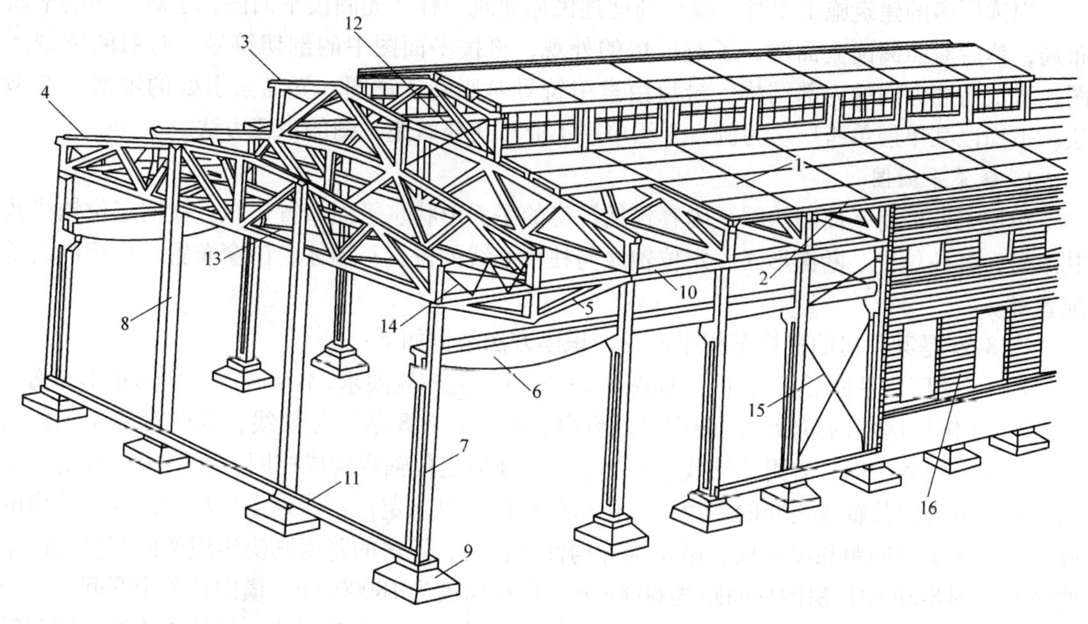

图8-68 单层工业厂房的组成

1—屋面板 2—天沟板 3—天窗架 4—屋架 5—托架 6—吊车梁 7—排架柱 8—抗风柱 9—基础 10—连系梁 11—基础梁 12—天窗架垂直支撑 13—屋架下弦横向水平支撑 14—屋架端部垂直支撑 15—柱间支撑 16—围护墙

1）屋盖结构。包括屋面板、天窗架、屋架等。屋面板是厂房最上部的覆盖构件，支承在屋架上，直接承受屋面荷载（雪荷载、活荷载及屋面自重）并传给屋架；天窗架支承在屋架上，承受天窗部分的屋面荷载，并传给屋架；屋架支承在柱子上，承受屋盖结构的全部荷载，并传给柱子。

2）梁柱结构。包括吊车梁、连系梁、排架柱等。吊车梁支承在柱子牛腿上，承受吊车荷载并传给柱子；连系梁承受外墙重量，并传给柱子；柱子承受由屋架、吊车梁、连系梁和支撑等传来的荷载，并传给基础，是厂房的主要承重构件。

3）基础。包括基础和基础梁。基础承受柱子和基础梁传来的荷载，并传给地基。基础梁承受厂房外墙的重量，并传给基础。

4）支撑系统。支撑系统包括屋架支撑、柱间支撑和天窗架支撑等。支撑的作用是加强厂房的整体稳定性，同时起传递风荷载和吊车水平荷载的作用。

5）围护结构。围护结构位于厂房四周，主要包括纵墙、横墙（山墙）、抗风柱、连系梁、基础梁等构件。这些构件所承受的荷载，主要是墙体和构件的自重以及作用在墙面上的风荷载。

2. 单层工业厂房施工图

单层工业厂房施工图亦包括建筑施工图、结构施工图、设备施工图及有关文字说明。其中建筑施工图包括平面图、立面图、剖面图和详图；结构施工图包括基础平面图及详图，柱、梁、板、屋架、支撑等结构构件布置图与详图等。设备施工图包括水、暖、电、工艺设备等施工图。本节仅介绍建筑施工图和结构施工图的识读。

8.5.2 建筑施工图识读

识读厂房的建筑施工图时，顺序与前述民用建筑一样，先阅读平面图，了解厂房的平面布局，然后对照阅读立面图，了解厂房的外观，再按平面图中的剖切符号，对照阅读剖面图，看清高度方向的内部结构，最后由索引符号对照阅读详图，弄懂索引处的细部构造做法。下面以某单层单跨厂房为例，介绍单层工业厂房建筑施工图的识读方法。

1. 建筑平面图

单层工业厂房平面图的图示内容包括厂房的平面形状、平面布置；纵、横向定位轴线及其编号；各柱位置、断面形式、定位轴线与柱中心线的位置；墙体、门窗布置；厂房内设备配置等。

图 8-69 是某厂房的机修车间平面图，识读方法举例如下：

1）了解厂房平面形状、朝向。如图 8-69，根据工艺布置要求，本车间的平面为矩形布置。

2）了解厂房柱网布置。从图中可以看出，横向共有 8 条定位轴线，纵向有两条定位轴线，其中Ⓐ轴线后面带有附加轴线⑴⁄Ⓐ和⑵⁄Ⓐ。纵、横向定位轴线构成柱网，可以用来确定柱子的位置，横向定位轴线之间的距离确定厂房的柱距，纵向定位轴线确定厂房的跨度。厂房的柱距决定屋架的间距和屋面板、吊车梁等构件的长度，厂房的跨度则决定屋架的跨度和吊车的轨距。图 8-69 中厂房的柱间距为 6000mm，厂房跨度为 18000mm。横向计 7 个开间，其中轴线②～⑦与柱中心线重合，而在①轴线与⑧轴线处，柱向内侧平移，使柱中心线分别与轴线间有 600mm 的距离。纵向1/A和2/A轴线与抗风柱中心线重合，Ⓐ和Ⓑ轴线与柱外缘和墙的内边线齐平。柱子采用钢筋混凝土矩形截面柱，截面尺寸 600mm×400mm，共 16 根。1/A和2/A轴线设抗风柱 4 根。

3）了解桥式起重机的设置。厂房内设有一台桥式起重机，图中标明起重机的最大起重量为 5t（$Q=5t$），轨道间距离为 16.5m（$L_k=16.5m$）。图中柱子内侧的粗单点长画线表示起重机轨道的位置，也是起重机梁的位置。而上下起重机的工作梯，设在②～③开间的Ⓐ轴线墙的内边线处，且标明了该工作梯的构造详图是从 J410 图集中选用的。

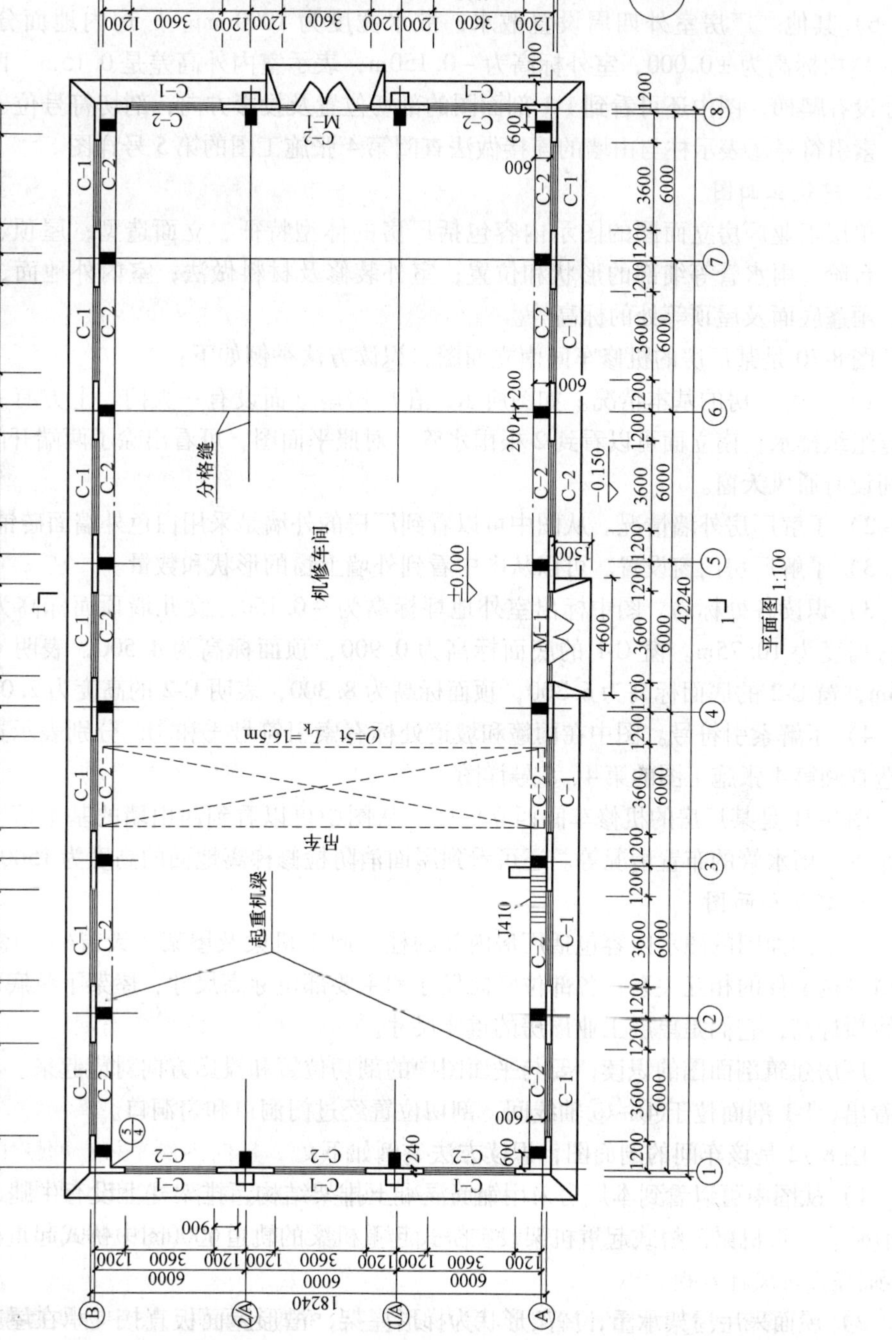

图 8-69 单层工业厂房平面图

4）了解厂房门、窗位置，形状，开启方向。该厂房在东侧外墙上抗风柱中间以及Ⓐ轴上④～⑤轴线柱间各设有折式外开大门，编号为 M-1，宽度为 3600mm。为了运输方便，门入口处均设有坡道，坡道宽 4600mm，坡道长 1500mm。外墙上设计宽度为 3600mm 的侧窗，编号为 C-1，图中的 C-2 是上排窗。

5）了解墙体布置。墙体沿外围布置，起围护作用。外墙厚度为 240mm。

6）其他。厂房室外四周设置散水，散水宽度为 1000mm。厂房内地面分格线距离为 6m。室内标高为 ±0.000，室外标高为 -0.150m，表示室内外高差是 0.15m。西侧(2/A)轴线山墙处设有爬梯。图中还可看到 1-1 剖面图的剖切位置及投影方向，剖切符号位于④～⑤轴线间。索引符号(5/4)表示柱与山墙的连接做法查阅第 4 张施工图的第 5 号详图。

2. 建筑立面图

单层工业厂房立面图的图示内容包括厂房的体型特征、立面造型；屋顶、门、窗、雨篷、台阶、雨水管等细部的形状和位置；室外装修及材料做法；室内外地面、窗台、门窗顶、雨篷底面及屋顶等处的标高等。

图 8-70 是某厂房的机修车间南立面图，识读方法举例如下：

1）了解厂房的基本情况。如图所示，在厂房南立面设有一大门，上方有一雨篷，屋顶为有组织排水，南立面可以看到 2 根雨水管。对照平面图，可看出除了两端开间外，②～⑦轴间设有通风天窗。

2）了解厂房外墙情况。从图中可以看到厂房的外墙是采用白色外墙面砖铺贴。

3）了解厂房门窗设置。可以从图中看到外墙上窗的形状和数量。

3）识读各处标高。图中标出室外地坪标高为 -0.150，女儿墙顶面标高为 10.600，即厂房高度为 10.75m。窗 C-1 的底面标高为 0.900，顶面标高为 4.500，表明 C-1 的高度为 3.6m，窗 C-2 的底面标高为 6.300，顶面标高为 8.300，表明 C-2 的高度为 2.0m。

4）了解索引符号。图中在雨篷和坡道处标有索引符号(4/4)和(5/4)，分别表示这两处的细部构造查阅第 4 张施工图的第 4、5 号详图。

图 8-71 是某厂房的机修车间西立面图。从图中可以看到西山墙的基本情况，窗的数量和布置、雨水管的布置情况等。还可看到屋面消防检修梯离地面的高度为 1500mm。

3. 建筑剖面图

厂房剖面图的图示内容包括厂房内部的柱、起重机梁及屋架、天窗架、屋面板以及墙、门窗等构配件的相互关系；各部位竖向尺寸和主要部位标高尺寸；屋架下弦底面标高及起重机轨顶标高，它们是单层工业厂房的重要尺寸。

厂房建筑剖面图的识读，要与平面图中的剖切位置和投影方向对应起来。从平面图上可以看出，1-1 剖面位于④～⑤轴线间，剖切位置经过门洞口和窗洞口。

图 8-72 是该车间的剖面图，识读方法举例如下：

1）从图中可以看到本厂房采用钢筋混凝土排架结构，排架柱上设有牛腿，牛腿上设有 T 形桥式起重机梁。桥式起重机架设在桥式起重机梁的轨道上（图中桥式起重机用立面图例表示）。

2）屋面采用屋架承重，屋架形状为梯形屋架，槽形屋面板直接支承在屋架上，为无檩体系。两端设有檐沟，屋架中间设有通风矩形天窗。通风天窗采用三角形屋架。屋面檐沟处、柱子牛腿处的做法，均标注了详图的索引符号，便于详读。

3）厂房端部山墙处设有抗风柱，以协助山墙抵抗风荷载。

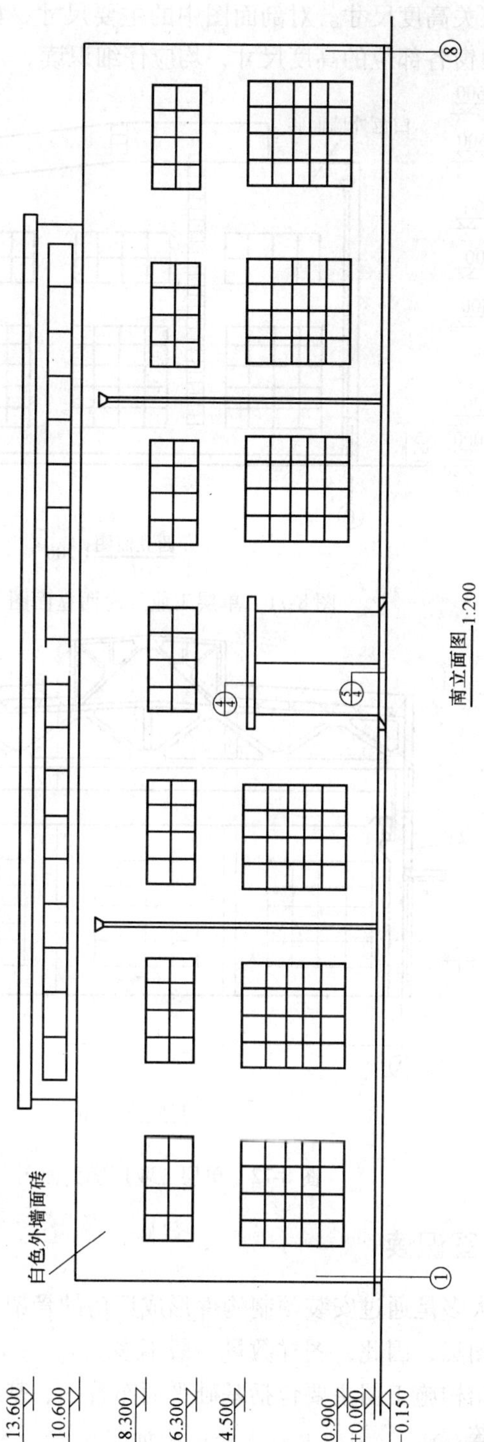

图 8-70　单层工业厂房南立面图

4）其他。剖面图中还可看到室外地面的做法并标有详图索引符号。门洞雨篷的底面标高为4.000m，表示大门门洞高度为4m。剖面图中标注了厂房的跨度是18000mm，还标注了厂房室内外标高和有关高度尺寸。对剖面图中的主要尺寸，如柱顶、桥式起重机轨顶标高、室内外地面标高、门窗各部位的高度尺寸，均应仔细识读。

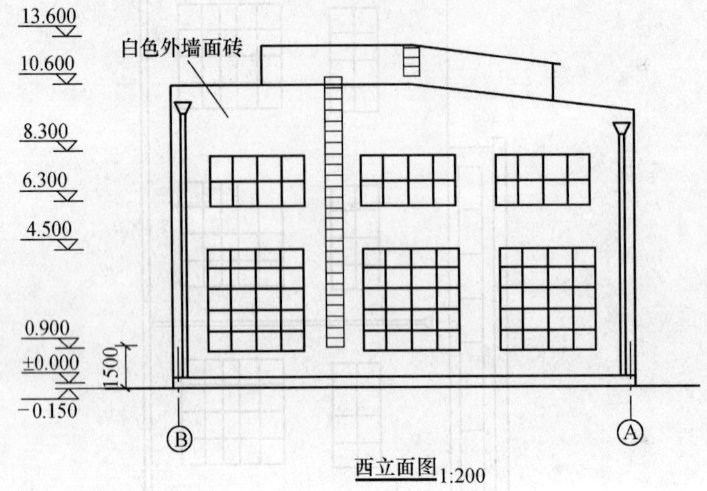

图 8-71 单层工业厂房西立面图

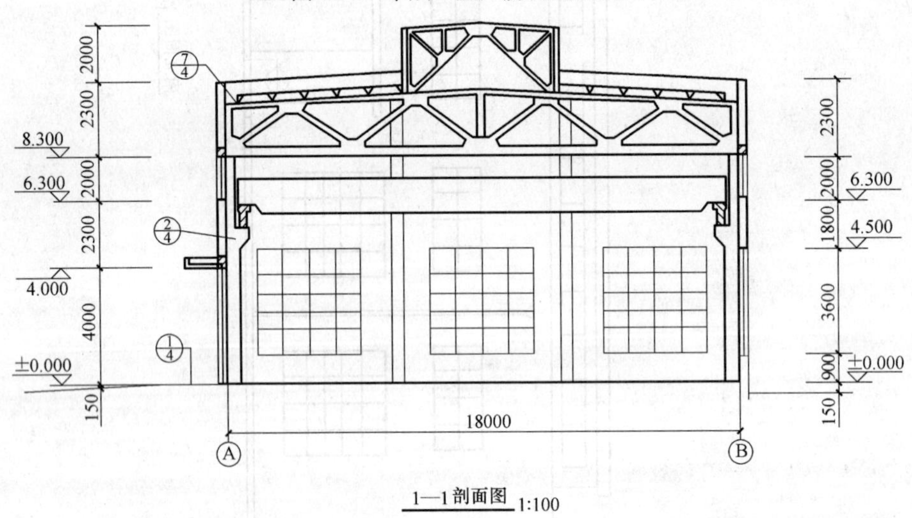

图 8-72 单层工业厂房剖面图

8.5.3 结构施工图识读

单层工业厂房大多是通过安装预制构件形成厂房的骨架，墙体仅起围护作用。多数厂房构件都可选用标准图集，因此，图样数量一般不多。

单层工业厂房结构施工图主要包括基础平面布置图、基础详图、结构布置图、屋面结构布置图和节点详图等。

1. 基础平面图和基础详图

图 8-73 为某单层工业厂房的基础平面图，图 8-74 为基础详图。由于单层厂房采用的是独立柱基础，因此其表达方式和内容与 8.4.4 节中的独立基础类似。从基础平面布置图中可

以看到定位轴线及其编号、轴线间尺寸，还可以看到基础和柱子的平面布置、类型、数量及有关尺寸。图中基础分为 J1 和 J2 两种类型，JL-1、JL-2 为基础梁。

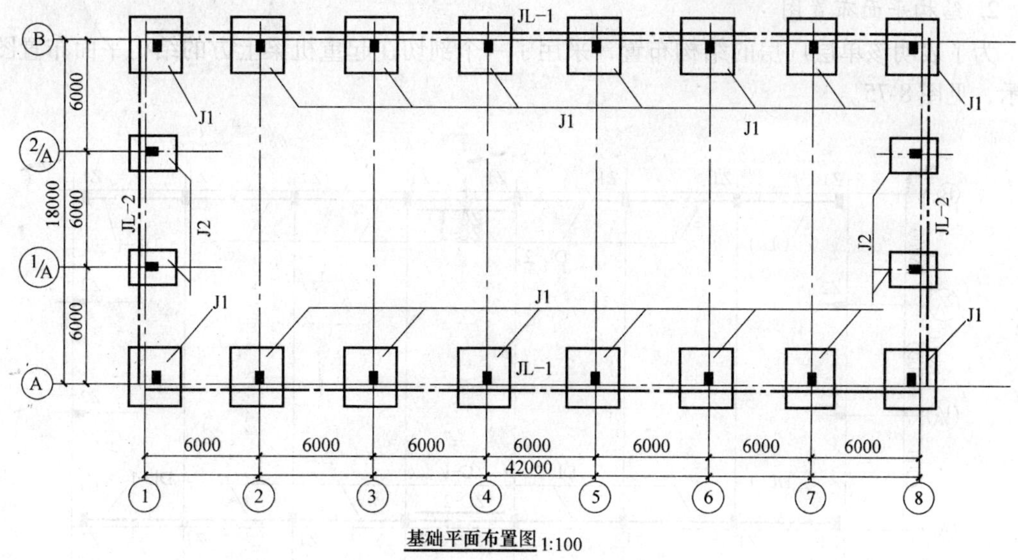

图 8-73 单层工业厂房基础平面图

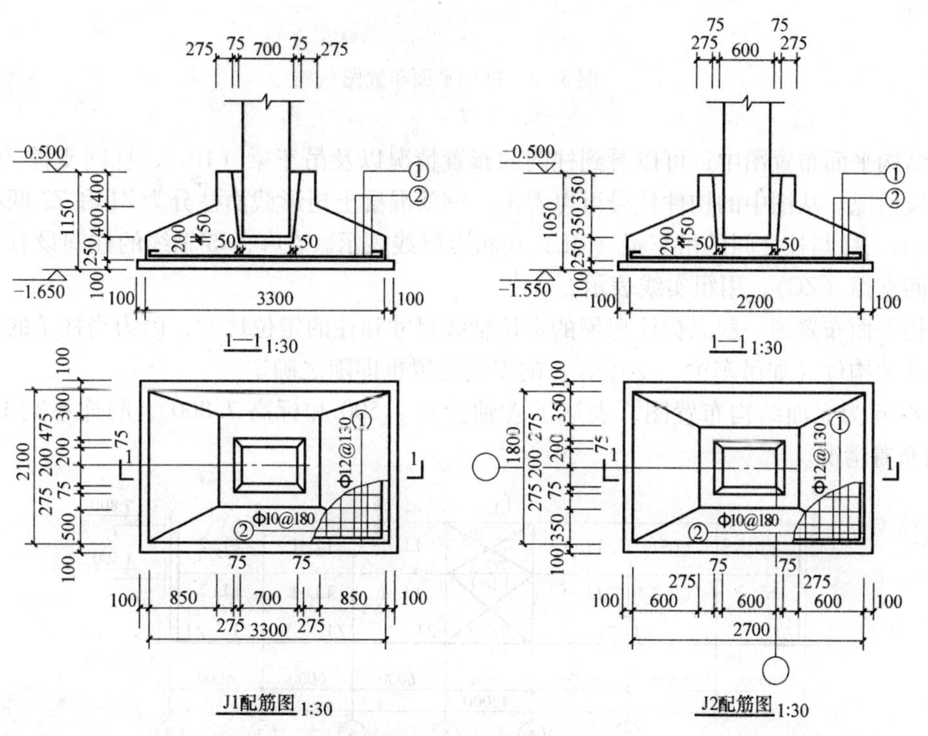

图 8-74 单层工业厂房基础详图

从单层工业厂房的基础详图中可以看到，其剖面形式为杯形基础，详图中包括基础各部分尺寸、配筋情况，基础顶面标高、垫层底面标高等。立面图中可看到杯口的形状和尺寸、垫层尺寸和材料等，平面图采用局部剖切方式表达了基础的网状配筋情况。

2. 结构平面布置图

为了表明该单层厂房的结构布置，采用了一个剖切在起重机梁上方的结构平面布置图来表示，见图 8-75。

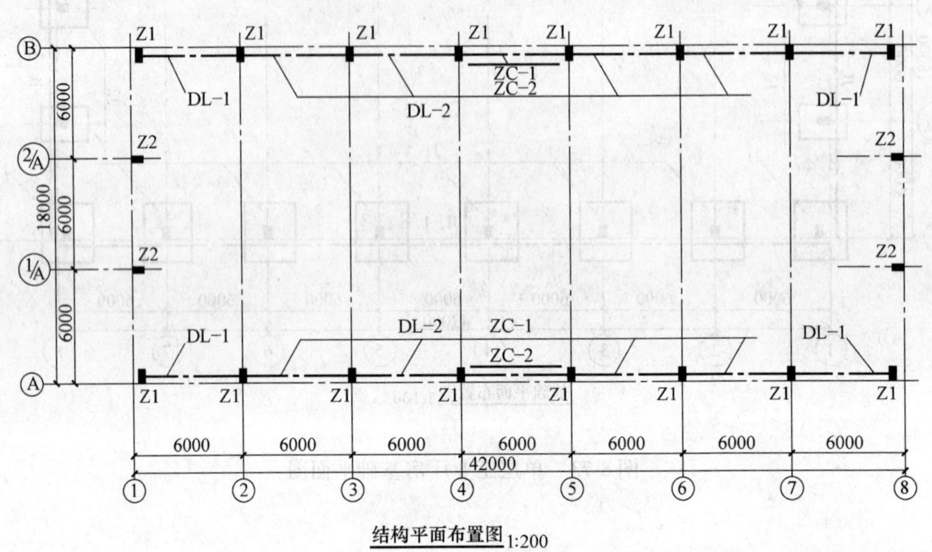

图 8-75　结构平面布置图

在结构平面布置图中，可以看到柱网的布置情况以及吊车梁（DL）、柱间支撑 ZC 等构件的布置情况。从图中的构件代号可以看出，钢筋混凝土矩形截面柱分为 Z1 和 Z2 两种，柱间距为 6m。柱与柱之间的吊车梁（DL）用粗点画线表示。在④~⑤轴线的柱间设有上、下层的柱间支撑（ZC），用粗实线表示。

结构平面布置图一般只标注房屋的定位轴线尺寸和柱的定位尺寸，因为当柱子的位置确定后，其他构件（如吊车梁、支撑等）的安装位置也即随之确定。

图 8-76 为立面结构布置图，表达了Ⓐ轴标高 4.500 和标高 7.800 上的连系梁 LL-1 和 LL-2 的布置情况。

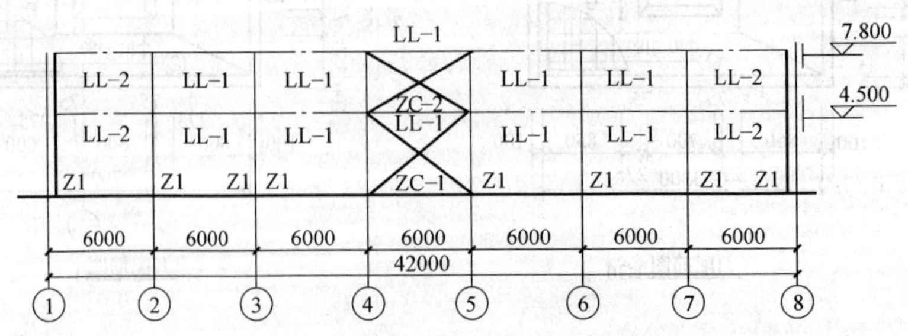

图 8-76　立面结构布置图

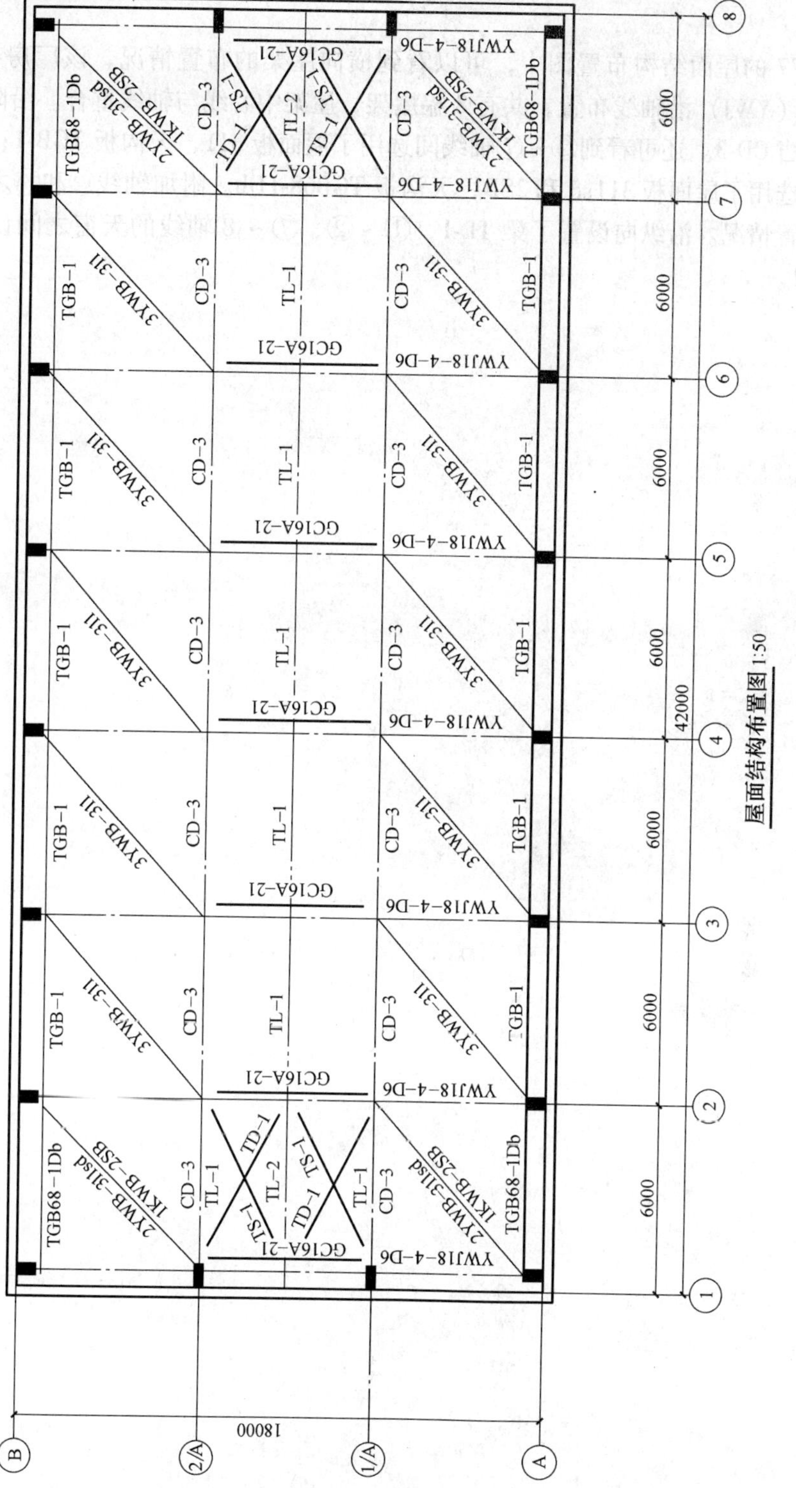

图 8-77 屋面结构布置图

3. 屋面结构布置图

屋面结构布置图主要表示屋架、屋盖支撑系统、屋面板、天沟板、天窗结构构件等的平面布置情况。

在图 8-77 的屋面结构布置图中，可以看到横向屋架的布置情况，该厂房有 8 条轴线，预应力屋架（YWJ）沿轴线布置，共有 8 榀屋架，屋架中心线与轴线重合。沿附加轴线(1/A)和(2/A)布置有车档 CD-3。还可看到②～⑦轴线间选用了屋面板 311，天沟板 TGB-1；①～②、⑦～⑧轴线间选用了屋面板 311sd 和 2SB，天沟板 TGB68-1Db。附加轴线(1/A)和(2/A)之间画出了天窗构件的布置情况。沿纵向设置了梁 TL-1，①～②、⑦～⑧轴线的天窗之间设有横向支撑 TD-1 和 TS-1。

第 9 章　钢结构图识读

钢结构是通过采用焊接、螺栓连接、铆接等连接方式，把各种型钢或钢板等组合成构件，然后再进一步用连接手段把各种构件组合而成整体的结构。表示钢结构的图样称为钢结构图。

9.1　钢结构基本知识

9.1.1　钢结构的特点

随着我国经济水平的发展和钢材产量的提高，钢结构已成为土木工程的主要结构形式之一。目前钢结构主要用于桥梁、大跨结构、高层建筑、厂房、塔桅结构、板壳结构、海洋平台和一些轻型结构等，通常分为轻型钢结构、高层钢结构、住宅钢结构、空间钢结构和桥梁钢结构五大类。常见的钢结构的结构体系有桁架、网架、悬索、拱架、框架、钢骨架等。

与其他材料的土木工程结构相比，钢结构具有以下优点：

1）强度高、重量轻。与混凝土、木材等建筑材料相比，钢材虽然密度较大，但其强度却要高很多，因此在同样的受力条件下，钢结构比钢筋混凝土结构和木结构重量较轻，构件较小，便于运输和安装，故适于建造大跨度和超高、超重型的结构。

2）塑性和韧性好。塑性好，则变形大，结构在一般工作条件下不会因超载而突然断裂；韧性好，则吸收能量的能力强，使钢结构具有优越的动力荷载适应性。因此钢结构抗冲击性、抗震性能好，安全可靠。

3）匀质性和各向同性好。钢材的内部组织比较均匀，非常接近匀质和各向同性体，在一定的应力幅度内属理想弹性体，完全符合目前所采用的计算方法和基本假定。因此，钢结构计算准确性好，可靠性高。

4）钢结构工业化程度高，施工周期短。钢结构由各种型材组成，可通过机械化程度高的专业化制造厂加工生产，制作简便，精确度高。制成的构件运到现场拼装，连接方便，安装快捷，缩短了施工周期。

5）钢结构密封性好。钢结构的加工精度高，气密性和水密性较好，故可用于建造气罐、油罐和变压器等密封结构。

钢结构的缺点：一是耐火性较差。钢材耐热而不耐高温。随着温度的升高，钢结构的强度就会降低。当周围存在着辐射热，温度在150℃以上时，就应采取遮挡措施。如果一旦发生火灾，结构温度达到500℃以上时，就可能全部瞬时崩溃。为了提高钢结构的耐火等级，通常都用混凝土或砖把它包裹起来。二是易于锈蚀，耐腐蚀性差。钢材在潮湿环境中，特别是处于有腐蚀介质的环境中容易锈蚀，必须刷涂料或镀锌，而且在使用期间还应定期维护。

9.1.2　建筑钢材的性能

钢结构在使用过程中要承受各种形式的作用，所以要求钢材必须具有能够抵抗各种作用的能力，钢材的性能主要包括力学性能（强度、塑性、冲击韧性等）和工艺性能（冷弯性能、可焊性等），钢材的这两种性能均须由试验测定。

1. 力学性能

（1）强度　测定钢材强度的主要方法是拉伸试验，在静载、常温条件下，对标准钢材试件做拉伸试验，从其单向均匀受拉的应力—应变曲线上可得到对应的强度指标，主要有屈服强度、抗拉强度。

1）屈服强度是做拉伸试验时钢材发生塑性变形，应变不断增加而应力不再增加的应力点，分为上屈服强度（R_{eH}）和下屈服强度（R_{eL}）。

屈服强度是衡量结构的承载能力和确定强度设计值的重要指标。当钢材的实际应力超过屈服强度时，应变急剧增加，使结构的变形迅速增加以致不能继续正常使用。所以钢结构的强度设计值一般都取用屈服强度。

2）抗拉强度是钢材受拉时所能承受的极限应力，是衡量钢材抵抗拉断的性能，它不仅是一般强度的指标，而且直接反映钢材内部组织的优劣。

屈强比是钢材强度储备的系数。屈强比越低,安全储备越大,屈强比越高,安全储备越小。

（2）塑性指标　钢材的塑性是在外力作用下产生永久变形时抵抗断裂的能力。塑性性能通常用钢材的伸长率来衡量。伸长率是以试件拉断后原始标距长度的增量与原始标距长度之比的百分率来表示。

伸长率是衡量钢材塑性的重要指标，伸长率越大，钢材塑性越好。承重结构用的钢材，不论在静力荷载或动力荷载的作用下，以及加工制作过程中，除了应具备较高的强度外，还应具有足够的伸长率。

对于一般非承重或由构造决定的钢结构构件，只要保证钢材的抗拉强度和伸长率即可。而对于承重结构，钢材必须保证屈服强度、抗拉强度、伸长率三项合格才能满足要求。

（3）冲击韧性　冲击韧性是表示在动力荷载作用下，钢材抵抗脆性破坏的能力。以V形缺口试件，在不同的试验温度下的冲击吸收功来表示，单位为J（焦耳）。

钢材的冲击韧性是衡量钢材断裂时所做功的指标，其值随金属组织和结晶状态的改变而急剧变化。钢中的非金属夹杂物、带状组织、脱氧不良等都将给钢材的冲击韧性带来不良影响。冲击韧性是钢材在冲击荷载或多向拉应力下具有可靠性能的保证，可间接反映钢材抵抗低温、应力集中、多向拉应力、加荷速率和重复荷载等因素导致脆断的能力。因此，对需要验算疲劳的结构所用的钢材，应具有在不同试验温度下冲击韧性的合格保证。

2. 工艺性能

将钢材加工成所需的结构构件，需要一系列的工序，如各种机加工（铣、刨、制孔）、切割、焊接等。在加工过程中，钢材的工艺性能必须满足要求，不能出现钢材开裂和材质受损的情况。

（1）冷弯性能　冷弯性能指的是钢材经过冷弯180°后外侧表面抵抗裂纹产生的能力。以不出现裂纹为合格。钢材的冷弯性能是塑性指标之一，同时也是衡量钢材质量的一个综合性指标。

通过冷弯试验，可以检验钢材颗粒组织、结晶情况，有利于暴露钢材内部存在的缺陷，如气孔、杂质、裂纹、严重偏析等；同时在焊接时，局部脆性及焊接接头质量的缺陷也可通过冷弯试验而发现。因此钢材的冷弯性能也是评定焊接质量的重要指标。结构在制作、安装过程中要进行冷加工，尤其是焊接结构焊后变形的调直等工序，都需要钢材有较好的冷弯性能。而非焊接的重要结构（如吊车梁、吊车桁架、大吨位吊车厂房的屋架、托架等）以及需要弯曲成型的构件等，也都要求钢材的冷弯性能必须合格。

（2）可焊性　可焊性是指钢材适应一定焊接工艺的能力。可焊性好的钢材在一定的工艺条件下，焊缝及附近过热区不会产生裂缝及硬脆倾向，焊接后的力学性能，特别是强度不会低于原有钢材的强度。

钢材的化学成分对钢材的可焊性有很大的影响。随钢材的含碳量、合金元素及杂质元素含量的提高，钢材的可焊性降低。钢材的含碳量超过 0.25% 时，可焊性明显降低；硫含量较多时，会使焊口处产生热裂纹，严重降低焊接质量。碳含量为 0.12% ~0.20% 的碳素钢，可焊性最好。

9.1.3　建筑钢材的品种、选用和规格

1. 建筑钢材的主要品种

（1）碳素结构钢　碳素结构钢在各类钢中其产量最大，用途最广泛，多轧制成型材、异型型钢和钢板等，可供焊接、铆接和螺栓连接。

国家标准《碳素结构钢》（GB/T 700—2006）规定，按屈服强度不同，碳素结构钢分为 Q195、Q215、Q235 和 Q275 四种。碳素结构钢的牌号由代表屈服点的字母、屈服强度数值、质量等级符号、脱氧方法等四部分按顺序组成。其中以“Q”代表屈服强度中“屈”字汉语拼音的首位字母；质量等级以硫、磷等杂质含量由多到少，分别用 A、B、C、D 符号表示；脱氧方法以 F 表示沸腾钢、Z 和 TZ 表示镇静钢和特殊镇静钢，Z 和 TZ 在钢的牌号中可以省略。例如：Q235AF 表示屈服强度为 235MPa 的 A 级沸腾钢。

由于 Q195 和 Q215 强度较低，而 Q275 虽然强度较高，但塑性、冲击韧性和可焊性差，不宜在建筑结构中使用。故钢结构中，主要应用的是碳素钢 Q235。

Q235 强度适中，有良好的承载性，又具有较好的塑性和韧性，可焊性和可加工性也较好，是钢结构常用的牌号。Q235 钢共分为 A、B、C、D 四个质量等级（A 级最差，D 级最好）。其中 Q235A 一般用于只承受静荷载作用的钢结构，Q235B 适用于承受动荷载焊接的普通钢结构，Q235C 适用于承受动荷载焊接的重要钢结构，Q235D 适用于低温环境使用的承受动荷载焊接的重要钢结构。

（2）低合金高强度结构钢　低合金高强度结构钢是在碳素钢的基础上添加总量小于 5% 合金元素的钢材，具有强度高，塑性和低温冲击韧性好、耐锈蚀等特点。

根据国家标准《低合金高强度结构钢》（GB/T 1591—2008）的规定，低合金高强度结构钢分为 Q345、Q390、Q420、Q460、Q500、Q550、Q620、Q690 共八个牌号。低合金高强度结构钢的牌号由代表钢材屈服强度的字母“Q”、屈服强度值和质量等级符号三个部分按顺序组成。Q345B 表示屈服强度不小于 345MPa，质量等级为 B 级的低合金高强度结构钢。

Q345 钢（16Mn 钢）、Q390 钢（15MnV 钢）和新品种 Q420 钢（15MnVN）是《钢结构设计规范》（GB50017—2003）中推荐采用的钢种。这三个牌号根据硫、磷等有害杂质的含量，又分为 A、B、C、D 和 E 五个等级。Q345、Q390 钢，综合力学性能好，焊接性能、冷热加工性能和耐蚀性能均较好，C、D、E 级钢具有良好的低温韧性，主要用于工程中承受较高荷载的焊接结构；Q420 钢，强度高，特别是在热处理后有较高的综合力学性能，主要用于大型工程结构及要求强度高、荷载大的轻型结构。

钢结构常用钢种的力学性能见表 9-1、表 9-2。

表 9-1　碳素结构钢的力学性能

牌号	等级	屈服强度 R_{eH}/(N/mm²),不小于						抗拉强度 R_m/(N/mm²)	断后伸长率 A(%),不小于					冲击试验(V 形缺口)		冷弯试验 180° $B=2a$ B—试样宽度 d—弯心直径 a—试样厚度(或直径)	
		钢材厚度(或直径)/mm							钢材厚度(或直径)/mm					温度/℃	冲击吸收功(纵向)/J 不小于	钢材厚度(或直径)/mm	
		≤16	>16~40	>40~60	>60~100	>100~150	>150~200		≤40	>40~60	>60~100	>100~150	>150~200			≤60	>60~100
Q235	A	235	225	215	215	195	185	370~500	26	25	24	22	21	—	—	纵向 $d=a$ 横向 $d=1.5a$	纵向 $d=2a$ 横向 $d=2.5a$
	B													+20	27		
	C													0			
	D													-20			

表 9-2　低合金高强度结构钢的力学性能

牌号	质量等级	拉伸试验																				
		以下公称厚度(直径,边长)下屈服强度 R_{eL}/MPa,不小于									以下公称厚度(直径,边长)抗拉强度 R_m/MPa,不小于							断后伸长率 A(%),不小于					
																		公称厚度(直径,边长)					
		≤16 mm	>16~40mm	>40~63mm	>63~80mm	>80~100mm	>100~150mm	>150~200mm	>200~250mm	>250~400mm	≤40 mm	>40~63mm	>63~80mm	>80~100mm	>100~150mm	>150~250mm	>250~400mm	≤40 mm	>40~63mm	>63~100mm	>100~150mm	>150~250mm	>250~400mm
Q345	A	345	335	325	315	305	285	275	265	—	470~630	470~630	470~630	470~630	450~600	450~600	—	20	19	19	18	17	—
	B																						
	C																						
	D									265							450~600	21	20	20	19	18	17
	E																						

（续）

牌号	质量等级	拉伸试验																					
		以下公称厚度(直径,边长)下屈服强度 R_{eL} /MPa,不小于									以下公称厚度(直径,边长)抗拉强度 R_m /MPa,不小于							断后伸长率 A(%),不小于					
																		公称厚度(直径,边长)					
		≤16mm	>16~40mm	>40~63mm	>63~80mm	>80~100mm	>100~150mm	>150~200mm	>200~250mm	>250~400mm	≤40mm	>40~63mm	>63~80mm	>80~100mm	>100~150mm	>150~250mm	>250~400mm	≤40mm	>40~63mm	>63~100mm	>100~150mm	>150~250mm	>250~400mm
Q390	A B C D E	390	370	350	330	330	310	—	—	—	490~650	490~650	490~650	490~650	470~620	—	—	20	19	19	18	—	—
Q420	A B C D E	420	400	380	360	360	340	—	—	—	520~680	520~680	520~680	520~680	500~650	—	—	19	18	18	18	—	—

牌号	质量等级	冲击试验				弯曲试验		
		试验温度/℃	冲击吸收能量 KV_2/J			试样方向	180°弯曲试验 d—弯心直径 a—试样厚度(或直径)	
			公称厚度(直径,边长)/mm				钢材厚度(或直径)/mm	
			12~150	>150~250	≤60		≤16	>16~100
Q345	B	20	≥34	≥27	—	宽度不小于600mm扁平材,弯曲试验取横向试样。宽度小于600mm的扁平材、型材及棒材取纵向试样	2a	3a
	C	0						
	D	-20			27			
	E	-40						
Q390 Q420	B	20	≥34	—	—			
	C	0						
	D	-20						
	E	-40						

2. 钢材的选用要求

建筑钢结构所用钢材应根据结构的重要性、荷载特征、结构形式、应力状态、连接方法、钢材厚度和工作环境等综合考虑，选用合适的钢材牌号和材性，以保证承重结构的承载能力，防止出现脆性破坏。

1）承重结构的钢材宜采用《碳素结构钢》（GB/T 700—2006）中的Q235钢和《低合金高强度结构钢》（GB/T 1591—2008）中的Q345钢、Q390钢和Q420钢。当采用其他牌号的钢材时，应符合相应有关标准的规定和要求。

2）下列情况的承重结构和构件不应采用Q235沸腾钢：

①焊接结构。直接承受动力荷载或振动荷载，且需要验算疲劳的结构；工作温度低于-20℃时的直接承受动力荷载或振动荷载，但可不验算疲劳的结构，以及承受静力荷载的受弯及受拉的重要承重结构；工作温度等于或低于-30℃的所有承重结构。

②非焊接结构。工作温度等于或低于-20℃的直接承受动力荷载且需要验算疲劳的结构。

3）承重结构采用的钢材应具有抗拉强度、伸长率、屈服强度和硫、磷含量的合格保证（建筑钢的含硫量一般不超过0.05%，含磷量一般不超0.045%），对焊接结构尚应具有碳含量（控制在0.12%～0.2%之间）的合格保证。

焊接承重结构以及重要的非焊接承重结构采用的钢材还应具有冷弯试验的合格保证。

4）对需要验算疲劳的结构用钢应具有冲击韧性的合格保证

①对于需要验算疲劳的焊接结构的钢材应具有常温冲击韧性的合格保证

a. 当结构工作温度 $-20℃ < T \leqslant 0℃$ 时，对Q235、Q345钢应具有0℃冲击韧性的合格保证；对Q390、Q420钢应具有-20℃冲击韧性的合格保证。

b. 当结构工作温度 $T \leqslant -20℃$ 时，对Q235、Q345钢应具有-20℃冲击韧性的合格保证；对Q390、Q420钢应具有-40℃冲击韧性的合格保证。

②对于需要验算疲劳的非焊接结构亦应具有常温冲击韧性的合格保证。当结构工作温度 $T \leqslant -20℃$ 时，对Q235和Q345钢应具有0℃冲击韧性的合格保证；对Q390和Q420钢应具有-20℃冲击韧性的合格保证。

③起重机起重量不小于50t的中级工作制吊车梁，对钢材冲击韧性的要求应与需要验算疲劳的构件相同。

5）当焊接承重结构为防止钢材的层状撕裂，对厚度大于40mm时应采用厚度方向性能钢板，其材质应符合现行国家标准《厚度方向性能钢板》（GB/T 5313—1985）的规定。

6）对处于外露环境，且对耐腐蚀有特殊要求的或在腐蚀性气态和固态介质作用下的承重结构，宜采用耐候钢。耐候钢是在低碳钢或低合金钢中加入铜、磷、铬、镍、钛等合金元素制成的一种耐大气腐蚀的钢材。在大气作用下，表面自动生成一种致密的防腐薄膜，起到抗腐蚀作用。其材质要求应符合现行国家标准《焊接结构用耐候钢》（GB/T 4172—2000）的规定。

3. 钢材的规格

钢结构所用钢材主要有热轧成型的钢板和型钢以及冷弯成型的薄壁型钢。

（1）钢板　热轧钢板分厚板（厚度>4mm）和薄板（厚度≤4mm）两种。厚板主要用于钢结构，薄板主要用于屋面板、楼板和墙板等。在钢结构中，单块钢板不能独立工作，必须用几块板组合成工字形、箱形等结构来承受荷载。

钢板的表示方法为“-宽度×厚度×长度”，单位为mm。如：-400×6×2000，表示

400mm 宽、6mm 厚、2000mm 长的钢板。

（2）型钢　常用的热轧型钢有角钢（等边和不等边）、工字钢、槽钢、L 形钢等。型钢由于截面形式合理，材料在截面上分布对受力最为有利，且构件间连接方便，所以它是钢结构中采用的主要钢材。型钢的规格通常以反映其断面形状的主要轮廓尺寸来表示，详见国家标准《热轧型钢》（GB/T 706—2008）的规定。

1）角钢。角钢有等边的和不等边的两种。等边（等肢）角钢型号表示方法为∟肢宽×厚度。如∟100×10 为肢宽 100mm，厚 10mm 的等肢角钢。

不等边（不等肢）角钢型号表示方法为∟长肢宽×短肢宽×厚度。如∟100×80×8 为长肢宽 100mm、短肢宽 80mm，厚度为 8mm 的角钢。

2）工字钢。工字钢的型号用号数表示，号数即为其高度的厘米数，表示方法为“Ⅰ高度”。如型号为“Ⅰ10”表示高为 100mm 的工字钢。型号 20 号以上时，附以区别腹板厚度的字母，腹板厚度分 a、b、c 三种，a 最薄、翼缘最窄。如Ⅰ32a、Ⅰ32b、Ⅰ32c。

3）槽钢。槽钢的型号同工字钢一样，也用号数表示，表示方法为“［高度”。号数 14 以上附以字母 a 或 b 或 c 以区别腹板厚度，如［32a 指的是槽钢外廓高度为 320mm、腹板厚度为最薄的一种。

4）L 形钢。L 形钢的型号表示方法为 L 长边宽×短边宽×长边厚×短边厚。如 L250×90×9×13 表示长边宽 250mm、短边宽 90mm、长边厚 9mm、短边厚 13mm 的 L 形钢。

5）钢管。钢管有轧制无缝钢管及冷弯成型的高频焊接钢管。圆形钢管的型号用“ϕ外径×厚度”表示。如：ϕ102×5 即外径 102mm，壁厚 5mm 的钢管。

（3）冷弯薄壁型钢　冷弯薄壁型钢通常用 2～6mm 薄钢板冷弯或模压而成，有角钢、槽钢、Z 形钢等开口薄壁型钢及方形、矩形、圆形等空心薄壁型钢，可用于轻型钢结构，其构件及连接应符合现行国家标准《冷弯薄壁型钢结构技术规范》（GB 50018—2002）的规定。

9.2　钢结构的连接方式

钢结构的连接通常有焊接、铆接和螺栓连接三种方式，如图 9-1 所示。焊接和螺栓连接是目前常用的连接方法，铆接因费料费工，现在已基本不被采用。

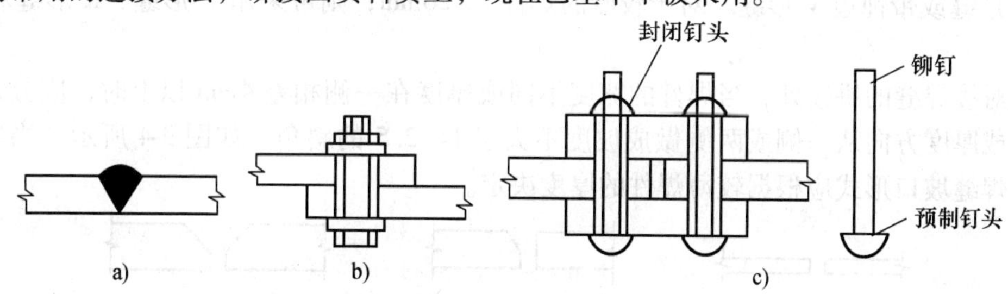

图 9-1　钢结构的连接方式

a）焊接　b）螺栓连接　c）铆钉连接

9.2.1　焊接连接

1. 焊接方法

焊接是以焊接电弧产生的热量使焊条和焊件局部熔化，然后冷却凝结形成焊缝，使焊件牢固连成一体的工艺过程。焊接连接是当前钢结构最主要的连接方式，其优点是任何形状的结构都可用焊缝连接，构造简单，用钢省，连接的密闭性好，易于采用自动化作业。焊接连接的缺点是焊件会产生残余应力和残余变形，焊缝附近材质变脆，焊缝质量易受材料、操作的影响，对钢材材性要求较高，尤其是高强度钢更要有严格的焊接程序。

焊接连接常用的有气焊、接触焊和电弧焊等方法。在电弧焊中又分手工焊、自动焊和半自动焊三种。目前,钢结构中常用的是手工电弧焊,设备简单,操作方便,但质量波动较大。

2. 焊接接头与焊缝形式

焊接接头方式有平接(图 9-2a)、搭接(图 9-2b、c)、T 形连接(图 9-2d、e)和角接(图 9-2f、g),所采用的焊缝形式主要有对接焊缝(图 9-2a、e、g)及角焊缝(图 9-2b、c、d、f)两种。

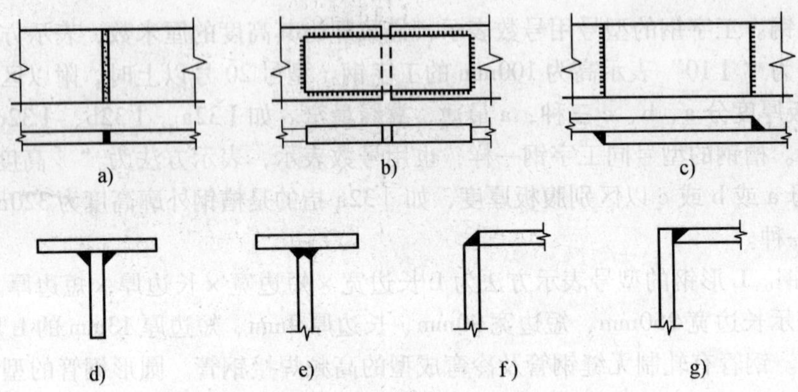

图 9-2　焊接接头与焊缝形式

（1）对接焊缝　对接焊缝的焊件常需做成坡口，故又称为坡口焊缝。按坡口形式不同分为 I 形缝（直边缝）（图 9-3a）、单边 V 形缝（图 9-3b）、双边 V 形缝（或 Y 形缝）（图 9-3c）、U 形缝（图 9-3d）、K 形缝（图 9-3e）、X 形缝（图 9-3f）等。

坡口形式与焊件的厚度有关。当焊件厚度 $t<10$mm 时可采用直边缝，5mm 以下可单面焊，6 ~10mm 应双面焊。当焊件厚度 $t=10\sim20$mm 时，因直边缝不易焊透，可采用带钝边单边 V 形缝或带钝边 V 形缝。对于较厚的焊件 $t>20$mm，则可采用 U 形缝、K 形缝和 X 形缝。

在对接焊缝的拼接处，当焊件的宽度不同或厚度在一侧相差 4mm 以上时，应分别在宽度方向或厚度方向从一侧或两侧做成坡度不大于 1∶ 2.5 的斜角，如图 9-4 所示。当厚度不同时，焊缝坡口形式应根据较薄焊件的厚度决定。

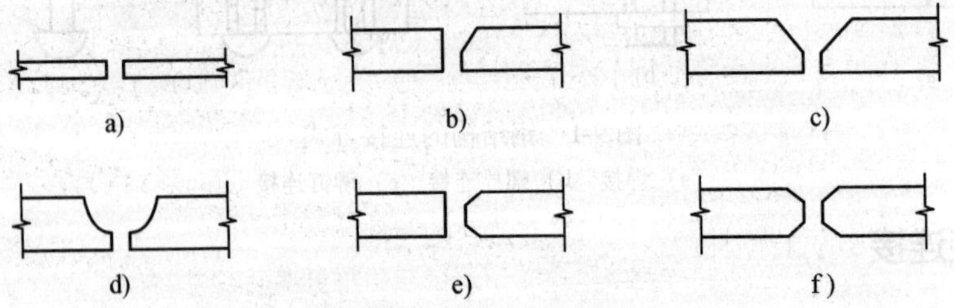

图 9-3　对接焊缝的坡口形式

a）直边缝　b）单边 V 形缝　c）V 形缝　d）U 形缝　e）K 形缝　f）X 形缝

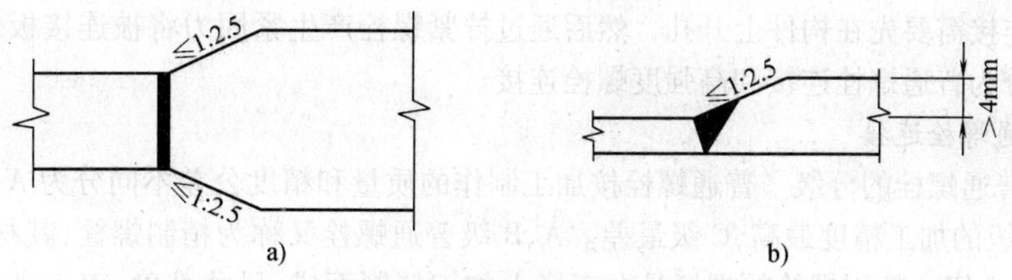

图 9-4　对接焊缝的拼接

a）不同宽度　b）不同厚度

对接焊缝的优点是用料经济，传力均匀平顺，没有显著的应力集中，适用于承受动力荷载的构件。缺点是施焊的焊件应保持一定的间隙，板边需要加工，施工不便。

（2）角焊缝　在相互搭接或丁字连接构件的边缘，所焊截面为三角形的焊缝，叫做角焊缝。角焊缝按外力作用方向可分为平行于外力作用方向的侧面角焊缝和垂直于外力作用方向的正面角焊缝。按截面形式可分为直角角焊缝与斜角角焊缝，直角角焊缝的截面形式有普通焊缝（图 9-5a）、平坡焊缝（图 9-5b）、深熔焊缝（图 9-5c）等。普通直角角焊缝最为常用，在承受动力荷载的连接中，可用平坡焊缝或深熔焊缝等。在 T 形接头中焊件不成直角时，可采用斜角角焊缝，适用于夹角为 $60° \leqslant \alpha \leqslant 135°$ 时（图 9-5d、e、f）。除钢管结构外，对于夹角大于 135°或小于 60°的斜角角焊缝，不宜用作受力焊缝。

在钢结构中，最常用的是普通直角角焊缝，其他形式主要是为了改变受力状态，避免应力集中，一般多用于直接受动力荷载的结构。

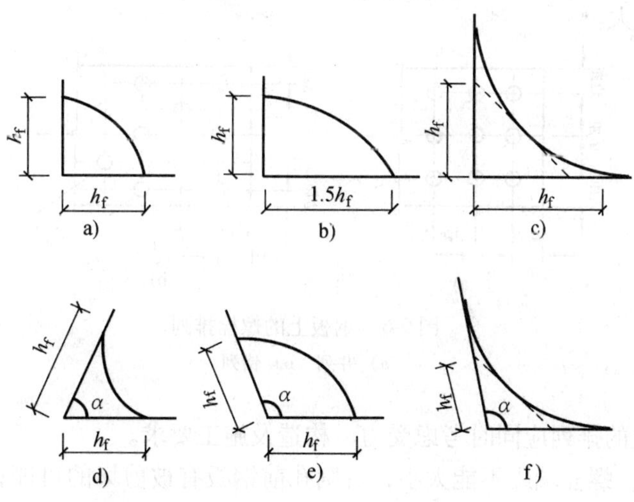

图 9-5　直角角焊缝与斜角角焊缝

角焊缝的优点是焊件板边不必预先加工，也不需要校正缝距，施工方便。其缺点是应力集中现象比较严重，由于必须有一定的搭接长度，角焊缝连接在材料使用上不够经济。

9.2.2 螺栓连接

螺栓连接需要先在构件上开孔，然后通过拧紧螺栓产生紧固力将被连接板件连成一体。螺栓连接分为普通螺栓连接和高强度螺栓连接。

1. 普通螺栓连接

（1）普通螺栓的分级　普通螺栓按加工制作的质量和精度公差不同分为A、B、C三个质量等级,A级的加工精度最高,C级最差。A、B级普通螺栓又称为精制螺栓,其材料性能属于5.6级和8.8级。精制螺栓的螺杆是在车床上加工精制而成,尺寸准确,表面光滑,加工精度高。其抗剪性能比C级螺栓好,但成本高,安装困难,故较少采用。C级普通螺栓又称为粗制螺栓,性能等级属于4.6级、4.8级。粗制螺栓一般是用普通碳素钢Q235BF热压而成,表面粗糙,制作精度较差。由于螺杆与孔之间有空隙,便于制作和安装,但螺杆与钢板孔壁接触不够紧密,当传递剪力时,连接的变形较大,但传递拉力的性能尚好,且成本低,故C级螺栓多用于承受拉力的安装螺栓连接、次要结构和可拆卸结构的受剪连接及安装时的临时连接。

建筑钢结构中常用的普通螺栓的性能等级有4.6、4.8、5.6、8.8四个等级。螺栓材料性能等级代号用两个数值表示，小数点前的数字表示螺栓最低抗拉强度，小数点后的数字表示螺栓的屈强比，即屈服强度和抗拉强度的比值。例如5.6级，小数点前表示最低抗拉强度为$500N/mm^2$，小数点后数字表示屈强比为0.6。

（2）螺栓的规格　钢结构采用的普通螺栓形式为六角头型，其代号用字母M和公称直径的毫米数表示。螺栓直径d应根据整个结构及其主要连接的尺寸和受力情况选定，受力螺栓一般采用M16、M20、M24等。

（3）螺栓的排列　螺栓在构件上排列应简单、统一、整齐而紧凑，通常分为并列和错列两种形式（图9-6）。并列比较简单整齐，所用连接板尺寸小，但由于螺栓孔的存在，对构件截面削弱较大。错列可以减小螺栓孔对截面的削弱，但螺栓孔排列较繁杂，不如并列紧凑，连接板尺寸较大。

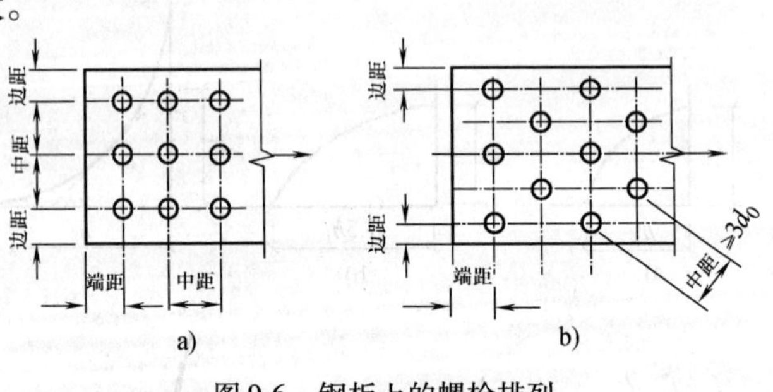

图9-6　钢板上的螺栓排列

a）并列　b）错列

螺栓在构件上的排列应同时考虑受力、构造及施工要求。

1）受力要求。螺栓端距不能太小，否则孔前钢板有被剪坏的可能；螺栓端距也不能过大，螺栓端距过大不仅会造成材料的浪费，对受压构件而言还会发生压屈鼓肚现象。

2）构造要求。螺栓的中矩及边距不宜过大，否则钢板间不能紧密贴合，潮气就会侵入板件间的缝隙内，造成钢板锈蚀。

3）施工要求。要保证一定的空间，便于转动螺栓扳手拧紧螺帽。

根据上述要求，钢结构设计规范规定了螺栓的最大、最小容许距离，见表9-3。

表 9-3　螺栓的最大、最小容许距离

<table>
<tr><th>名　称</th><th colspan="3">位置和方向</th><th>最大容许距离
（取两者的较小值）</th><th>最小容许距离</th></tr>
<tr><td rowspan="5">中心间距</td><td colspan="3">外排（垂直内力方向或顺内力方向）</td><td>$8d_0$ 或 $12t$</td><td rowspan="5">$3d_0$</td></tr>
<tr><td rowspan="3">中间排</td><td colspan="2">垂直内力方向</td><td>$16d_0$ 或 $24t$</td></tr>
<tr><td rowspan="2">顺内力方向</td><td>构件受压力</td><td>$12d_0$ 或 $18t$</td></tr>
<tr><td>构件受拉力</td><td>$16d_0$ 或 $24t$</td></tr>
<tr><td colspan="3">沿对角线方向</td><td>—</td></tr>
<tr><td rowspan="4">中心至构件边缘距离</td><td colspan="3">顺内力方向</td><td rowspan="4">$4d_0$ 或 $8t$</td><td>$2d_0$</td></tr>
<tr><td rowspan="3">垂直内力方向</td><td colspan="2">剪切边或手工气割边</td><td rowspan="2">$1.5d_0$</td></tr>
<tr><td rowspan="2">轧制边、自动气割或锯割边</td><td>高强度螺栓</td></tr>
<tr><td>其他螺栓</td><td>$1.2d_0$</td></tr>
</table>

注：1. d_0 为螺栓的孔径，t 为外层较薄板件的厚度。

2. 钢板边缘与刚性构件（如角钢、槽钢等）相连的螺栓的最大间距，可按中间排的数值采用。

2. 高强度螺栓连接

高强度螺栓连接的优点是施工简便、受力好、耐疲劳、可拆换、工作安全可靠。因此广泛用于钢结构连接中，尤其适用于承受动力荷载的结构中。

高强度螺栓的杆身、螺帽和垫板均采用强度较高的钢材制作，其材料性能等级为 8.8 级和 10.9 级。高强度螺栓连接的机理与普通螺栓不同，后者靠螺栓杆承压和抗剪来传递剪力，而前者是靠被连接板间的强大摩擦阻力传递剪力。安装时通过特制的扳手，以较大的扭矩拧紧螺母，使螺栓杆产生很大的预拉力，由于螺母的挤压力把被连接的构件夹紧，从而产生强大的摩擦力，依靠连接件接触面间的摩擦力来阻止构件相对滑移，达到传递外力的目的，因而变形较小。

高强度螺栓连接按其传力方式又可分为摩擦型和承压型两种。

摩擦型连接仅依靠构件接触面间的摩擦力来传递外力，以摩擦阻力刚被克服作为连接承载力的极限状态。其对螺栓孔的质量要求不高（Ⅱ类孔），但为了增大被连接板件接触面间的摩阻力，对连接的各接触面应进行处理。其特点是连接紧密，变形小，传力可靠，疲劳性能好，主要用于直接承受动力荷载的结构、构件的连接。

承压型高强螺栓是靠被连接板件间的摩擦力和螺栓杆共同传递剪力，以螺栓杆被剪坏或被压（承压）坏作为承载力的极限。其承载力比摩擦型高，可节约螺栓。但因其剪切变形比摩擦型大，故只适用于承受静力荷载和对结构变形不敏感的结构中，不得用于直接承受动力荷载的结构中。

为保证高强螺栓连接具有连接所需要的摩擦阻力，必须采用高强度钢制造，在螺栓杆轴方向应有强大的预拉力（其反作用力使被压接板件受压），且被连接板件间应通过处理使其具有较大的抗滑移系数。

9.3　钢结构的图示方法

9.3.1　型钢的标注方法

组成钢结构杆件的型钢，是由轧钢厂按标准规格（型号）轧制而成。常用的型钢类型有等边角钢、不等边角钢、工字钢、槽钢、钢板等。《建筑结构制图标准》（GB/T 50105—2001）中对型钢的标注方法做了规定，见表9-4。

表 9-4　常用型钢的标注方法

序号	名称	截面	标注方法	说明
1	等边角钢	∟	∟ $b\times t$	b 为肢宽 t 为肢厚
2	不等边角钢	B ∟	∟ $B\times b\times t$	B 为长肢宽，b 为短肢宽，t 为肢厚
3	工字钢	I	I N　Q I N	轻型工字钢加注 Q 字 N 为工字钢的型号
4	槽钢	[	[N　Q [N	轻型槽钢加注 Q 字 N 为槽钢的型号
5	方钢	b	□ b	
6	扁钢	b	— $b\times t$	
7	钢板	—	$\frac{-b\times t}{l}$	$\frac{宽\times厚}{板长}$
8	圆钢	○	$\phi\ d$	
9	钢管	○	$DN\times\times$ $d\times t$	内径 外径×壁厚
10	薄壁方钢管	□	B □ $b\times t$	薄壁型钢加注 B，t 为壁厚
11	薄壁等肢角钢	∟	B ∟ $b\times t$	
12	薄壁等肢卷边角钢	∟ a	B ∟ $b\times a\times t$	
13	薄壁槽钢	[h	B [$h\times b\times t$	
14	薄壁卷边槽钢	[a	B [$h\times b\times a\times t$	
15	薄壁卷边 Z 型钢	h a	B $h\times b\times a\times t$	
16	T 形钢	T	TW×× TM×× TN××	TW 为宽翼缘 T 形钢 TM 为中翼缘 T 形钢 TN 为窄翼缘 T 形钢
17	H 形钢	H	HW×× HM×× HN××	HW 为宽翼缘 H 形钢 HM 为中翼缘 H 形钢 HN 为窄翼缘 H 形钢

9.3.2 钢结构连接的图示方法

1. 焊接连接

(1) 焊缝符号的表示　由于设计时对连接有不同的要求，产生不同的焊接形式。在焊接钢结构图中，必须把焊缝的位置、形式和尺寸标注清楚，焊缝按规定采用焊缝符号进行标注。

完整的焊缝符号包括基本符号、指引线、补充符号、尺寸符号和数据等。为了简化，施工图纸上标注的焊缝符号主要由基本符号和指引线组成，其他内容可在有关工艺规程中加以说明。

1）指引线。焊缝的指引线由箭头线和基准线（一条为实线，一条为虚线，实线和虚线的位置可以互换）两部分组成，如图 9-7 所示，指引线的箭头指向焊缝，表示焊缝的位置。基准线一般应与图样的底边平行，必要时也可与底边垂直。

基本符号相对于基准线的位置：若焊缝处在接头的箭头侧，则基本符号标注在基准线的实线侧；若焊缝处在接头的非箭头侧，则基本符号标注在基准线的虚线侧，如图 9-8 所示。

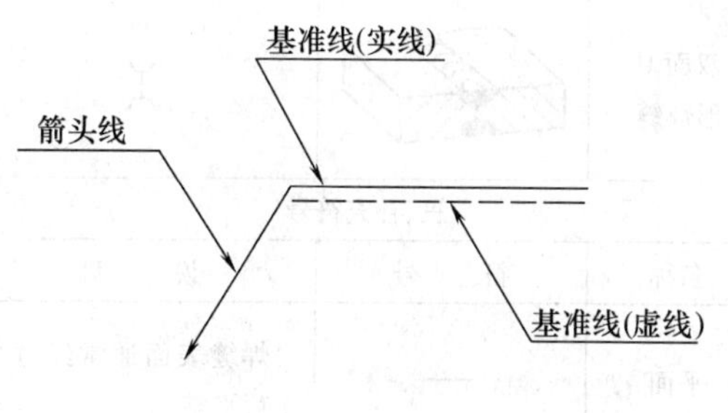

图 9-7　焊缝的指引线

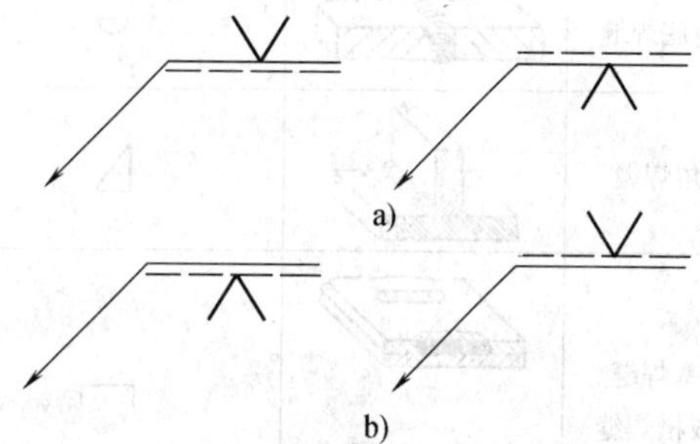

图 9-8　基本符号的表示位置

a）焊缝在接头的箭头侧　b）焊缝在接头的非箭头侧

下列两种情况可以省略基准线中的虚线：①对称焊缝；②当焊缝分布位置明确时的双面焊缝，如图 9-9 所示。

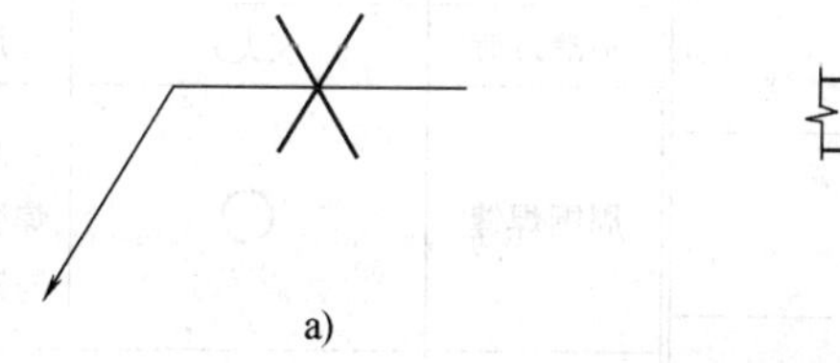

图 9-9　对称焊缝和双面焊缝的标注

a）对称焊缝　b）双面焊缝

2）基本符号和补充符号。焊缝符号中的基本符号表示焊缝横截面的基本形式和特征；补充符号用来补充说明有关焊缝或接头的某些特征（如表面形状、衬垫、焊缝分布、施焊地点等）。

常用焊缝的基本符号和补充符号见表 9-5。常见的基本符号应用举例见表 9-6。

表 9-5　常用焊缝的基本符号和补充符号

一、基本符号

焊缝名称	焊缝形式	基本符号
I 形焊缝	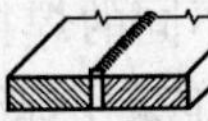	
V 形焊缝		
单边 V 形焊缝		
带钝边 V 形焊缝		
带钝边 U 形焊缝		
陡边 V 形焊缝		
封底焊缝		
角焊缝	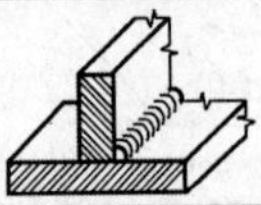	
塞焊缝或槽焊缝	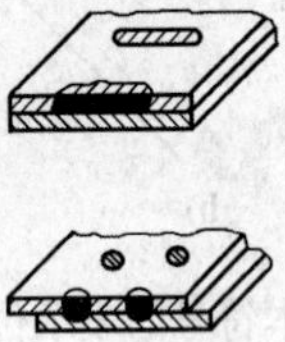	
点焊缝	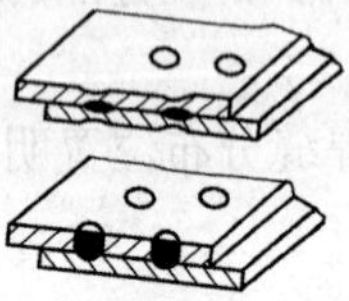	
端焊缝		
堆焊缝		
平面连接（钎焊）		
斜面连接（钎焊）	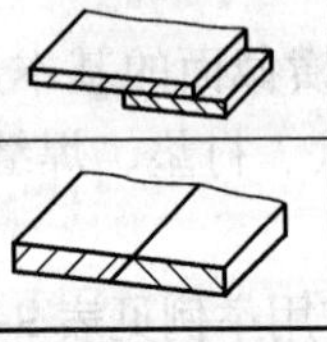	

二、基本符号的组合

焊缝名称	焊缝形式	基本符号的组合符号
双面 V 形焊缝（X 焊缝）	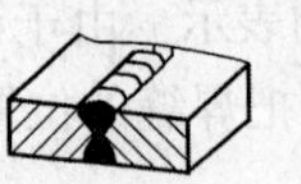	
双面单 V 形焊缝（K 焊缝）	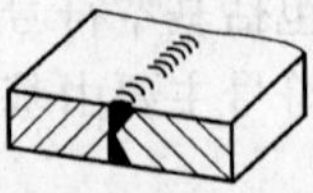	
带钝边的双面 V 形焊缝		
带钝边的双面单 V 形焊缝	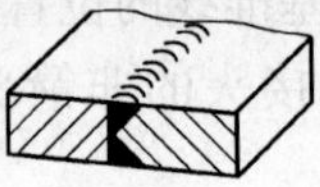	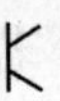
双面 U 形焊缝		

三、补充符号

名称	符　号	说　明
平面		焊缝表面通常经过加工后平整
凹面		焊缝表面凹陷
凸面		焊缝表面凸起
永久衬垫	M	衬垫永久保留
临时衬垫	MR	衬垫在焊接完成后拆除
圆滑过渡		焊趾处过渡圆滑
周围焊缝		沿着工件周边施焊的焊缝，标注位置为基准线与箭头线的交汇处
三面焊缝		三面带有焊缝
现场焊缝		在现场焊接的焊缝
尾部		可以表示所需的信息

表 9-6　常见的基本符号应用举例

焊缝名称	符　　号	示意图	标注方法
V 形焊缝	V	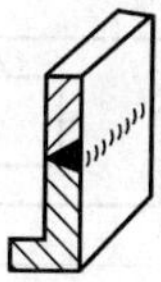	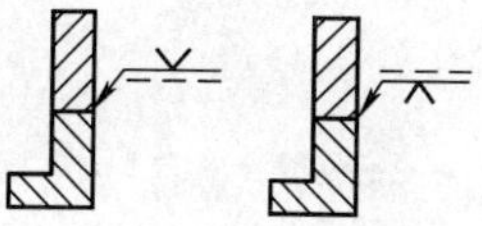
带钝边 U 形焊缝	Y	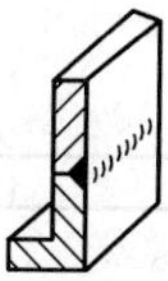	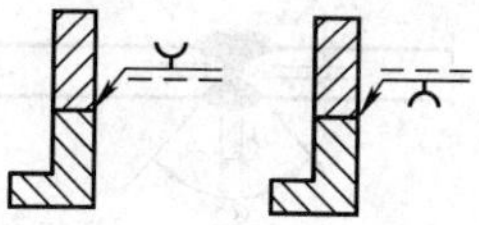
角焊缝	◺		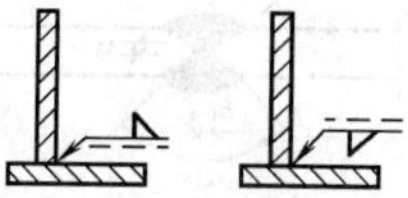
双面 V 形焊缝	X	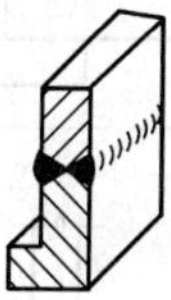	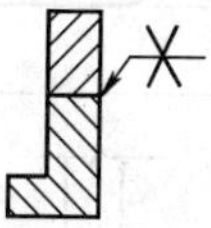
双面单 V 形焊缝	K	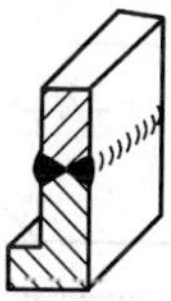	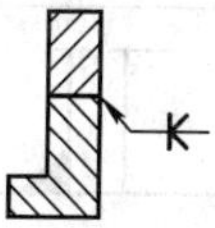

（2）焊缝的标注方法　焊缝应按现行的国家标准《焊缝符号表示法》（GB/T 324—2008）中的规定进行标注，同时还应符合《建筑结构制图标准》（GB/T 50105—2001）的规定。一些常用的焊缝表示方法见表 9-7。

表 9-7　焊缝的标注方法

	示意图	标注方法	说　　明
单面焊缝	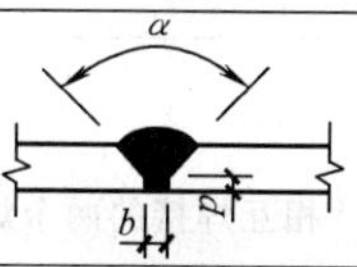 α b p	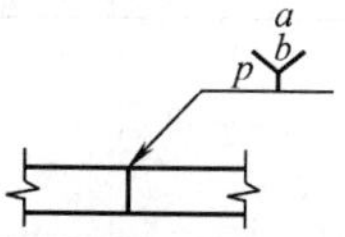 p b a	当箭头指向焊缝所在的一面时，应将图形符号和尺寸标注在横线的上方
	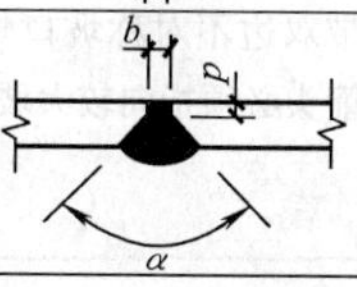 b p α	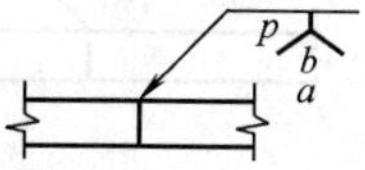 p b a	箭头指向焊缝所在另一面（相对应的那面）时，应将图形符号和尺寸标注在横线的下方

（续）

	示意图	标注方法	说　明
单面焊缝		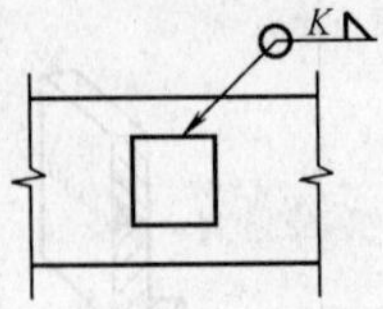	表示环绕工作件周围的焊缝时，其围焊焊缝符号为圆圈，绘在引出线的转折处，并标注焊角尺寸 *K*
双面焊缝	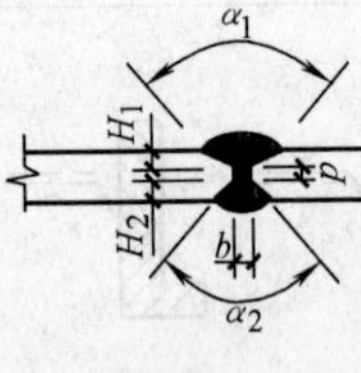	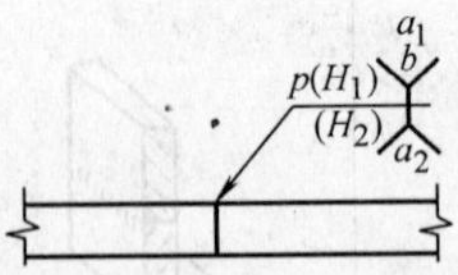	当两面的焊缝尺寸不相同时，应在横线的上、下都标注符号和尺寸。上方表示箭头一面的符号和尺寸，下方表示另一面的符号和尺寸
			当两面的焊缝尺寸相同时，只需在横线上方标注焊缝的符号和尺寸
	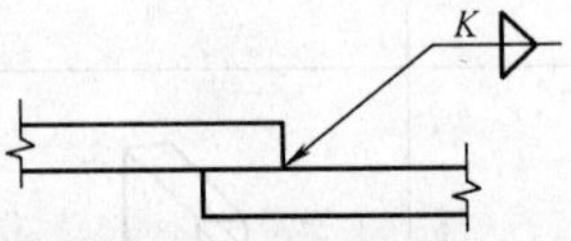		
3个以上焊件的焊缝	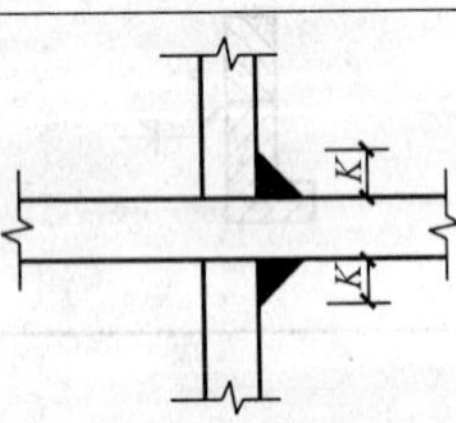	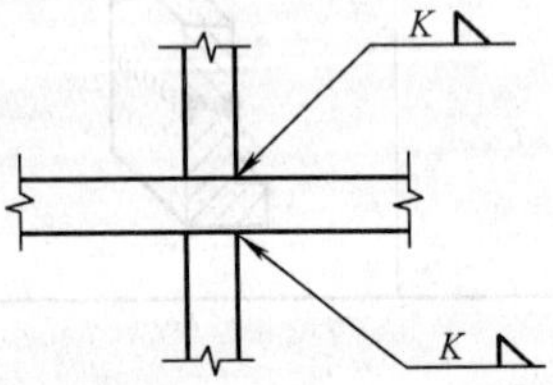	3个和3个以上的焊件相互焊接的焊缝，不得作为双面焊缝标注。其焊缝符号和尺寸应分别标注
1个焊件带坡口的焊缝	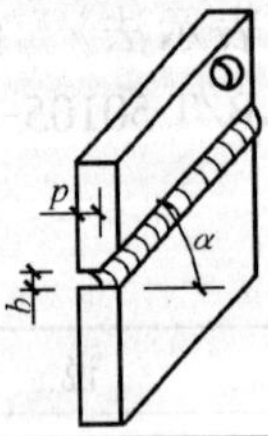	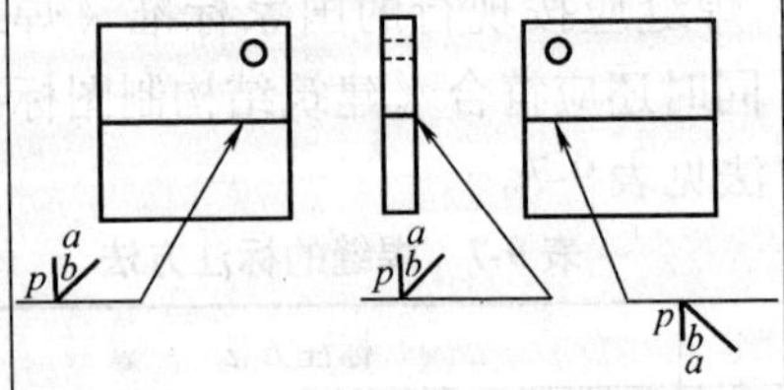	相互焊接的2个焊件中，当只有1个焊件带坡口时（如单面V形），引出线箭头必须指向带坡口的焊件
不对称坡口焊缝	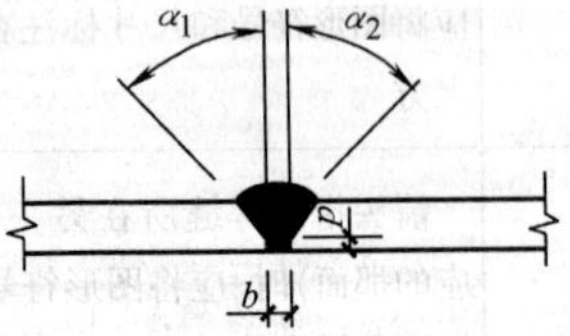	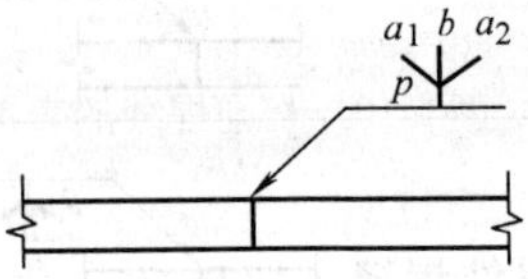	相互焊接的两个焊件，当为单面带双边不对称坡口焊缝时，引出线箭头必须指向较大坡口的焊件

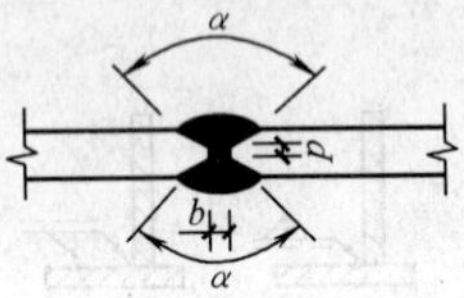

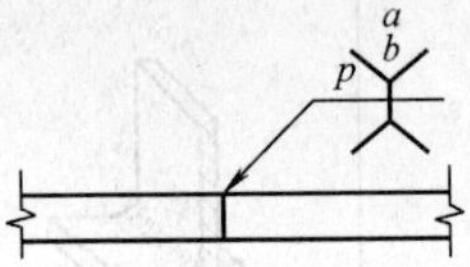

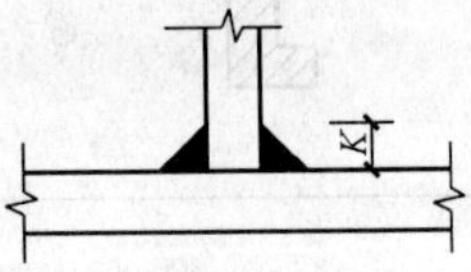

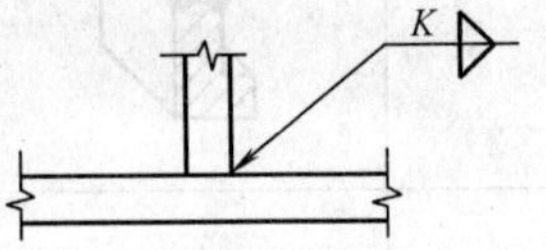

（续）

	示意图	标注方法	说明
不规则焊缝	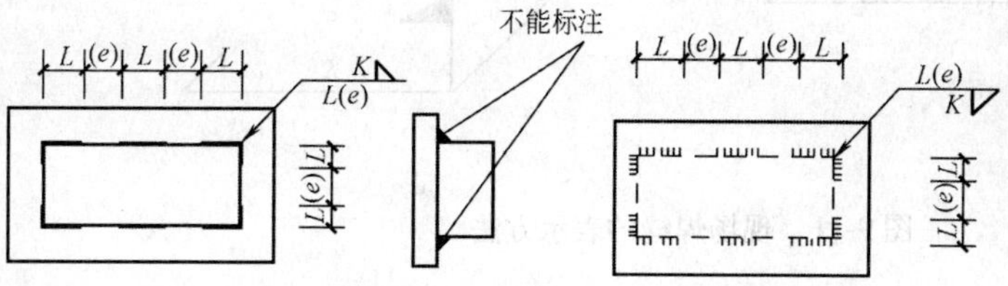 L (e) L (e) L K L(e) L (e) L	不能标注 L (e) L (e) L L(e) K L (e) L	当焊缝分布不规则时，在标注焊缝代号的同时，宜在焊缝处加中实线（表示可见焊缝）或加细栅线（表示不可见焊缝）
较长焊缝	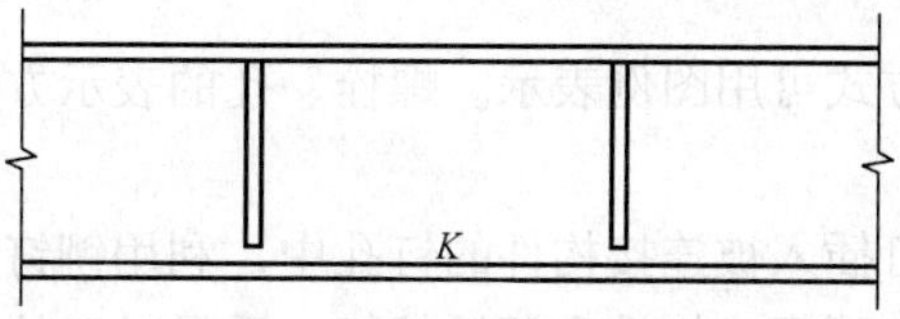	K	较长的角焊缝，可不用引出线标注，而直接在角焊缝旁标注焊缝尺寸值 K
熔透角焊缝	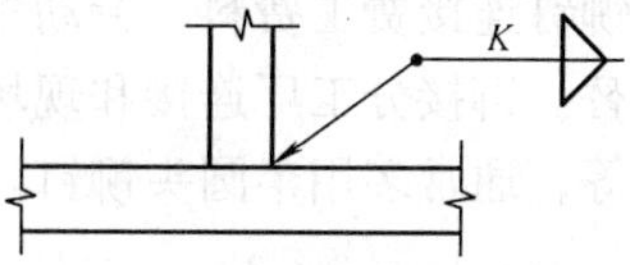	K	熔透角焊缝的符号为涂黑的圆圈，绘在引出线的转折处
局部焊缝	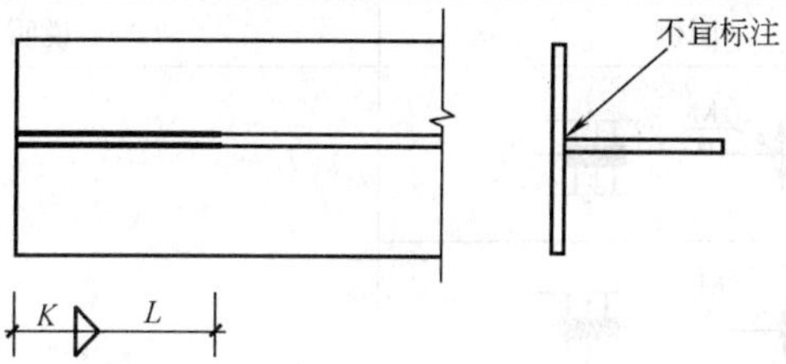 K L	不宜标注	

注：表中的焊缝尺寸符号含义如下：a—坡口角度；b—根部间隙；p—钝边；H—坡口深度；K—焊角高度；L—焊缝长度。

相同焊缝符号应按下列方法表示：

在同一图形上，当焊缝形式、断面尺寸和辅助要求均相同时，可只选择一处标注焊缝的符号和尺寸，并加注“相同焊缝符号”，相同焊缝符号为3/4圆弧，绘在引出线的转折处，如图9-10a所示；当只有数种焊缝相同时，可将焊缝分类编号标注。在同一类焊缝中可选择一处标注焊缝符号和尺寸，如图9-10b所示。

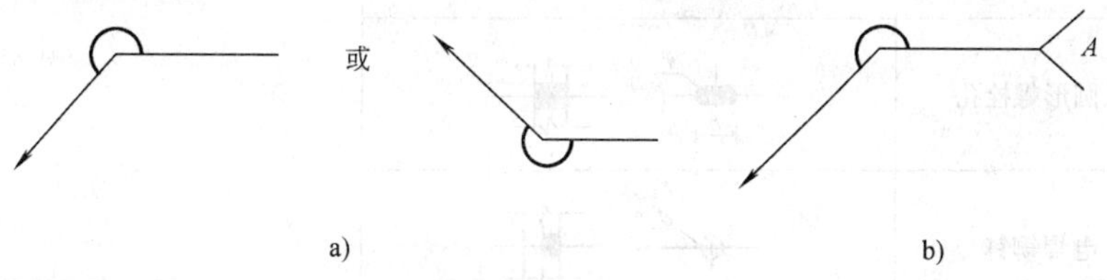

图9-10　相同焊缝的表示方法

要在施工现场进行焊接的焊件焊缝，应标注“现场焊缝”符号。现场焊缝符号为涂黑的三角形旗号，绘在引出线的转折处，如图 9-11 所示。

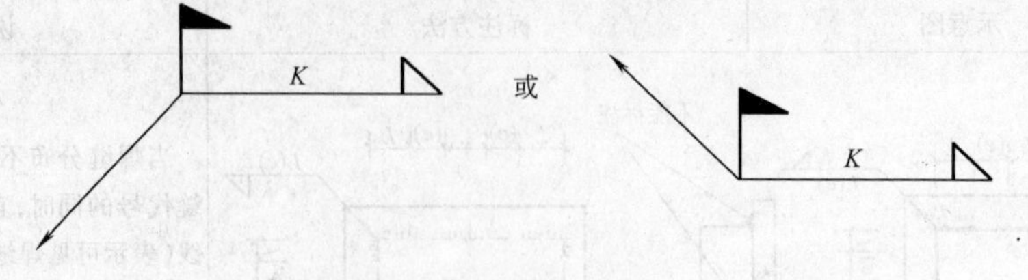

图 9-11　现场焊缝的表示方法

2. 螺栓连接

在钢结构图中，螺栓连接的连接方式可用图例表示。螺栓、孔的表示方法见表 9-8。

3. 铆接

铆接是将一端带有预制钉头的铆钉插入被连接构件的钉孔中，利用铆钉枪或压铆机将另一端压成封闭钉头而成。这种连接传力可靠，韧性和塑性较好，质量易于检查，适用于承受动力荷载、荷载较大和跨度较大的结构。但铆钉连接费工费料、劳动条件差、成本高，现在很少采用，多被焊接及高强度螺栓连接所代替。铆接分工厂连接和现场连接两种。铆接所用的铆钉形式有半圆头、单面埋头、双面埋头等，通常多用半圆头铆钉。铆接的表示方法见表 9-8。

表 9-8　螺栓、孔、电焊铆钉的表示方法

序号	名称	图例	说明
1	永久螺栓	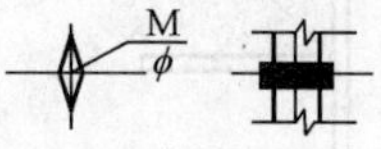 M φ	1. 细“+”线表示定位线 2. M 表示螺栓型号 3. ϕ 表示螺栓孔直径 4. d 表示膨胀螺栓、电焊铆钉直径 5. 采用引出线标注螺栓时，横线上标注螺栓规格，横线下标注螺栓孔直径
2	高强螺栓	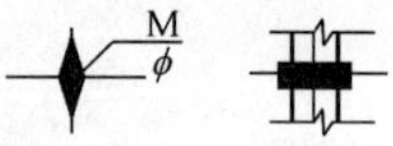 M φ	
3	安装螺栓	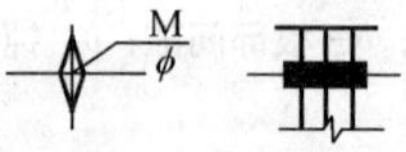 M φ	
4	胀锚螺栓	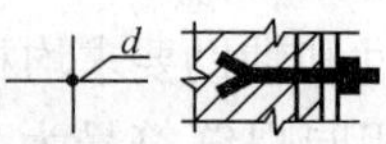 d	
5	圆形螺栓孔	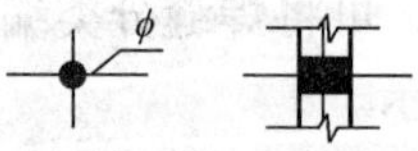 φ	
6	长圆形螺栓孔	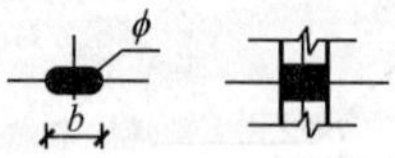 φ b	
7	电焊铆钉	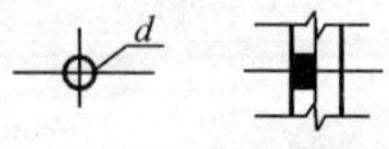 d	

9.3.3　钢结构图的尺寸标注

钢结构构件的制作和安装要求精度较高，因此，钢结构图的尺寸标注除符合一般的标注规定外，还应遵照《建筑结构制图标准》（GB/T 50105—2001）中关于尺寸标注的有关规定：

1）当两构件的两条重心线相距很近时，为便于区别，应在交汇处将其各自向外错开，如图 9-12 所示。

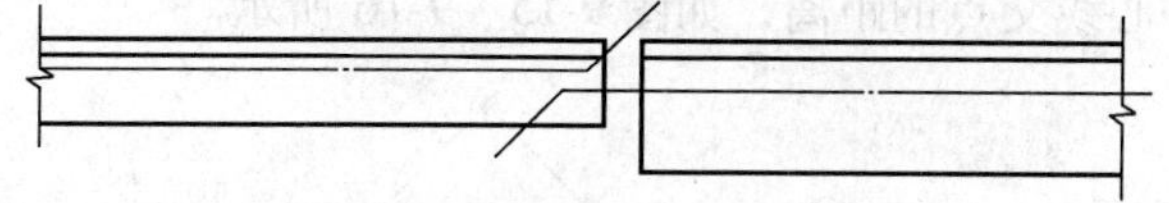

图 9-12　两重心线相距很近时的标注

2）弯曲构件的尺寸应沿其弧度的曲线标注弧的轴线长度，如图 9-13 所示。

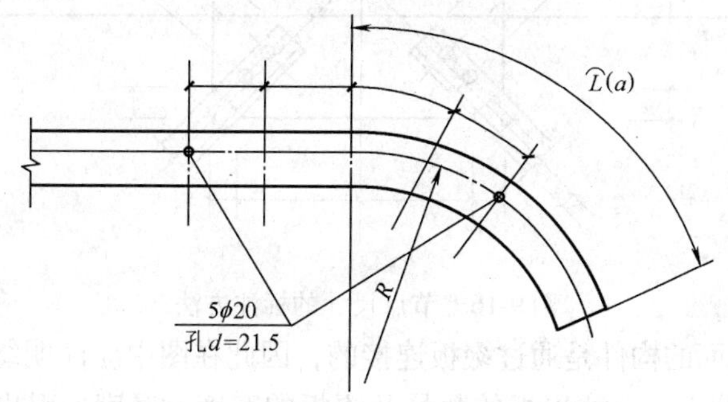

图 9-13　弯曲构件的尺寸标注

3）切割的板材，应标明各线段的长度及位置，如图 9-14a、b 所示。

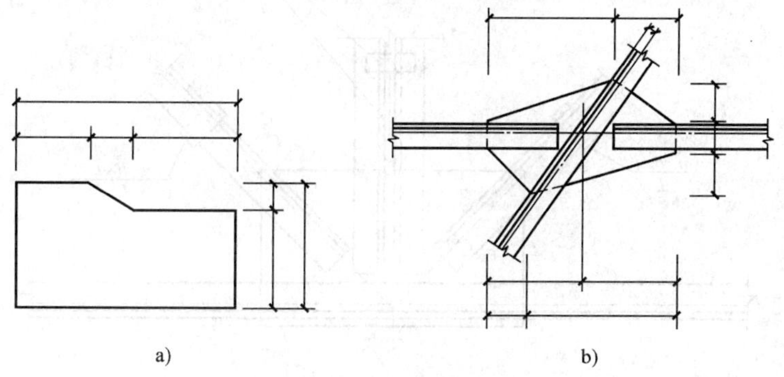

图 9-14　切割板材的标注方法

4）不等边角钢的构件，角钢的放置方式对构件很重要，因此必须标注出角钢一肢的尺寸，如图 9-15 中的下弦杆，标出长肢的尺寸 B，就确定了角钢的放置方式。

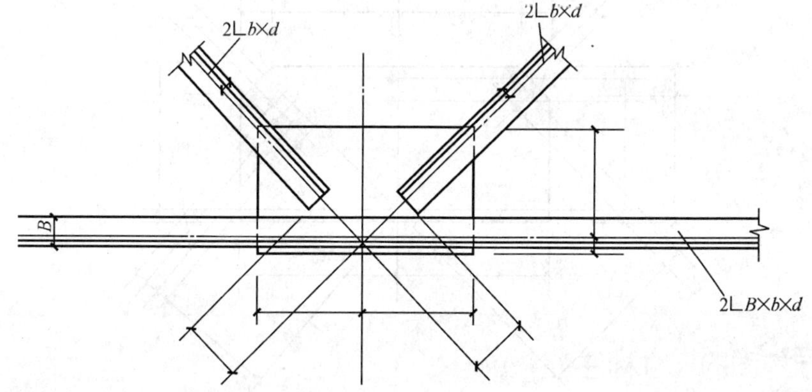

图 9-15　节点尺寸及不等边角钢的标注方法

5）节点尺寸，应注明节点板的尺寸和各杆件螺栓孔中心或中心距，以及杆件端部至几何中心线交点的距离，如图 9-15、9-16 所示。

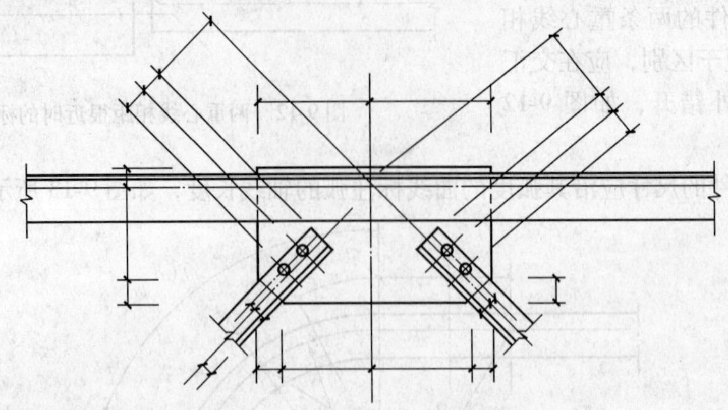

图 9-16　节点尺寸的标注方法

6）双型钢组合截面的构件是通过缀板连接的，因此在图中应注明缀板的数量及尺寸，如图 9-17 所示。引出横线上方标注缀板的数量及缀板的宽度、厚度，引出横线下方标注缀板的长度尺寸，图 9-17 中，n 表示缀板的数量，b、t、L 分别表示缀板的宽度、厚度和长度尺寸。

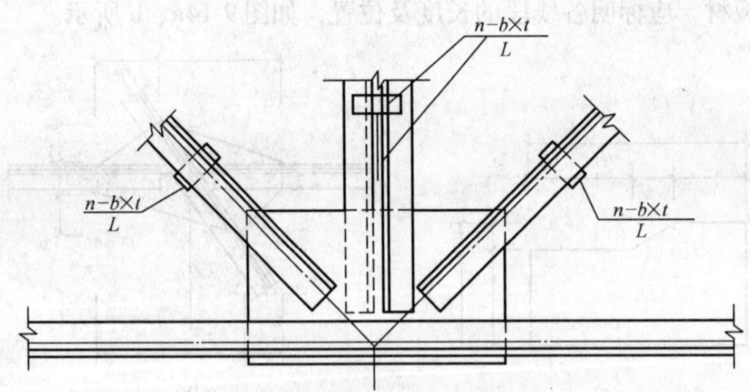

图 9-17　缀板的标注

7）非焊接的节点板，应注明节点板的尺寸和螺栓孔中心与几何中心线交点的距离，如图 9-18 所示。

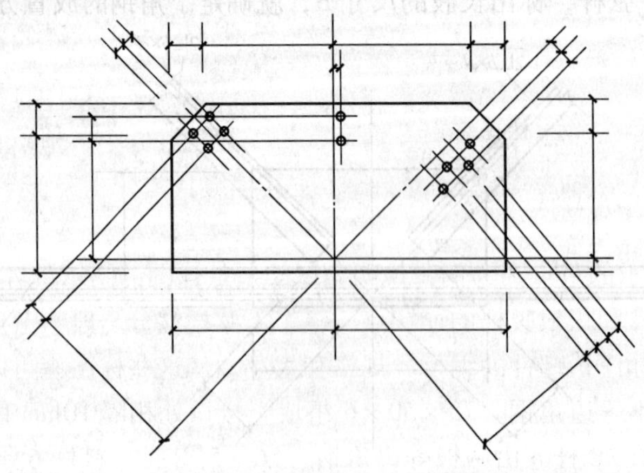

图 9-18　非焊接节点板的标注

9.4 钢屋架结构图识读

钢屋架的结构图是表示钢屋架的形式和大小、型钢的规格、杆件的组合和连接情况的图样，主要内容包括屋架简图、屋架详图（包括节点图）、杆件详图、连接板详图、预埋件详图以及钢材用量表等。

现以图9-19所示某厂房钢屋架结构图为例，说明钢屋架结构图的内容与识读。

9.4.1 屋架简图

屋架简图又称为屋架示意图或屋架杆件几何尺寸图，用以表达屋架的结构形式、各杆件的计算长度，作为放样的一种依据。在简图中，屋架各杆件用单线条画出，一般放在图纸的左上角或右上角，比例常用1∶100或1∶200。

图9-19所示的三角形屋架中，上边倾斜的杆件称为上弦杆，水平杆件称为下弦杆，上、下弦杆之间为腹杆，腹杆包括竖杆和斜杆。从图9-19中可以看出已注明的屋架跨度为13060、高度为2600、以及节点之间杆件的长度尺寸等。

9.4.2 屋架详图

屋架详图以立面图为主，对构造复杂的上弦杆还补充作出上弦杆斜面实形的辅助投影图，除此以外，还作出必要的剖面图、断面图。由于图9-19所示屋架完全对称，所以只画出半个屋架表示即可，但由于须把对称轴线上的节点结构画全，故图中没有对称符号。在同一钢屋架详图中，因杆件长度与断面尺寸相差较大，故经常采用两种比例。屋架轴线长度采用较小的比例（图9-19用1∶20），而杆件的断面则用较大的比例（图9-19用1∶10）。这样既节省图纸，又能把细部表示清楚。

图中详细表示了各杆件的组合、各节点的构造和连接情况，以及每根杆件的型钢类别、长度和数量等。如图中所示各杆件的组合形式是⫫或╥，即背靠背，杆件的连接全用焊接。图中详细表明檩条托18（用来托住檩条的短角钢）和两个安装屋架支撑所用的螺栓孔（ϕ13）的位置，对支座节点，另作出1-1断面图和2-2断面图。该屋架支承在钢筋混凝土柱上，屋架和柱之间用锚固螺栓23连接。为了便于安装，在左侧支座垫板20处开两个长圆孔，详见1-1断面图。

屋架共有9个节点，其中有2个支座节点，一个屋脊节点，2个下弦杆节点和4个下弦杆节点。当节点构造复杂时，还需要用节点详图来表示。节点详图详细表示屋架杆件交点处与节点板的连接情况，如杆件的编号、截面代号、规格、大小；节点板的形状、尺寸；杆件与节点板的连接形式（如为焊接，则详细标注其焊缝代号）等。此外，还要标注节点中心至杆件端面的尺寸。

现以图9-20所示的节点2为例，说明钢屋架节点详图的图示内容。

节点2是下弦杆和三根腹杆的连接点。整个下弦杆共分三段，节点2位于左段和中段的连接处。图中详细标注了杆件的编号、规格和大小。从这些标注中可以看出，下弦杆左段②和右段③均由两根不等边角钢∟75×50×6组成，接口处相隔10mm以便焊接。斜杆④是两根等边角钢∟56×5，竖杆⑤由两根等边角钢∟56×5组成，斜杆⑥是两根等边角钢∟56×6。这些杆件的组合形式都是背靠背，并且同时夹在一块节点板⑨上，然后焊接起来。

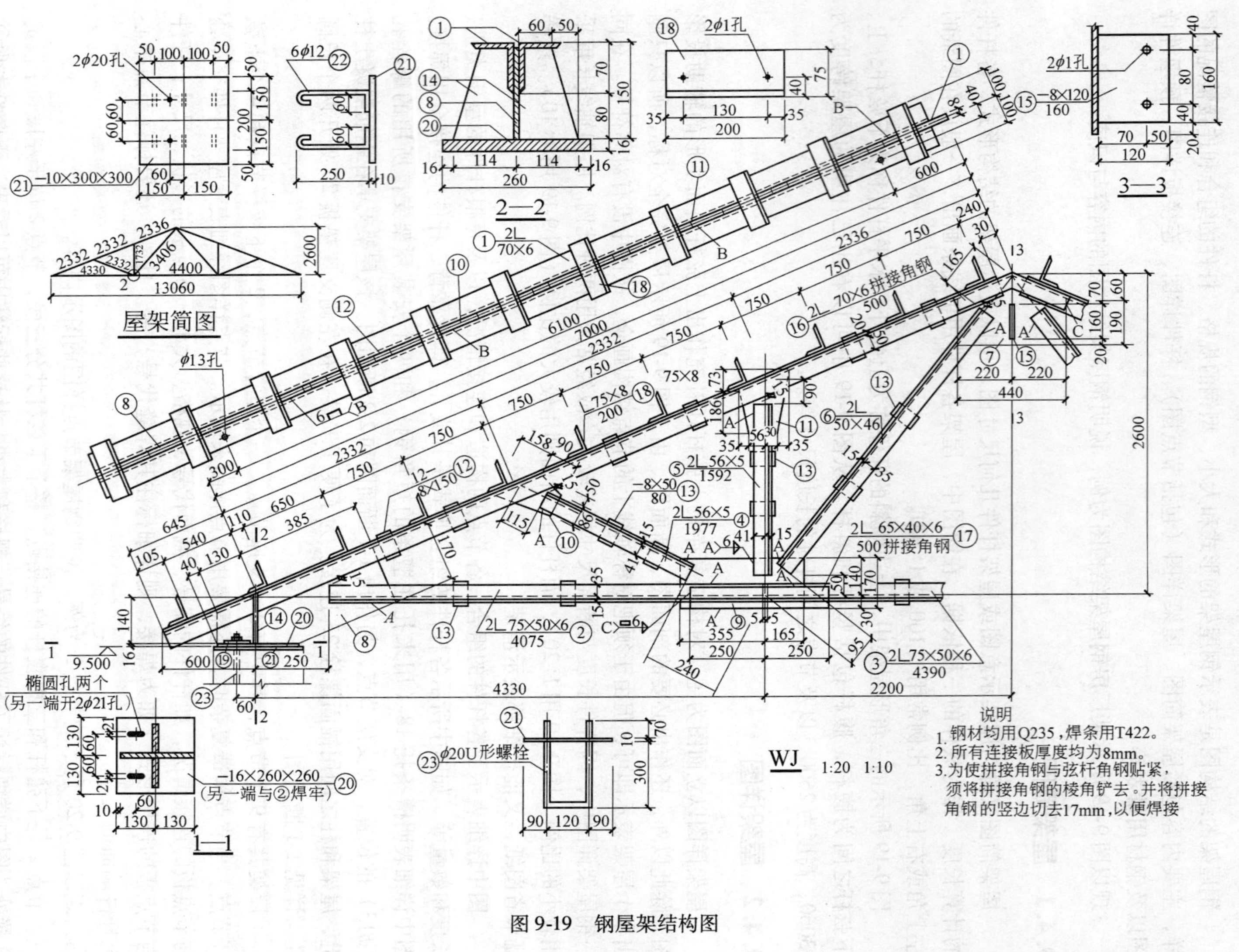

屋架简图
2—2
3—3
1—1
WJ 1:20 1:10
2L 70×6拼接角钢
2L 65×40×6
500拼接角钢
2L 75×50×6
2L 56×5
2L 50×46
2L 70×6
—10×300×300
—16×260×260
（另一端与②焊牢）
椭圆孔两个
（另一端开2φ21孔）
φ20U形螺栓
6φ12
2φ20孔
2φ1孔
φ13孔
—8×120
9.500
说明
1. 钢材均用Q235，焊条用T422。
2. 所有连接板厚度均为8mm。
3. 为使拼接角钢与弦杆角钢贴紧，须将拼接角钢的棱角铲去。并将拼接角钢的竖边切去17mm，以便焊接

图 9-19　钢屋架结构图

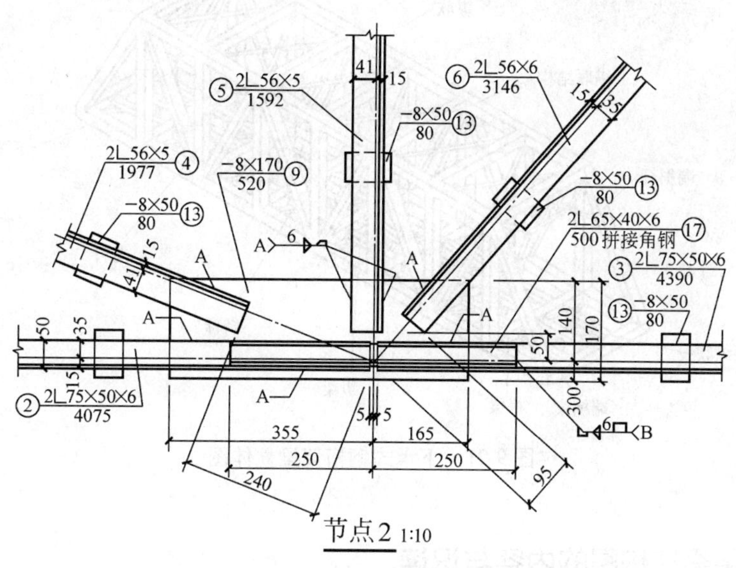

图9-20　节点2详图

节点板形状有矩形（如⑨号），也有多边形（如图9-19中的⑩号）。其形状和大小根据每个节点杆件的位置以及焊接长度而定。无论矩形或多边形的节点板，都按厚、宽、长的顺序标注大小尺寸。其标注法如图9-20中⑨号节点板所示。由于下弦杆是拼接的，除焊接在节点板外，下弦杆两侧面要分别加上一块拼接角钢17，把下弦杆左段和中段夹紧，并且焊接起来。由两角钢组成的杆件，每隔一定距离还要夹上一块连接板13，如图9-20所示，以保证两角钢连成整体，增加刚性。

图中还详细地注明了焊接代号。如节点2竖杆⑤中画出的焊接代号 A>6 表示指引线所指的地方，即竖杆与节点板相连处，要焊双面贴角焊缝，焊缝高6mm。焊缝代号尾部的字母A是焊缝分类编号，其他与 A>6 相同的焊缝，则只需画出指引线，并标注一个字母A即可，如图9-20所示。

9.5　钢桁架梁结构图识读

钢桁架梁常用于大、中跨桥梁中，其种类很多，这里主要介绍下承式钢桁架梁的组成及图示内容。

9.5.1　钢桁架梁的组成

图9-21为下承式钢桁架梁的立体图。从图中可以看出，钢桁架梁主要由桥面系、主桁、联结系组成。桥面系包括纵梁和横梁及纵梁间的联结系；主桁由两片主桁架组成，是钢桁架的主要承重结构，主桁架又由上弦杆、下弦杆、腹杆（斜杆和竖杆）组成。联结系包括上平纵联、下平纵联和横向联结系。

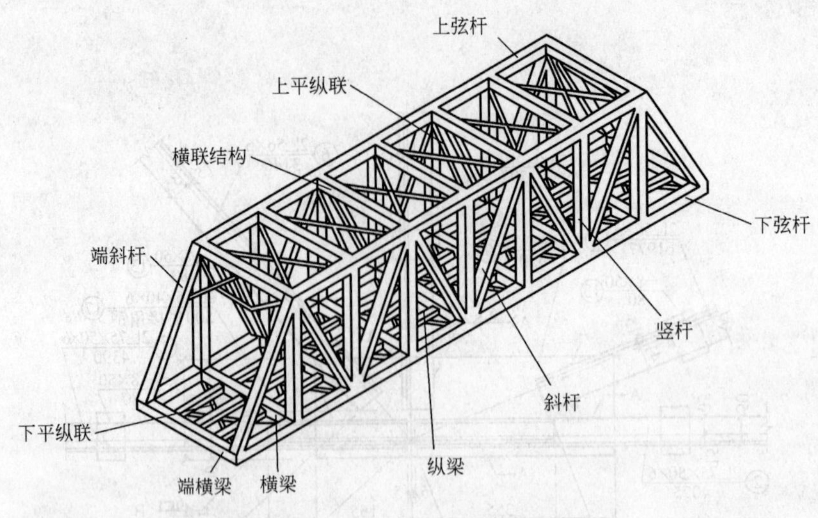

图 9-21　下承式钢桁架梁立体图

9.5.2　钢桁架梁结构图的内容与识读

钢桁架梁结构图包括总图、节点图、杆件图和零件图。

1. 总图

总图是表示整个钢结构设计轮廓的图样，常采用单线示意图表示，如图 9-22 为下承式钢桁架梁的示意图，该示意图由主桁架图、上平纵联图、下平纵联图、横联图和桥门架五个投影图组成。

1）主桁架图。主桁架图是桁架梁纵向的立面图，表示前后两片主桁架的形状和尺寸大小。从图 9-22 中可以看出，该桁架梁的跨度为 48m。

2）上平纵联图。上平纵联图是上平纵联的平面图，通常画在主桁架图的上方，表示桁架顶部的上平纵联的结构形式。

3）下平纵联图。下平纵联图是下平纵联的平面图，通常画在主桁架图的下方。图 9-22 的下平纵联图由两部分组成，左半部分表示桥面系的纵横梁位置和结构形式，右半部分表示下平纵联的结构形式。

4）横联图。横联图是桁架梁的断面图，主要表示两片主桁架之间横向联系的结构形式，图 9-22 中表示的是 A_3-E_3 处的横联结构形式。

5）桥门架。采用辅助投影面法将桥门的实形表示出来，即为桥门架示意图，图 9-22 中表示的是 A_1-E_0 处桥门的实形。

2. 节点图

（1）节点的构造　现以图 9-23 所示下承式钢桁架梁中的节点 E_2 为例，说明钢桁架梁的节点构造。

图 9-23 为节点 E_2 的轴测图。在下弦节点 E_2 处，由两块节点板（1）（前面一块节点板用双点画线表示）、接板（2）、填板（3）及高强度螺栓将主桁架中的两根下弦杆（E_1E_2、E_2E_3）、两根斜杆（E_2A_1、E_2A_3）和一根竖杆（E_2A_2）连接起来。此外，在节点 E_2 处，还通过接板（4a）、（4b）、填板（5）和角钢（图中未画出）把横梁 L_2 和下风架 L_3、L_4 连接起来。图中横梁采用了局部断裂画法。

（2）节点图　钢桁架梁节点图除采用常用的投影图外，还配合用剖面图、断面图和斜视图等方法来表示。斜视图是投影在与倾斜表面相平行的辅助投影面上画出的视图。

现以图 9-24 所示节点 E_2 详图为例，说明节点图的内容与识读。

1）立面图。立面图表示的是各杆件与节点板的连接关系，是节点图的主要投影图。为了更清楚地表达，图中未画出横梁和下风架等杆件，而只画出它们的接板 4*a*。图中螺孔用小黑圆点表示，同时注明了螺孔的定位尺寸和杆件的装配尺寸，如杆件 E_2A_3 中的 3×80、3×50、3×521。

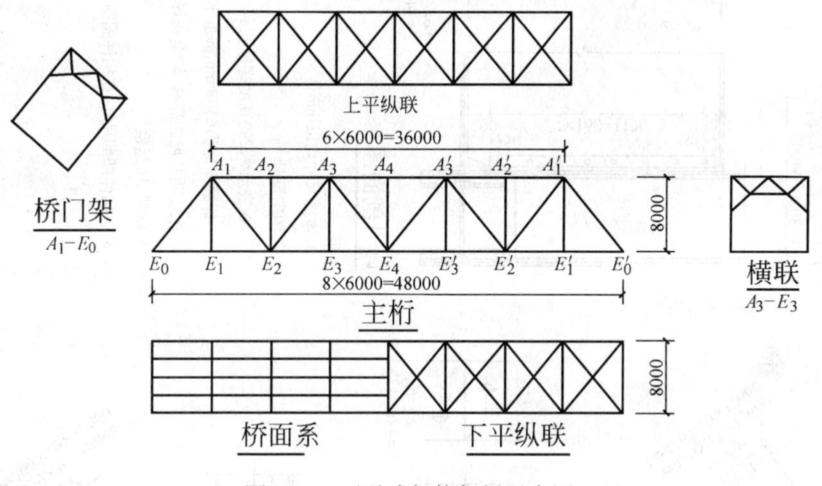

图 9-22　下承式钢桁架梁示意图

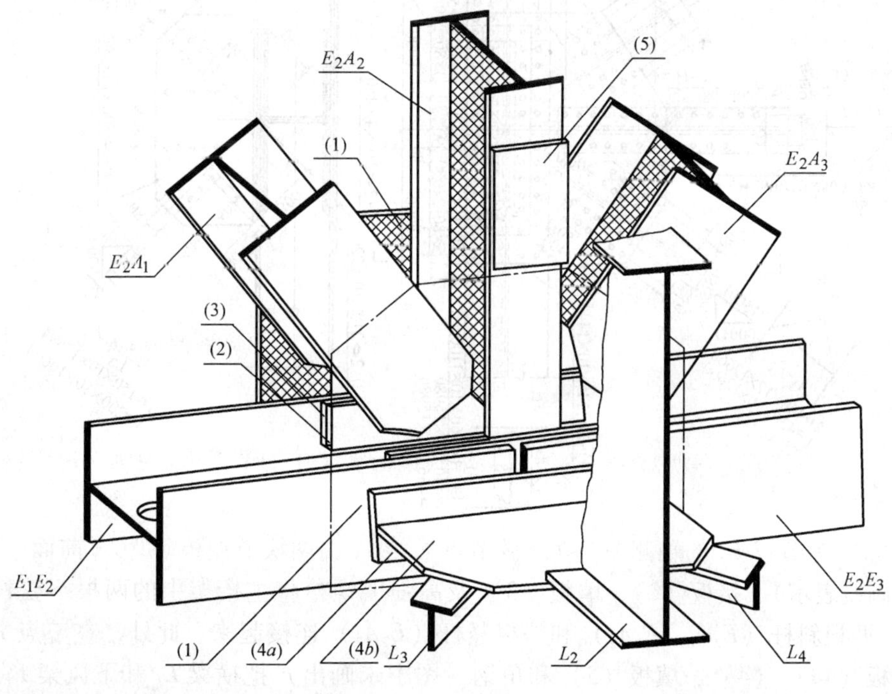

图 9-23　节点 E_2 轴测图

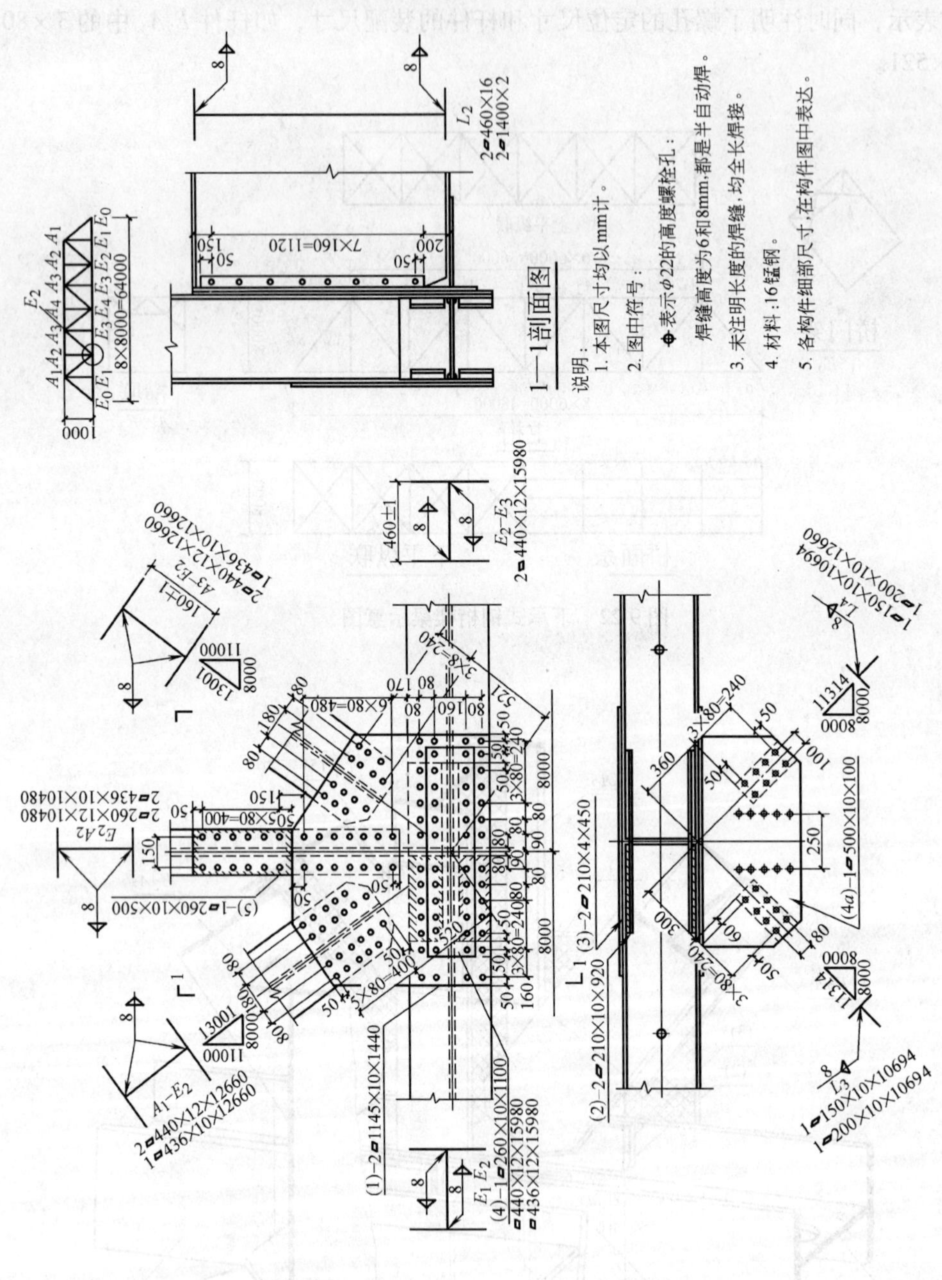

图 9-24 钢桁架梁 E_2 节点图

在立面图四周，还画出了各杆件的斜视图（即杆件断面图），用来表示各杆件断面的形状、组成、尺寸和焊接方式。如斜杆 E_2A_3 斜视图，图中注为2▱440×12×12660，1▱436×10×12660，表示该杆件是由两块尺寸为440×12×12660的钢板和一块尺寸为436×10×12660的钢板，通过焊接而成，断面为工字钢形式，高度为460mm。

2）平面图。平面图采用拆卸画法，把竖杆和斜杆移去后，图中只画出下弦杆和节点板、接板、填板的连接构造。图中的填板（3）用间隔均匀、与水平成45°的细实线表示，这是钢结构图中一种特殊的表达方法，用来表示填板所在的位置。

3）侧面图。在立面图中注有剖切符号，侧面图即为1-1剖面图，该图也采用了拆卸画法，将斜杆移去，表达了竖杆和节点板以及竖杆和横梁的连接方法。

9.6 轻钢门式刚架结构图识读

9.6.1 轻型门式刚架的组成

轻型钢结构是指承重结构和围护结构均由薄钢板组成的一种结构体系，其中门式钢架是一种主要的结构形式。轻型门式刚架一般采用H形钢作为柱子和横梁，采用冷弯薄壁型钢作檩条和墙梁，用压型钢板或轻质夹芯板作屋面、墙面围护结构，再配以零件、扣件、门窗等形成比较完善的轻钢结构体系，如图9-25所示。从图中可以看出，门式刚架轻型房屋，其结构一般由主骨架和支撑系统构成，主骨架包括：①主受力构件-门式刚架；②墙架；③檩条等。支撑系统包括：①刚架柱之间的垂直支承；②刚架梁之间的水平支撑；③刚性系杆、拉条；④隅撑等。从以上的构成可以看出，支撑系统占有很大的比例，这也是轻钢结构的特点。这种轻型钢结构体系由工厂制作，在施工现场采用高强螺栓、普通螺栓及自攻螺栓等连接件和密封材料组装在一起，具有自重轻、抗风性强、保温、隔声效果好、建设周期短、外表美观、造价低、易维护、耐久性好等特点，是一种健康环保经济的结构形式。目前，这种结构形式已经广泛用在工厂、仓库、超市等各类建筑中。

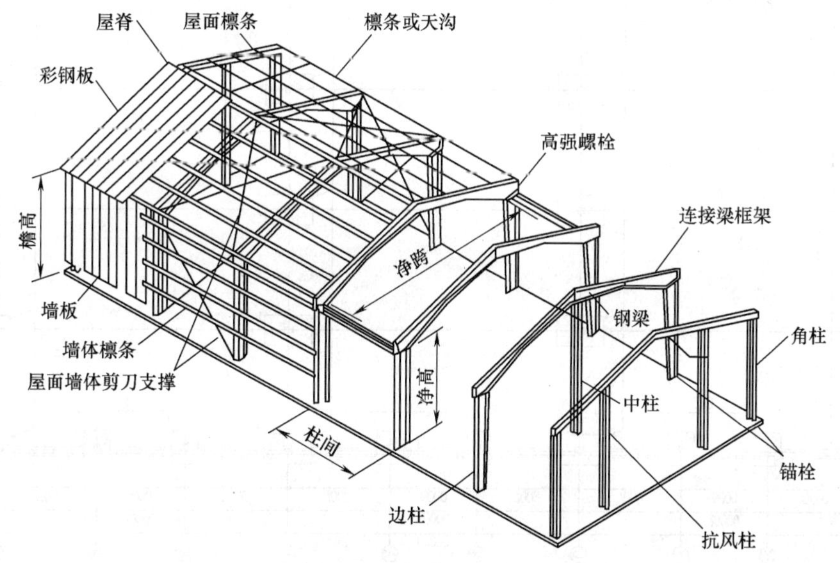

图9-25 轻型门式刚架的组成

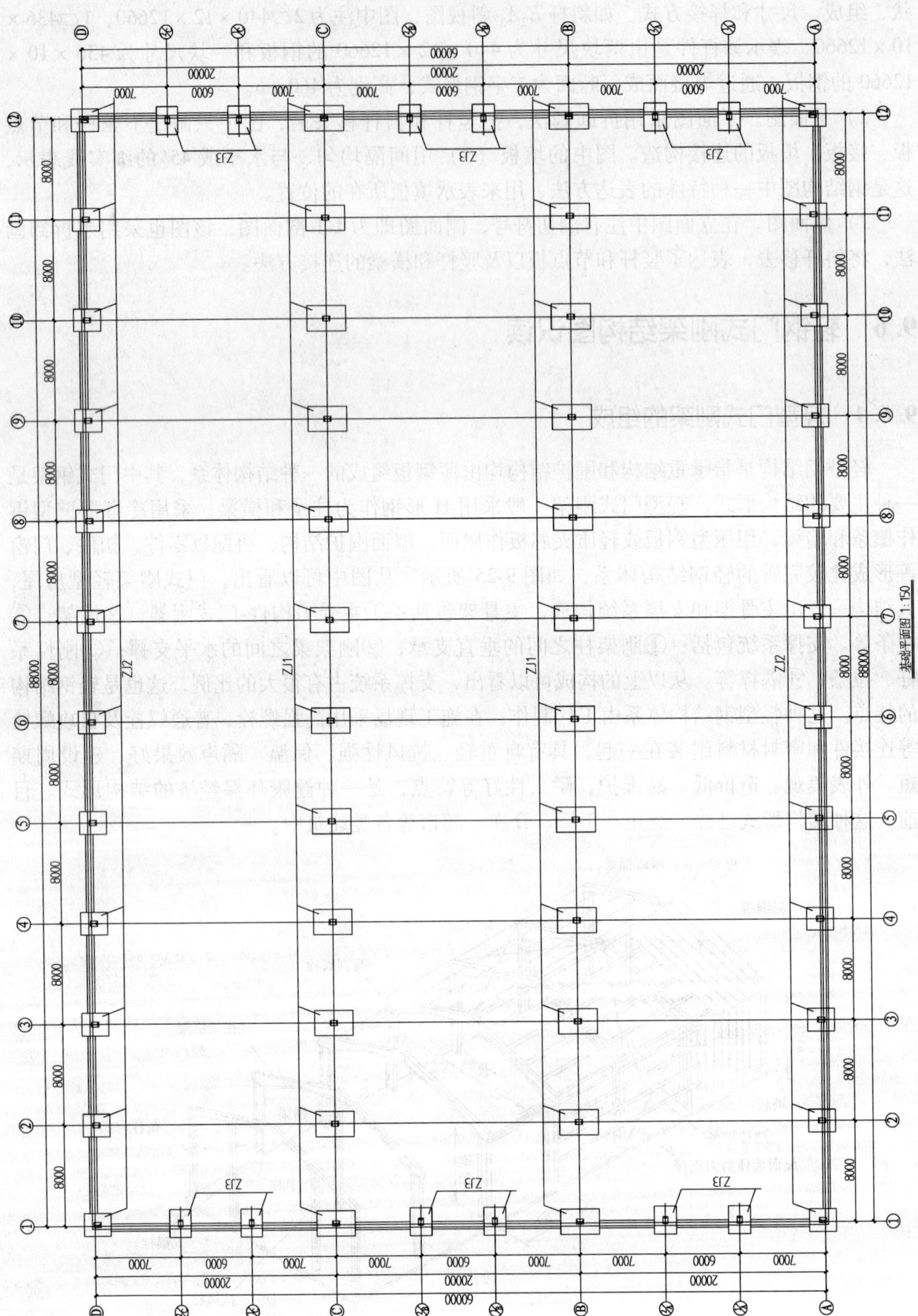
基础平面图 1:150
ZJ1
ZJ2
ZJ3
7000
6000
20000
60000
8000
88000

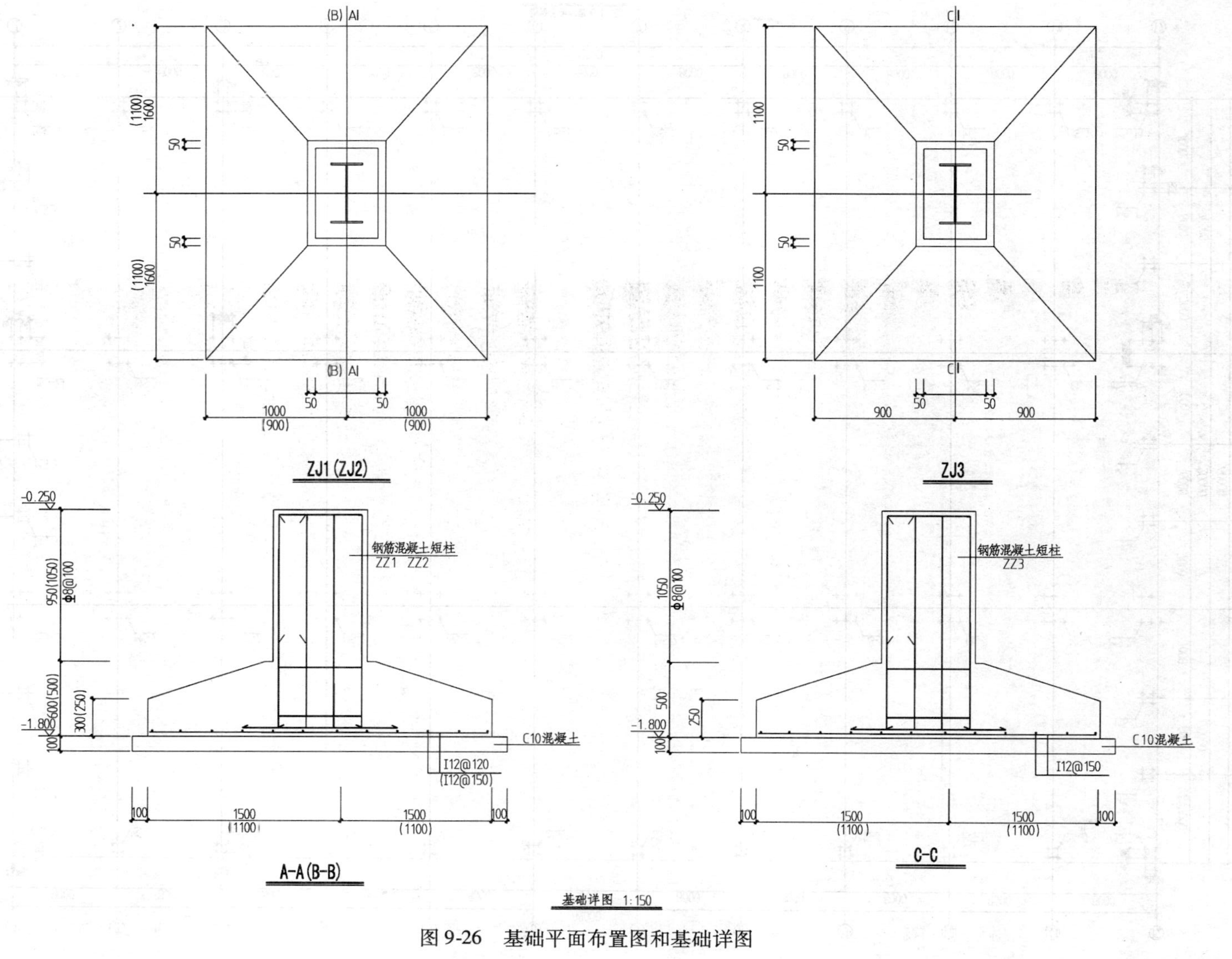

图 9-26 基础平面布置图和基础详图

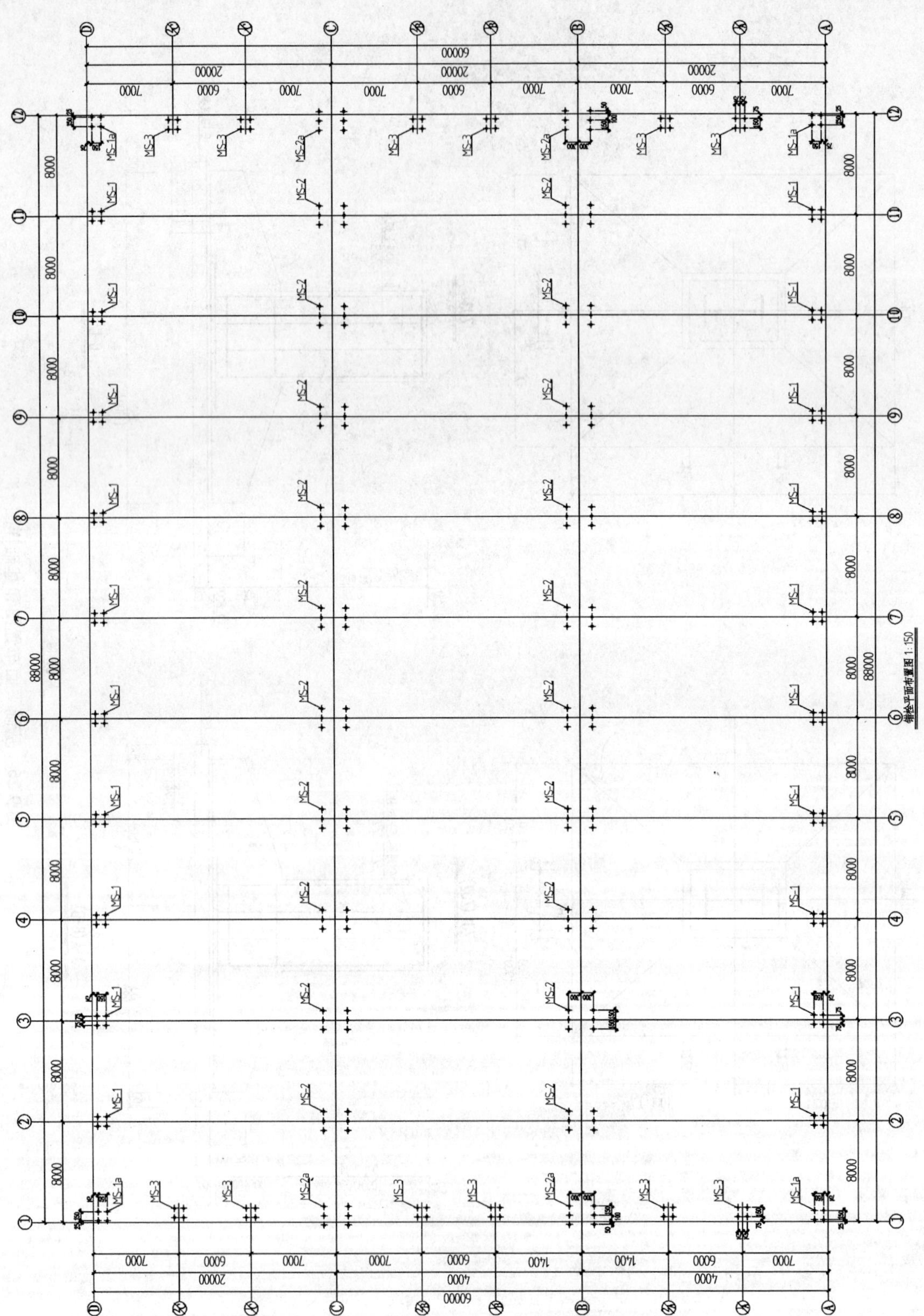

锚栓平面布置图 1:150

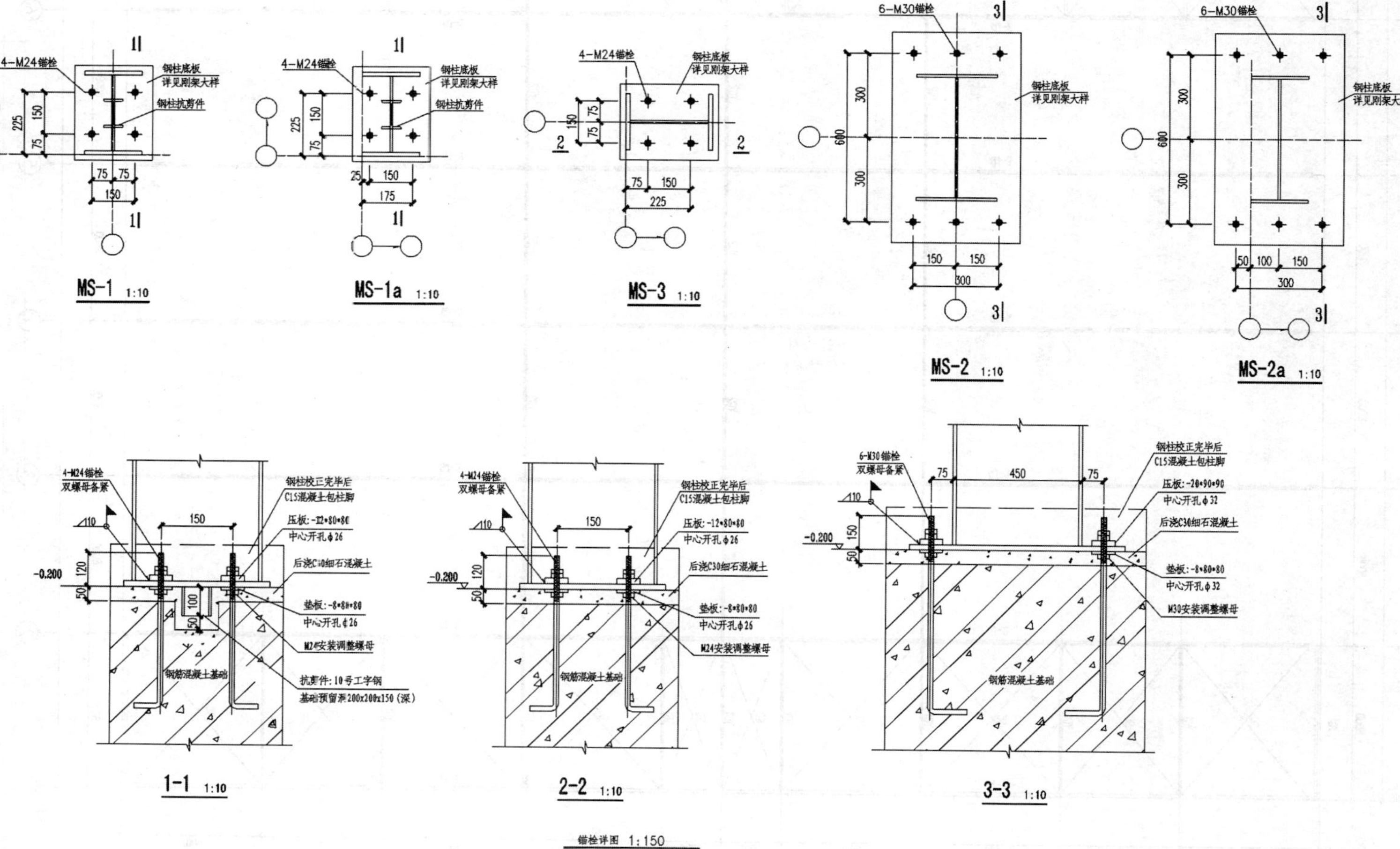

图 9-27 锚栓平面布置图和施工详图

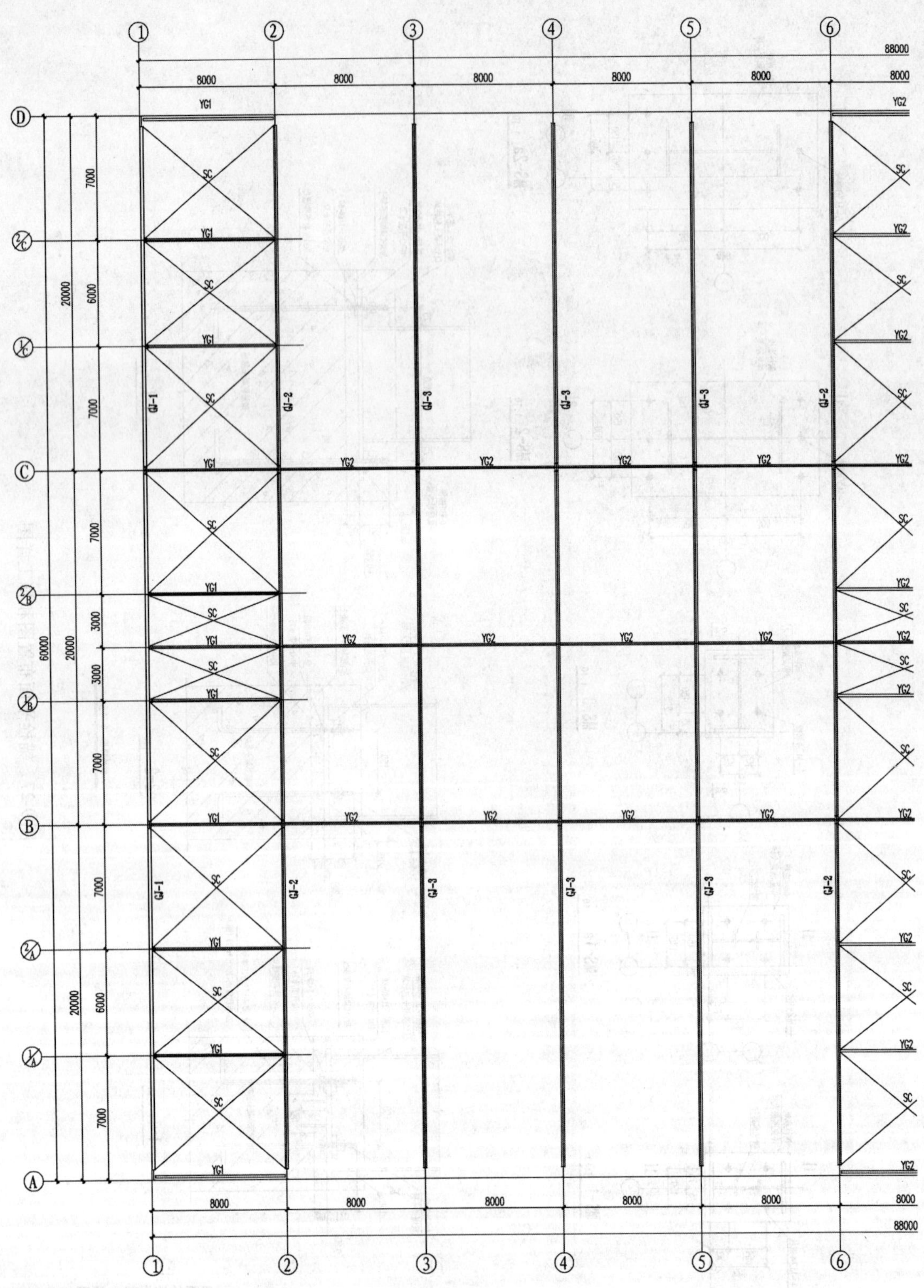

图 9-28　屋面

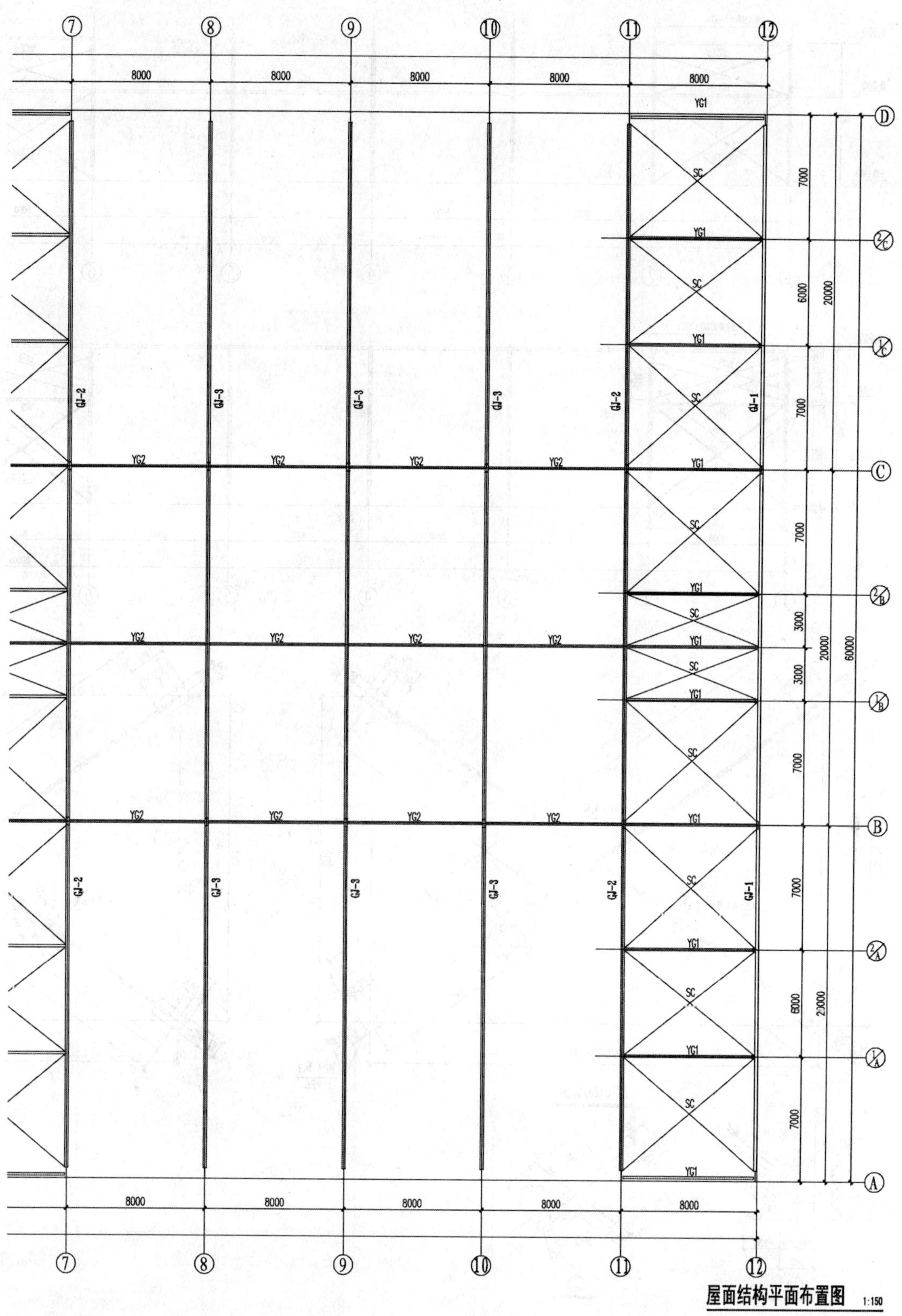

支撑布置图

屋面檩门压杆（YG）
8.000
5.000
±0.000
ZC1a
YG1
ZC1b
YG2
ZC2a
ZC2b
8000
88000
8.967
6.000
ZC3
ZC4
7760
ø25 圆钢
M25 花篮螺丝
M24 M.B
1-ø26
7754(7854)
ZC1a(2a)详图
2-M12 M.B
2-ø14
M12 M.B

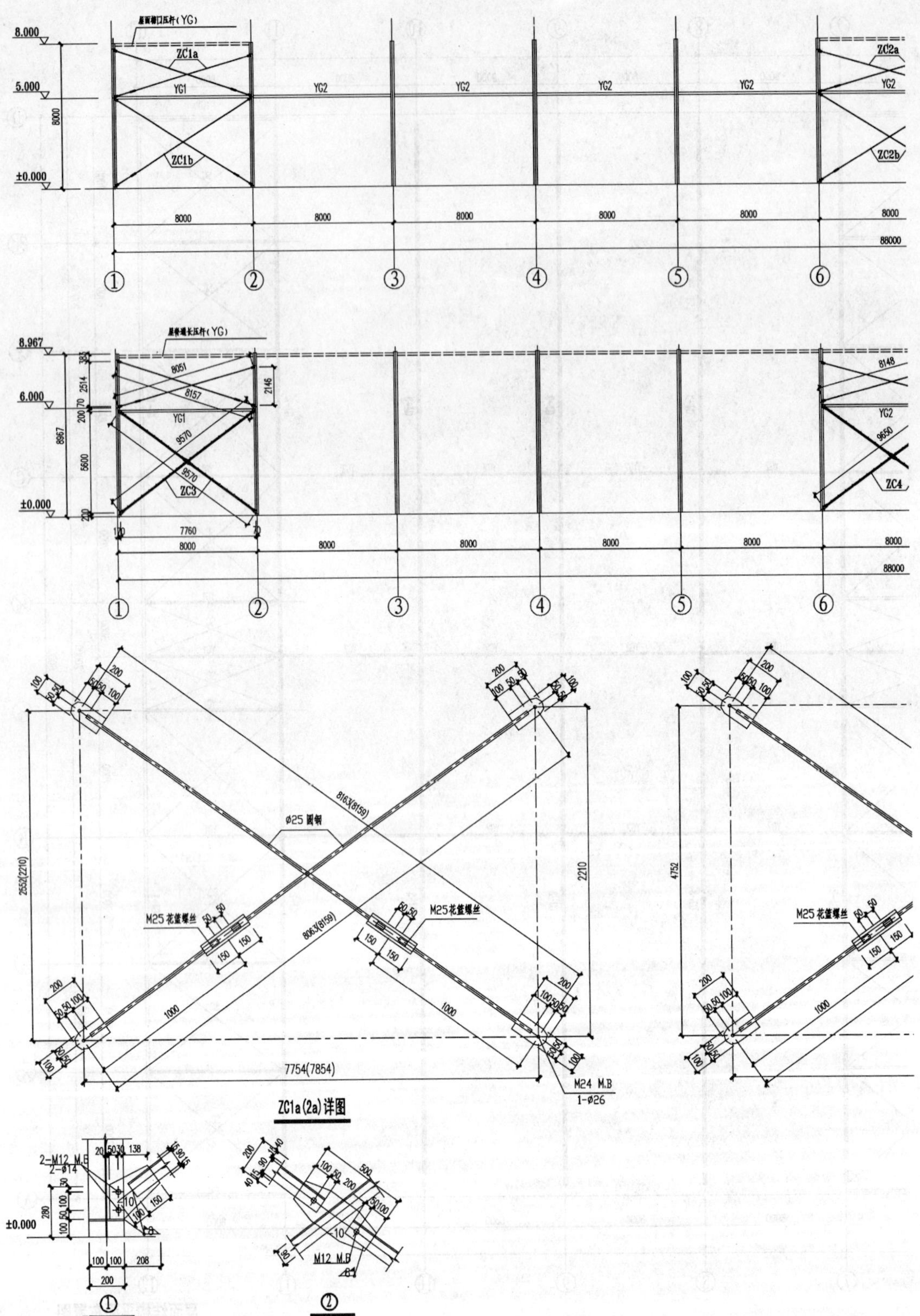

图 9-29　柱间

YG2
ZC1a
YG1
ZC1b
8.000
5.000
±0.000
8000
Ⓐ，Ⓓ轴柱间支撑立面布置图
1:150
8.967
6.000
ZC3
7760
Ⓑ，Ⓒ轴柱间支撑立面布置图
ø25圆钢
M25花篮螺丝
M24 M.B
ø26
7754(7854)
9094(9180)
ZC1b(2b)详图
YG
CG
8051(8148)
8157(8148)
9570(9650)
9570(9651)
7760(7860)
ZC3(4)详图

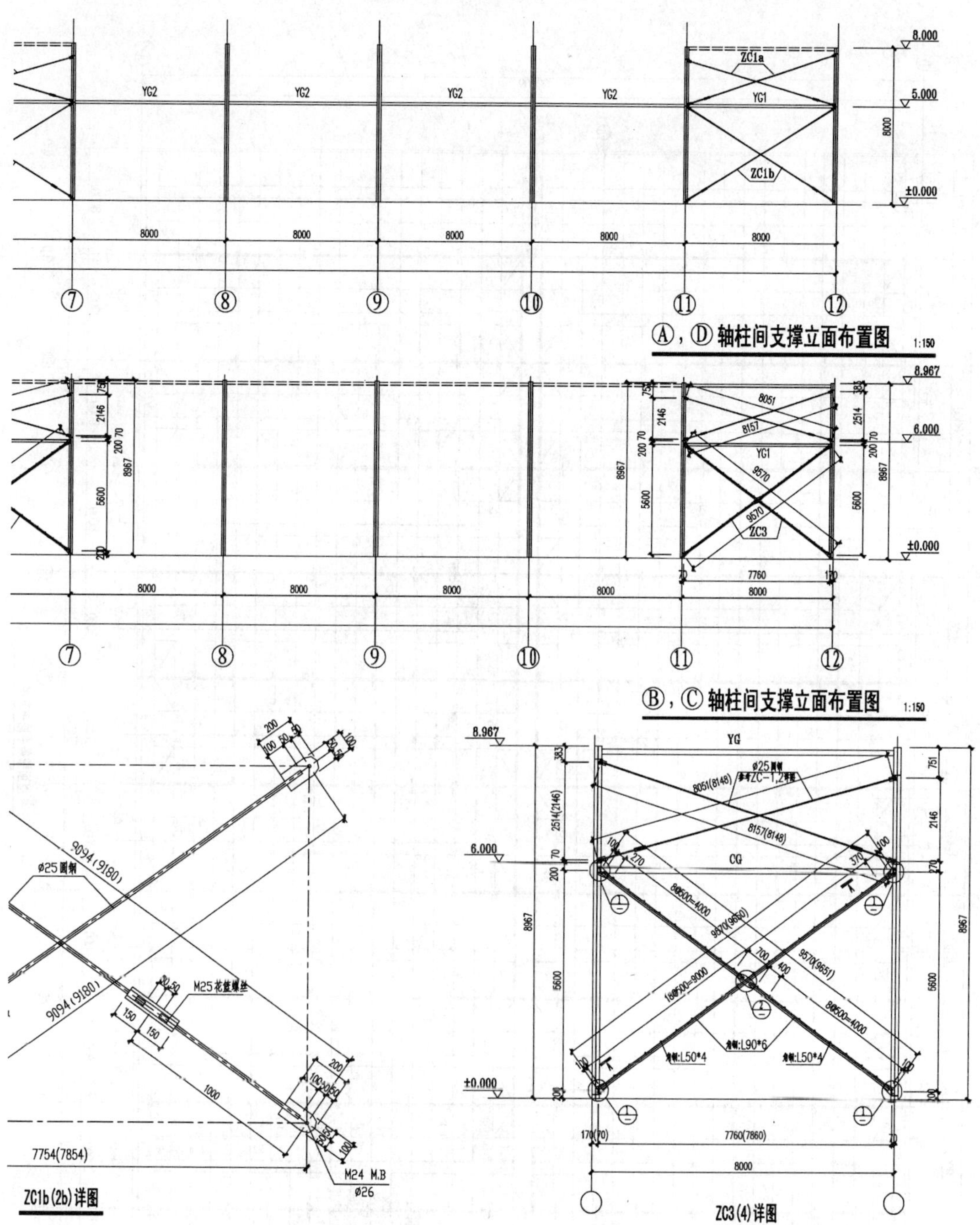

支撑布置图

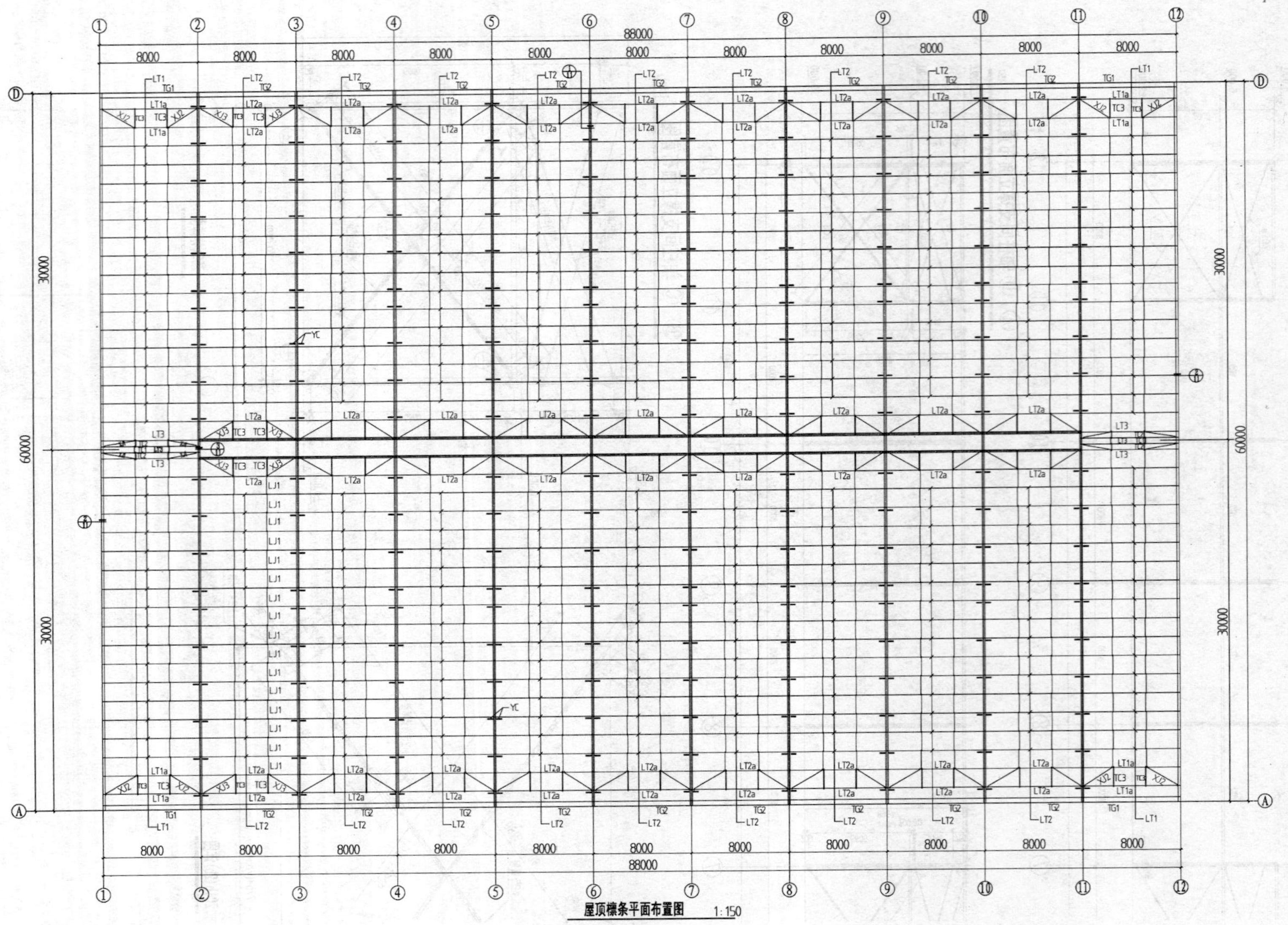

屋顶檩条平面布置图 1:150

M12 M.B
孔φ14
C220*70*20*2.5
檩托1
屋面钢梁
① 1:10

M12 M.B
孔φ14
L50*4
收边角铁
C220*70*20*2.5
檩托1
屋面钢梁
② 1:10

M12 M.B
孔φ14
C220*70*20*2.5
檩托1
屋面钢梁
③ 1:10

孔φ14
孔φ14*35
L
L+80
YC详图

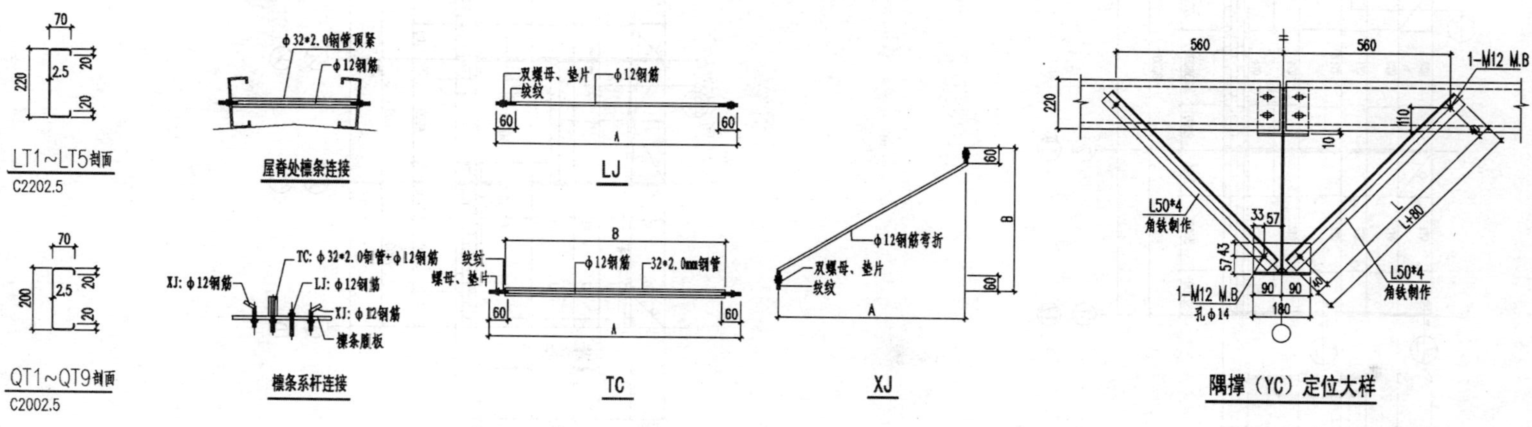

图 9-30　屋面檩条布置图

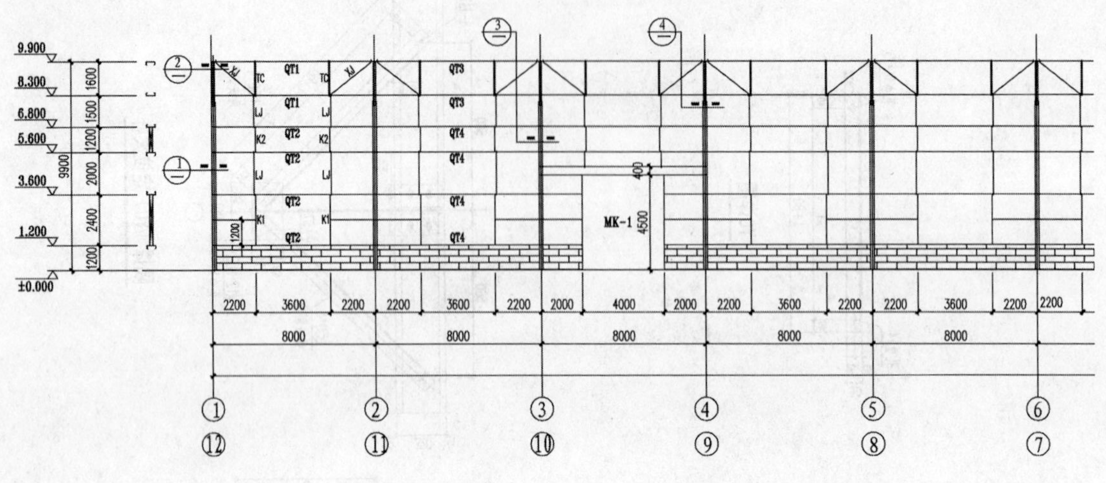

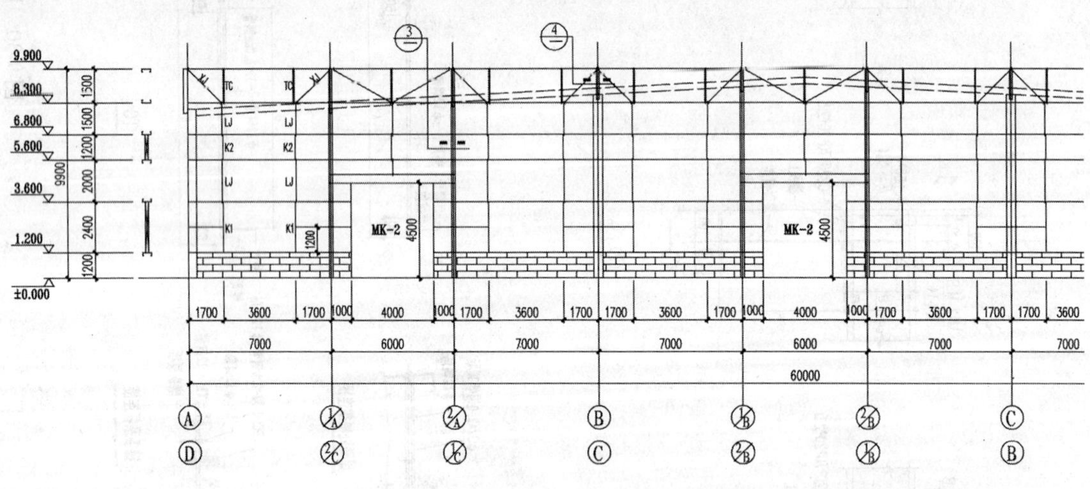

Ⓐ→Ⓓ，Ⓓ→Ⓐ 轴墙檩条立面布置图 1:150

图 9-31 墙面

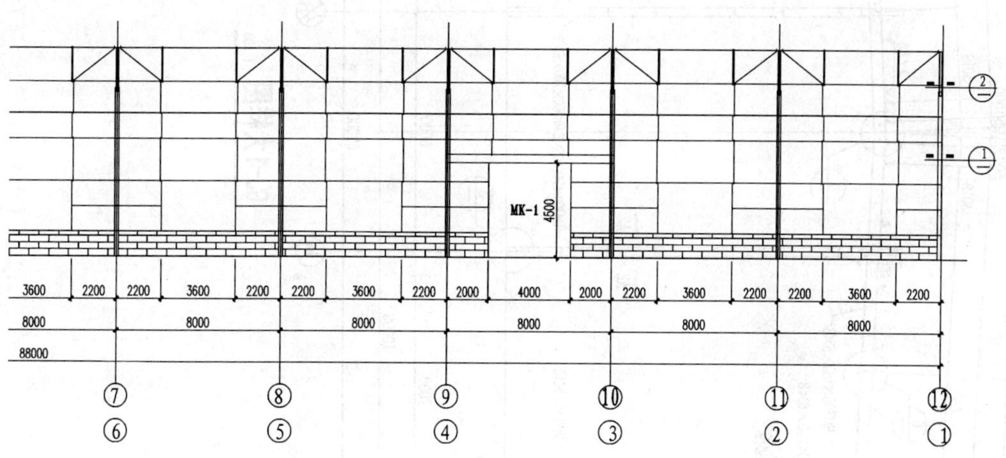

①→⑫,⑫→①轴墙檩条立面布置图 1:150

说明：1、墙檩条规格为C200×70×20×2.5，材质为Q235，下同；

2、窗框条（K1、K2）规格为C200×70×20×2.5，材质为Q235，下同；

3、未标注檩条间系杆沿檩条纵向对应相同，下同。

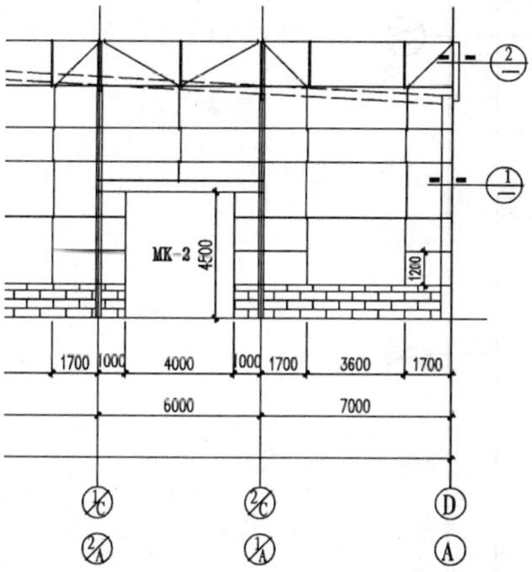

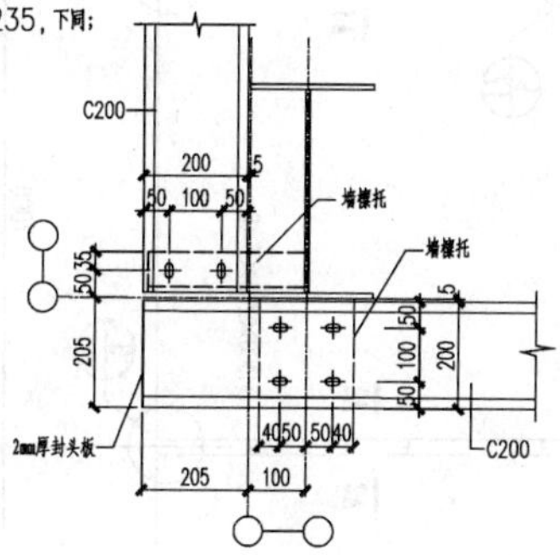

MK-2 4500 1200

1700 1000 4000 1000 1700 3600 1700

6000 7000

C200 墙檩托 2mm厚封头板 女儿墙立柱

① 1:10

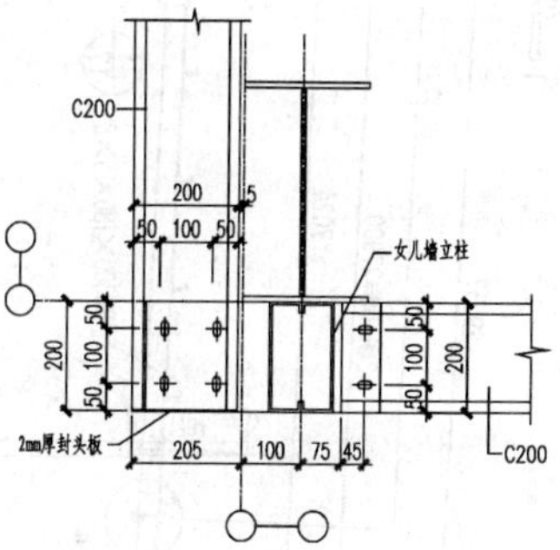

② 1:10 仅用在与女儿墙立柱连接处

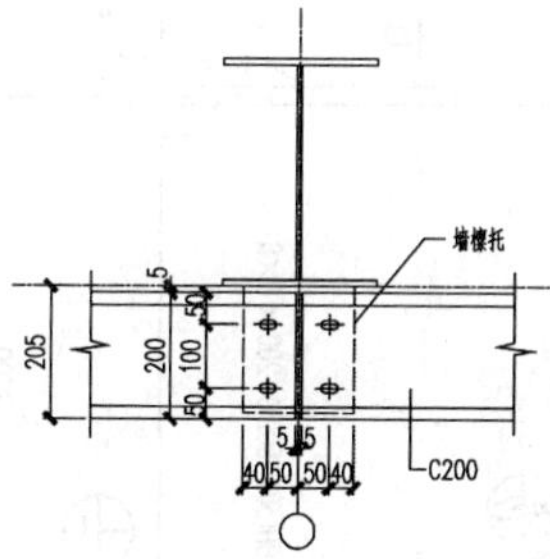

③ 1:10

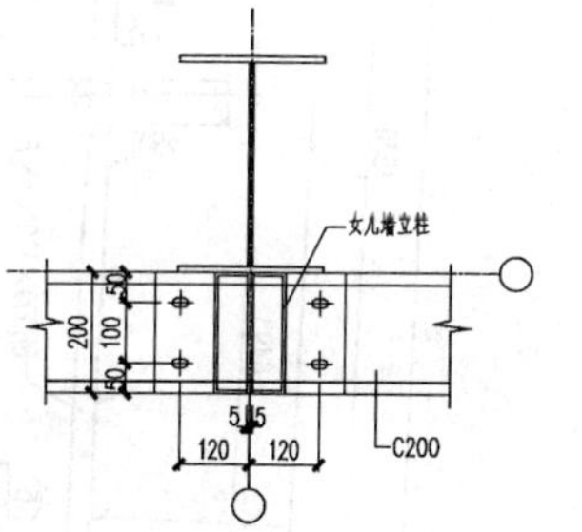

④ 1:10 仅用在与女儿墙立柱连接处

檩条布置图

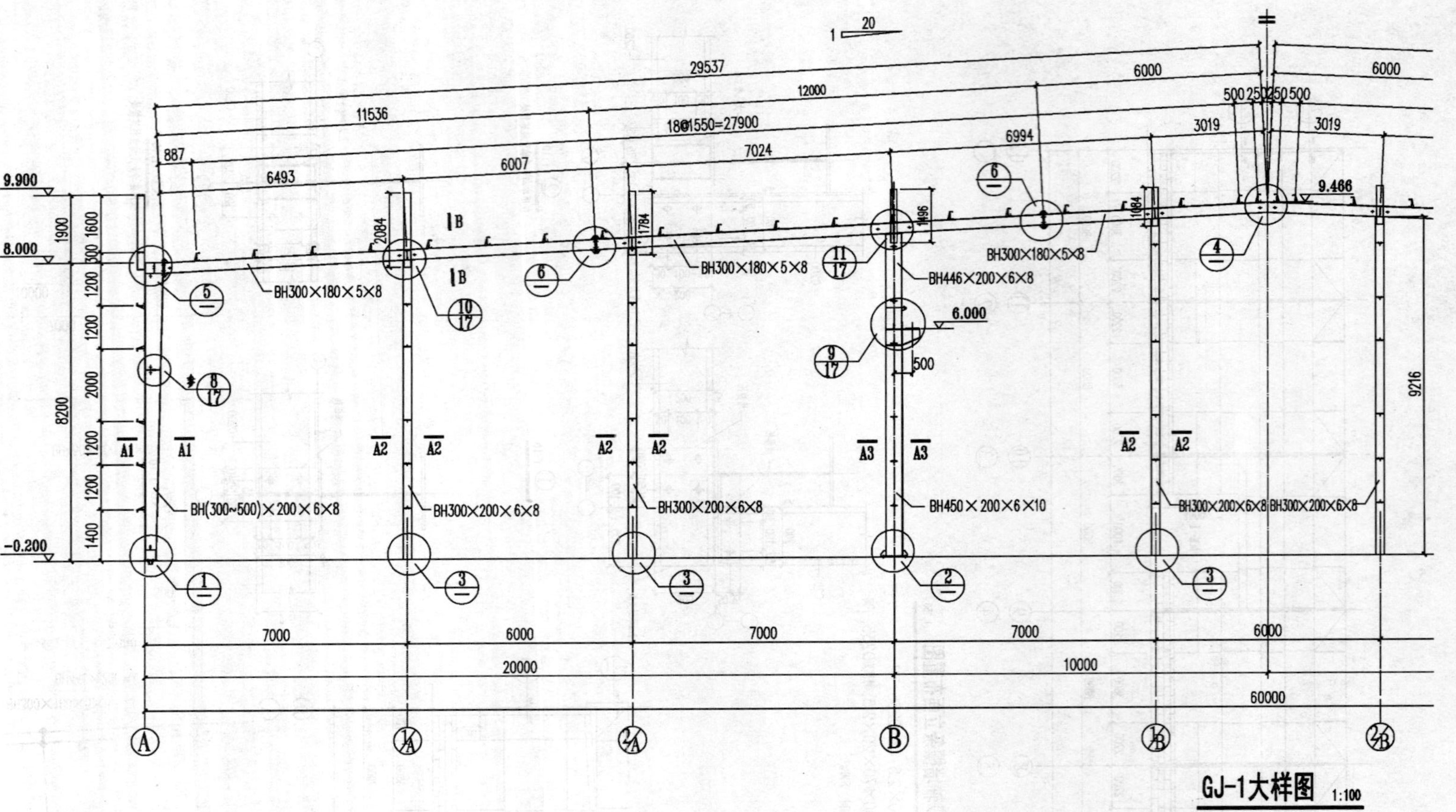
9.900
8.000
-0.200
6.000
9.466
BH300×180×5×8
BH300×180×5×8
BH300×180×5×8
BH446×200×6×8
BH(300~500)×200×6×8
BH300×200×6×8
BH300×200×6×8
BH450×200×6×10
BH300×200×6×8
BH300×200×6×8
29537
11536
12000
18@1550=27900
887
6493
6007
7024
6994
3019
3019
500
250
250
500
6000
6000
9216
1900
8200
7000
6000
7000
7000
6000
20000
10000
60000
GJ-1大样图 1:100

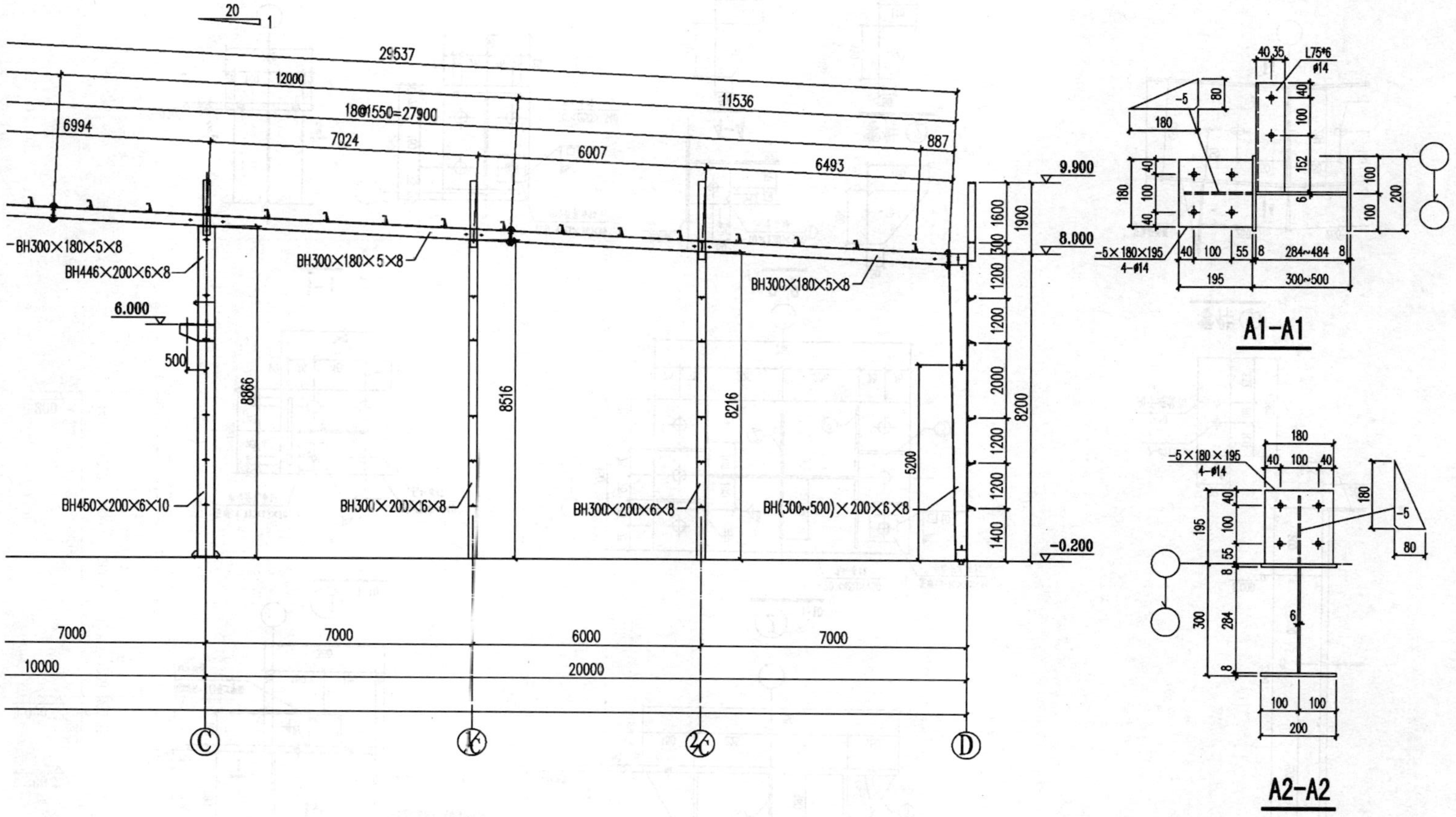

图 9-32　主刚架图及节点详图

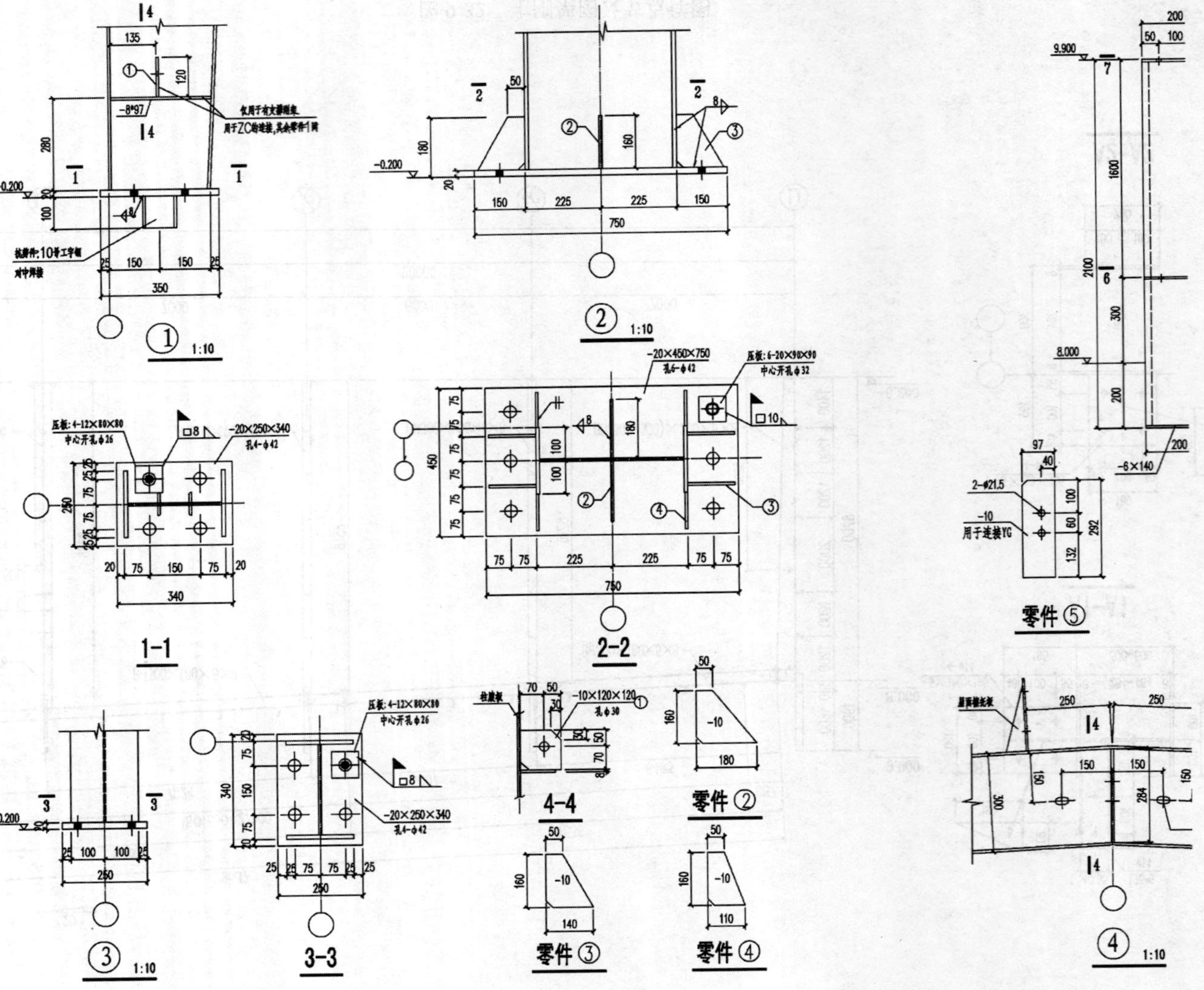

① 1:10
② 1:10
1-1
2-2
零件⑤
③ 1:10
3-3
4-4
零件②
零件③
零件④
④ 1:10
-20×450×750
孔6-φ42
压板: 6-20×90×90
中心开孔φ32
压板: 4-12×80×80
中心开孔φ26
-20×250×340
孔4-φ42
-10×120×120
孔φ30
抗剪件: 10号工字钢
对中焊接
用于连接YG

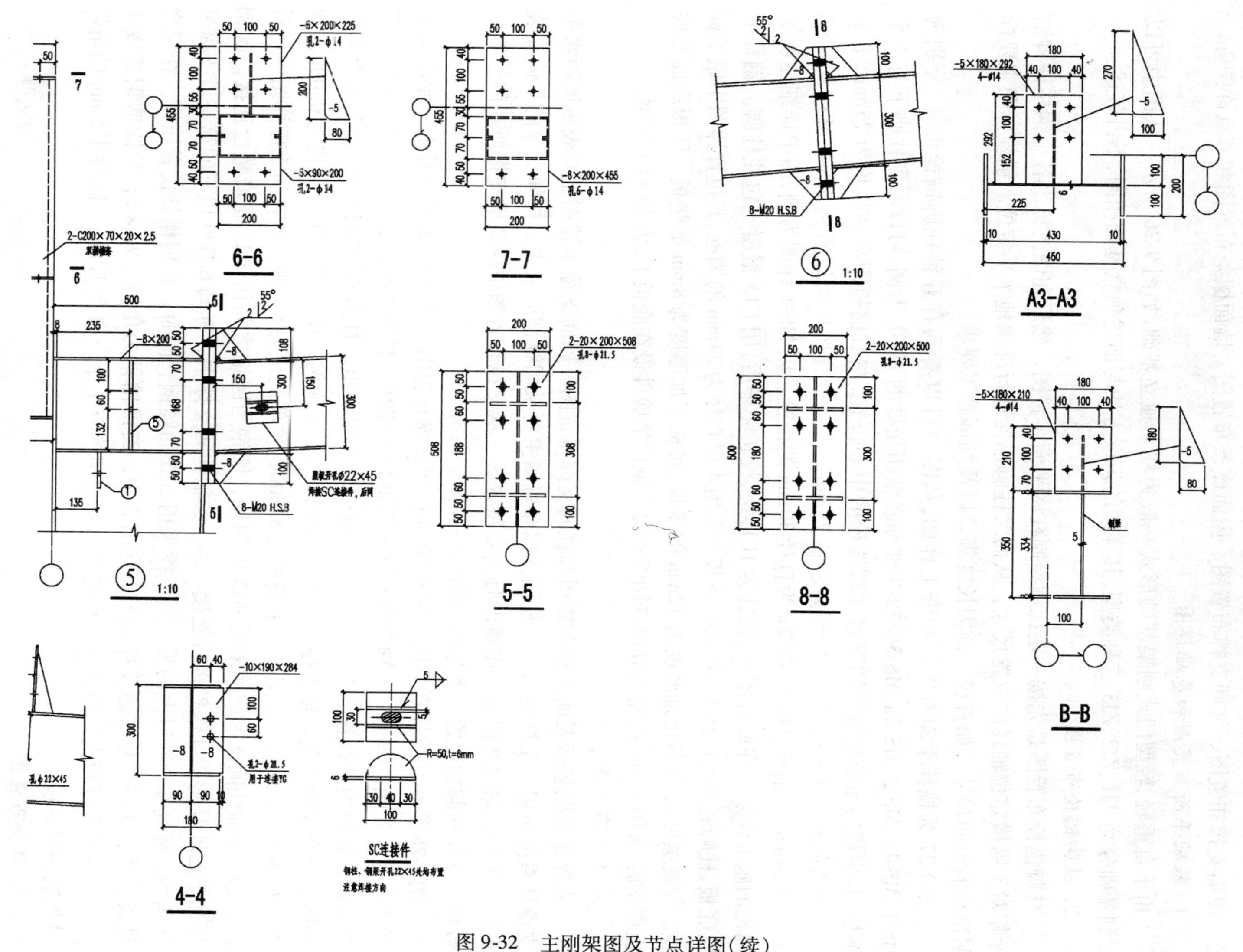

图 9-32 主刚架图及节点详图(续)

9.6.2 门式刚架结构施工图的识读

门式刚架的结构施工图主要包括基础平面布置图、基础详图、锚栓平面布置图、主刚架图、屋面支撑布置图、柱间支撑布置图、屋面檩条布置图、墙面檩条布置图和节点详图等。

1. 基础平面布置图和基础详图

由于自重轻,轻型门式刚架基础形式一般为柱下独立基础,如图 9-26 所示。从图中可以看到基础分为 ZJ1、ZJ2、ZJ3 三种类型,其详图的识读方法与前述独立基础相同,不再赘述。

2. 柱脚锚栓布置图

柱脚锚栓布置图是先按一定比例绘制柱网平面布置图，然后在图上标出各个钢柱柱脚锚栓相对于纵横定位轴线的位置尺寸，从而对柱脚锚栓进行准确地水平定位。锚栓详图主要标明锚栓的竖向尺寸，如直径、锚固长度等，以及细部施工要求。

图 9-27 为锚栓平面布置图和施工详图,从图中可以看到有五种柱脚锚栓形式,分别为 MS-1、MS-1a、MS-2、MS-2a、MS-3。以③轴和Ⓐ轴相交处的 MS-1 为例,可以看到柱脚下有 4 个锚栓,其中横向定位轴线③轴穿过柱脚锚栓的中心位置,左右锚栓距离轴线均为 75mm,上下锚栓中心间距为 150mm,下锚栓距离Ⓐ轴 75mm。从锚栓详图中可以看到 MS-1、MS-1a、MS-3 为直径 24mm 的锚栓,MS-2、MS-2a 为直径 30mm 的锚栓。以 MS-1 详图为例,图中详细注明了锚栓的施工要求。在此详图中,钢柱为 H 形钢,校正完毕后,用 C15 混凝土包住柱脚。钢柱下设底板,柱脚底板的标高为 -0.200,底板上采用 4 根直径为 24mm 的锚栓,其位置详图中做了标注。安装螺母前,底板上加厚度为 12mm 的压板,底板下加厚度为 8mm 的垫板。压板底面与底板顶紧后,采用 10mm 的角焊缝现场围焊连接。钢柱抗剪件设在底板下,为 10 号工字钢。

3. 支撑布置图

支撑布置图包括屋面支撑布置图和柱间支撑布置图。屋面支撑布置图主要表示屋面水平支撑体系的布置和系杆的布置，柱间支撑布置图主要采用纵剖面来表示柱间支撑的具体安装位置。另外，通过详图表达支撑的具体安装方法。从支撑布置图中应明确支撑所在的位置和数量、支撑的起始位置、支撑所用的材料和构造做法等。

图 9-28 为屋面支撑布置图，图 9-29 为柱间支撑布置图。从图 9-28 可以看出，屋面支撑设置在三个开间，即① ~ ②轴线间、⑥ ~ ⑦轴线间和⑪ ~ ⑫轴线间。以① ~ ②轴线间屋面支撑为例，开间内共设置了 10 道支撑。从图 9-29 可以看出，柱间支撑的设置位置与屋面支撑相同，每个开间设置 2 道支撑。以Ⓐ、Ⓓ轴柱间支撑为例，第一道支撑下高程为 0.000，顶部高程为 5.000；第二道支撑的下高程为 5.000，顶部高程为 8.000。从柱间支撑详图中可看出，Ⓐ、Ⓓ轴柱间支撑截面采用 $\phi 25$ 的圆钢，圆钢与圆钢之间用 M25 花篮螺栓连接，圆钢与柱子通过 U 形板和螺栓进行连接。Ⓑ、Ⓒ轴柱间支撑中，标高 6.000 以下的第一道支撑采用角钢，标高 6.000 以上的第二道支撑采用 $\phi 25$ 的圆钢。同时，在屋檐处设置压杆，在屋脊处设置通长压杆。第二道支撑的节点详图②中，支撑槽钢为角钢∟ 90 ×6；分段槽钢连接于厚 10mm 的节点板上，用普通螺栓连接，每边螺栓有 1 个，直径 12mm。同时用 8mm 的角焊缝现场围焊连接。

4. 檩条布置图

檩条布置图主要包括屋面檩条布置图和墙面檩条布置图。屋面檩条布置图主要表示檩条间距和编号、檩条之间设置的直拉条和斜拉条的布置和编号。墙面檩条布置图一般按墙面所在轴线分类绘制，每个墙面的檩条布置图表达的内容与屋面檩条布置图相似。

图 9-30 和 9-31 分别为屋面檩条布置图和墙面檩条布置图。在檩条布置图中，屋面檩条用 LT 加编号表示，墙面檩条用 QT 加编号表示。另外图中 TC 表示檩条刚性系杆，LJ 表示檩条拉条，XJ 表示檩条斜向拉条，YC 表示隅撑。除弄清钢结构各构件的代号和编号以外，还要从图中识读每种檩条的位置和截面做法，檩条位置可根据檩条布置图上标注的间距尺寸和轴线来加以识别。需要注意的是墙面檩条布置图，由于墙面上开有门窗而使得墙面檩条间距布置不规则，因此要细读加以确定。至于檩条截面，可通过查读详图得到。最后，再结合详图搞清楚檩条连接的细部构造，如檩条与刚架的连接，檩条与墙柱的连接，檩条与女儿墙柱的连接，隅撑的做法等内容。如从图 9-30 的详图中可以看到，屋面檩条截面形式为槽钢，其型号为 C220×70×20×2.5，详图①中表达了檩条与屋面钢梁的连接方式，在屋面钢梁上固定一檩托板，再将檩条用 4 颗直径为 12mm 的普通螺栓固定在檩托板上，图中详细标注了螺栓的数量和间距尺寸。在屋面隅撑做法详图中可以看到，在刚架梁下翼缘处，在梁腹板两侧各焊有两块小钢板，用来连接隅撑和刚架梁，隅撑的两端各通过一颗直径为 12mm 的普通螺栓分别与刚架梁和檩条连接。隅撑用角铁制作，尺寸为∟50×4。

5. 主刚架图

门式刚架的主刚架图是表达梁、柱构件的外形、几何尺寸、组成形式等的图形。同时，通过刚架的节点详图，详细表达各连接和拼接处的细部构造、连接方法和相关尺寸。

以图 9-32 为例，是利用对称性绘制的主刚架 GJ-1 的图形，从图中可以看出梁、柱的外形、几何尺寸、标高、截面尺寸等。从图中标注得知梁柱均采用焊接 H 形钢，如Ⓐ轴刚架柱采用 BH（300~500）×200×6×8，表示柱截面是变截面，焊接 H 形钢的高度从 300~500 不等。图中还标注了详图索引符号，分别对应梁柱节点详图、梁梁节点详图、屋脊节点详图、柱脚节点详图等。

以⑥号节点详图为例，通过对照 GJ-1 图和节点详图索引符号可知，⑥号节点详图是梁梁节点详图，是表示的是梁与梁之间的连接关系和细部构造。从 GJ-1 图知，两根刚架梁的梁截面均为焊接 H 形钢 BH300×180×5×8。为了使两根梁实现刚接，在梁的连接端部各使用一块端板与梁端焊接，端板的厚度为 20mm，然后采用 8 个直径 20mm 的高强度螺栓对梁梁进行了连接，螺栓的具体定位尺寸详图中做了标注。此外，在端板两侧梁翼缘上下各设有加劲肋。加劲肋与刚架梁、加劲肋与端板均采用焊接连接，焊接方式是带坡口的对接焊接，翼缘的坡口钝边厚 2mm，坡口角度为 55°。

第10章　室内给水排水施工图识读

给水排水工程是城市建设重要的基础设施之一，包括给水工程和排水工程两个方面。给水工程指水源取水、水质净化、净水输送、配水使用等工程；排水工程指污水排除、污水处理、处理后污水的排放等工程。给水排水工程都由各种管道及其配件和水处理设备、存储设备等组成。

给水排水施工图均分为室内、室外两部分，本书仅介绍室内给水排水施工图的识读。

10.1　室内给水排水系统的组成

10.1.1　给水系统的组成

建筑物内部的给水系统是将城镇给水管网或自备水源给水管网的水引入室内，经配水管送至生活、生产和消防用水设备，并满足各用水点对水量、水压和水质要求的冷水供应系统。给水系统按用途可分为三类：生活给水系统、生产给水系统、消防给水系统。

给水系统主要是自室外给水管引入至室内各配水点的管道及其附件，其基本组成包括如下几部分（图10-1）：

1）引入管。自室外给水总管将水引入室内管网的管段。

2）水表节点。包括安装在引入管上的水表、前后设置的阀门和泄水装置等附件，位于水表井中。水表用于记录用水量；阀门用以关闭管网，以便维修和拆换水表；泄水装置在检修时放空管网。

3）给水管网。输送和分配自来水的管道系统，包括干管、立管、支管等。

4）配水装置和用水设备。生活、生产用水设备或器具，位于给水管道末端。

5）给水附件。包括管道上的各种阀门、仪表、水龙头等。

6）升压和贮水设备。当室外给水管网压力不足或室内对安全供水、水压稳定有要求时，需要设置升压和贮水设备。升压设备和水泵用来提高供水压力，贮水设备和水箱用来贮存一定量的自来水。

7）室内消防设备。对一些公用建筑，需要根据防火规范的要求设置室内消防给水时，还应设置消防管道及其附件，如消防系统的消火栓，喷洒系统的报警阀、水流指示器、水泵接合器、闭式喷头、开式喷头等。

10.1.2　排水系统的组成

建筑排水系统是自各污水、废水收集设备（如卫生洁具、洗涤池等）将室内的污水、废水以及雨水排出至室外窨井的管道以及附件。

按所排除的污（废）水的性质不同，可将建筑物内部装设的排水管道分为：生活污（废）水排水系统、工业废水排水系统、雨（雪）水排水系统。

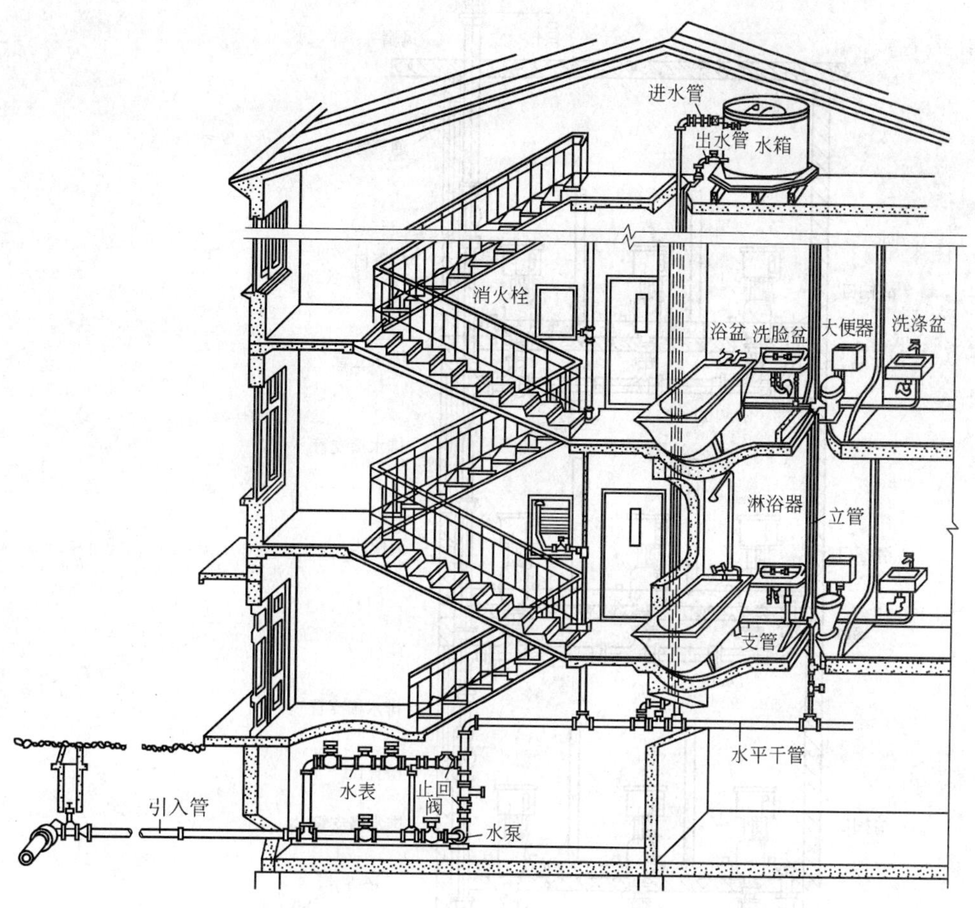

图 10-1　室内给水系统的组成

室内排水系统一般由卫生器具、排水管道、通气管、清通管道等组成，如污水需进行处理时，还应有局部水处理构筑物，如图 10-2 所示。

1）卫生器具。用来承受用水和将使用后的废水、污水、排泄物排到排水系统中的容器，包括大便器、小便器、浴盆、水池等。

2）排水管系统。排水管系统由器具排水管（指连接卫生器具和排水横支管的短管，除坐式大便器外其间应包括存水弯）、排水横支管、排水立管、埋设在室内地下的总排水横干管和排至室外的排出管所组成。

3）通气管系统。一般层数不多，卫生器具较少的建筑物，仅设由排水立管向上延伸出屋顶的通气管；层数较多的建筑物或卫生器具较多的排水管系统，应设辅助通气管及专用通气管。

4）清通设备。包括疏通管道用的检查口、清扫口、检查井及带有清通门的 90°弯头或三通接头设备。

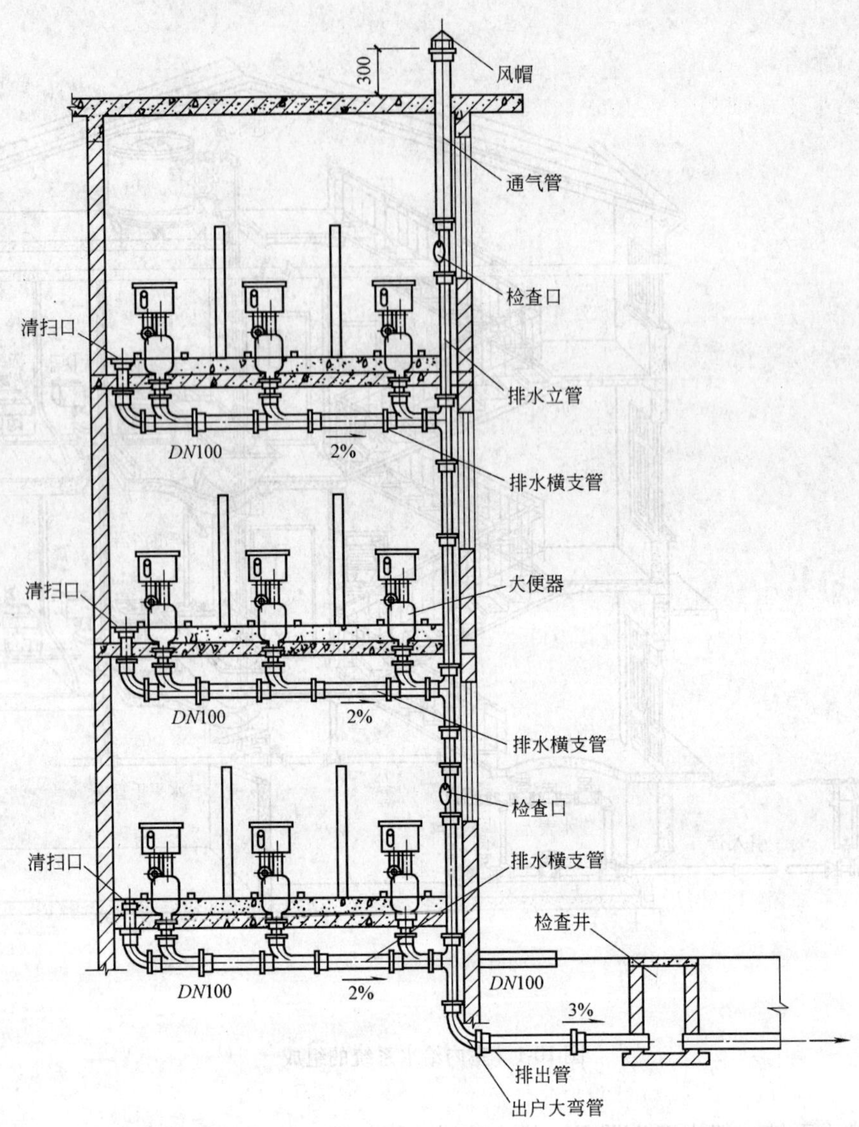

图 10-2　室内排水系统的组成

10.2　给水排水施工图的一般规定

依据《给水排水制图标准》（GB/T 50106—2001），对给水排水施工图的有关规定如下：

1. 图线

1）新建给水排水管线采用粗线。

2）给水排水设备、构件的轮廓线，新建建筑物、构筑物的轮廓线采用中实线（可见）或中虚线（不可见）。原有给水排水管采用中线。

3）原有建筑物、构筑物的轮廓线，被剖切的建筑构造轮廓线采用细实线（可见）或细虚线（不可见）。

4）尺寸、图例、标高、设计地面线等采用细实线。

2. 比例

建筑给水排水平面图采用的比例有：1∶200、1∶150、1∶100，且宜与建筑专业一致。

建筑给水排水轴测图采用的比例有：1∶150、1∶100、1∶50，且宜与相应图样一致。

详图可采用1∶50、1∶30、1∶20、1∶10、1∶5、1∶2、1∶1、2∶1。

3. 标高

给水排水施工图中的室内工程应标注相对标高；室外工程宜标注绝对标高，当无绝对标高资料时，可标注相对标高，但应与总图专业一致。压力管道应标注管中心标高；沟渠和重力流管道宜标注沟（管）内底标高。标高单位为m。

给水排水施工平面图、剖面图、轴测图中管道标高的标注方法分别如图10-3、图10-4、图10-5所示。

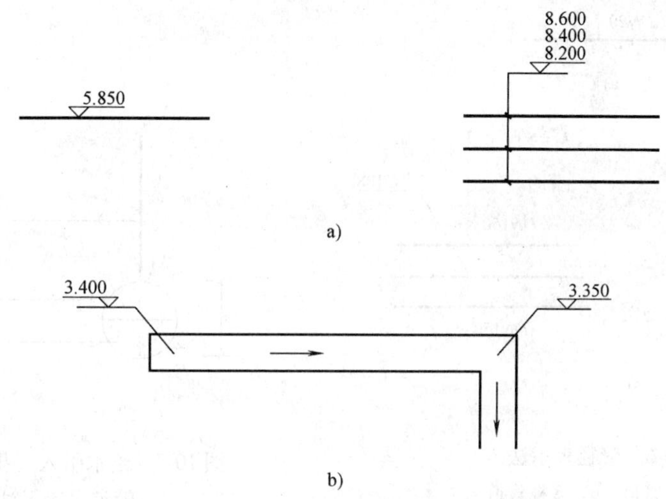

图10-3　平面图中管道和沟渠标高标注法

a）管道　b）沟渠

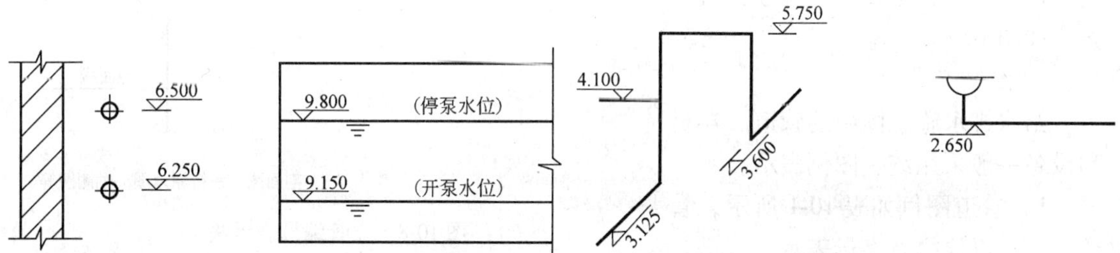

图10-4　剖面图中管道及水位标高标注法

图10-5　轴测图中管道标高标注法

在给水排水工程图中，管道也可标注相对本层建筑地面的标高，标注方法为$h+\times\times\times$，其中h表示本层建筑地面标高，如$h+0.125$。

4. 管径

管道直径标注时以mm为单位，管径的标注方法如图10-6所示。

不同材质的管道应按照不同的表达方式：

1）水煤气输送钢管（镀锌或非镀锌）、铸铁管等管材，管径以公称直径 *DN* 表示，如 *DN*15、*DN*25。

2）无缝钢管、焊接钢管（直缝或螺旋缝）、铜管、不锈钢管等管材，管径宜以外径 *D* ×壁厚表示，如 *D*108 ×4、*D*159 ×4.5 等。

3）钢筋混凝土或混凝土管、陶土管、耐酸陶瓷管、缸瓦管等管材，管径宜以内径 *d* 表示，如 *d*230、*d*380 等。

4）塑料管材，管径宜按产品标准规定的方法表示。

当设计均用公称直径 *DN* 表示管径时，应有公称直径 *DN* 与相应产品规格对照表。

5. 编号

当建筑物的给水引入管或排水排出管的数量超过 1 根时，宜进行编号，编号方法如图 10-7 所示。

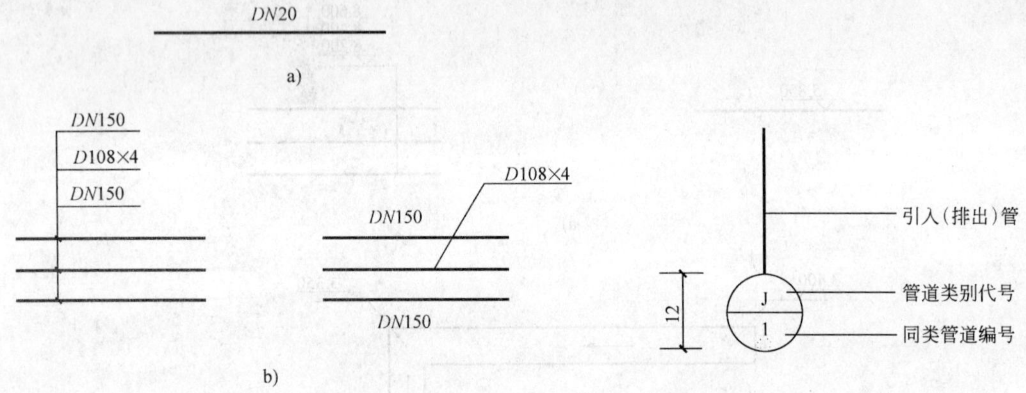

图 10-6　管径表示法

a）单根管道　b）多根管道

图 10-7　给水引入（排水排出）管编号表示法

建筑物内穿越楼层的立管，其数量超过 1 根时，也要进行编号，编号方法如图 10-8 所示。

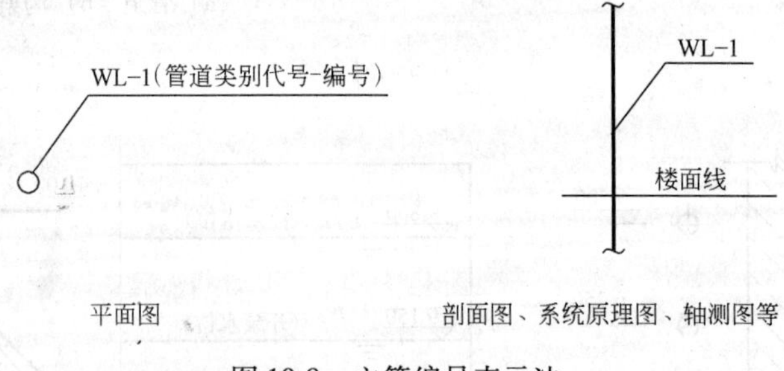

图 10-8　立管编号表示法

6. 图例

给水排水施工图中的管道、器材和设备一般采用统一图例表示。

1）管道图例如表 10-1 所示，管道类别以汉语拼音字母表示。

2）管道附件图例如表 10-2 所示。

表 10-1　管道图例

名称	图例	备注	名称	图例	备注
生活给水管	—— J ——		压力污水管	—— YW ——	
热水给水管	—— RJ ——		雨水管	—— Y ——	

（续）

名称	图例	备注	名称	图例	备注
热水回水管	—— RH ——		压力雨水管	—— YY ——	
中水给水管	—— ZJ ——		膨胀管	—— PZ ——	
循环给水管	—— XJ ——		保温管		
循环回水管	—— XH ——		多孔管		
热媒给水管	—— RM ——		地沟管	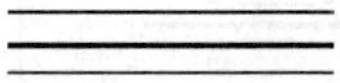	
热媒回水管	——RMH——		防护套管	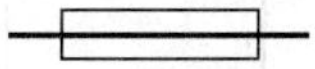	
蒸汽管	—— Z ——		管道立管	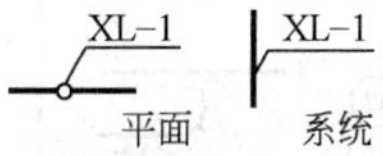 XL-1 平面 XL-1 系统	X:管道类别 L:立管 1:编号
凝结水管	—— N ——		伴热管		
废水管	—— F ——		空调凝结水管	—— KN ——	
压力废水管	—— YF ——		排水明沟	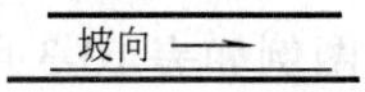 坡向	
通气管	—— T ——		排水暗沟	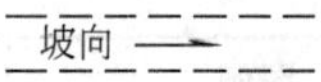 坡向	
污水管	—— W ——				

表 10-2　管道附件图例

名称	图例	备注	名称	图例	备注
套管伸缩器	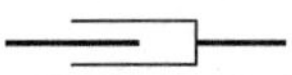		雨水斗	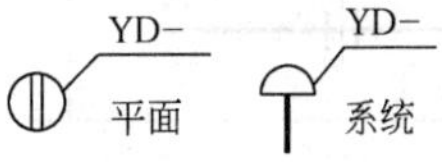 YD- 平面 YD- 系统	
方形伸缩器			排水漏斗	 平面 系统	
刚性防水套管	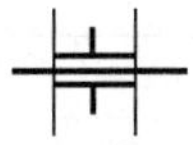		圆形地漏	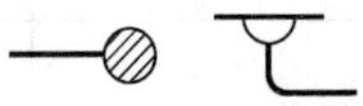	通用。如为无水封，地漏应加存水弯
柔性防水套管	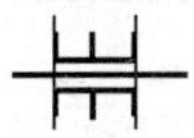		方形地漏		

（续）

名称	图例	备注	名称	图例	备注
波纹管			自动冲洗水箱	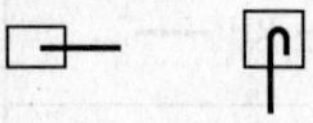	
可曲挠橡胶接头			挡墩		
管道固定支架			减压孔板	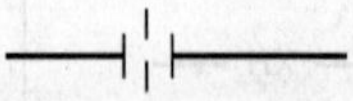	
管道滑动支架			Y形除污器	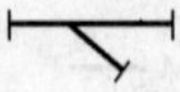	
立管检查口	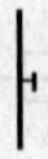		毛发聚集器	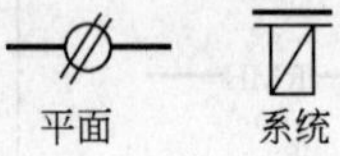 平面 系统	
清扫口	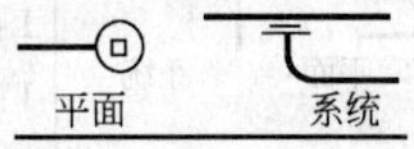 平面 系统		防回流污染止回阀		
通气帽	 成品 铅丝球		吸气阀		

3）管道连接图例如表10-3所示。

表10-3 管道连接图例

名称	图例	备注	名称	图例	备注
法兰连接	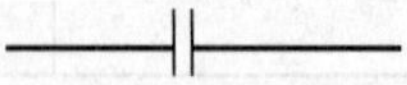		三通连接	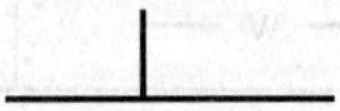	
承插连接			四通连接	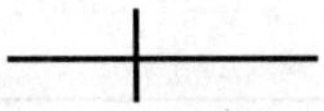	
活接头	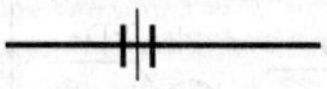		盲板		
管堵			管道丁字上接	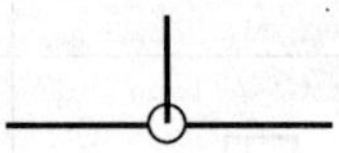	
法兰堵盖			管道丁字下接	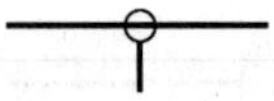	
弯折管	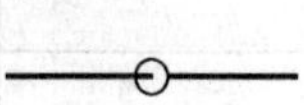	表示管道向后及向下弯转90°	管道交叉	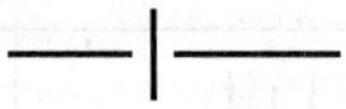	在下方和后面的管道应断开

4）管件图例如表10-4所示。

表 10-4 管件图例

名称	图例	备注	名称	图例	备注
偏心异径管			弯头	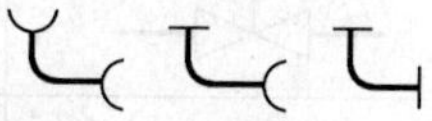	
异径管	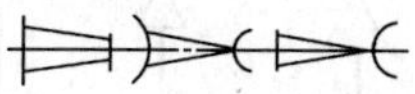		正三通	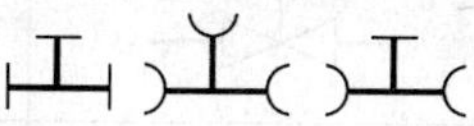	
乙字管	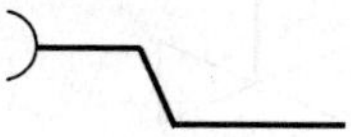		斜三通		
喇叭管	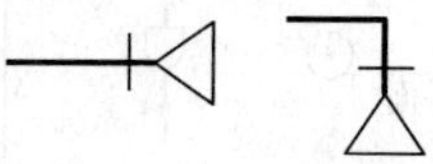		正四通		
转动接头	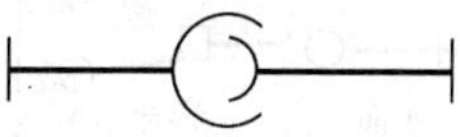		斜四通	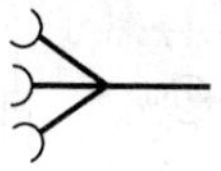	
短管	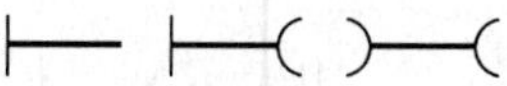		浴盆排水件		
存水弯	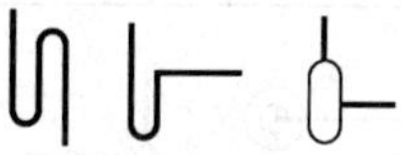				

5）阀门图例如表10-5所示。

表 10-5 阀门图例

名称	图例	备注	名称	图例	备注
闸阀			气闭隔膜阀		
角阀	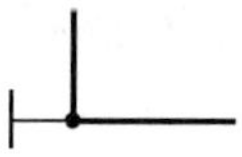		温度调节阀	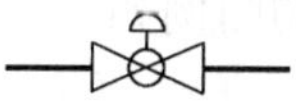	
三通阀			压力调节阀	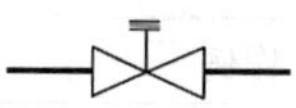	
四通阀	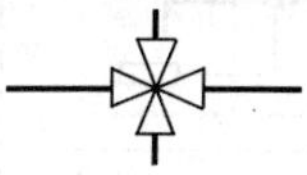		电磁阀	 M	
截止阀	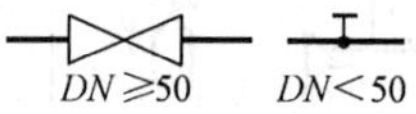 $DN\geqslant 50$ $DN<50$		止回阀		
电动阀			消声止回阀		

（续）

名称	图例	备注	名称	图例	备注
液动阀	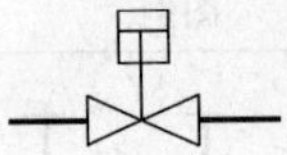		蝶阀		
气动阀	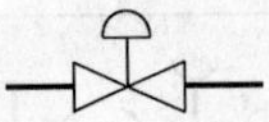		弹簧安全阀	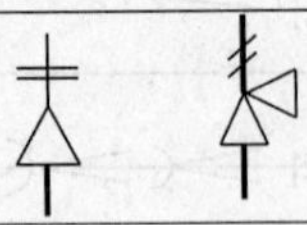	左为通用
减压阀	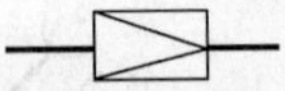	左侧为高压端	平衡锤安全阀	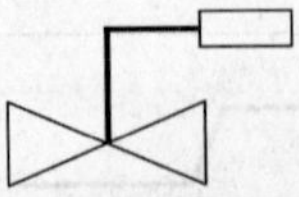	
旋塞阀	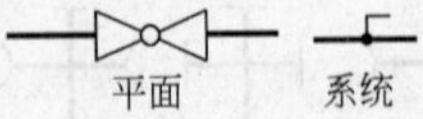 平面 系统		自动排气阀	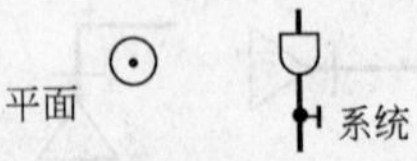 平面 系统	
底阀			浮球阀	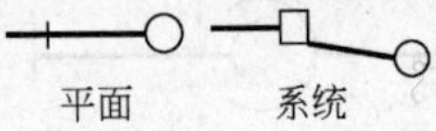 平面 系统	
球阀			延时自闭冲洗阀		
隔膜阀	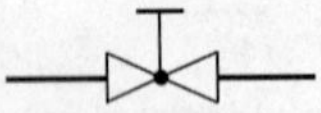		吸水喇叭口	 平面 系统	
气开隔膜阀	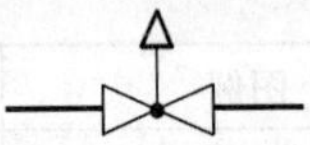		疏水器		

6）给水配件的图例如表 10-6 所示。

表 10-6　给水配件图例

名称	图例	备注	名称	图例	备注
放水龙头	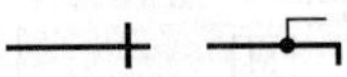	左侧为平面 右侧为系统	脚踏开关	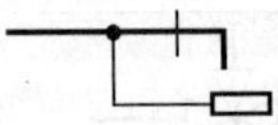	
皮带龙头			混合水龙头	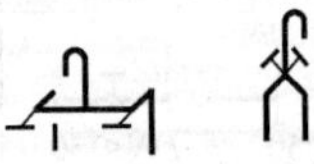	
洒水（栓）龙头	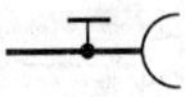		旋转水龙头	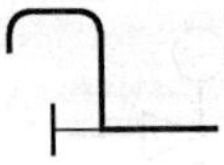	

（续）

名称	图例	备注	名称	图例	备注
化验龙头	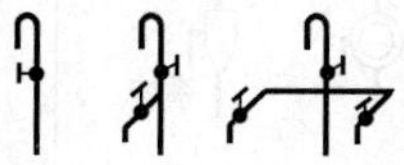		浴盆带喷头混合水龙头	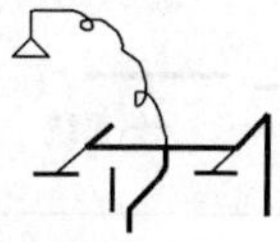	
肘式龙头	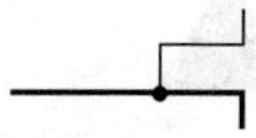				

7）消防设施的图例如表10-7所示。

表10-7　消防设施图例

名称	图例	备注	名称	图例	备注
消火栓给水管	XH		水幕灭火给水管	SM	
自动喷水灭火给水管	ZP		水炮灭火给水管	SP	
室外消火栓			干式报警阀	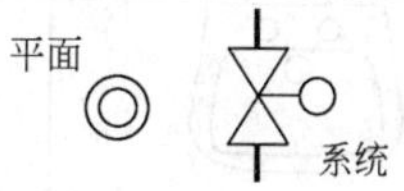 平面　系统	
室内消火栓（单口）	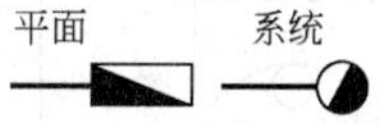 平面　系统	白色为开启面	水炮	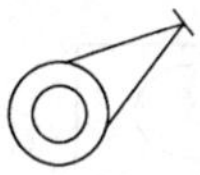	
室内消火栓（双口）	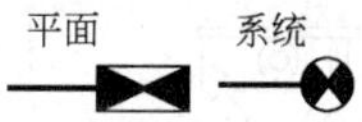 平面　系统		湿式报警阀	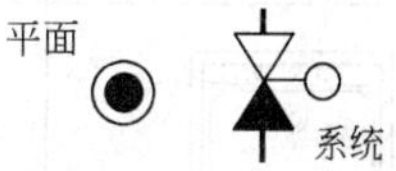 平面　系统	
水泵接合器			预作用报警阀	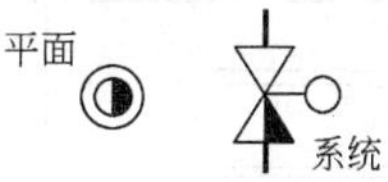 平面　系统	
自动喷洒头（开式）	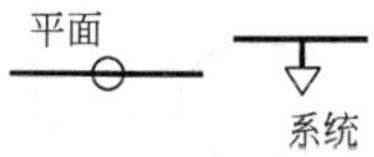 平面　系统		遥控信号阀	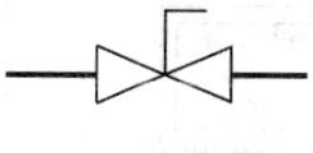	
自动喷洒头（闭式）	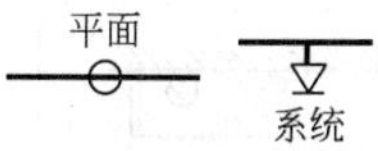 平面　系统	下喷	水流指示器	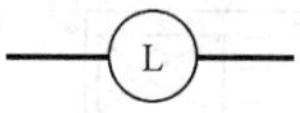 L	
自动喷洒头（闭式）	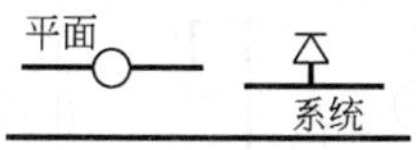 平面　系统	上喷	水力警铃	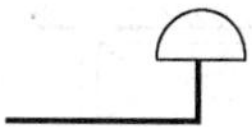	
自动喷洒头（闭式）	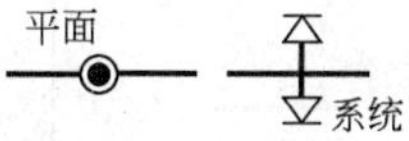 平面　系统	上下喷	雨淋阀	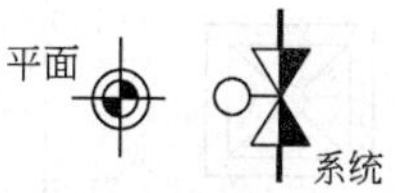 平面　系统	

（续）

名称	图例	备注	名称	图例	备注
侧墙式自动喷洒头	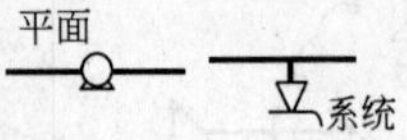 平面 系统		末端测试阀	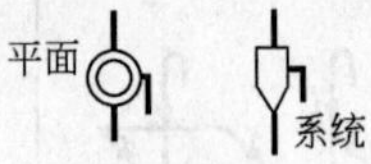 平面 系统	
侧喷式喷洒头	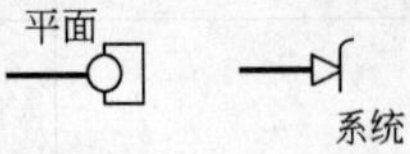 平面 系统		手提式灭火器		
雨淋灭火给水管	YL		推车式灭火器		

8）卫生设备及水池的图例如表10-8所示。

表10-8　卫生设备及水池的图例

名称	图例	备注	名称	图例	备注
立式洗脸盆	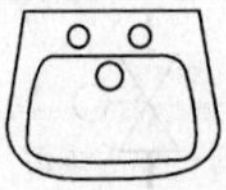		妇女卫生盆		
台式洗脸盆	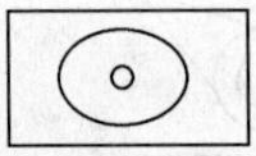		立式小便器		
挂式洗脸盆	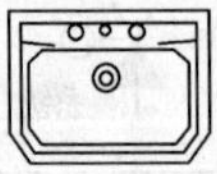		壁挂式小便器		
浴盆	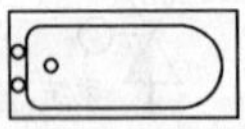		蹲式大便器	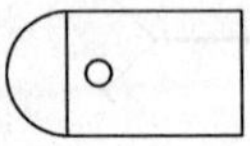	
化验盆、洗涤盆	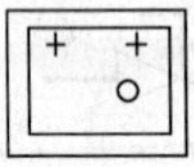		坐式大便器	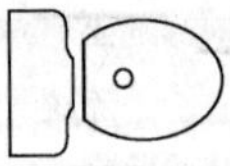	
带沥水板洗涤盆	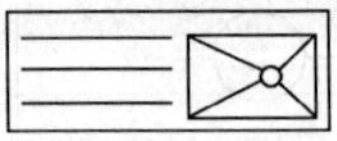		小便槽	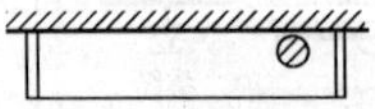	
盥洗槽	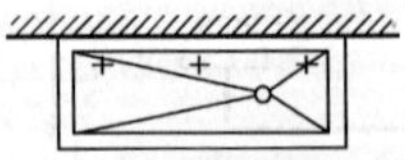		淋浴喷头		
污水池					

9）小型给水排水构筑物的图例如表 10-9 所示。

表 10-9　小型给水排水构筑物的图例

名　称	图　例	备　注	名　称	图　例	备　注
矩形化粪池	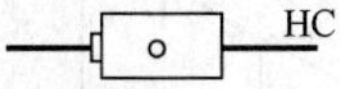 HC	HC 为化粪池代号	沉淀池	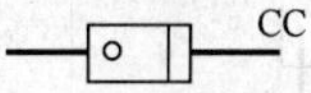 CC	CC 为沉淀池代号
圆形化粪池	 HC		降温池	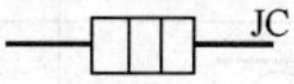 JC	JC 为降温池代号
除油池	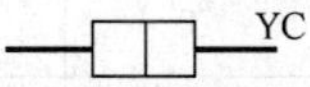 YC	YC 为除油池代号	中和池	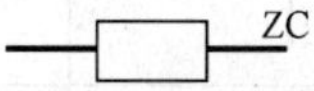 ZC	ZC 为中和池代号
雨水口		单口	水封井		
		双口	跌水井		
阀门井 检查井	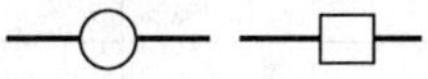		水表井		

10）给水排水设备的图例如表 10-10 所示。

表 10-10　给水排水设备的图例

名　称	图　例	备　注	名　称	图　例	备　注
水泵	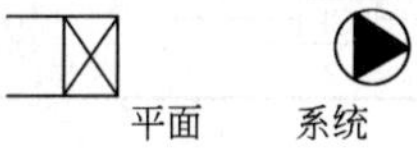 平面　系统		开水器		
潜水泵	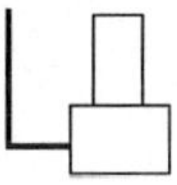		喷射器	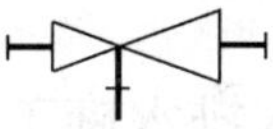	小三角为进水端
定量泵	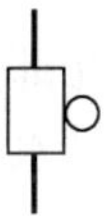		除垢器		
管道泵			水锤消除器	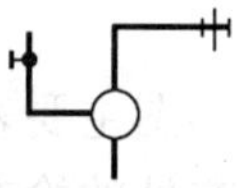	
卧式热交换器	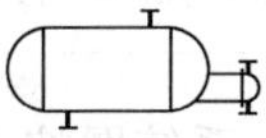		浮球液位器	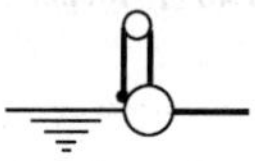	
立式热交换器	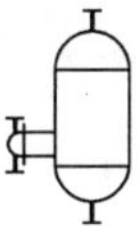				
快速管式热交换器	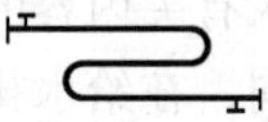		搅拌器	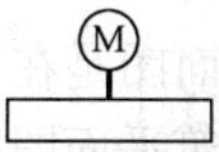 M	

11）给水排水专业所用仪表图例如表 10-11 所示。

表 10-11　给水排水专业所用仪表图例

名　称	图　　例	备　注	名　称	图　　例	备　注
温度计			自动记录流量计	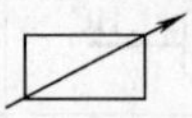	
压力表			转子流量计		
真空表			压力传感器	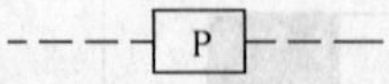 P	
温度传感器	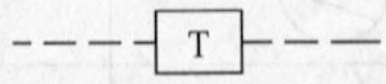 T		pH 值传感器	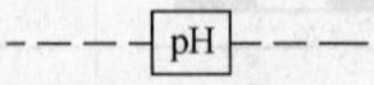 pH	
自动记录压力表			酸传感器	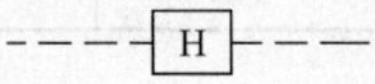 H	
压力控制器			碱传感器	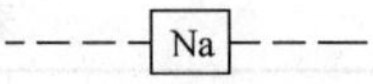 Na	
水表			余氯传感器	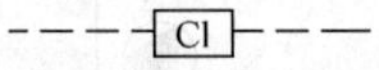 Cl	

10.3　室内给水排水施工图

10.3.1　室内给水排水施工图的组成

给水排水施工图主要包括给水排水平面图、管道系统图、详图等几部分。

给水排水平面图主要以图例符号的形式表示建筑物内给水管道和排水管道及有关卫生器具或用水设备的平面布置。

管道系统图主要表示给水排水管道的空间联系情况和相对位置，它与平面布置图一起表达管网及其构件。

管道配件及安装详图主要表示管道系统上的构配件的施工详图，如阀门井、水表井、管道穿墙、排水管道相交处的检查井等安装详图。

给水排水施工图的平面图、详图等图样均采用正投影法绘制，系统图按 45°正面斜轴测投影法绘制。

10.3.2　室内给水排水平面图

1. 图示方法

室内给水排水平面图是在建筑平面图的基础上表达给水和排水有关内容的，因此，该图中的建筑轮廓线与建筑平面图一致。但两图的要求和内容并不相同，在给水排水平面图上应对房屋的具体结构和详细节点加以简化，而突出显示管道系统和设备的配置。所以此时的建筑平面图的图线一律用细实线画出，比例不变（常用1∶100），对于卫生设备或管道布置较为复杂的房间，可用较大的比例表示（如1∶50或1∶30）。在给水排水平面图中仅需绘制房屋的墙身、柱、门窗洞、楼梯、台阶等主要构配件，标明定位轴线，而房屋的细部构造、门窗代号等均可省略。底层平面图应画出指北针。

对于多层房屋，底层平面图中的室内管道需与室外相连，故应单独画出。其他管道系统布置相同的楼层，可绘制一个标准层平面图；如果各楼层的布置方式不相同，应分层绘制，在图中注明各楼层的层次和标高。底层给水排水平面图一般应画出整栋建筑物的底层平面图，其余各层则可以只画出装有给水排水管道及其设备的局部平面图，以便更好地与整栋建筑物及其室外给水排水平面图对照阅读。标准层给水排水平面图通常也画标准层全部。

各种管道不论直径大小，均用单线表示。管径在系统图中用标注数字来表示。当各种不同性质的管路系统较多时，按表10-1所示的管道代号表示。当管道种类不多时，各管道可采用不同的线型表示，以示区别，如给水管用粗实线表示，排水管用粗虚线表示。

各种管道不论在楼地面之上或之下，都不考虑其可见性，按原线型来画。每层平面图中的管道，均以连接该层的卫生设备的管路为准，而不以楼地面为分界线。即不论给水管或排水管，也不论地面之上还是之下，凡为底层服务的管路，以及供应或汇集各层楼面而敷设在地面下的管道，都在底层平面图中表示。楼层同理，凡是连接某楼层卫生设备的管路，不管安装在楼板上面还是下面，都要画在该楼层的平面图中。

一般将给水系统和排水系统画在同一平面图上，便于识读。在底层管道平面图中，各种管道要按照系统编号，一般给水管道以每一引入管为一个系统，排水管道以每一排水管为一系统。

2. 图示内容

1）各用水设备的平面位置、类型。

2）给水排水管网的各个干管、立管、支管的平面位置、走向、立管编号和管道的安装方式。

3）管道器材设备（如阀门、消火栓、地漏、清扫口等）的平面位置。

给水引入管、水表节点、污水排出管的平面位置、走向及与室外给水、排水管网的连接（底层平面图）。

4）管道及设备安装预留洞位置、预埋件、管沟等方面对土建的要求。

10.3.3 室内给水排水系统图

1. 图示内容

由于给水排水平面图难以表达管道之间的空间几何关系，常采用轴测图直观地绘出给水排水的管道系统，称为系统轴测图，简称系统图。系统图能清楚地表示出管道的空间布置情况，各管段的管径、坡度、标高，以及附件在管道上的位置等。

2. 图示方法

室内给水排水系统图一般按给水、排水系统分别绘制，一般采用与对应的平面图相同的比例。管道布图方向与平面图一致，并按比例绘制。当局部管道按比例不易表达清楚时，例如在管道或管道附件被遮挡，或者转弯管道变成直线等情况下，这些局部管道可不按比例绘制。

系统图一般按45°正面斜轴测投影法绘制，即OX轴处于水平位置，OZ轴垂直向上，OY轴与水平方向成45°夹角。轴测图中管道在OX和OY方向的尺寸可直接从平面图上量取，

OZ 方向的尺寸根据房屋的层高以及卫生器具的习惯安装高度确定。

系统图中的管道用单线表示，其图例、线型等与平面图相同。阀门、卫生设备、给水配件、管道附件均用图例绘制。

当空间交叉的管道在图中相交时，应判别其可见性。在交叉处，可见管道连续画出，不可见管道应断开画出。

对于用水设备和管道布置完全相同的楼层，一般只将一层画完整，其余各层在立管处画上折断符号，并注写“同某层”即可。

当管道穿越楼面、墙面或地面时，通常用细实线画出被穿越的楼面、墙面或地面的位置。

系统图中应标注相对标高，并应与建筑图一致。图中的建筑物，应标注室内地面、各层楼面及建筑屋面等处的标高。对于给水管道，一般应标注横管中心、阀门和放水龙头等处的标高。系统图中标高符号的画法与建筑图的标高画法一致，但应注意横线要平行于所标注的管线。

管道应注明管径，接出或接入管道上的设备、器具宜编号或注字表示。

凡有坡度的横管都要注出坡度。当排水横管采用标准坡度时，图中可省略不注，但在施工说明中加以明确。

10.3.4 安装详图

给水排水平面图和系统图只是显示了用水设备和管道的布置和连接情况，至于卫生器具和设备的安装，管道的连接、敷设，尚需通过绘制施工详图，作为施工安装的依据。详图一般采用较大比例画出，要求投影关系清楚、尺寸注写齐全、材料和规格说明清楚；并应使平面图和系统图上的有关安装位置和尺寸，与详图上相应位置和尺寸完全相同，以免施工安装时引起差错。

当各种管道穿越基础、墙体、楼地面等处时，其详细构造应加以明确表示。图 10-9 为防水套管安装详图。该图采用剖面图，沿管道的中心线剖切墙体套管和管道等。图中应注明墙体厚度、管道外径、套管的内外直径、翼环外径和厚度、翼环相对墙面的位置尺寸。同时采用引线标注翼环、套管以及焊接符号、标注管套与管道间的填充材料等相关内容。

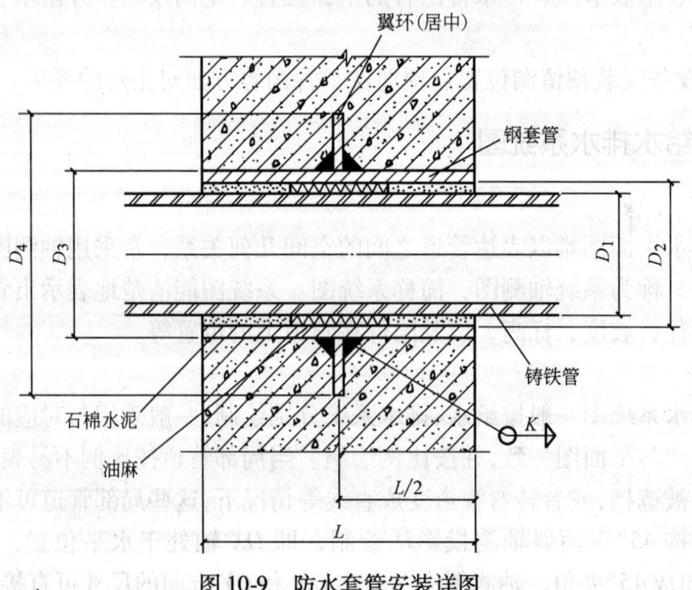

图 10-9 防水套管安装详图

一般常用的卫生器具和设备安装详图，可直接套用标准图集，不必另外绘制安装详图。

10.3.5 室内给水排水施工图的识读

1. 识读方法

识读室内给水排水施工图时，应将给水排水平面图和系统图联系起来对照阅读。

首先熟悉图样目录，了解施工说明。

一般自底层开始逐层阅读给水排水平面图，首先明确用水房间有哪些，其各种设备如卫生洁具、洗涤池等的平面布置和定位尺寸，弄清给水排水管道的平面布置情况，一共有哪几个给水系统和排水系统?

识读给水排水系统图时，先与底层给水排水平面图配合对照，找出给水排水进出口的系统编号，按系统类别依次识读。

给水系统图一般从室外引入管开始，沿水流方向依次看水平干管、立管、支管至用水设备（水龙头、卫生器具等），逐一弄清管道的位置、管径的变化以及所用的附件等。

排水系统图一般按卫生器具、排水支管、排水横管、排水立管、排出管到室外检查井的顺序识读。

2. 识读示例

现以图10-10、图10-11所示某办公楼的给水排水施工图为例，说明识读方法。

图10-10a、b是某办公楼的底层和2、3层给水排水平面图。从平面图中首先要弄清各层平面图中布置有卫生器具的房间是哪些，是否有管道通过，管道的布置情况如何，这些房间的楼地面标高等。从图中可知，该3层办公楼中每层均设有卫生间，而其他方面均无给水排水设施。1层卫生间位于楼梯平台下，内设大便器1个，外设一污水池。2、3层卫生间位于楼梯对面，内设大便器2个，污水池1个，小便斗2个。图中还注明了各层卫生间的标高。其次，明确有几个管道系统。从底层管道平面图中的索引符号可知，给水系统有J1、排水系统有P1。

接下来识读给水排水系统图。先看图10-11中的给水系统图，首先对照底层平面图，找到J1管道系统的引入管。从图中可以看出，引入管*DN*40自轴线②处进入室内，在标高-0.300处分为两支，其中一支*DN*32穿过底层地面沿墙直上供上层卫生间，立管*DN*32在穿过2层楼面之后，于标高3.300m处又分为两支，其中一支管*DN*15沿原立管向上穿过2、3层楼面，分别水平支管安装小便斗，小便斗连接支管和每层立管上都设有控制阀门；另一支管沿外墙内侧接出水平横管*DN*32至轴线③处墙角向上穿过2、3层楼面，分别接出水平支管安装便器冲洗器和污水池水龙头，在每层立管上均设有控制阀门。另一只管*DN*25入1层卫生间，出地面后设一控制阀门，然后在距离地面0.80m处接出横支管至污水池上方安装一个水龙头，在立管距离地面0.98m处接出横支管至大便器上方并安装冲洗阀门和冲洗管。

再看图10-11中的排水系统图，对照底层平面图可以看出，有一排出管*DN*100在轴线③处穿过外墙接出室外，1层卫生间通过排水横管*DN*100接入排出管，2、3层卫生间通过排水立管PL1接入排出管，立管PL1 *DN*100位于轴线③和轴线A的墙角处。2、3层卫生间的地漏和小便斗（通过存水弯）由横管*DN*75相连，并排入连接污水池和大便器（通过存水弯）的横管*DN*100，然后排入立管PL1。各层污水横管都位于该层楼面之下。立管PL1上端穿越屋面的通气管的顶端装有铅丝球。在1层和3层距离地面1m处的立管上各设一检查口。由于1层厕所距离排出管较远，排水横管较长，故在排水横管另一端设一掏堵，便于进行清通。

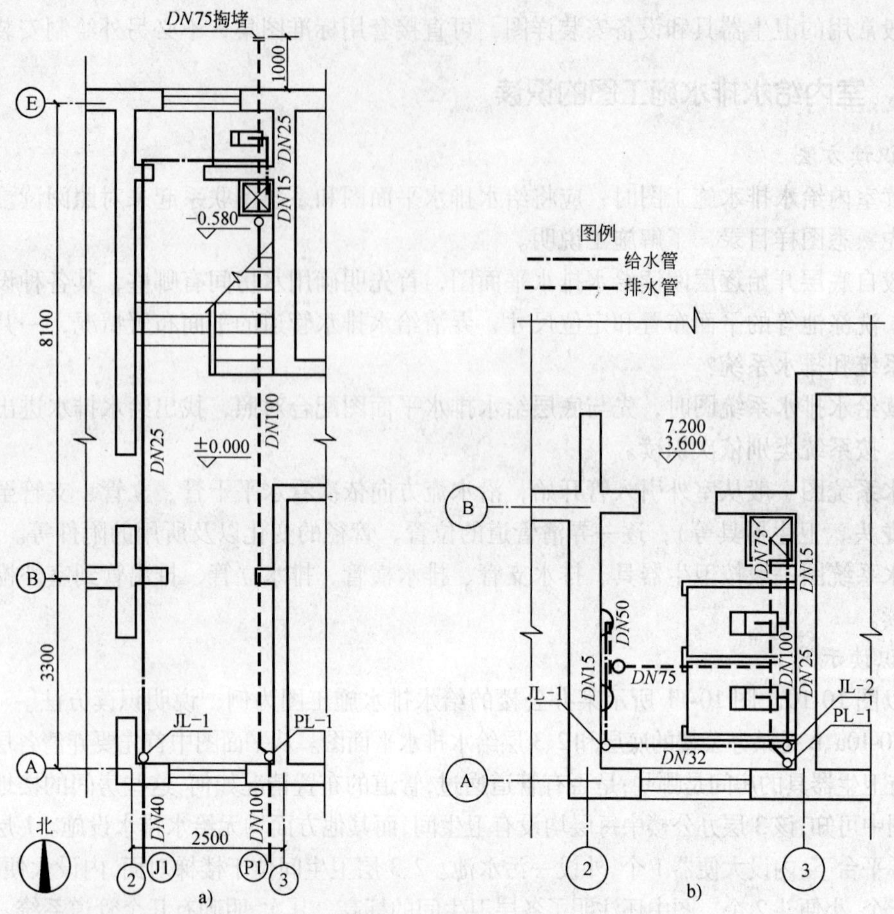

图 10-10　给水排水平面图

a）底层给水排水平面图　b）2、3 层给水排水平面图

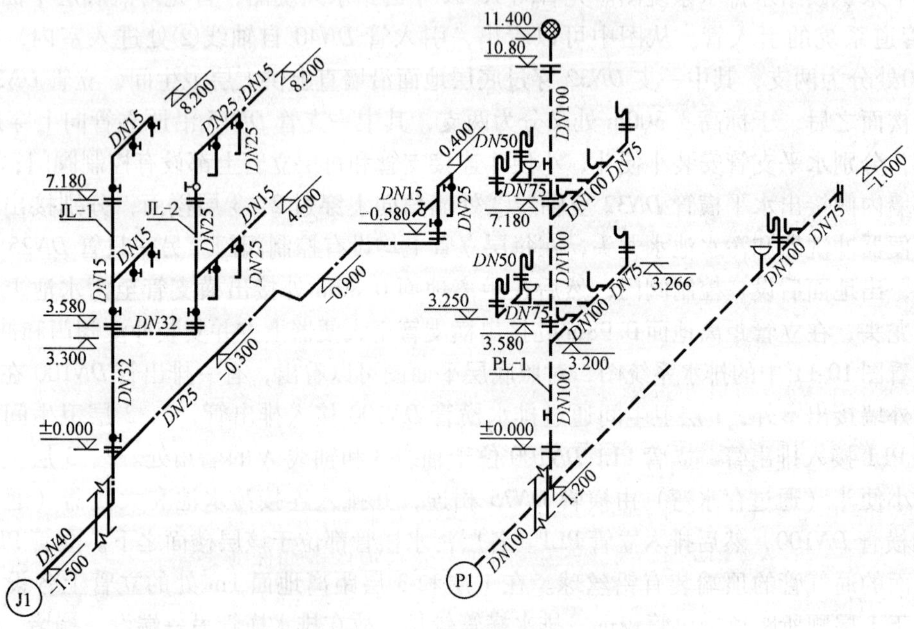

图 10-11　给水排水系统图

第 11 章　桥涵及隧道工程图识读

当公路跨越河流、沟谷，或与铁路、其他公路立体交叉时，需要修建桥梁或涵洞；当线路翻越山岭时，则需修筑隧道。桥涵及隧道工程图同样应遵守有关国家标准，国标对图幅大小、图线线型、尺寸标注、图例、字体等有统一的规定。这些国家标准有《房屋建筑制图统一标准》（GB/T 5001—2001）、《总图制图标准》（GB/T 50103—2001）、《建筑制图标准》（GB/T 50104—2001）、《道路工程制图标准》（GB 50162—1992）。

11.1　桥梁工程图识读

11.1.1　桥梁的组成及分类

桥梁是铁路、公路跨越河流、湖泊、海峡、山谷等障碍物时所修建的构筑物。桥梁由上部结构（主梁、主拱圈和桥面系等）、下部结构（基础、桥墩和桥台等）以及附属结构（栏杆、灯柱、锥体护坡、护岸等）三部分组成，如图 11-1 所示。

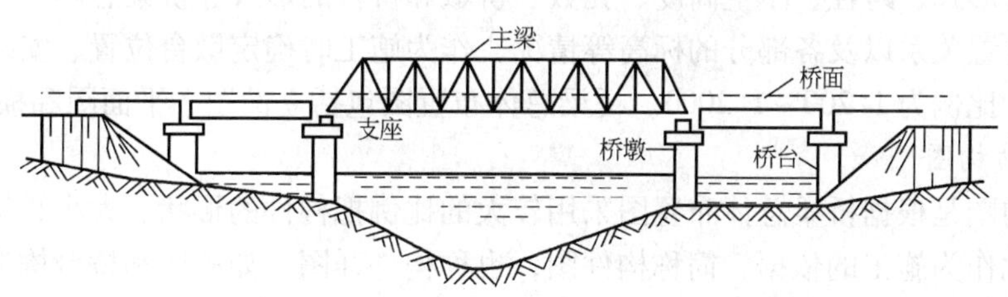

图 11-1　桥梁的组成

按桥梁全长和跨径大小可分为特大桥、大桥、中桥、小桥。

按其上部结构所用的材料可分为钢桥、钢筋混凝土桥、圬工桥（包括砖、石、混凝土桥）、木桥等。

按结构形式和受力情况可分为梁桥、拱桥、刚架桥、桁架桥、悬索桥、斜拉桥等。

按行车道位置分为上承式桥、中承式桥、下承式桥。

按跨越障碍的性质可分为跨河桥、跨线桥（立体交叉）、高架桥和栈桥等。

11.1.2　桥梁工程图的图示特点及内容

桥梁工程图是利用正投影的理论和方法并结合专业图的图示特点来绘制的。由于桥梁的下部结构大部分埋于土中或水中，绘图时常把土或水视作透明体或者揭去不绘，而只表达构件的投影。标注桥梁工程图的尺寸时，由于桥梁位于线路之中，除标注桥梁本身的尺寸大小以外，尚需标注出桥梁主要部分相对于整个路线的里程和高程，以便于施工和校核。

桥梁工程图应将桥梁的位置、整体形状、大小及各部分结构、构造、施工和所用材料等详细、准确地表达出来，主要包括桥位平面图、桥位地质纵断面图、桥梁总体布置图、构件结构图等。

1. 桥位平面图

桥位平面图主要表示桥梁和路线连接的平面位置，通过地形测量绘出桥位处的道路、河流、水准点、里程、钻孔及附近的地形和地物（如房屋、老桥等），以便作为设计桥梁、施工定位的依据。桥位平面图在地形图的基础上绘制，一般采用较小的比例，如1∶500，1∶1000，1∶2000等。

2. 桥位地质纵断面图

桥位地质纵断面图主要表示桥梁所处河床断面的水文地质情况。根据水文调查和钻探所得的地质水文资料，绘制桥位所在河床位置的地质断面图，包括河床断面线、最高水位线、常水位线、最低水位线、河床深度变化和地质土质情况、钻孔位及孔口标高、钻孔深度和间距等，以便作为设计桥梁、桥台、桥墩和计算土石方工程数量的根据。为了在图中将桥梁所处河床断面高度和水平方向清晰地表达出来，绘图时高度和水平方向可用不同的比例绘制。一般可将地形高度方向的比例较水平方向比例放大数倍画出，水平比例为1∶200～1∶5000，垂直方向比例为1∶20～1∶500。

3. 桥梁总体布置图

桥梁总体布置图是表达桥梁上部结构、下部结构和附属结构三部分组成情况的总图，主要表明桥梁的形式、跨径、净空高度、孔数、桥墩和桥台的形式、桥梁总体尺寸、各种主要构件的相互位置关系以及各部分的标高等情况，作为施工时确定墩台位置、安装构件和控制标高的依据。比例为1∶200～1∶2000。桥梁总体布置图包括立面图、平面图和横剖面图。

4. 构件结构图

构件结构图是根据桥梁总体布置图采用较大的比例把构件的形状、大小、构造完整地表达出来，以此作为施工的依据，简称构件图，也称构件详图，如桥墩和桥台构造图。构件图常用的比例为1∶10～1∶50。如构件的某一局部在构件图中不能清晰完整地表达出来，也可采用更大的比例，如1∶3～1∶10。

11.1.3 桥梁工程图的识读

1. 桥位平面图的识读

如图11-2所示的桥梁桥位平面图，图中用粗实线表示出路线平面形状，道路在跨越清水河时修建一座桥梁。在桥梁的两端有两个水准点BM1和BM2，绝对标高分别为5.10m和8.25m；在新建桥梁的中心部位标注了里程桩号0+738.00，在桥的一侧标注了三个钻孔的平面位置（孔1、孔2和孔3）。道路桥梁附近的地形用等高线表示，地物用图例表示，图中有房屋、原有木桥、小路、水塘以及草地和果树等植被。桥位平面图中用指北针表示方向，植被、水准符号等均应按照正北方向为准，图中文字方向则可按路线要求及总图标方向来决定。

2. 桥位地质纵断面图的识读

如图11-3所示的桥位地质纵断面图，图中一部分是图样，一部分是资料表。图样部分表达了地质和河床深度的变化情况，标有洪水位、常水位和最低水位。图中水平方向的比例采用1∶500，地形高度的比例采用1∶200。

K1
JD5
YZ0+938.63
ZY0+860.00
BM2
8.25
孔3
孔2
0+738.00
孔1
BM1
5.10
清
水
河
木
桥
YZ0+543.00
ZY0+445.73
塘
塘
JD4
北

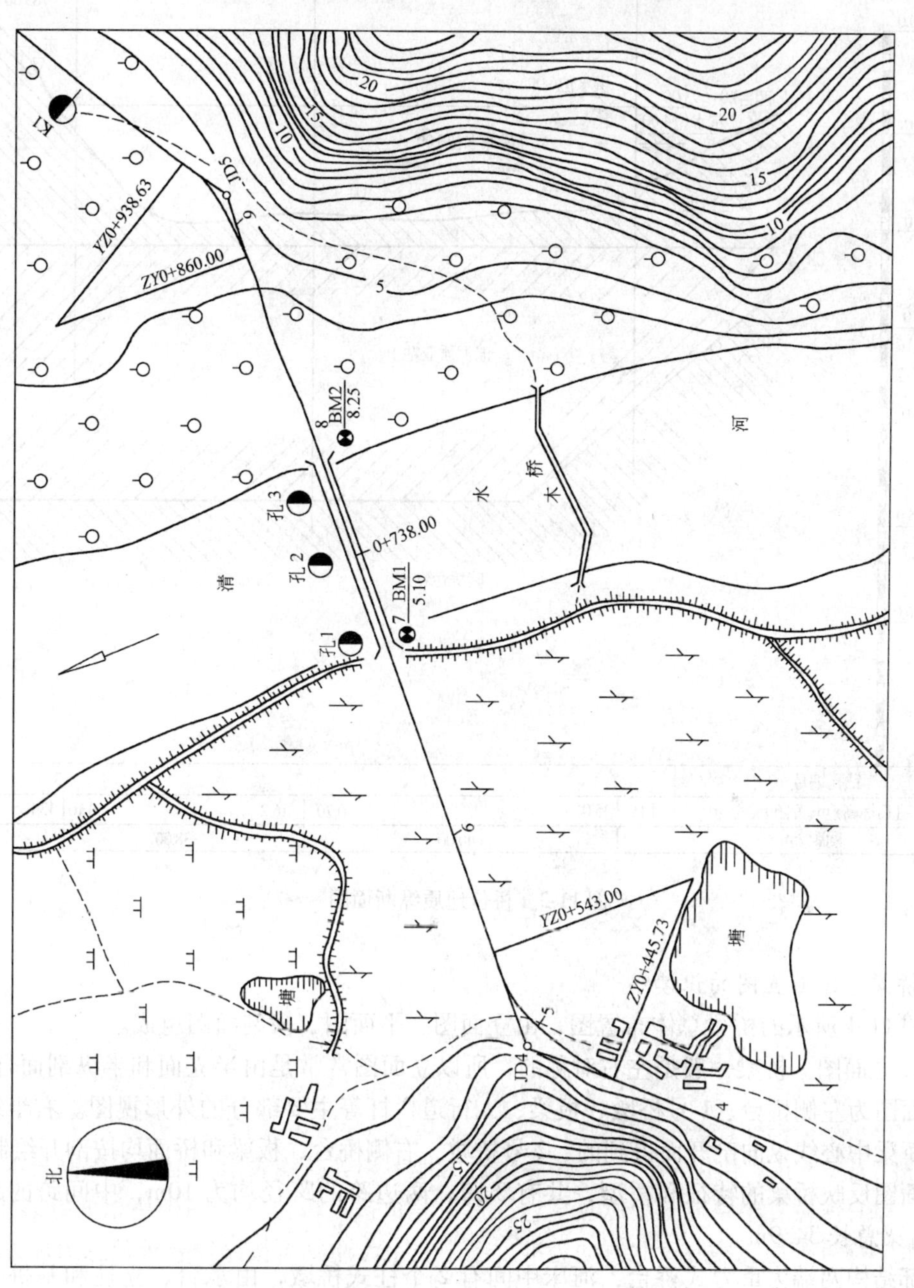

图 11-2 桥位平面图

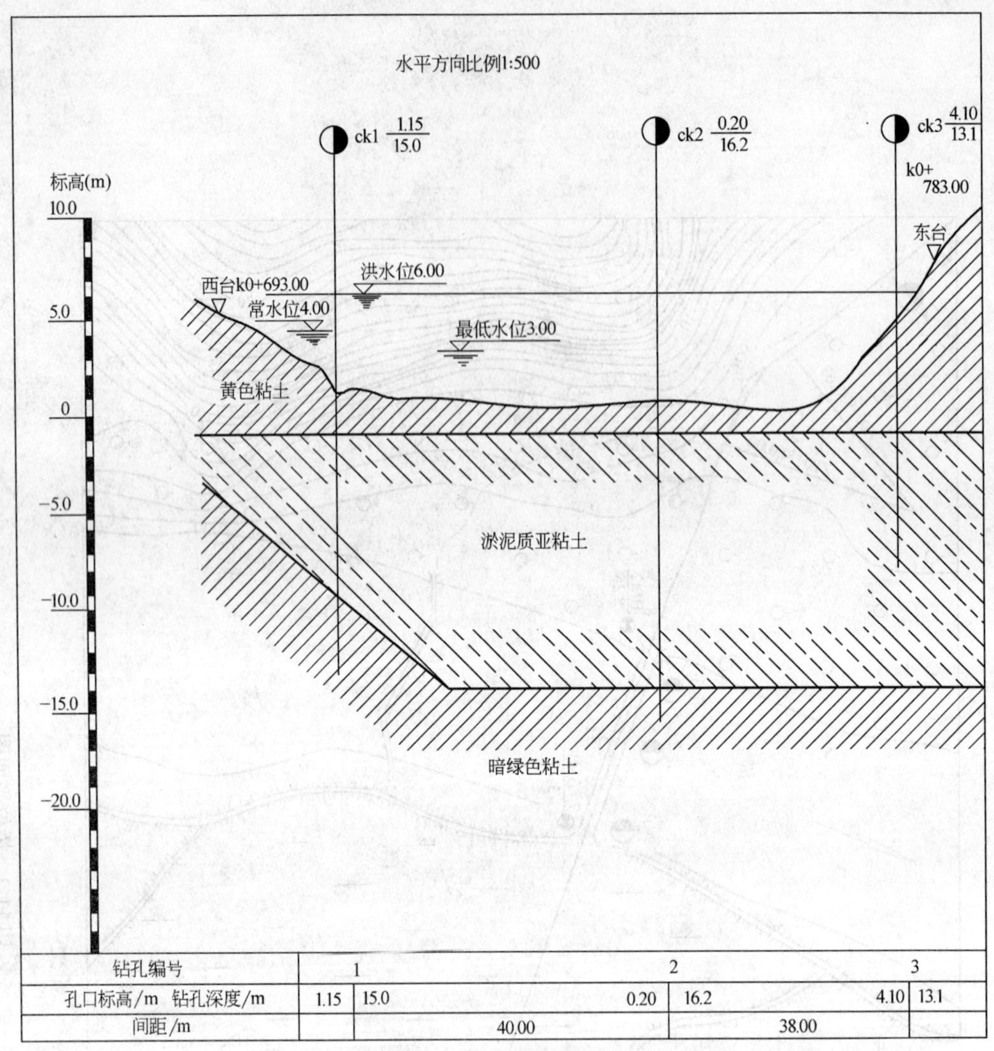

钻孔编号	1			2		3
孔口标高/m 钻孔深度/m	1.15	15.0	0.20	16.2	4.10	13.1
间距/m		40.00		38.00		

图 11-3　桥位地质纵断面图

3. 桥梁总体布置图的识读

如图 11-4 所示的桥梁总体布置图，由立面图、平面图、横剖面图组成。

(1) 立面图　桥梁一般是左右对称的，所以立面图常常是由半立面和半纵剖面合成的。左半立面图为左侧桥台、1 号桥墩、板梁、人行道栏杆等主要部分的外形视图。右半纵剖面图是沿桥梁中心线纵向剖开而得到的，2 号桥墩、右侧桥台、板梁和桥面均按剖开绘制。

立面图反映桥梁的特征和桥型，共有 3 跨，两边跨的跨径均为 10m，中间跨的跨径为 13m，桥梁总长 34.9m。

下部结构两端为重力式桥台，河床中间有 2 个柱式桥墩，由承台、立柱和基桩共同组成。上部结构为简支梁桥。

图中标出了常水位、桥台、梁底、桥中心、立柱、基桩等的标高，立柱和基桩的直径尺寸。从图中可以看出，桥的中心高程高于右端面高程，说明该桥设计有纵坡。

立面图中还标有剖切符号，分别在桥中心和右边跨做剖切，向右投影。

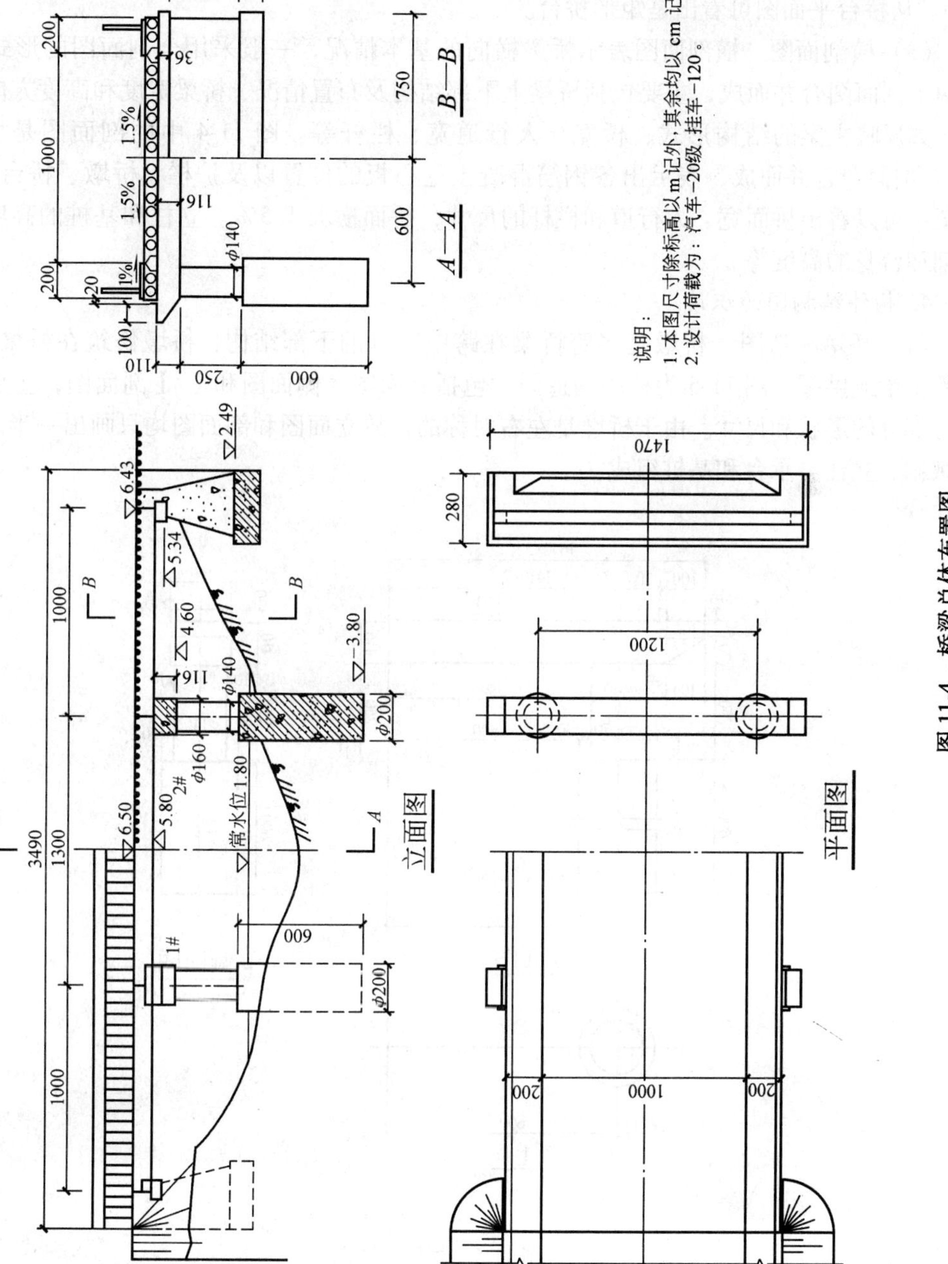

图 11-4　桥梁总体布置图

（2）平面图　在立面图的下方按照“长对正”的投影关系绘有平面图。桥梁的平面图也常采用半剖的形式。左半平面图是从上向下投影得到的桥面俯视图，主要画出了车行道、人行道、栏杆等的位置，护坡的形式。从图中可以看出，桥面净宽为10m，人行道两边各为2m。右半部采用的是剖切画法（或分层揭开画法），假想把上部结构移去，画出了2号桥墩和右侧桥台的平面形状和位置。图中显示桥墩为由两根空心圆柱所组成，圆柱中心距离为12m。从桥台平面图可看出是矩形桥台。

（3）横剖面图　横剖面图表示桥梁横向的基本情况，一般采用全剖面图的形式绘制或用两个剖面图合并而成，主要包括桥梁上下部结构及布置情况、桥梁宽度和高度方向基本尺寸，如反映主梁的结构形式、桥宽、人行道宽、栏杆等。图11-4中的剖面图是由*A—A*、*B—B*剖面图合并而成，表示出各钢筋混凝土空心板的位置以及护栏、桥墩、桥台的形式。从图中可以看出桥面宽、人行道和栏杆的尺寸，桥面横坡1.5%。立柱和基桩的高度，桥台基础和台身的高度等。

4. 构件结构图的识读

（1）桥墩构造图　桥墩是多跨桥梁在跨中部分的下部结构，桥墩修筑在桥梁基础上，支承主梁或拱圈。图11-5为桥墩构造图，包括立面图、侧面图和Ⅰ-Ⅰ剖面图，主要表达桥墩各部分的形状和尺寸。由于桥墩是左右对称的，故立面图和剖面图均只画出一半。该桥墩由墩帽、立柱、承台和基桩组成。

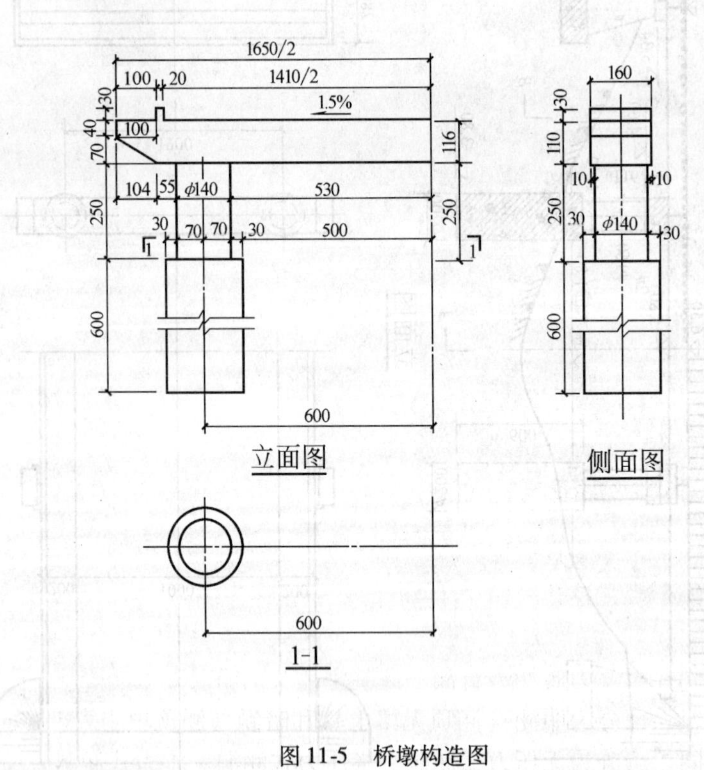

图11-5　桥墩构造图

（2）桥台构造图　桥台属于桥梁的下部结构，主要是支承上部主梁或拱圈，并承受桥头路堤填土的水平推力。图11-6为重力式混凝土桥台，由台帽、台身、侧墙、基础组成。

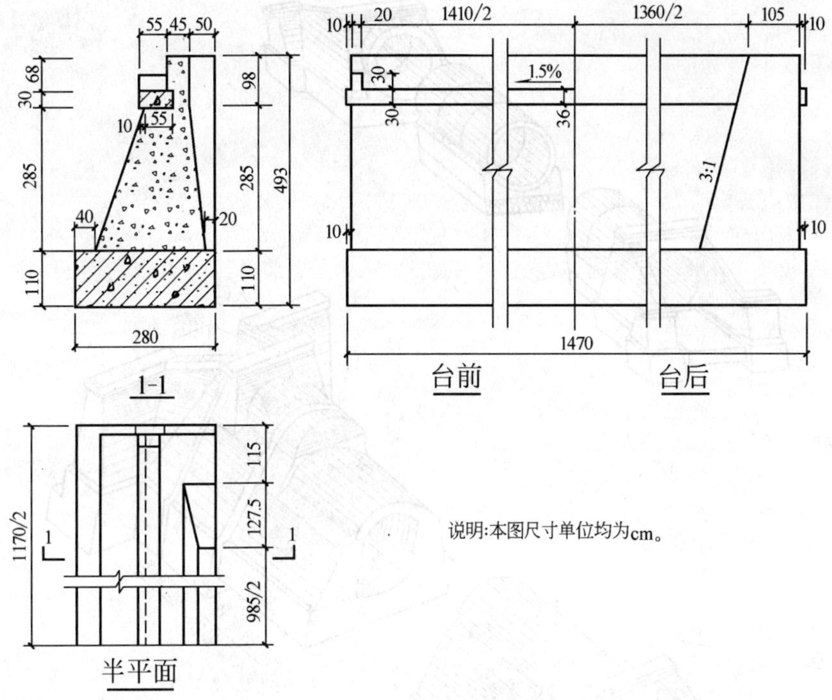

图 11-6　重力式混凝土桥台构造图

桥台的构造图，用剖面图、平面图和侧面图表示，如图 11-6 所示。从剖面图中可以了解桥台内部的构造和材料情况。平面图绘制时设想主梁尚未安装，后台也未填土，从中反映出桥台的水平投影。侧面图由 1/2 台前和 1/2 台后两个图合成。台前指的是人站在河流一边顺着路线观看桥台前面所得的投影图，台后是站在堤岸一边观看桥台背面所得的投影图。

11.2　涵洞工程图识读

11.2.1　涵洞的分类、组成与构造

涵洞是公路工程中主要为宣泄地面水流而设置的横穿路堤的小型排水构造物。它与桥梁的区别在于跨径的大小，凡单孔跨径小于 5m 的，一律称为涵洞。

1. 涵洞的分类

按建筑材料不同，可分为砖涵、石涵、混凝土涵及钢筋混凝土涵等。

按洞顶填土情况，可分为明涵（涵顶无填土）和暗涵（涵顶填土大于 50cm）。

按水力性能不同，可分为无压力式涵洞、半压力式涵洞、压力式涵洞。

按断面形状可分为圆形涵、拱形涵、矩形涵等。

按构造形式不同，可分为圆管涵、拱涵、盖板涵、箱涵。箱涵因施工困难且造价较高，一般较少采用。涵洞的种类与构造如图 11-7 所示。

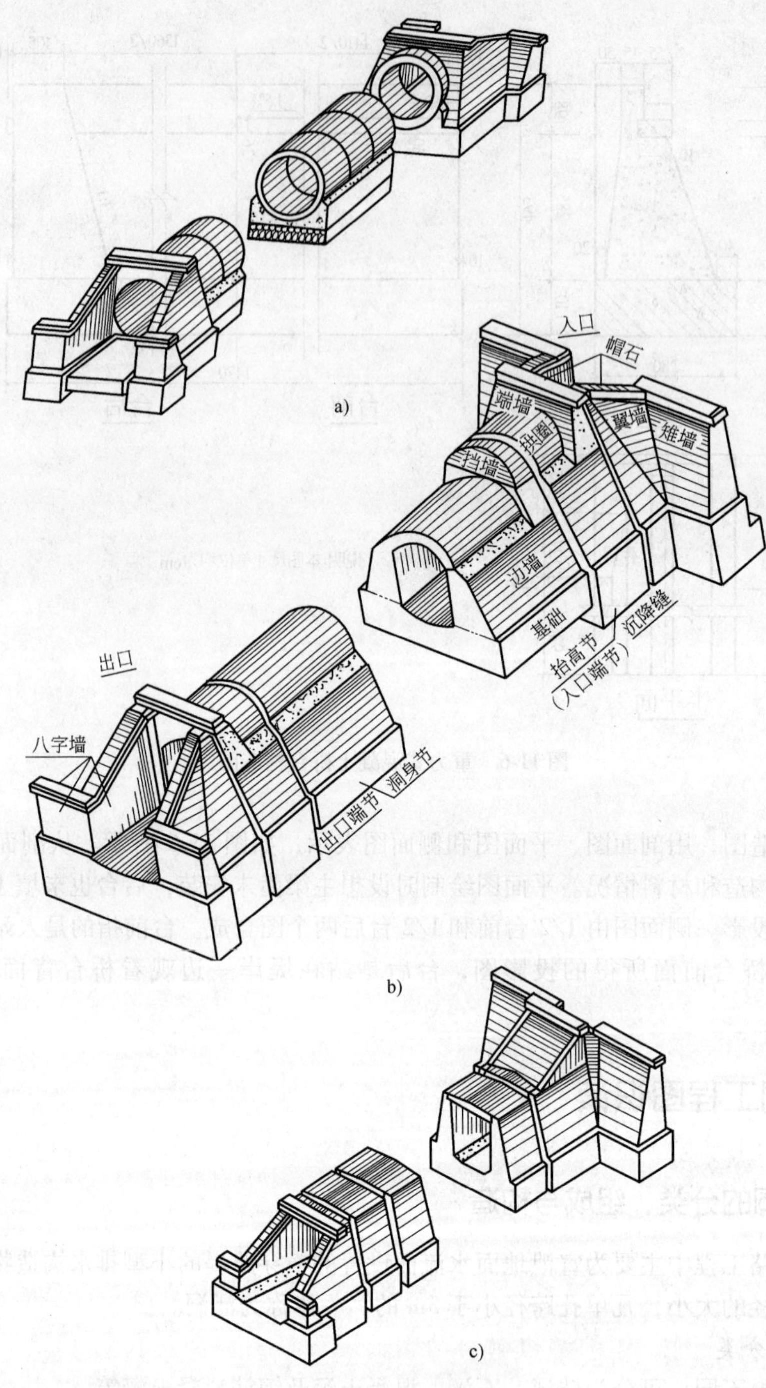

图 11-7 涵洞的种类与构造

a）圆管涵 b）拱涵 c）盖板涵

2. 组成与构造

涵洞虽有多种类型，但其组成部分基本相同，都是由基础、洞身、洞口组成。如图 11-7b 所示，为一入口抬高式拱涵的示意图，图中标出了涵洞各部分的名称。

（1）基础　在地面以下，起防止沉陷和冲刷的作用。

（2）洞身　建筑在基础之上，挡住路基填土，以形成流水孔道的部分称为洞身。洞身是涵洞的主要部分，它的截面形式有圆形、拱形、矩形（箱形）三大类。

拱涵的洞身由拱圈、边墙和基础组成，拱圈形状普遍采用圆弧拱，如图 11-7b 所示。为充分发挥洞身截面的泄水能力，有时在涵洞进口处采用抬高节。图 11-7b 中的抬高节与其他洞身节相同，只是边墙较高，基础较厚，在紧贴抬高节的洞身节拱顶设置一段拱形的挡墙。拱圈上部在入口的一端做有端墙，端墙上有带抹角的帽石。

圆管涵具有相似的构造，但圆形管涵不采用提高节，如图 11-7a 所示。

盖板涵是常用的矩形涵洞，由基础、侧墙和盖板组成，如图 11-7c 所示。

（3）洞口　洞口是设在洞身两端，用以集散水流，保护洞身和路基使之不被水流破坏的构造洞口，它包括端墙、翼墙、护坡等。

涵洞与路线正交时，常用的洞口建筑形式有端墙式、八字式、井口式。图 11-7b 中拱涵的洞口由基础和八字墙组成，八字墙是由顺洞身方向的翼墙及与洞身方向垂直的雉墙组成。

涵洞与路线斜交时，仍可采用正交涵洞的洞口形式，根据洞口与路基边坡相连的情况不同，有斜洞口和正洞口之分，常用的是斜洞口。

为防止不均匀沉陷，将涵洞全长分为若干段，每段之间以及洞身与端墙之间设置沉降缝，使各段可以独自沉落而互不影响。

11.2.2　涵洞工程图的识读

1. 涵洞工程图的表示方法

涵洞的主体结构常用一张总图来表达。由于涵洞是狭长的工程构造物，故以水流方向为纵向，并以纵剖面图来代替立面图。为使平面图表达清楚，画图时不考虑洞顶覆土。当进、出口的形状不同时，需分别将进、出口的侧面图画出。有时平面图和侧面图以半剖形式表示。除上述投影图以外，少数细节和附属建筑物则另附详图，如配筋图、翼墙断面图等。涵洞工程图的比例常比桥梁工程图的比例大。

2. 圆管涵工程图识读

图 11-8 所示为钢筋混凝土圆管涵洞，洞口为端墙式。由于其构造对称，故采用半纵剖面图、半平面图和侧面图（按习惯称为洞口正面图）来表示。

（1）半纵剖面图　由于涵洞进出洞口一样，左右基本对称，所以只画半纵剖面图，以对称中心线为分界线。纵剖面图中表示出涵洞各部分的相对位置和构造形状以及各部分所用的材料。从图中可以看出，设计流水坡度为 1%，锥形护坡顺水方向的坡度与路基边坡一致，均为 1∶1.5，端墙前洞口两侧有 20cm 厚干砌片石护坡。涵管内径为 0.75m，管壁厚 0.1m，涵管长 10.60m，加上两边洞口铺砌长度可算出涵洞总长为 13.35m。防水层厚 0.15m。洞底铺砌厚 0.2m，路基填土厚度大于 0.5m。还可看出截水墙、基础的断面形式等。

（2）半平面图　半平面图也只画一半。图中表示出管径尺寸与管壁厚度，以及洞口基础、端墙、缘石和护坡的平面形状和尺寸，涵顶覆土作透明体处理，并以示坡线表示路基边缘。

（3）洞口正面图　洞口正面图主要表示管涵孔径和壁厚、洞口缘石和端墙的侧面形状及尺寸、锥形护坡的坡度等。为使图形清晰可见，把土壤作为透明体处理。

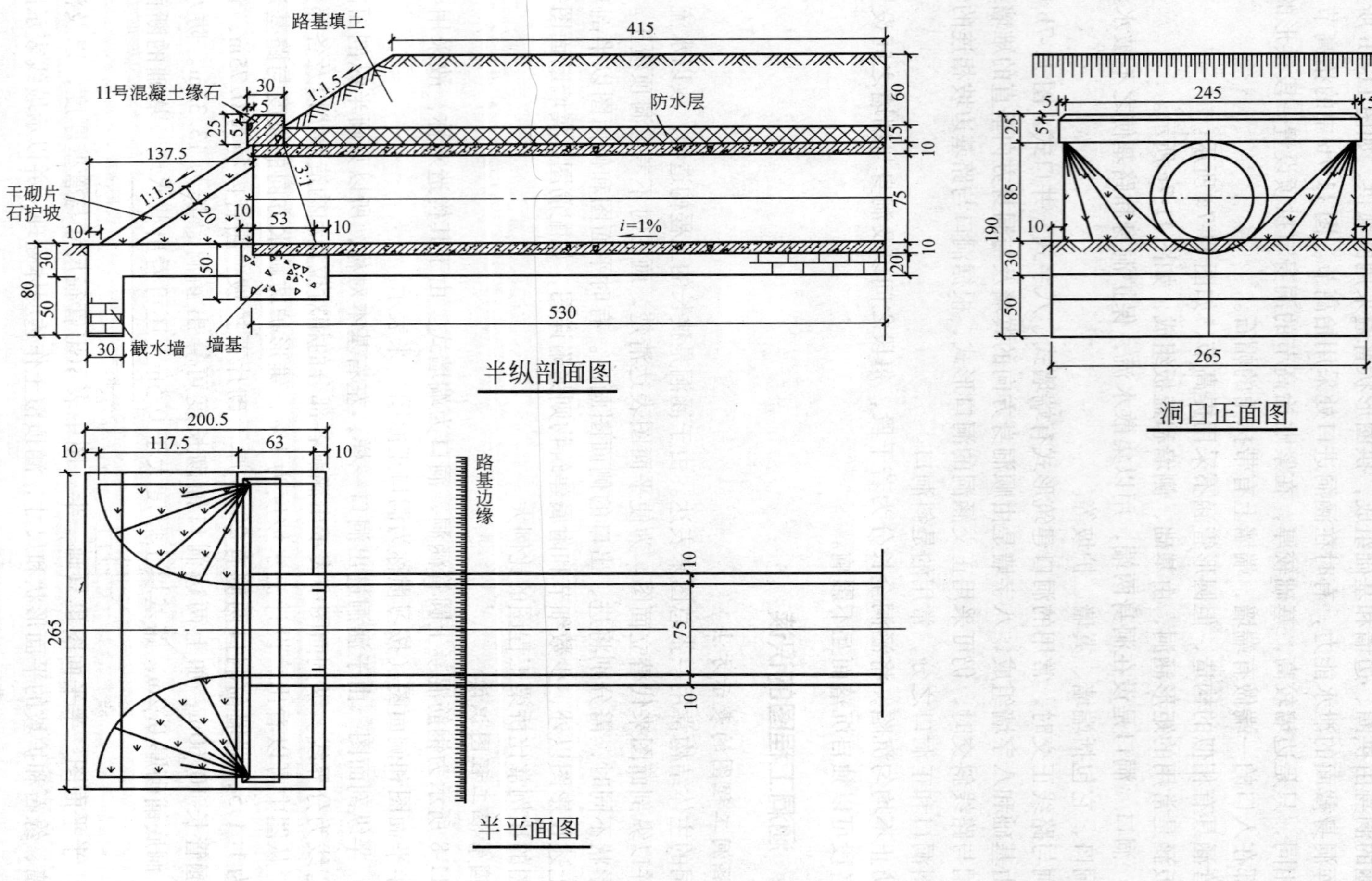

图 11-8　圆管涵洞工程图

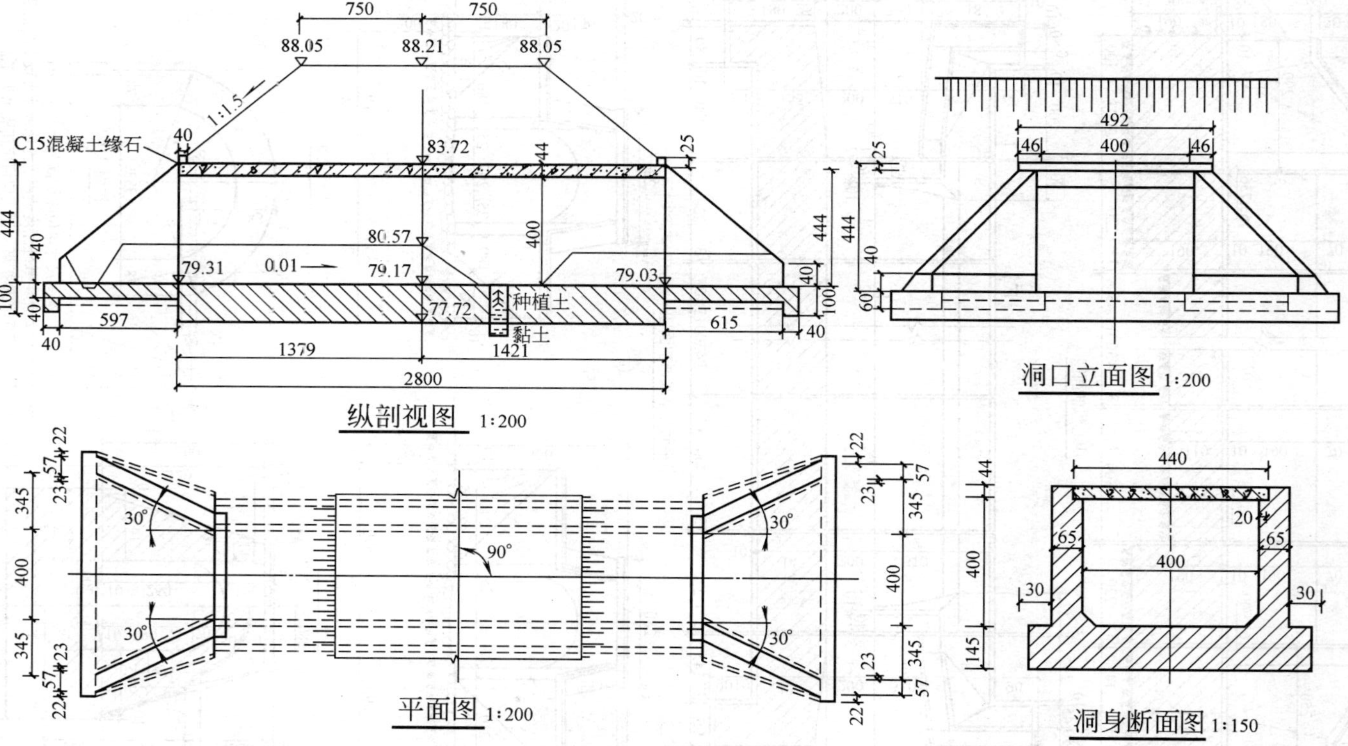

图 11-9 盖板涵工程图

入口
出口
路肩 70.000
两层石棉沥青夹一层沥青浸制麻布宽50cm
防水层(缝内塞以沥青浸制麻屑)厚5cm
纯净黏土层厚 20cm
1:1.5
63.900
i=0.01
63.736
3×300+2×3
中心纵剖面图
半平面及半基顶剖面图
入口正面图
出口正面图
2-2 剖面图
1-1 剖面图
R106
拱圈 1:60
说明：
1. 本图尺寸单位除标高为m外均为cm。
2. 图中基础深度适用于无冻或冻害较小的土壤。
3. 锥体护坡、出入口河床加固另见详图。
4. 防水层及镶面另见详图。
5. 本图除拱圈外，其他视图的比例为1:100。

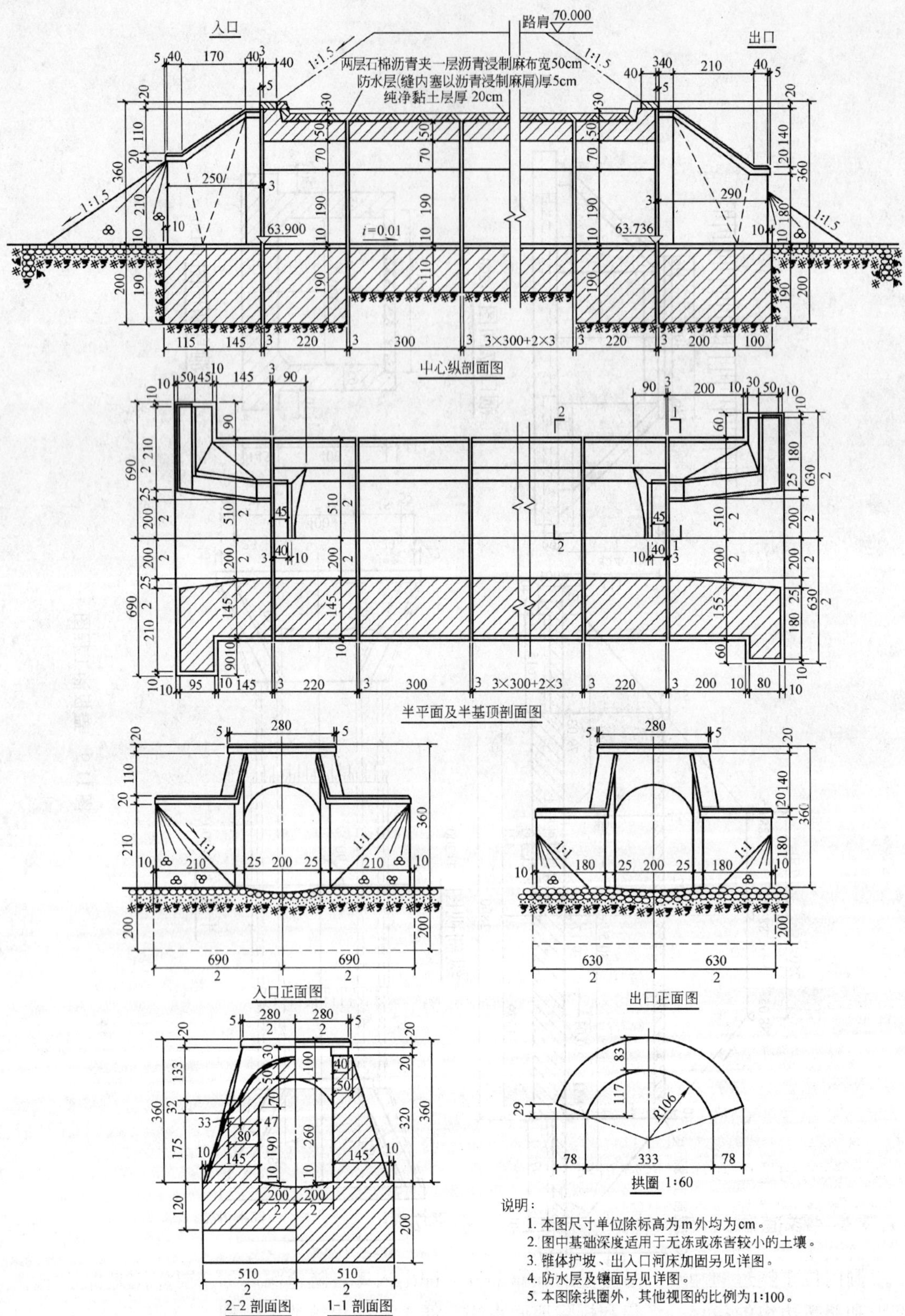

图 11-10 拱涵工程图

3. 盖板涵工程图识读

图 11-9 为单孔钢筋混凝土盖板涵洞工程图，洞口两侧为八字翼墙式。工程图采用纵剖面图、平面图、洞口立面图和洞身断面图来表示。

（1）纵剖面图　纵剖面图表达了带有 1:1.5 坡度的八字翼墙和洞身的连接关系以及洞高、洞底铺砌厚度、基础纵断面形状、材料等。从图中可以看出洞顶上部为路基填土，边坡 1:1.5，路基设有纵坡，用标高尺寸表示。

（2）平面图　平面图表达了洞口平面形状和尺寸、八字翼墙的位置、路基与边坡的情况等。从图中可以看出涵洞轴线与路中心线正交，洞口两侧进出水口的形状与大小基本相同。

（3）洞口立面图　洞口立面图实际为左侧面图，即进水口方向的视图，主要表达了洞高和净跨的尺寸，同时表示出缘石、盖板、八字翼墙、基础的相对位置和侧面形状。

（4）洞身断面图　洞身断面图实际上就是洞身的横断面图，表达了涵洞洞身的细部构造和盖板的宽度尺寸。

4. 拱涵工程图

图 11-10 所示为入口无抬高节的拱涵工程图，孔径为 2m，工程图采用纵剖面图、平面图、洞口立面图和剖面图来表示。

（1）纵剖面图　本图是沿涵洞轴线进行竖向剖切所得的投影，采用断开画法，显示了洞身的内部结构、洞高、洞长及分节、翼墙坡度、基础纵向形状和洞底流水坡度等。

（2）平面图　画成半平面半基顶剖面图。半平面图中主要表达出入口八字墙、端墙、边墙和各面交线的投影，半基顶剖面图主要表示涵洞的孔径，边墙、八字墙底面的形状尺寸和八字墙的开度等。

（3）侧面图　侧面图用入口和出口的正面图来表达，并分别布置在纵剖面图的入口和出口端，相互对应。侧面图主要表示涵洞出入口包括端墙的外形与路基、锥体护坡等的关系。

（4）剖面图　剖面图是 1-1 剖面图和 2-2 剖面图的合成。1-1 剖面图主要表示出口翼墙（含帽石）及基础的断面形状和尺寸，2-2 剖面图主要表示洞身的断面形状。

此外，图 11-10 中还画出了拱圈详图，以清楚表达拱圈的形状和尺寸。

11.3　隧道工程图识读

隧道是公路穿越山岭时的狭长构造物。隧道由两部分组成：主体建筑物（洞身衬砌和洞门）和附属部分（通风、照明、防排水、安全设备等）。由于隧道中间断面形状很少变化，故隧道工程图除平面布置图外，表示构造的图样主要包括衬砌断面图、隧道洞门图、大小避车洞的构造图和排水系统图等。

11.3.1　隧道洞门的形式与构造

洞门位于隧道的两端，是隧道的外露部分，即出入口。隧道洞门的主要作用是保持洞口仰坡和路堑边坡的稳定，汇集和排除地面水流，便于进行建筑艺术处理。

根据地质情况和结构要求不同，隧道洞门的主要形式有：

1）环框式洞门。将衬砌略伸出洞外，增大其厚度，形成洞口环框，适用于洞口石质坚硬、地形陡峻而无排水要求的场合，如图 11-11a 所示。

2）端墙式洞门。适用于地形开阔、地层基本稳定的洞口。端墙的作用在于支护洞口仰坡，保持其稳定，并将仰坡水流汇集排出，如图 11-11b 所示。

3）翼墙式洞门。在端墙的侧面加设翼墙而成，用以支撑端墙和保护路堑边坡的稳定，适用于地质条件较差的洞口，如图 11-11c 所示。翼墙式洞门由端墙、洞口衬砌、翼墙和洞门排水系统组成。翼墙顶面和仰坡的延长面一致，其上设置水沟，将仰坡和洞顶汇集的地表水排入路堑边沟内。

4）柱式洞门。当地形较陡，地质条件较差，且设置翼墙式洞门又受地形条件限制时，可在端墙中设置柱墩，以增加端墙的稳定性，这种洞门称为柱式洞门，如图 11-11d 所示。它比较美观，适用于城郊、风景区或长大隧道的洞口。

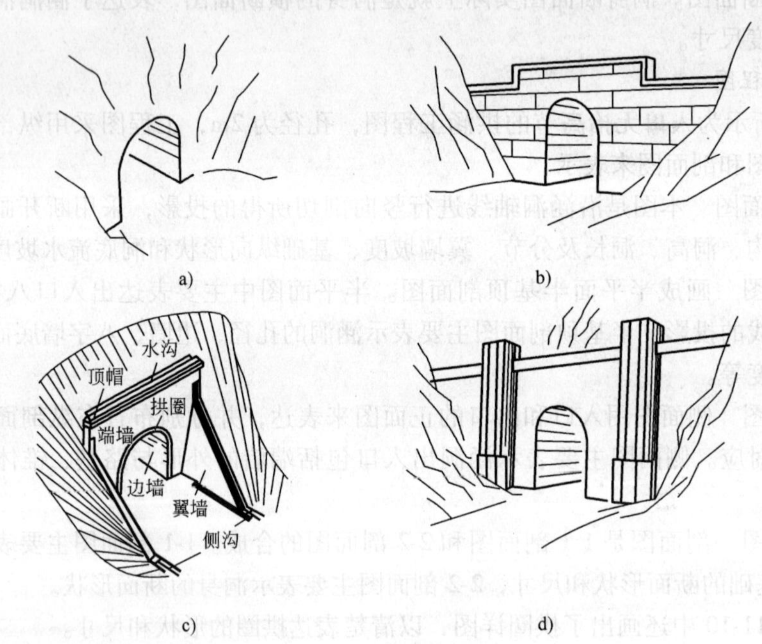

图 11-11　隧道洞门的形式

a）环框式　b）端墙式　c）翼墙式　d）柱式

11.3.2　洞身衬砌断面图的识读

隧道被开挖成洞体以后，一般都要用混凝土进行衬砌。洞身衬砌的作用主要是承受围岩压力、结构自重及其他荷载，防止围岩风化、崩塌和洞内的防水、防潮。衬砌的结构用衬砌断面图来表示，如图 11-12 所示。

从图中可以得知，衬砌由拱圈和边墙组成。拱圈一般由三段圆弧组成，故也叫三心拱。衬砌底部为铺底，应有一定的横向坡度，以利排水。衬砌下部两侧分别设有洞内水沟和电缆槽。图中标出了隧道中心线和轨顶线，作为绘图和放样时确定拱圈三个圆心和各段拱起讫点的基准。

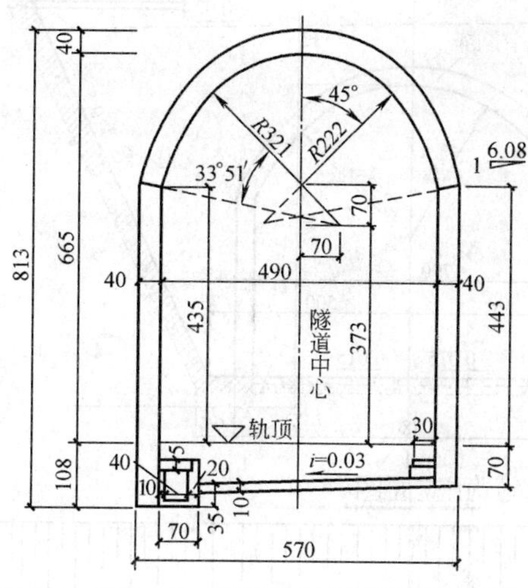

图 11-12　衬砌断面图

11.3.3　隧道洞门图的识读

现以图 11-13 所示的端墙式隧道洞门图为例，来说明识读方法。隧道洞门图主要有立面图、平面图和剖面图。

1. 立面图

立面图是隧道进出洞门的正立面图，不论洞门是否左右对称，两边均应画全。该图反映了洞门形式、洞门墙及其顶帽、洞口衬砌曲面的形状。从图中可以看出，衬砌断面轮廓是由两个不同半径（$R=385$cm，$R=585$cm）的三段圆弧和两段直边墙组成的，拱圈厚 45cm。洞口净空高度为 740cm，宽度为 790cm。在图中还可以看到在洞门墙的上部画有一条自左向右倾斜的虚线，该虚线表示洞门顶部设有排水沟，排水坡度为 $i=0.02$，并通过箭头表明流水方向。另有虚线表示洞门墙和隧道底面被洞口前面两侧路堑和公路路面遮住的不可见轮廓线。

2. 平面图

平面图是隧道进口洞门的水平投影图，只画出洞门外露部分的投影，表示出洞门墙顶帽的宽度、洞顶排水沟的构造及洞门口外两边沟的位置。

3. Ⅰ-Ⅰ剖面图

从立面图编号为Ⅰ的剖切符号可知，Ⅰ-Ⅰ剖面图是用沿隧道轴线的侧平面剖切后，向左投影而得。该图只画出靠近洞口的一小段，从图中可以看出洞门墙的倾斜坡度为 10∶1，洞门墙的厚度为 60cm，以及排水沟的断面形状、拱圈厚度和材料断面符号等。

为便于读图，隧道洞门图中对不同的构件分别用数字进行标记，如洞门墙用①、①′、①″标记。

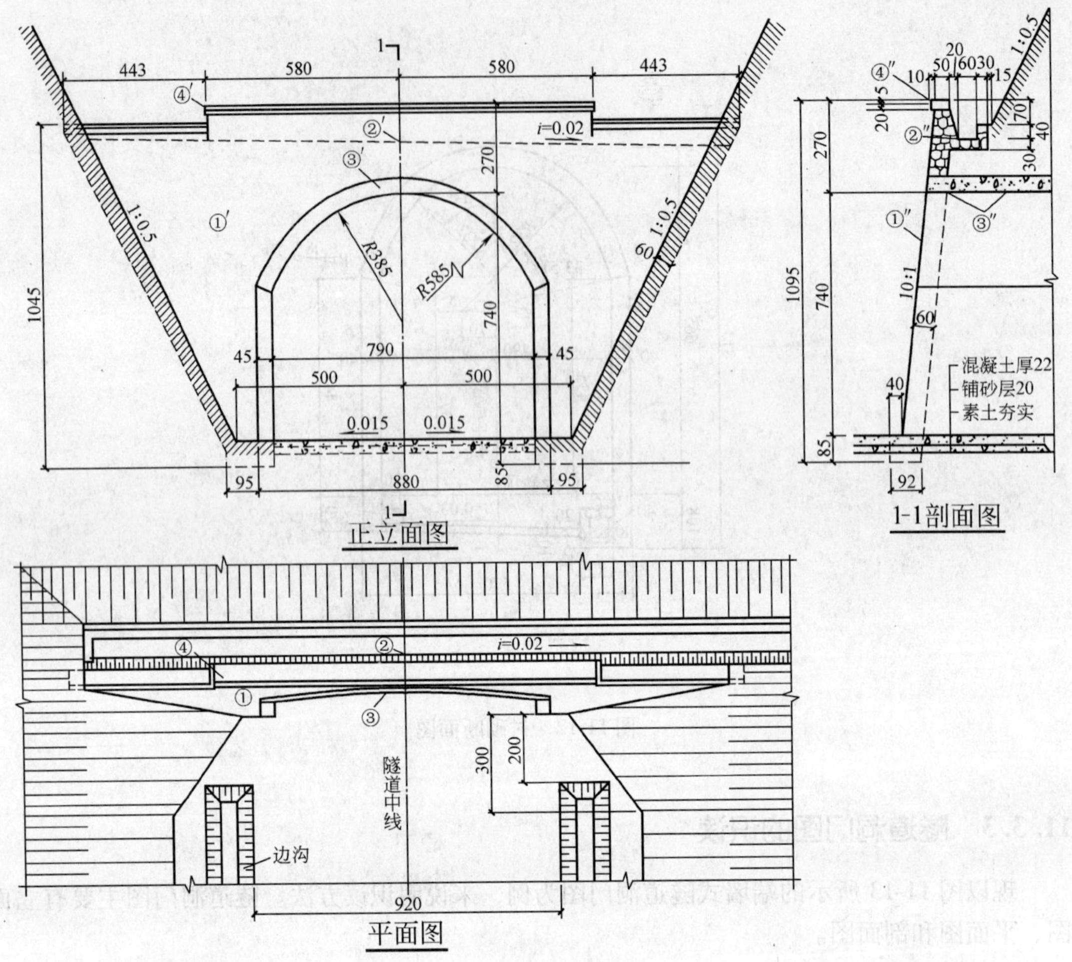

图 11-13　端墙式隧道洞门图

第 12 章　水利工程图识读

为利用或控制自然界的水资源而修建的工程设施称为水工建筑物。表达水利工程建筑物及其施工过程的图样称为水利工程图，简称水工图。水工图的内容包括视图、尺寸、图例符号和技术说明等，它是反映设计意图和指导施工的重要技术资料。

水工图除了应符合《房屋建筑制图统一标准》、《建筑制图标准》的规定外，还应遵循《水利水电工程制图标准》（以下简称“水标”）及《港口制图标准》（以下简称“港标”）。

12.1　水工图的分类和特点

12.1.1　水工图的分类

水利工程的兴建一般需要经过五个阶段：勘测、规划、设计、施工、竣工验收。各个阶段都要绘制相应的图样，每一阶段的图样都有具体的图示内容和表达方法。勘测阶段绘制的图样有勘测图；规划阶段绘制的图样有规划图；设计阶段绘制的图样包括枢纽布置图和建筑结构图；施工阶段有施工图；验收阶段有竣工图等。

1. 勘测图

勘测图包括地质图和地形图。勘测阶段的地质图、地形图以及相关的地质、地形报告和有关的技术文件由勘探和测量人员提供，是水工设计最原始的资料。水利工程技术人员利用这些图样和资料来编制有关的技术文件。勘测图样常用专业图例和地质符号表达，并根据图形的特点允许一个图上用两种比例表示。

2. 规划图

规划图是表达水利资源综合开发和全面规划的示意图。按照水利工程的范围大小，规划图有流域规划图、水利资源综合利用规划图、灌区规划图、行政区域规划图等。规划图是以勘测阶段的地形图为基础的，由于表达范围大，图形比例小，建筑物通常用没有形状和尺寸的图例来表示，采用示意的方式表明整个工程的布局、位置和受益面积等项内容。

3. 枢纽布置图

一项水利工程，为了综合利用水资源，常常同时修建若干个不同作用的建筑物，这种建筑物群称为水利枢纽。水利枢纽主要由拦河坝、发电站、船闸、泄水闸、冲沙闸等建筑物构成。各种建筑物有不同的作用。将水利枢纽中各主要建筑物的平面形状和位置画在地形图上所得的图样称为枢纽布置图。枢纽布置图反映出各建筑物的大致轮廓及其相对位置，是各建筑物定位、施工放样、土石方施工以及绘制施工总平面图的依据。主要包括如下内容：

1）水利枢纽所在地区的地形、河流及流向、地理方位等。

2）各建筑物的平面形状和相互位置关系。

3）建筑物与地面的交线、挖填方边界。

4）建筑物的主要高程和主要轮廓尺寸。

4. 建筑物结构图

用于表达枢纽中某一建筑物形状、大小、结构、材料以及与地基和其他建筑物连接方式的图样称为建筑结构图。对于建筑结构图中由于图形比例太小而表达不清楚的局部结构，可采用大于原图形的比例将这些部位和结构单独画出。建筑物结构图的内容包括：

1）建筑物的结构布置和建筑物的形状、尺寸和建筑材料。

2）建筑物各分部和细部的构造尺寸和建筑材料。

3）建筑物基础的地质情况，建筑物与地基的连接方式。

4）建筑物附属设备的位置。

5）建筑物上、下游水位或水面曲线。

5. 施工图

施工图是指导施工的图样，主要表达水利工程施工过程中的施工组织、施工程序、施工方法等内容，它包括施工总平面布置图、建筑物基础开挖图、混凝土分期分块浇筑图和构件配筋图等。

6. 竣工图

竣工图是指工程验收时根据建筑物竣工后的实际情况所绘制的建筑物图样。水利工程在兴建过程中，由于受气候、地理、水文、地质、国家政策等各种因素影响较大，原设计图样随着施工的进展要调整和修改，因此竣工图应详细记载建筑物在施工过程中对设计图修改的情况，供存档和工程管理之用。

12.1.2 水工图的特点

水工图是根据水工建筑物的特点而绘制的，具有以下特点：

1）水工建筑物形体庞大，有时水平方向和铅垂方向相差较大，因此允许在一个图样中采用不同的纵横方向比例。

2）水工图整体布局与局部结构尺寸相差较大，所以在水工图的图样中可以采用图例、符号等特殊表达方法和文字说明。

3）水工建筑物总是与水密切相关，因而处处都要考虑到水的问题。

4）水工建筑物直接建筑在地面上，因而水工图必须表达建筑物与地面的连接关系。

12.2 水工图的图示方法

12.2.1 水工图的基本图示方法

1. 图样比例

水利工程规划图、枢纽布置图中要表示的地理范围大，绘图的比例就很小，常用比例为1:5000～1:100000，甚至更小；而建筑物细部构造要表示的范围小，绘图比例就相对大一些，一般比例为1:5～1:200，甚至更大。

2. 常用视图

（1）平面图　常见的平面图有枢纽布置图和单一建筑物的平面图。平面图主要用于表示水工建筑物在水平方向的形状和各部分的布置及相对位置；表示水工建筑物的平面尺寸和平面的高程；表示剖视、断面的剖切位置、投影方向及编号等。

（2）立面图　建筑物的主视图、后视图、左视图、右视图是反映高度的视图，这些视图在水工图中称为立面图。

立面图的名称与水流方向有关，观察者顺水流方向观察建筑物所得的视图，称为上游立面图；逆水流方向观察建筑物所得的视图，称为下游立面图。上、下游立面图均为水工图中常见的立面图，主要用于表达建筑物的外部形状。

（3）剖视图　沿建筑物纵轴剖切所得的视图称为纵剖视图；垂直纵轴线剖切所得的视图称为横剖视图。剖视图主要用于表示水工建筑物的纵向或横向的形状、结构和各部分的布置及相对位置；表示水工建筑物各层次的构造和水位高度；表示水工建筑物基础的构造、地质情况和建筑材料等。

（4）断面图　断面图主要用于表示水工建筑物某一组成部分的断面形状、尺寸、构造和建筑材料。水工建筑物的截面通常沿轴向有较多的变化，所以在水工图中会出现较多的断面图。

（5）详图　水工建筑物部分构造由于图的比例较小而表达不清时，用大于原图的比例将这部分构造详细地画出来的图样称为详图。详图可为单一图样，也可由多个图样组成，这些图样可根据需要画成视图、剖视图或断面图，它与原图的表达方式无关。详图一般应标注图名代号，其标注的形式为：把被放大部分在原图上用细实线画小圆圈，并标注字母，在相应的详图下面用相同的字母标注其图名，注写比例，如图 12-1 所示。

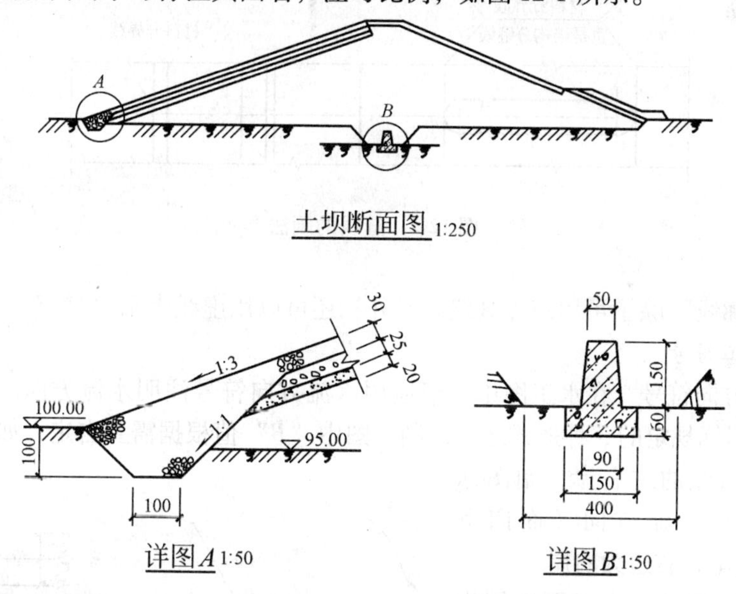

图 12-1　详图表示法

3. 视图的配置

为便于读图，水工图的视图应尽量按照投影关系配置在一张图纸上。为了合理地利用图样，也允许将某些视图配置在图幅的适当位置。当建筑物过大或图形复杂时，根据图形的大小，也可将同一建筑物的各视图分别画在单独的图纸上。

水工图的配置还应考虑水流方向，对于挡水建筑物，如挡水坝、水电站等的平面图，应使水流方向在图样中自上而下出现；对于输水建筑物，如水闸、隧洞、渡槽等的平面图，应使水流方向在图中自左向右出现。

4. 图名、比例的标注

为了明确各视图之间的关系，水工图中各个视图都要标注名称，同一张图纸上的图名应统一标注在各图的上方或下方的正中间，并在名称的下面绘一粗实线。

水工建筑物一般较庞大，故常用较小的比例。为便于制图和读图，各视图的比例应尽可能一致。在同一视图的两个主要方向的尺寸相差很大时，可在同一视图两个方向采用不同的比例（此时视图不反映实形）。当整张图纸只采用一种比例时，比例统一注写在标题栏内，否则应和视图名称一起按如下方式注写：

$$\underline{平面图\ 1:500}\ 或\ \frac{平面图}{1:500}$$

5. 图线

水工图中图线的线型和用途基本上与土木建筑图一致，但有以下两点：

1）粗实线除了表示可见轮廓线外，对于建筑物的施工缝、沉降缝、温度缝、抗震缝和材料分界线等也都用粗实线绘制，如图 12-2 所示。

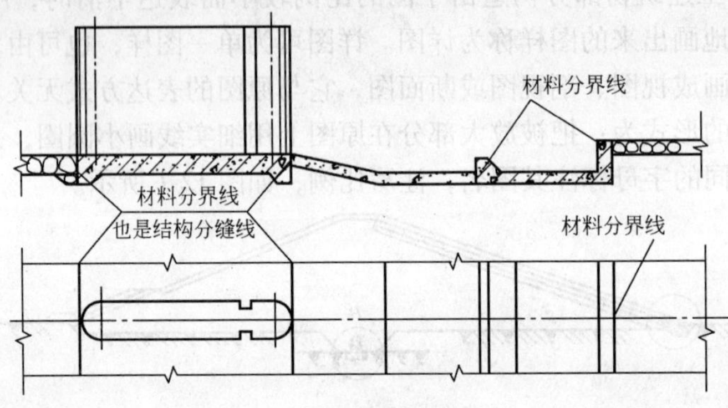

图 12-2　缝线的画法

2）“原轮廓线”除了可用双点画线表示外，还可以用虚线表示。

6. 常用水工符号

(1) 水流方向符号　在水工图中一般应用水流方向符号注明水流方向。水流方向符号应根据需要按国标规定的 3 种形式之一绘制，图中“B”值根据需要自定，如图 12-3 所示。

为了区分河流的左右岸，制图标准规定：视向顺水流方向（面向下游），左边为左岸，右边为右岸。

(2) 指北针符号　水工图中用指北针表示枢纽的地理方位。要求将指北针符号绘制在图样的左上角或其他较显著位置。指北针符号的画法如图 12-4 所示，可根据需要选用一种。在选用指北针符号时，应考虑指北针符号的大小与工程图样的大小相适应。

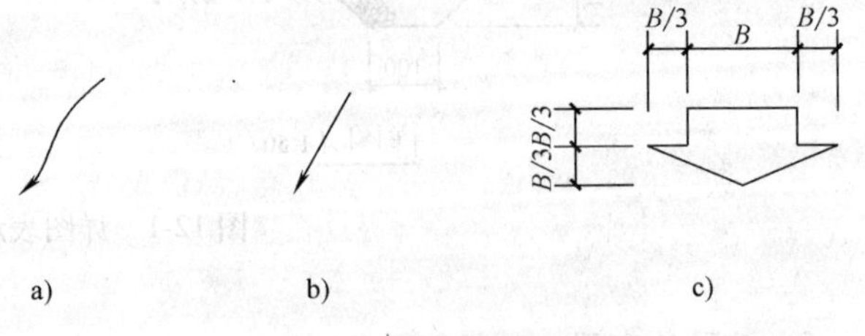

图 12-3　水流方向符号

7. 曲面表示法

为了增加图样的明显性，水工图上的曲面应采用细实线画出若干素线，斜坡面应画出示坡线。示坡线为长短相间，间距相等，垂直等高线的细实线。如图 12-5 所示。

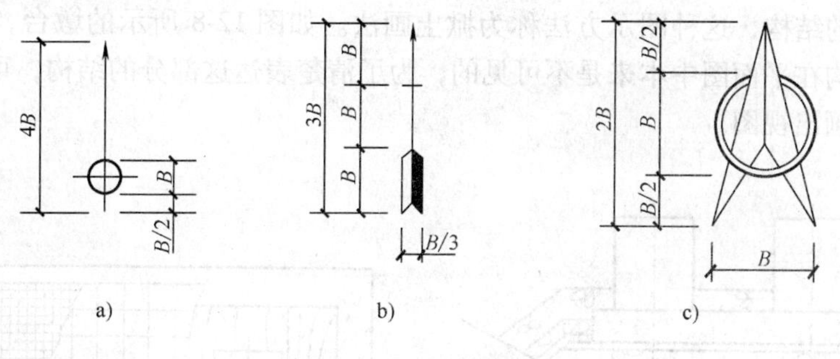

图 12-4　指北针符号

12.2.2　特殊图示方法

1. 合成视图

对称或基本对称的图形，可将两个视向相反的视图、剖视图或断面图各画对称的一半，并以对称线为界合成一个视图，称为合成视图，但图名要分别注写。如图 12-6 中将水闸的上游立面图和下游立面图合成为一个剖视图。

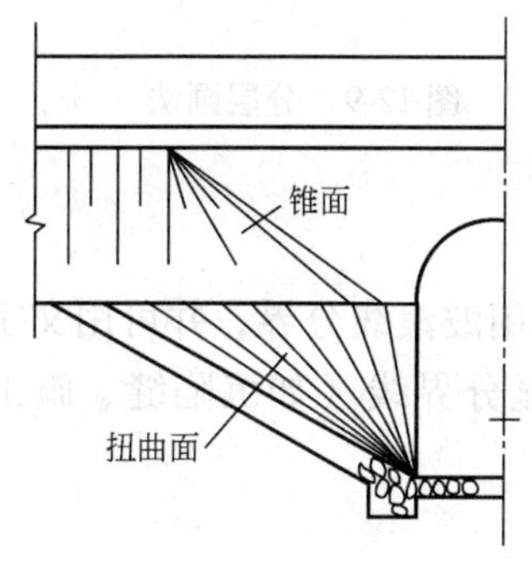

图 12-5　曲面表示法

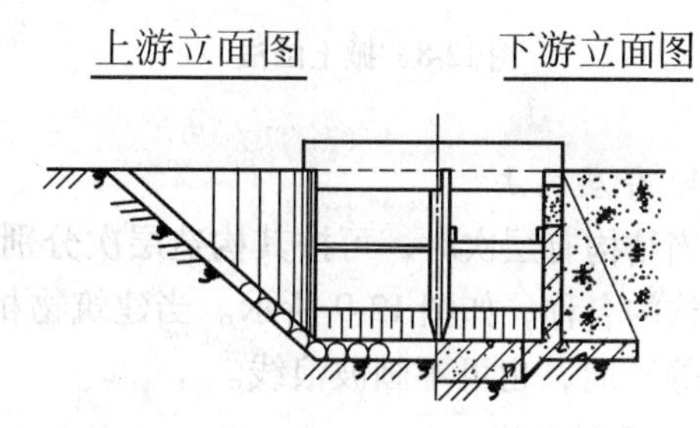

图 12-6　合成视图

2. 展开画法

当建筑物的轴线是曲线或折线，在沿轴线作剖视图时，为使投影面与剖切面平行反映剖切面的实形，可以假想地将曲线或折线展开成平行于投影面的直线再画剖视图。这时应在图名后注写“展开”二字，或写成“展开图”，如图 12-7 所示。

3. 拆卸画法或掀土画法

有些建筑物的局部结构由装配式部件（如预制的桥板、闸门上的启闭机等）所遮挡，图中建筑物以虚线表示，在水工图中，为了减少虚线，可假想拆除掉装配式部件，用粗实线画出被遮挡结构，这种图示方法称为拆卸画法

当建筑结构被土层覆盖，在平面图中看不见时，可假想将土层掀开，用实线画

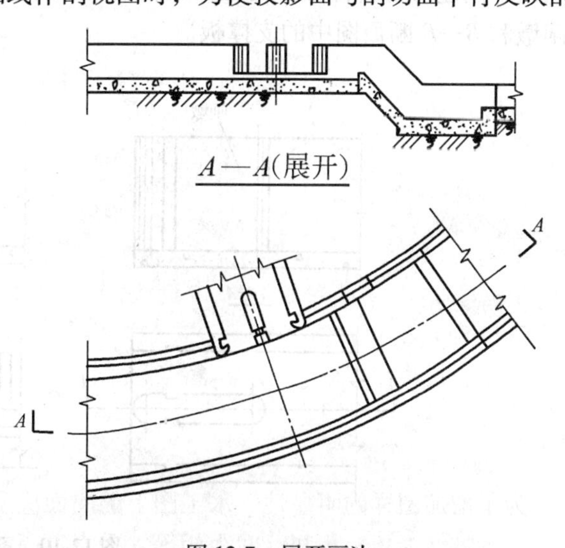

图 12-7　展开画法

出被土层覆盖的结构，这种图示方法称为掀土画法。如图 12-8 所示的墩台，上面有覆盖土层，墩台的结构在平面图中本来是不可见的，为了清楚表达这部分的结构，可假想将其上面的土掀掉后再画出视图。

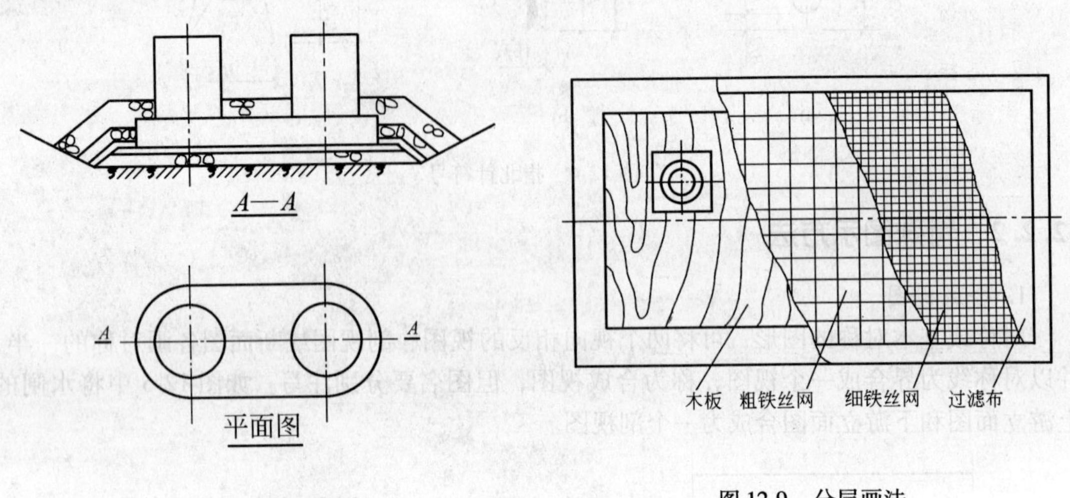

图 12-8 掀土画法

图 12-9 分层画法

4. 分层画法

当结构有层次时，可按其构造层次分别绘制，相邻层用波浪线分界，并可用文字注写各层结构的名称，如图 12-9 所示。当建筑物相邻层具有明显分界线（如沉陷缝、施工缝、对称线等）时，也可不画波浪线。

5. 不剖画法

当剖切面通过构件上的支撑板、筋板等薄壁结构对称面或剖切面通过墩、柱、桩、梁等实心结构对称面时，水工图中这些结构按不剖绘制。也可简单理解为实心的轴、梁、柱、板等构件沿纵向不受剖，若剖切平面垂直于板面或轴线时则它们受剖，即横向受剖。在剖切区域内不画建筑材料符号，用粗实线将它与其相邻部分分开，如图 12-10 中 *A—A* 剖视图中的闸墩和 *B—B* 断面图中的支撑板。

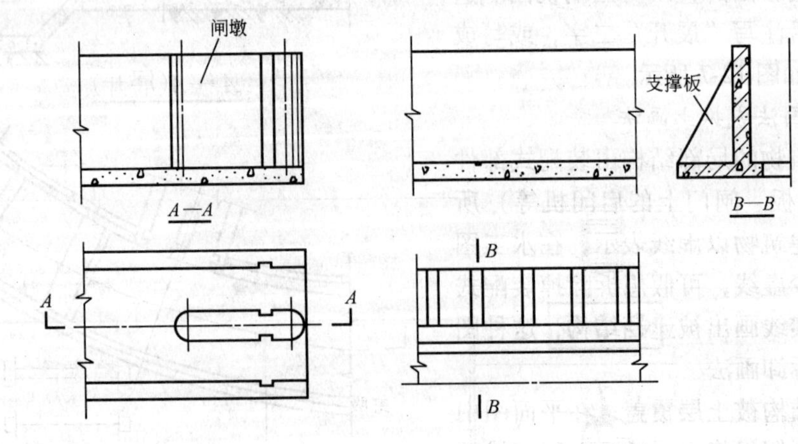

图 12-10 不剖画法

6. 均布孔画法

水工图中，对于构造相同且均匀布置的细部结构，可以简化绘制，在结构图上可以画出细部结构的少数投影，其余用符号“ + ”表示细部结构的中心位置。如图 12-11 所示消力池底板的排水孔只画出 7 个圆孔，标注圆直径为 50mm，其余用符号“ + ”表示出圆心位置。可以看出排水孔均匀分布，等间距为 1000mm。

7. 连接画法

当结构物比较长而又必须画出全长时,由于图纸幅面的限制,可采用连接画法。将图形分成两段绘制,并用连接符号和标注相同字母的方法表示图形的连接关系,如图 12-12 所示。

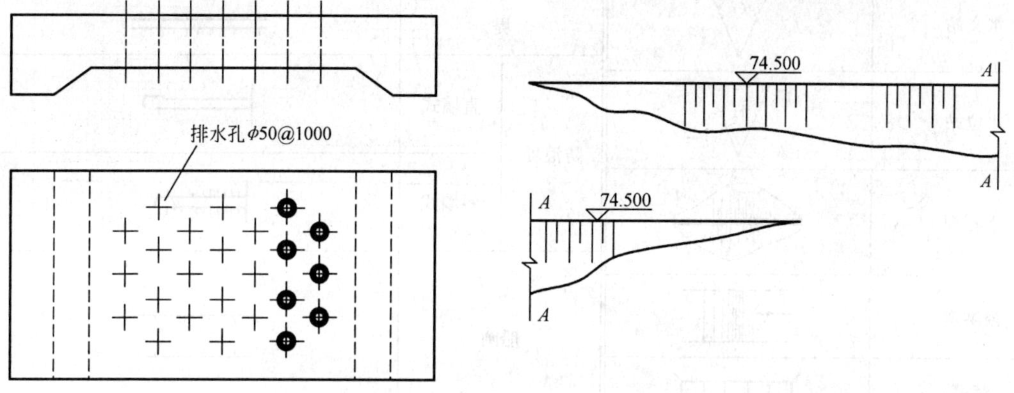

图 12-11　均布孔画法

图 12-12　连接画法

12.2.3　水工图中常用的平面图图例

当视图（如规划图、施工总平面布置图）的比例较小，使某些细部构造无法在图中表示清楚，或者某些附属设备另有图样表示，不需要在图中详细画出时，可以在图中相应部位用图例表示。水工图中常用的平面图图例如表 12-1 所示。

表 12-1　常用平面图图例

名　称		图　例	名　称	图　例
水库	大型	大型	变电站	
	小型	小型	泵站	
混凝土坝			涵洞管	(大) (小)
水电站	大比例尺		虹吸	(大) (小)
	小比例尺			

（续）

名　称	图　例	名　称	图　例
跌水		隧洞	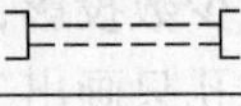
灌区	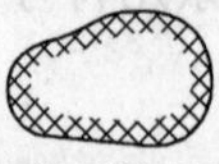	公路桥	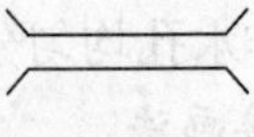
渠道	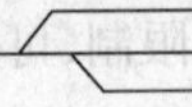	水闸	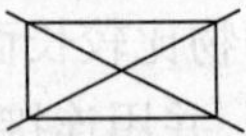
水文站	 Q	堤	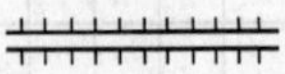
水位站	 H	防浪堤　直墙式	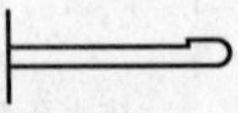
土石坝	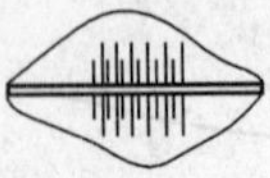	防浪堤　斜墙式	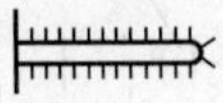
溢洪道		船闸	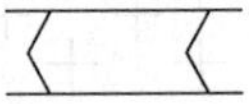
渡槽	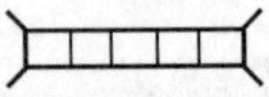		

12.3　水工图的尺寸标注

水工图的尺寸标注，除应遵循尺寸标注的一般规定外，还应结合水工图的表达特点并考虑施工测量的要求。

水工图中的尺寸单位一般采用“cm”，标高、桩号及规划图、总布置图中的尺寸单位为m，其余以mm为单位。除mm为默认单位外，其余一律应在图样上注明。

12.3.1　基准点、基准线和基准面

水工建筑物通常根据测量坐标系所确定的施工坐标系来进行定位。水利工程的施工坐标系由三个互相垂直的平面构成。第一坐标面是水准零点的水平面，称高度基准面，由国家统一规定，工程图中一般应说明所采用的水准零点名称。第二坐标面是设计基准面，垂直于水平面的平面。大坝一般以通过坝轴线的铅垂面为设计基准面，水闸和船闸一般以通过闸中心线的铅垂面为设计基准面，码头工程一般以通过码头前沿的铅垂面为设计基准面。第三个坐标面为垂直于设计基准面的铅垂面。三个坐标面的交线是三条互相垂直的直线，是单个建筑物所采用的坐标轴。

要确定水工建筑物在地面上的位置，首先应定好基准点和基准线的地面位置。基准点的平面位置根据测量坐标系测定，用两个基准点的连线可定出基准线的平面位置，从而可确定设计基准面的位置，其余两个基准面即隐含在其中。如图12-13所示某大坝和电站的平面布置图，由基准点 A（$x=253252.48$，$y=68085.95$）和基准点 B（$x=253328.06$，$y=68126.70$），即可确定坝轴线的位置，从而定出设计基准面的位置。

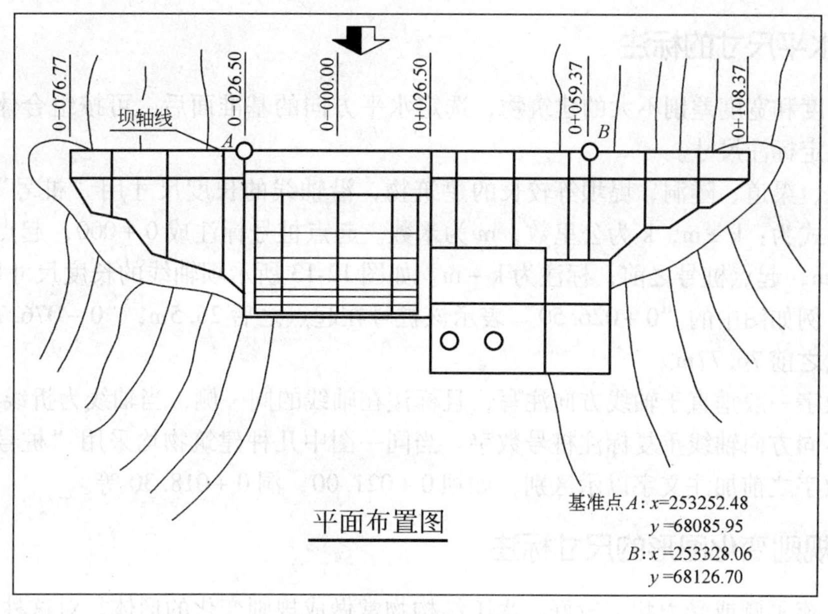

图 12-13 基准点和基准线的标注

12.3.2 点、线、面的尺寸标注

水工图中除对形体进行尺寸标注外，还常需对点、线、面进行尺寸标注。如基准点、斜桩、开挖斜面的尺寸标注，如图 12-14 所示。

12.3.3 高度尺寸的标注

由于水工建筑物体积庞大，在施工时常以水准测量来确定水工建筑物的高度。所以在水工图中对于主要表面要标注高程，次要表面应相对主要表面注写高度尺寸，即标注与主要表面的高差。

平面图中，高程符号采用细实线绘制的矩形线框，高程数字注写在其中。水面高程需在水面线下画三条间距相等而渐短的细实线。数字注写在符号右侧并保留至小数点后三位。如图 12-15 所示。

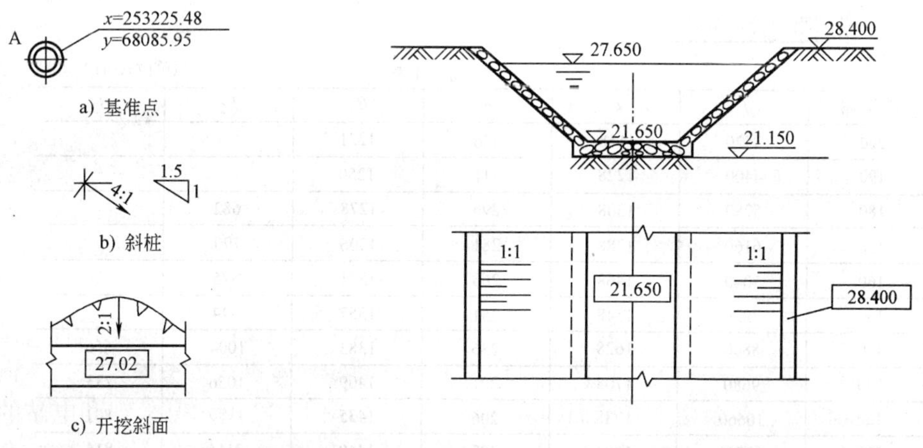

图 12-14 点、线、面的尺寸标注

图 12-15 高度尺寸的标注

12.3.4 水平尺寸的标注

对于长度和宽度差别不大的建筑物，选定水平方向的基准面后，可按组合体、剖视图、断面图的规定标注尺寸。

对河道、渠道、隧洞、堤坝等较长的建筑物，沿轴线的长度尺寸用“桩号”的方法标注。标注形式为：k ± m，k 为公里数，m 为米数。起点桩号标注成 0 + 000，起点桩号之后，标注为 k + m，起点桩号之前，标注为 k − m。如图 12-13 所示坝轴线的长度尺寸即采用桩号标注方法，例如图中的“0 + 026.50”表示该桩号在起点之后 26.5m，“0 − 076.77”表示该桩号在起点之前 76.77m。

桩号数字一般垂直于轴线方向注写，且标注在轴线的同一侧，当轴线为折线时，在转折处应垂直不同方向轴线重复标注桩号数字。当同一图中几种建筑物均采用“桩号”标注时，可在桩号数字之前加注文字以示区别，如坝 0 + 021.00，洞 0 + 018.30 等。

12.3.5 规则变化图形的尺寸标注

为使水流平顺或受力状态较好，水工结构物常做成规则变化的形体。对这种形体的尺寸标注宜采用特殊的尺寸注法，使表达清晰，方便看图，其中之一是列表法。

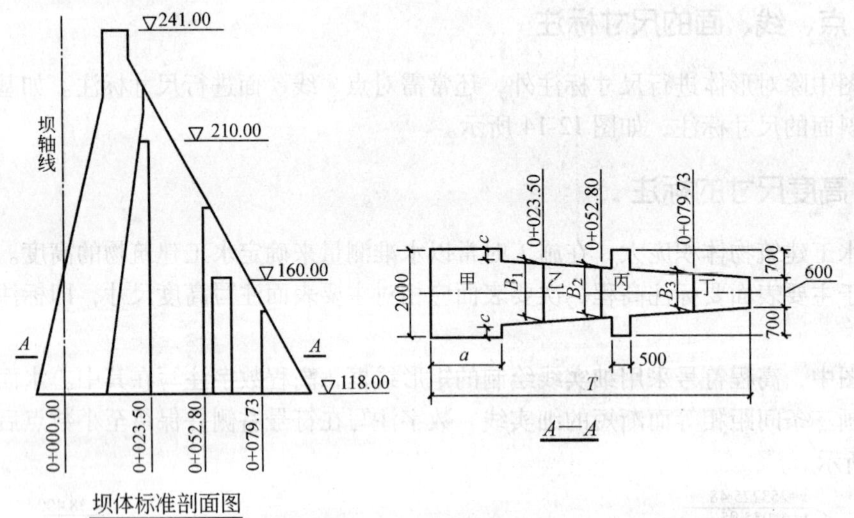

A—*A* 剖面尺寸表 （单位：cm）

高程/m	*T*	*a*	*c*	B_1	B_2	B_3
200	3520	1148	326	1221		
190	4400	1228	311	1250		
180	5280	1308	296	1278	682	
170	6160	1388	281	1306	790	
160	7040	1468	266	1331	875	
150	7920	1548	251	1357	944	
140	8800	1628	236	1383	1004	656
130	9680	1708	221	1409	1056	733
120	10660	1788	206	1435	1106	801
118	10736	1804	203	1440	1114	814

图 12-16 列表法

图 12-16 所示为某一梯形坝的典型坝段的尺寸注法，该坝段不同高程的剖面尺寸呈规则变化。图中用两个有代表性的剖面图表示坝段的形状，剖面尺寸中有 6 个随高程变化的参数 T、a、c、B_1、B_2、B_3，采用列表形式表达了 10 个不同高程处的剖面尺寸。

12.3.6 曲线尺寸的标注

1. 连接圆弧尺寸的标注

连接圆弧需标出圆心、半径、圆心角、切点、端点的尺寸，对于圆心、切点、端点除标注尺寸外还应注上高程和桩号。

2. 非圆曲线尺寸的标注

水工建筑物的过水表面常做成柱面，柱面的横剖面轮廓一般呈曲线型，如溢流坝的坝面、隧洞的进口表面等。标注这类曲线的尺寸时，一般在图中标出坐标轴和曲线的数学表达式，并将曲线上的控制点的坐标值列表表示，如图 12-17 所示为溢流坝面曲线的尺寸标注。

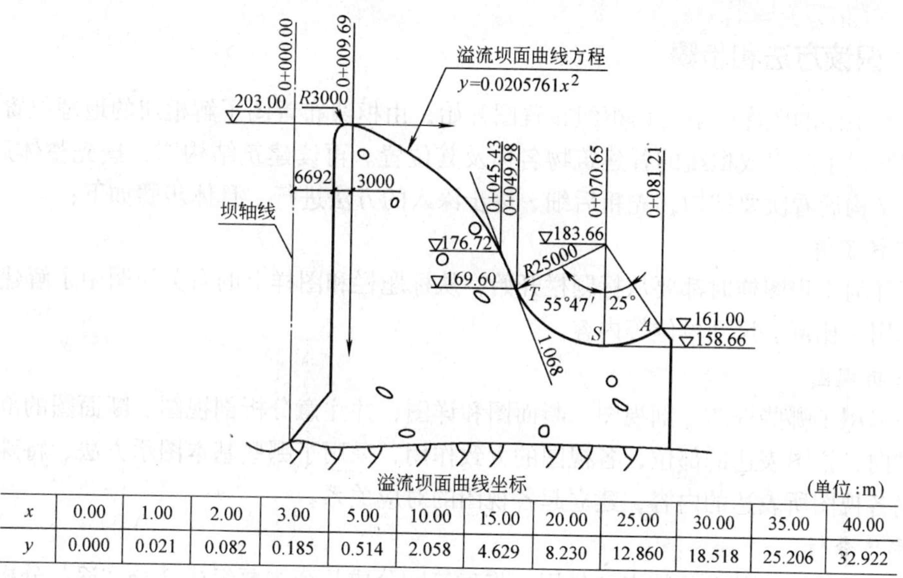

溢流坝面曲线坐标 (单位:m)

x	0.00	1.00	2.00	3.00	5.00	10.00	15.00	20.00	25.00	30.00	35.00	40.00
y	0.000	0.021	0.082	0.185	0.514	2.058	4.629	8.230	12.860	18.518	25.206	32.922

图 12-17 非圆曲线尺寸的标注

12.3.7 封闭尺寸与重复尺寸

1. 封闭尺寸

在水工图中常将各分段的长度尺寸都标出，同时又标注总体尺寸，这时就形成封闭尺寸。水工图上的尺寸不直接反映精度要求（一般按施工规范控制精度），为便于施工测量，看图施工，必要时可标注封闭尺寸。

2. 重复尺寸

当表达水工建筑物的视图较多，难以按投影关系布置，甚至不能画在同一张图样上，或采用了不同的比例绘制，致使看图时不易找到投影关系，则需标注重复尺寸。

12.3.8 多层结构尺寸的标注

在水工图中多层结构尺寸一般用引出线加文字说明进行标注。其引出线必须垂直通过引出的各层构造，文字说明和尺寸数字应按结构的层次注写，如图 12-18 所示。

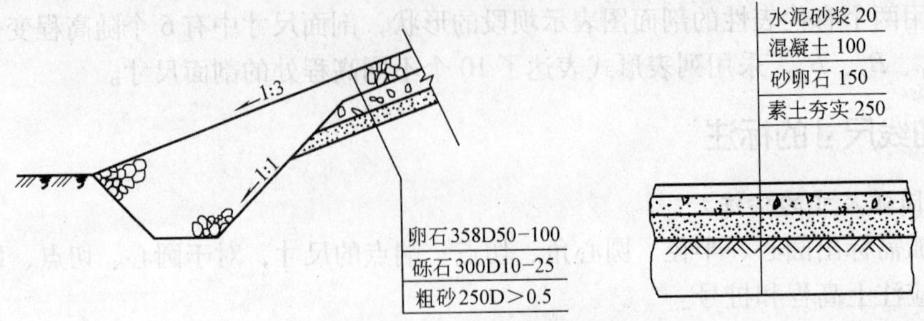

图 12-18　多层结构尺寸的标注

12.4　水工图的识读

12.4.1　识读方法和步骤

识读水工图的顺序一般是由枢纽布置图开始，由枢纽布置图了解枢纽的地理位置、地形和河流情况，了解组成枢纽的各建筑物名称及其位置。再读建筑结构图，按先整体后局部，先看主要结构后看次要结构，先粗后细、逐步深入的方法进行。具体步骤如下：

1. 概括了解

识读任何工程图样时都要从标题栏开始，从标题栏和图样上的有关说明中了解建筑物的名称、作用、比例、尺寸单位等内容。

2. 分析视图

了解采用了哪些视图、剖视图、断面图和详图，并注意分析剖视图、断面图的剖切位置和投影方向，详图表达的部位，各视图的大致作用，采用了哪些基本图示方法、特殊图示方法，明确各视图所表达的内容，建立起各视图的对应关系。

3. 形体分析

根据建筑物组成部分的特点和作用，将建筑物分成几个主要组成部分，逐一分析识读各组成部分的形状、大小、结构和使用的材料。至于将建筑物分为哪几个部分，应根据其结构特点来确定。如对于水闸类建筑物可沿水流方向将其分为数段，对水电站类建筑物可沿高度方向将其分为数层等。然后运用形体分析的方法，以特征明显的一两个重要视图为主结合其他视图，采用对线条、找投影、想形体的方法，想象出各组成部分的空间形状。对较难想象的局部，可运用线面分析法识读。建筑物的主要部分读懂之后，再识读细部结构。

4. 综合整理、想象整体

在形状分析的基础上，对照各组成部分的相互位置关系，综合想象出建筑物的整体形状，并对建筑物的大小、位置、功能、结构特点、材料等有一个完整和全面的了解。

整个读图过程应采用上述方法步骤，循序渐进，几次反复，逐步读懂全套图样，从而达到完整、正确理解工程设计意图的目的。

12.4.2　水工图识读示例

【例 12-1】　识读水库枢纽设计图。

该设计图包括枢纽布置图和土坝设计图，分别如图 12-19、12-20 所示。

1. 枢纽布置图

（1）概括了解　在识读水库枢纽设计图之前，首先了解水库枢纽的组成及作用：在山谷里修一座土坝，把水储蓄起来，形成了水库。水库枢纽指由挡水坝、输水隧洞、溢洪道等组成的建筑物群。挡水坝用于拦截水流、抬高水位形成水库，是挡水建筑物；输水隧洞用于将水库中的水按需要引出水库供灌溉或发电用，是引水建筑物；溢洪道，用于宣泄洪水，防止洪水从坝顶漫溢，保护土坝的安全。

（2）分析视图　枢纽布置图是在地形图上画出土坝、输水道、溢洪道等建筑物的平面图。该图主要表达工程所在区域的地形、水流方向、地理方位、各建筑物在平面上的形状大小及其相对位置，以及这些建筑物与地面相交情况等。

（3）形体分析　从图 12-19 中可以看出，工程所在地的南部和北部地势较高，中间为谷地。水流基本上由西向东。土坝横向建在谷地，输水隧洞建于土坝北侧，溢洪道建于土坝南侧的山坡上。

在枢纽中水流自北向南、坝轴线东西走向，溢洪道自西北向东南泄流，布置在坝的右岸，隧洞自东北向西南方向在山下贯通，在坝的左岸布置，枢纽布置图反映溢洪道与地面的连接和隧洞进出口的开挖情况，其详细结构可查阅有关结构图。

2. 土坝设计图

（1）概括了解　土坝由坝身、截水墙、斜向排水和上下游护坡组成。坝身用于挡水，截水墙防渗，斜向排水用来排除由上游渗到下游的积水，上下游护坡的作用是防止风浪及雨水冲刷坝面。

（2）分析视图　土坝设计图采用了土坝断面图、斜向排水详图、坝角详图、截水墙详图来表达。断面图是表达从河槽的最低位置剖切土坝所示的断面图形。详图的对应位置均在断面图上，详细地描述土坝部分结构和构造情况。

（3）形体分析　从土坝的断面图中可以看出土坝的形状：该坝身成梯形断面，用壤黏土堆筑，坝顶宽 4m，高程 112m，上游坡度为 1∶3，下游坡度为 1∶2.5。截水墙下与基岩相接上与坝身相连，位于坝体断面的中部。斜向排水位于坝的下游坡脚。坝体基本上是一个梯形四棱柱体，上下游分别采用了砌石和草皮护坡。

坝角详图表达了土坝上游护坡与坝基连接的详细情况以及尺寸、材料、坡度等，从中可以看出土坝上游坝坡由干砌块石、碎石、黄砂三层组成，下面连接壤黏土坝壳。斜向排水详图表达了土坝下游斜向排水的结构和尺寸，从中可以看出由黄砂、碎石和堆块石三个构造层次组成。截水墙详图表达了截水墙的形状、材料、尺寸和坡度。

（4）综合想象整体　根据土坝横断面图及 3 个详图弄清土坝的结构形状和相互关系，根据枢纽平面图所表达的建筑物的相互关系可构想出整个枢纽的空间形状。

【例 12-2】　识读水闸设计图。

在识读水闸结构图之前，有必要先了解一些关于水闸组成及其作用等方面的知识。

1）水闸的作用。水闸一般修建在河道、湖泊的岸边或灌溉渠道中，通过开启和关闭闸门，可起到控制水位、调节水量的作用。按照水闸在水利工程中所担负的任务不同，水闸可分为进水闸、分洪闸、泄水闸等。

2）水闸的组成部分。水闸一般由上游连接段、闸室、下游连接段三部分组成，如图 12-21 所示，为某水闸的立体示意图。

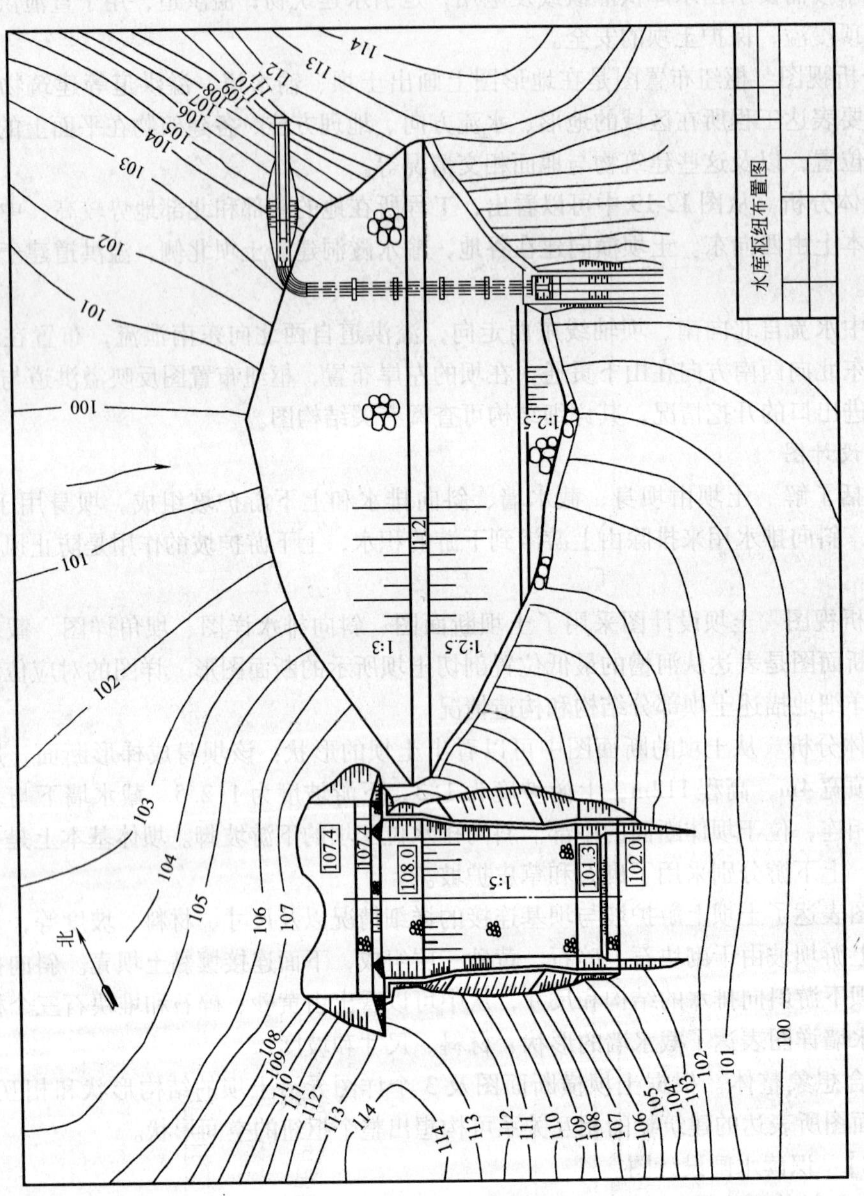

图 12-19 水库枢纽布置图

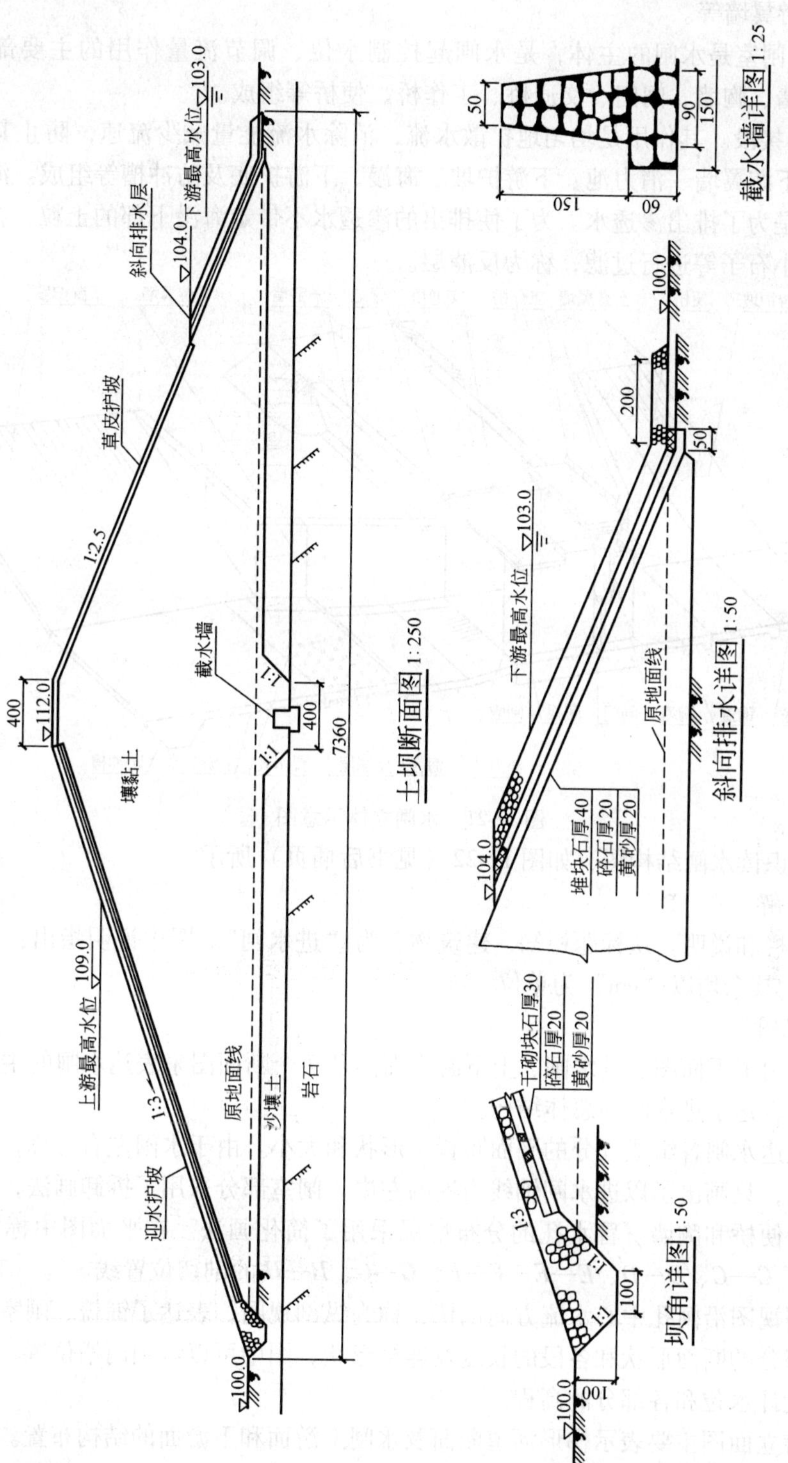

上游最高水位
109.0
迎水护坡
1:3
原地面线
沙壤土
岩石
壤黏土
400
112.0
1:2.5
草皮护坡
斜向排水层
104.0
下游最高水位
103.0
截水墙
1:1
1:1
400
7360
100.0
土坝断面图 1:250
50
90
150
150
60
截水墙详图 1:25
104.0
堆块石厚40
碎石厚20
黄砂厚20
原地面线
下游最高水位
103.0
200
50
100.0
斜向排水详图 1:50
干砌块石厚30
碎石厚20
黄砂厚20
1:3
1:1
1:1
100
100
100.0
坝角详图 1:50

图 12-20　土坝设计图

3）上游连接段。位于河流与闸室之间，其作用是引导河水平稳地进入闸室，并保护上游河床及河岸不受水流冲刷，降低渗透水流对水闸的不利影响。一般包括上游护坡、上游护底、铺盖、上游翼墙等。

4）闸室。闸室是水闸的主体，是水闸起控制水位、调节流量作用的主要部分。由底板、闸墩、岸墙、胸墙、闸门、交通桥、工作桥、便桥等组成。

5）下游连接段。其作用是均匀地扩散水流，消除水流能量减少流速，防止其对下游河床的冲刷。由下游翼墙、消力池、下游护坡、海漫、下游护底及防冲槽等组成。海漫部分所设置的排水孔是为了排出渗透水。为了使排出的渗透水不带走海漫下部的土粒，在排水孔下面铺设粗砂、小石子等进行过滤，称为反滤层。

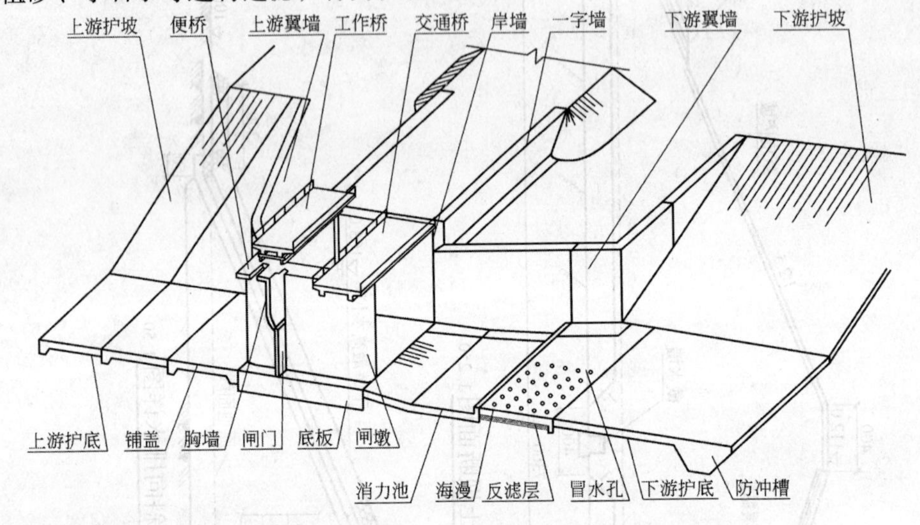

图 12-21　水闸立体示意图

下面开始识读水闸结构图，如图 12-22（见书后插页）所示。

1. 概括了解

阅读标题栏和说明。从标题栏知，建筑物名为“进水闸”。图中说明指出：尺寸高程以“m”为单位，其余均以“cm”为单位。

2. 分析视图

该水闸采用了平面图、进水闸、上下游立面图及 7 个断面图来表达水闸的主要结构，其中前三个视图表达了进水闸的总体结构。

平面图表达水闸各组成部分的平面布置、形状和大小。由于水闸左右对称，故平面图采用了省略画法，只画出了以进水闸轴线为界的左岸。闸室部分采用了拆卸画法，略去了交通桥、工作桥、便桥和胸墙。冒水孔的分布情况采用了简化画法。在平面图中标注了断面图 *A—A*、*B—B*、*C—C*、*D—D*、*E—E*、*F—F*、*G—G*、*H—H* 的剖切位置线。

进水闸剖视图沿闸孔中心水流方向剖切，称为纵剖视图，表达了铺盖、闸室底板、消力池、海漫等部分的断面形状和各段的长度及连接形状，图中可以看到门槽位置、排架形状以及上、下游设计水位和各部分的高程。

上、下游立面图主要表示梯形河道断面及水闸上游面和下游面的结构布置。这是两个视向相反的视图，因为它们形状对称，所以采用各画一半的合成视图。

各断面图分别表达了上下游翼墙、一字形挡土墙、岸墙、闸墩的断面形状、尺寸、材料以及岸墙与底板的连接关系等。

3. 形体分析

沿水闸的纵向轴线可分为上游段、闸室段、下游段三部分，进行形体分析时分别找出各部分的相关视图，对照起来阅读，着重了解建筑物各部分大小、材料、细部构造、位置及作用。首先应从水闸的主体部分闸室开始阅读。

（1）闸室　首先从平面图中找出闸墩的视图。借助于闸墩的结构特点，即闸墩上有闸门槽、闸墩两端曲面有利于分水，先确定闸墩的俯视图。结合 *H—H* 断面图并同时参照岸墙的正视图，可想象出闸墩的形状是两端为半圆头的长方体。闸墩上有两个闸门槽，偏上游端是检修门槽，另一个是主门槽，闸墩顶面左高右低，分别是便桥、工作桥和交通桥的基础。闸墩长 12m，宽 1m，材料为钢筋混凝土。

闸墩下部为闸底板，进水闸剖视图中闸室最下部的矩形线框为其正视图。结合阅读 *H—H* 断面图可知，闸底板结构形式为平底板，长 12m，厚 1.6m，材料为钢筋混凝土。闸底板是闸室的基础部分，承受闸门、闸墩、桥等结构的重量和水压力，然后传递给地基，因此闸底板的厚度较大。

岸墙是闸室与两岸连接处的挡土墙，平面位置、迎水面结构（如门墩）与闸墩相对应，将平面图、进水闸剖视图、*H—H* 断面图结合起来识读，可知其为重力式挡土墙，与闸墩、闸底板形成山字形钢筋混凝土整体结构。由于进水闸结构图只是该闸设计图的一部分，闸门、胸墙、桥等结构另有图样表示，此处只作概略表示。

（2）上游连接段　顺水流方向自左至右先识读上流护坡和上游护底。将进水闸剖视图和上游立面图结合起来识读，可知上游护坡分为两段，材料分别为干砌块石和浆砌块石，这是由于越靠近闸室水流越湍急、冲刷愈烈的缘故。护底左端砌筑梯形齿墙用以防滑。护坡两段各长 6m，块石厚 0.4m，下垫黄砂层厚 0.1m。

与闸室底板相连的铺盖长为 8m，厚为 0.4m，采用钢筋混凝土材料。上游翼墙分两段，第一段的平面布置形式为圆弧形，第二段为八字形，结合断面图 *A—A*、*D—D*，可知上游翼墙为重力式档土墙，主体材料为浆砌块石。进水闸剖视图表明，上游翼墙和上游坡面有交线（截交线），交线由直线段和曲线段组成，分别为圆弧形翼墙和八字形翼墙与坡面的交线，圆弧形翼墙的柱面部分画有柱面素线。

（3）下游连接段　在闸室的下游，连接着一段陡坡及消力池。为适应地形的变化，陡坡段宽 4m。消力池用混凝土材料做成，长 12m，深 1m，以产生淹没式水跃，消除出闸水流的大部分能量。海漫长度 6m，采用干砌块石。为了降低渗水压力，在海漫的混凝土底板上设有 47 个直径为 0.2m 的冒水孔，为防止排水时冲走地下的土壤，在底板下筑有反滤层。下游翼墙为浆砌块石重力式挡土墙，与渠道边坡联接，保证水流顺畅地进入下游渠道。

下游护坡材料为浆砌块石，护坡长 20m。下游护底块石厚 0.4m，下垫黄砂层厚 0.1m。下游护底末端与天然河床连接处设有防冲槽。

4. 综合想象整体

经过对图纸的仔细阅读和分析，可以想象出水闸空间的整体结构形状。

进水闸为两孔闸，每孔净宽为 4m，总宽为 9m，设计引水位高度为 7.54m，灌溉水位为 7.39m；上游连接段有干砌块石和浆砌块石护坡、护底，钢筋混凝土铺盖和两节形式不同的上游翼墙；闸室为平底板，与闸墩的连接为山字形的整体结构，闸门为升降式闸门，门高 4.5m，门顶以上有钢筋混凝土固定式胸墙，闸室上部有交通桥、工作桥、便桥各一座，均为钢筋混凝土结构；下游连接段有下游翼墙、护坡、护底。

参考文献

[1] 中华人民共和国国家标准. GB/T 50001—2001 房屋建筑制图统一标准［S］. 北京：中国计划出版社，2002.
[2] 中华人民共和国国家标准. GB/T 50103—2001 总图制图标准［S］. 北京：中国计划出版社，2002.
[3] 中华人民共和国国家标准. GB/T 50104—2001 建筑制图标准［S］. 北京：中国计划出版社，2002.
[4] 中华人民共和国国家标准. GB/T 50105—2001 建筑结构制图标准［S］. 北京：中国计划出版社，2002.
[5] 中华人民共和国国家标准. GB/T 50106—2001 给水排水制图标准［S］. 北京：中国计划出版社，2002.
[6] 中国建筑标准设计研究院. 03G101-1 混凝土结构施工图平面整体表示方法制图规则和构造详图［S］. 北京：中国建筑标准设计研究院，2006.
[7] 宋琦，赵景伟. 建筑工人识图100例［M］. 北京：化学工业出版社，2006.
[8] 王永智，齐明超，李学京. 建筑制图手册［M］. 北京：机械工业出版社，2006.
[9] 刘政，王婉，陆烨. 建筑施工识图教材［M］. 上海：上海科学技术出版社，2004.
[10] 宋兆全. 画法几何及工程制图［M］. 2版. 北京：中国铁道出版社，2003.
[11] 乐嘉龙. 学看建筑结构施工图［M］. 北京：中国电力出版社，2002.
[12] 乐嘉龙. 学看给水排水施工图［M］. 北京：中国电力出版社，2002.
[13] 姜庆远. 怎样看懂土建施工图［M］. 北京：机械工业出版社，2006.
[14] 郑国权. 道路工程制图［M］. 3版. 北京：人民交通出版社，2000.
[15] 鲍凤英. 怎样看建筑施工图［M］. 北京：金盾出版社，2008.
[16] 乐嘉龙，等. 建筑结构施工图识读技法［M］. 合肥：安徽科学技术出版社，2006.
[17] 梁玉成. 建筑识图［M］. 4版. 北京：中国环境科学出版社，2007.
[18] 孙韬. 帮你识读钢结构施工图［M］. 北京：人民交通出版社，2009.
[19] 周佳新，姚大鹏. 建筑结构识图［M］. 北京：化学工业出版社，2008.
[20] 王强，张小平. 建筑工程制图与识图［M］. 北京：机械工业出版社，2004.

工业和信息化职业教育“十二五”规划教材立项项目

中等职业教育规划教材

职校生青春期健康教育

Puberty Education

余飞 ■ 主 编

王昕明 许建华 季勇 ■ 副主编

人民邮电出版社

北京

图书在版编目（CIP）数据

职校生青春期健康教育 / 余飞主编. -- 北京 : 人民邮电出版社, 2015.1
中等职业教育规划教材
ISBN 978-7-115-36734-1

Ⅰ. ①职… Ⅱ. ①余… Ⅲ. ①青春期－健康教育－中等专业学校－教材 Ⅳ. ①G479

中国版本图书馆CIP数据核字(2014)第256855号

内 容 提 要

本书结合中职学生的特点，对其青春期所面临的主要问题和困扰进行了深入浅出地分析。全书共三章，主要内容包括青春期生理、青春期心理以及青春期自我保护。本书使用了大量的案例和心理测试题，有利于职校生更好地了解分析自己，不断修正自己，从而拥有一个美丽健康的青春。

本书可以作为中等职业学校、技工学校广大学生了解自我的青春期健康通识读本，也可供关注青少年成长和发展的教育工作者以及家长参考。

◆ 主　　编　余　飞
　副 主 编　王昕明　许建华　季　勇
　责任编辑　刘盛平
　责任印制　杨林杰

◆ 人民邮电出版社出版发行　　北京市丰台区成寿寺路 11 号
　邮编　100164　　电子邮件　315@ptpress.com.cn
　网址　http://www.ptpress.com.cn
　三河市潮河印业有限公司印刷

◆ 开本：787×1092　1/16
　印张：10.25　　　　2015 年 1 月第 1 版
　字数：159 千字　　　2015 年 1 月河北第 1 次印刷

定价：29.80 元

读者服务热线：(010)81055256　印装质量热线：(010)81055316
反盗版热线：(010)81055315